协同创新 砥砺前行

——国家食用豆产业技术体系建设十年成就

国家食用豆产业技术研发中心 主编

中国农业科学技术出版社

图书在版编目（CIP）数据

协同创新 砥砺前行:国家食用豆产业技术体系建设十年成就／国家食用豆产业技术研发中心主编. --北京：中国农业科学技术出版社，2021.1

ISBN 978-7-5116-5142-6

Ⅰ.①协… Ⅱ.①国… Ⅲ.①豆类作物-产业发展-研究-中国②豆类蔬菜-产业发展-研究-中国 Ⅳ.①F326.1

中国版本图书馆 CIP 数据核字（2021）第 017811 号

责任编辑　贺可香
责任校对　马广洋
责任印制　姜义伟　王思文

出 版 者　中国农业科学技术出版社
　　　　　北京市中关村南大街 12 号　邮编：100081
电　　话　（010）82106638（编辑室）　（010）82109702（发行部）
　　　　　（010）82109709（读者服务部）
传　　真　（010）82106650
网　　址　http://www.CASTP.cn
经 销 者　各地新华书店
印 刷 者　北京地大彩印有限公司
开　　本　185 mm×260 mm　1/16
印　　张　33
字　　数　840 千字
版　　次　2021 年 1 月第 1 版　2021 年 1 月第 1 次印刷
定　　价　160.00 元

《协同创新　砥砺前行
——国家食用豆产业技术体系建设十年成就》
编　委　会

主　编：程须珍

副主编（按姓氏笔画排序）：

王丽侠　　王述民　　王素华　　田　静

朱振东　　张蕙杰　　张耀文　　陈红霖

康玉凡

编　委（按姓氏笔画排序）：

万正煌　　王　斌　　王丽侠　　王述民

王学军　　王素华　　王梅春　　王瑞刚

尹凤祥　　孔庆全　　田　静　　邢宝龙

朱　旭　　朱振东　　任贵兴　　刘玉皎

刘振兴　　杨　丽　　杨晓明　　李　芸

李彩菊　　何　宁　　何玉华　　余东梅

张时龙　　张晓艳　　张继君　　张蕙杰

张耀文　　陈　新　　陈巧敏　　陈红霖

陈国琛　　畅建武　　罗高玲　　季　良

周　斌　　周素梅　　宗绪晓　　徐东旭

郭中校　　郭延平　　唐永生　　崔秀辉

康玉凡　　葛维德　　程须珍　　魏淑红

内容简介

食用豆是除大豆、花生以外，以收获籽粒为主、兼作蔬菜、供人类食用的豆类作物的总称，与谷薯类同属我国三大粮食作物，其茎叶、荚皮等可作饲料和绿肥，根系具有固氮能力，被誉为养人、养畜、养地的"三营养"作物。

国家食用豆产业技术体系于 2008 年正式启动，10 年来，在农业农村部的直接领导和建设依托单位的支持和帮助下，全体系人员协同创新、砥砺前行，在高产多抗专用新品种选育、节本增效轻简栽培、病虫草害绿色防控、机械化生产、产后加工等学科领域取得了显著成效，在保障农业农村持续增收、种植结构调整、农产品出口、产业扶贫及乡村振兴等国家战略实施中发挥了重要作用。为推动体系研发成果快速转化，促进食用豆产业健康持续发展，本书系统介绍了国家食用豆产业技术体系建设和发展历程以及取得的重要成就，全面总结了各功能研究室及岗位科学家和综合试验站在食用豆重大科技创新、推动产业高质量发展、科技扶贫工作、促进县域经济发展、支撑服务企业发展、应急与咨询服务工作、重要机制创新等领域取得的成功经验与科技成果以及对本领域和本区域产业发展所发挥的支撑作用。本书分为总体概况、岗位成就、附录三大部分内容。

本书由国家食用豆产业技术研发中心组织全体系人员共同编写而成，内容丰富，可供从事食用豆产业相关领域管理、科研、推广、教学、生产、贸易等工作人员及高等院校农学、植保、农机、加工、农经类专业教师和学生参考。

前　　言

国家食用豆产业技术体系于 2008 年正式启动，十多年来，在农业农村部的领导下，全体系人员聚焦食用豆产业难点和技术需求，秉承把论文写在大地上的农科精神，以解决产业重大技术问题为目标，保障农民增产增收为根本，围绕适合不同生态区高产多抗专用新品种选育、节本增效轻简栽培、病虫害绿色防控、全程机械化生产、产后加工等重点领域进行技术研发，破解从田间到餐桌各个环节的技术难题，创新出一批具有突破性的科技成果。依托新品种、新技术、新产品示范，与地方政府及农技推广部门和新型经营主体有效对接，在促进成果落地生根、助力产业提质增效的同时培育壮大了一批龙头企业，支撑产业发展迈向新台阶。同时，通过体系管理、文化建设、人才培养等制度的建立与完善，提升了我国食用豆产业科技创新与国际竞争能力和社会影响力，在保障农业农村持续增收、种植结构调整、产业扶贫及乡村振兴等方面发挥了重要作用。

一、针对产业突出问题，在多抗专用品种培育、节本增效轻简栽培、病虫草害绿色防控、产后精深加工等方面取得重大突破，原始创新能力显著提升，产业重大难题得到有效解决

针对产业发展中存在的品种多且杂乱、栽培管理粗放、机械化程度低、精深加工技术缺乏、基础研究相对落后等制约产业发展的关键技术问题，通过多学科联合攻关，在种质创新与组学研究、突破性多抗专用品种培育、节本增效轻简栽培、农机农艺融合、病虫草害绿色防控与产后精深加工等方面攻克了一系列技术难题。与体系成立前相比，高产、高抗、优质新品种覆盖度提高了 30%，高效轻简栽培及病虫草害绿色防控率达 50% 以上，主产区机械化播种和收获水平显著提升，生产效率提高 20 倍以上，功能成分鉴定与健康产品研发步入正轨，整体科技创新驱动产业发展跨上新台阶。

（一）适宜机械化收获的早熟、多抗、高产、广适、优质专用品种的育成，改变了长期以来食用豆生产依赖人工分批采收、病虫害严重等关键技术难题，推动产业高效率、高品质发展

针对我国食用豆生产中机械化程度低，品种晚熟、蔓生，炸荚落粒、病虫害严重，加工专用品种缺乏等关键问题，以"高产多抗适宜机械化生产新品种选育"为体系首要任

务，采用传统育种与分子标记辅助选择相结合方法，培育出一批适宜不同生态区种植的早熟、直立抗倒、结荚集中、成熟一致、不炸荚、宜机收、抗豆象、抗叶斑病、品质优良、适应性广的高产多抗新品种，以及籽粒外观品质优异和符合当前市场需求适宜芽苗菜生产、豆沙与淀粉及饮食品加工、荚（粒）鲜食的专用新品种，实现了我国食用豆主产区平均单产由每亩[*]近80kg上升到120kg的突破，满足了生产和消费市场对多样化品种的需求。

其中，适宜东北区出口专用及机械化生产的龙芸豆5号、白绿8号、白红3号等提升了我国食用豆主要出口基地的生产效率和商品品质；适宜华北区早熟间作套种的中绿5号、冀绿7号、冀红352等促进了一年两季生产和与棉花、玉米间套种等高效农业的发展；适宜西北区耐旱耐瘠的青蚕14号、临蚕6号、定豌4号、陇豌6号等实现了旱区农业高产高效发展；适宜南方区抗病耐冷的云豆早7、云豌4号、通蚕鲜8号、云豌18号等辅以诱导春化技术，实现了蚕豆提早15~20d上市和每亩效益上万元；抗豆象品种中绿3号、中绿4号、中绿6号、苏抗4号、晋绿豆7号、冀绿15号等解决了长期以来困扰绿豆豆象为害的世界难题；豆沙加工专用品种品芸2号、中绿10号、冀红16号等出沙率提高5%，企业加工效益提高7.7%；芽苗菜专用品种中绿14号、潍绿5号、辽绿8号、张豌6号、定豌3号、陇豌9号等出芽率提高了1.0~1.5倍，生产效益提高12.5%~13.3%。

系列新品种的育成与示范，使我国食用豆主产区新品种普及率达70%以上，增产12%~38.6%，增效10%以上，促进了我国食用豆优势产区布局规划和产业结构调整，推动了产业高品质、高效益发展。

（二）播种收获配套农机具及机械化生产和绿色节本增效生产技术的研集与示范，实现了食用豆生产由传统小规模种植向机械化、规模化、标准化及高效生产的历史性转变

食用豆生产机械化程度低、劳动力成本高是长期以来制约产业高效益、规模化发展的"卡脖子"问题。经过全体系人员十年联合攻关，在不同豆种机械精量播种和不同生态区分段与联合机收等生产环节取得重大突破。其中，适宜黄淮海麦茬免耕的绿豆、小豆播种机，适宜干旱冷凉地区的普通菜豆、绿豆覆膜打孔播种一体机，适宜丘陵山区的勺舀式蚕豆精量播种机和适宜多豆种小面积种植的手推式播种机，使食用豆播种效率提升20~50倍。适合平原及丘陵山区较大规模种植的单双行自走式、背负式轻简割晒机及专用脱粒机等，已在内蒙古自治区（简称内蒙古）、湖北、山西等地示范推广。其中全喂入式蚕豆、绿豆联合收割机，作业效率可达每小时6亩以上，每亩纯收益提高30%，实现了我国蚕豆、绿豆联合收割机零的突破。

针对食用豆类生育期短、耐旱节水、耐瘠薄、耐荫蔽、适宜与多种作物间作套种以及南方区冬闲田高效利用等特点，研究集成了适宜不同产区节本增效、轻简高效的生产模式，引领食用豆生产由传统小农生产模式向规模化、标准化生产发展。其中，东北"镰

---

[*] 1亩≈667m^2，全书同。

刀弯"和华北地区食用豆与玉米、小麦、棉花、薯类等轮作、间作套种模式及华东与西南产区"食用豆+"多元复合高效生产模式，在保障主栽作物产量前提下，每亩增收食用豆 50~70kg，复种指数达 300% 左右，在江浙一带年示范面积约 30 万亩，亩增收益 500 元以上，年增经济效益 1.5 亿元，并带动速冻加工企业快速发展。

（三）豆象、叶斑病等重要病虫害绿色综合防控技术的研发与应用，实现了食用豆产业向绿色安全、环境友好、资源高效利用、低投入高产出模式发展

体系以"药肥双减、质效双增"为目标，针对食用豆重大病虫害发生发展规律，以抗病虫新品种大面积示范为核心，合理利用轮作倒茬、间作套种、适度密植、适期播种、水肥调控、品种搭配等综合农业防控技术，辅以最低剂量、安全高效、绿色环保的生物与化学药剂相结合，创新集成了田间与仓储豆象、绿豆叶斑病、蚕豆赤斑病、豌豆白粉病、普通菜豆细菌性疫病和豆荚螟等病虫害绿色高效综合防控技术。其中，豆象田间和仓储物理、化学、生物综合防控技术，经在绿豆主产区示范应用，防治效果在 68% 以上，年减少损失 8.4 万 t，新增效益 4.5 亿元。绿豆叶斑病绿色防控技术在河南示范 56 万亩，防效 85%。蚕豆赤斑病绿色综合防治技术在重庆示范 20 万亩，防效 80%，增产 15.6%。普通菜豆细菌性疫病综合防治技术在吉林、黑龙江示范 80 万亩，增产 11.8%；在山西岢岚县示范 2.3 万亩，防效 85%，增产 63.4 万 kg，新增效益 360.9 万元。据不完全统计，食用豆绿色综合防控技术在主产区普及率达 75.8%，累计降低农药使用 70 万 kg，保障了产品质量安全，推动了食用豆病虫害防控向综合治理的转变。

（四）降血糖、降血压、清热解暑等功能成分鉴定和精深加工技术与产品研发，提高了产品附加值，促进了企业提质增效和产业高效持续发展

国内食用豆以原粮销售为主，产后加工技术落后、产业链条短是产业发展的"短板"。面向当前"健康中国"国家建设发展目标，立足新型营养健康产品需求，开展产品精深加工技术和新型营养功能产品研发，引领我国食用豆由传统原粮加工销售向现代高值化产业方向转型升级。

研究集成的绿豆清热解暑功能因子牡荆素、异牡荆素检测技术，小豆降血糖功能因子 α-糖苷酶抑制活性检测技术，促进了功能性专用品种评价和培育。开发出具有清热解暑、降血糖功能的袋泡茶、高纤维饼干、速溶全粉、速食粉、液态固态饮品等新型食用豆健康食品，产品增值 30% 以上。降血糖小豆加工技术已在企业落地转化。

利用食用豆应激下的 γ-氨基丁酸（GABA）内源酶生物转化技术，研发出适合"三高"等慢性病人群的 GABA 富集产品、低血糖指数制品、蛋白品质改良产品等系列功能性新产品；研制出国内首款三豆饮以及绿豆饮、红豆薏米饮等系列植物萃取饮料。此外，还开发出新型绿豆挂面、风味豆酱、营养粉、化妆品等，使食用豆由单一精品原粮初加工拓宽到主食、饮品、调味品、化妆品等多个领域，提升了食用豆产品附加值。

（五）绿豆与普通菜豆基因组学和基因定位研究达到国际领先水平，原始创新能力持续提升

针对我国食用豆特异资源匮乏和育种技术手段落后等问题，着力开展优异种质创新、基因组学与基因定位等创新研究。通过对国家种质库3万多份食用豆种质资源表型精准鉴定、抗性评价和品质分析等，构建了我国食用豆核心种质资源。采用常规杂交辅以辐射、诱变及高通量表型快速鉴定等手段，创制出抗豆象、抗褐斑病、白粉病、立枯病、细菌性疫病、病毒病、雄性不育及抗旱、耐涝、抗冻、耐盐、抗除草剂等优异种质，为突破性育种提供亲本来源。

新基因发掘是遗传育种研究方向和分子标记辅助选择的技术支撑。十多年来，食用豆抗病虫基因发掘取得突破性进展，确定了普通菜豆抗炭疽病候选基因和抗细菌性疫病及直立性状候选基因座位；精细定位了绿豆豆象抗性基因；鉴定出6个豌豆抗白粉病新等位基因；初步建立普通菜豆抗炭疽病、豌豆抗白粉病、绿豆抗豆象、蚕豆低单宁等分子育种体系，为食用豆抗性分子育种奠定了基础。

启动了食用豆基因组学研究，并迈向国际前沿。完成绿豆全基因组测序和普通菜豆、绿豆核心种质重测序，构建了世界首张普通菜豆、绿豆高密度单倍型图谱，鉴定出重要性状位点500多个，引领国际普通菜豆、绿豆组学研究新领域。

二、针对食用豆种类多、特色性强的产业特点，以体系研发成果为核心，示范引领产业新变革

围绕食用豆产业发展需求和"绿色、高产、轻简、高效"的发展理念，以体系研发新成果为核心，与地方政府和新型经营主体合作，通过政科企对接、品牌建设、创新示范基地等，打造出一批具有地方特色的科技成果示范基地，服务县域经济，助力产业精准扶贫，示范引领产业新变革。

（一）新品种新技术新模式的研发和示范应用，强力驱动产业提质增效

高产优质多抗适宜机械化生产的食用豆新品种、重要病虫害综合防控及绿色高产高效配套技术等的示范推广，为产业转型升级提供了技术保障，促进了食用豆产业提质增效。其中，东北区芸豆高台大垄密植机械化栽培技术在黑龙江推广200万亩，增产10.5%～12.0%，增效1.4亿元；绿豆小豆机械化栽培技术在吉林、黑龙江等地示范，节约成本60%，亩增收入300元。华北区绿豆/棉花、绿豆/玉米、小豆/夏玉米等间作高效种植模式，在邯郸、南阳、太原等地每亩增收130～520元；西北高寒区旱地绿豆/芸豆地膜覆盖栽培技术，在山西、陕西、内蒙古示范120万亩，亩产值超960元，新增效益1.5亿元。南方区桑园套种鲜食蚕豆生产技术，在云南曲靖示范推广20.3万亩，新增效益5.1亿元；蚕豆稻茬免耕栽培技术在南方冬闲田示范推广69.8万亩，增产41.8%，新增效益6 388.6万元；玉米套种豌豆种植模式在甘肃等地推广119万亩，新增产豌豆4 424万kg，

新增产值 1.4 亿元；甘肃定西马铃薯套种豌豆种植模式有效缓解了马铃薯晚疫病的问题；早熟蚕豆及机械化配套技术的集成和应用，为青海海南藏族自治州高海拔区农业发展培育出新产业，构建了"蚕豆+"轮作模式，进一步优化了当地种植业结构，生产效率提高 20 倍以上，每亩节约成本 300 元，每亩种植效益增加 500 元，使蚕豆生产方式得到极大转变。

（二）打好特色品牌，新成果强力驱动县域产业经济发展

体系专家根据不同区域的地理生态与产业结构特点，针对特色鲜明的配套硬核技术，按照"建基地、强龙头、兴特色、树品牌"的思路，紧扣产业增效、豆农增收的发展目标，全力推动一二三产业深度融合，打造出山西岢岚红芸豆、安徽明光绿豆、甘肃天祝藏族自治县高海拔反季节鲜食豌豆等一批特色产业市、县，对当地经济发展和乡村振兴起到了积极的促进作用。

针对山西岢岚县红芸豆产业发展需求，国家食用豆产业技术体系组织专家加强与当地政府、龙头企业合作，通过狠抓良种引进繁育、服务体系创新、示范园区建设、生产与市场对接，不断增加产品的科技含量和市场竞争力。培育出普利丰、炜岚、宏晟、中仑奥富 4 家红芸豆加工出口龙头企业。在体系专家帮助下，岢岚县分别被中国粮食行业协会授予"中华红芸豆之乡"，被国家市场监督管理总局授予"国家级出口示范基地"，被农业农村部、国家市场监督管理总局授予"出口红芸豆质量安全示范区"和国家地理标志保护产品。该县红芸豆出口量占全国的 33%，占全球国际贸易总量的 20% 以上，全县农民种植红芸豆年纯收入稳定在 7 000 万元左右。

针对安徽明光绿豆产业发展需求，积极与当地政府部门联合，通过品种和技术升级使当地绿豆亩产从 50kg 提升到 100kg 以上，增产幅度超过 100%。成功申报了"明光绿豆"地理标志，绿豆无公害产品 2 个、绿豆绿色产品 2 个，发布滁州市级地方标准 1 项、安徽省地方标准 2 项。基地实行绿色增产增效技术，产量稳定、品质提升、效益明显提高。销售价格由原来 6~8 元/kg 提高至目前 16~20 元/kg，高档产品 20~30 元/kg，效益提高 100% 以上。

此外，通过"干改鲜"种植模式试验示范，使甘肃天祝藏族自治县高海拔豌豆亩增收 2 000 元以上，已成为北方高海拔冷凉寒区产业结构优化的特色富民产业。云南大理 10 万亩鲜食蚕豆生产基地建设，已成为保护洱海生态环境和地方经济发展的优势产业。

另外，中绿 10 号、冀张绿 3 号、冀绿 0816 等新品种及规模化、机械化、标准化生产技术示范引领，助推食用豆产业在河北张家口地区的发展，创建并申报获得"阳原绿豆"地理标志，打造出 15 万亩"阳原鹦哥绿豆"品牌生产基地。

（三）撒豆成兵，新品种新技术助力地方精准扶贫

在产业科技扶贫和助力县域经济发展方面，食用豆体系组织专家成立 39 个科技助力产业扶贫团队，深入老少边远地区探寻强化科技支撑，着力破解县域经济发展瓶颈；围绕体系集成创新成果，积极对接地方政府、龙头企业、种植大户和农民合作社，结合新品种示范和科技扶贫，建立试验示范基地 300 多个，试验示范 200 多万亩，辐射带动 1 000 多

万亩；示范新品种 100 多个，新技术 30 多项。技术培训和产业扶贫取得显著效果，打造和培育了一批产业扶贫新典型。

联合青海昆仑种业集团有限公司、甘肃康乐县进忠粮油进出口有限责任公司、河北泥河湾农业发展股份有限公司、山西忻州普利丰芸豆有限公司等，在青海、甘肃、河北、山西等的 70 多个贫困县建立蚕豆、绿豆、红芸豆等种业及生产和商贸示范基地 200 余个，创建了云南大理夏秋播鲜食蚕豆、重庆巫山幼林果树间作绿豆/蚕豆、毕节果园套种蚕豆/豌豆、张家口阳原鹦哥绿豆等多个地方品牌或地理标志，使食用豆成为"十四个集中连片区"和"三区三州"深度贫困区的特色优势产业，对区域扶贫起到了重要支撑作用。

联合浏阳河农业产业集团，建设食用豆系列植物萃取饮料——三豆饮、绿豆百合汁、红豆薏米饮等工业化生产线两条，通过企业加工链条的延伸和湖南武陵贫困山区食用豆加工企业与优质原料种植基地建设，在企业增收的同时为贫困农民提供多种就业机会，4 000 多户增收显著，该企业也被全国工商联和国务院扶贫办认定为武陵山片区产业扶贫重点联系企业。

（四）充分发挥体系覆盖范围广、专业技术强、行动迅速的特点，突发性事件应急高效化处理，使食用豆体系社会影响力不断增强

密切关注产业发展动态和突发性事件，开展食用豆产业监测与预警研究。面对突发性事件，及时深入生产一线，提出科学应急预案与技术指导，为农民增收和政府决策提供技术保障。其中，针对 2010 年初绿豆价格疯涨，2011 年贵州及其周边省区持续低温冻害，2014 年云南冻害、河南及东北西部持续干旱、江苏等南方地区持续低温阴雨，2015 年云南强降雪、辽宁及山西特大干旱、华东地区持续低温阴雨等重大突发性和灾害性事件，体系专家都在第一时间奔赴生产一线，提出应急预案和指导意见，为农民增收和政府决策提供技术咨询。

据不完全统计，十多年来，针对应急性处理和决策咨询，为农业农村部提供政策建议及各类报告 220 余篇，为地方政府、行业协会和专业合作社提供技术咨询和建议上千次，为生产上突发的病虫害、药害、自然灾害等提供技术咨询等 300 余次。国家发布"一带一路"倡议后，体系系统分析了中美贸易摩擦对我国食用豆产业的影响，深入研究了中国农业国际合作战略，向中国工程院、农业农村部及时提交相关政策建议，部分建议被农业农村部、国家"一带一路"办公室采纳，对我国农业国际合作规划提供了重要支持。

三、建立协同创新机制，开展体系文化建设，推动体系建设高质量发展

（一）建立开放的协同创新机制，联合攻关成果斐然

针对我国食用豆种类繁多等特点，食用豆体系以产销量较大的绿豆、小豆、蚕豆、豌豆、普通菜豆（芸豆）、豇豆等中国特色豆类为主要突破口，建立"豆种+学科"组织管

理模式，明确各豆种产业发展中存在的重大问题，组织体系内外专家共同调研、讨论，发挥不同领域专家的自身优势，组成联合攻关小组，确立产业重点研发任务。例如，针对绿豆豆象和叶斑病等"一虫一病"和机械化生产程度不高等困扰产业发展的关键问题，组织专家从资源收集、鉴定评价、创新利用、品种选育及农机农艺结合的配套技术集成等方面开展协同创新研究，最终获得抗豆象、抗叶斑病且适于机械化生产的绿豆品种，形成了豆象、叶斑病田间绿色综合防控技术，经示范推广，社会效益、经济效益显著。

（二）制订科学管理制度，多种渠道开展体系文化建设

文化建设对体系人员的思想行为、科研氛围和制度管理等均具有重要的导向作用。食用豆体系十分重视优良文化传承和强化制度管理，制定出切实可行的体系管理工作细则及年度管理工作计划，并作为每位体系人员的行为准则，包括求真务实、不弄虚作假的科研态度；团结协作、各司其职的分工制度；奖惩分明、公平公正的激励方式以及阶段性总结、年终考核、5年考评与执行专家组决策等管理制度。在制定体系任务时，充分发挥民主性、参与性原则；在任务实施过程中，则密切关注产业发展现状，分时期、分阶段讨论，及时把握和调整研究方法或方向，确保体系重点任务符合产业发展需求、实施方案切实可行。

体系还确立了"参与、创新、协作、奉献"的"食用豆体系精神"，鼓励优秀青年人才积极建言献策，参与并投身于体系建设和相关研发工作。在体系建设初期就设计出食用豆LOGO，充分利用各种媒介，开展体系建设成果宣传与示范推广；创办了《中国食用豆》科技通讯等，及时刊发和宣传体系研发进展和最新成果。

（三）组织开展国内外多学科学术交流，取长补短，提升了我国食用豆领域研发水平和国际影响力

除了体系内的联合攻关外，大力开展跨体系合作，与地方创新团队、农技推广体系、相关企业联合，共同推动食用豆产业的发展和壮大。体系十分注重高水平和国际化人才队伍的培养和建设，与农业农村部及科学技术部等相关业务部门开展各类国际学术交流和技术培训活动，如与科学技术部农村技术发展中心联合召开了三届中加学术交流会，与日本豆类振兴会联合召开了中日小豆交流会，与泰国农业大学等单位联合召开了中泰食用豆学术交流会，并建立中泰食用豆类联合实验室等。同时，还先后派出数十名专家赴国外考察学习与学术交流，不仅将国外的先进经验和技术引进来消化吸收，并通过合作与交流，将部分体系研发成果在缅甸、泰国等"一带一路"国家示范推广，提升了我国在食用豆领域研发水平和国际影响力。

总之，国家食用豆产业技术体系全体同仁秉承十年磨一剑的精神，精诚合作、团结奋进，成果丰硕，在有效提升食用豆产业整体研发水平和生产效益的同时，逐步使食用豆体系成为充满活力、崇尚创新、凝心聚力的科技队伍，促进和支撑了食用豆产业的健康、可持续发展。

编　者

目　　录

总体概况

国家食用豆产业技术体系建设于 2008 年正式启动,属新型国家级农业科研组织,由产业技术研发中心和综合试验站两个层级构成。体系设有 1 个国家产业技术研发中心(包括 4~6 个功能研究室),研发中心设 1 名首席科学家,每个功能研究室设 1 名主任,岗位科学家若干人;每个综合试验站设 1 名站长。"十一五"期间共设有 15 个科学家岗位,20 个综合试验站,100 个示范县;"十二五"期间增加到 16 个科学家岗位,24 个综合试验站,120 个示范县;"十三五"期间调整到 22 个科学家岗位,23 个综合试验站,115 个示范县,分布在全国 22 个主产省(区、市)。

一、国家食用豆产业技术体系建设机构与岗位设置

(一)"十一五"岗位设置情况

1. 岗位科学家设置

"十一五"期间国家食用豆体系岗位科学家设置情况

机构名称	科学家姓名	岗位名称	建设依托单位
产业技术研发中心	程须珍	首席科学家	中国农业科学院作物科学研究所
遗传育种研究室	田 静	室主任	河北省农林科学院
	田 静	北方小豆绿豆育种	河北省农林科学院
	刘玉皎	西北豌豆蚕豆育种	青海省农林科学院
	陈 新	南方蚕豆小豆育种	江苏省农业科学院
	尹凤祥	东北绿豆育种	吉林省白城市农业科学院
	程须珍	种质资源利用	中国农业科学院作物科学研究所
病虫害研究室	包世英	室主任	云南省农业科学院
	包世英	西南区病虫害防控	云南省农业科学院
	杨晓明	西北区病虫害防控	甘肃省农业科学院
	朱振东	病虫害鉴定与防控	中国农业科学院作物科学研究所
栽培与土肥研究室	张亚芝	室主任	黑龙江省农业科学院
	张亚芝	东北区综合栽培	黑龙江省农业科学院
	宗绪晓	西南区综合栽培	中国农业科学院作物科学研究所
	万正煌	华中及华东区综合栽培	湖北省农业科学院
	张耀文	华北区综合栽培	山西省农业科学院
	柴 岩	西北区综合栽培	西北农林科技大学
综合研究室	王述民	室主任	中国农业科学院作物科学研究所
	王述民	产业经济	中国农业科学院作物科学研究所
	康玉凡	加工	中国农业大学

2. 试验站设置

"十一五"期间国家食用豆体系综合试验站设置情况

序号	试验站名称	站长	单位
1	北京综合试验站	濮绍京	北京农学院
2	保定综合试验站	李彩菊	保定市农业科学研究所
3	张家口综合试验站	徐东旭	张家口市农业科学院
4	大同综合试验站	畅建武	山西省农业科学院
5	太原综合试验站	冯 高	山西省农业科学院
6	呼和浩特综合试验站	孔庆全	内蒙古自治区农牧业科学院
7	沈阳综合试验站	孙桂华	辽宁省农业科学院
8	长春综合试验站	郭中校	吉林省农业科学院
9	齐齐哈尔综合试验站	崔秀辉	黑龙江省农业科学院
10	南通综合试验站	王学军	江苏沿江地区农业科学研究所
11	合肥综合试验站	张丽亚	安徽省农业科学院
12	潍坊综合试验站	刘全贵	潍坊市农业科学院
13	南阳综合试验站	刘 杰	南阳市农业科学研究所
14	重庆综合试验站	张继君	重庆市农业科学院
15	成都综合试验站	余东梅	四川省农业科学院
16	大理综合试验站	陈国琛	大理白族自治州农业科学研究所
17	榆林综合试验站	王 斌	榆林市农业科学研究所
18	定西综合试验站	王梅春	定西市农业科学研究所
19	乌鲁木齐综合试验站	季 良	新疆维吾尔自治区农业科学院
20	毕节综合试验站	张时龙	毕节地区农业科学研究所

3. 示范县设置

"十一五"期间国家食用豆体系示范县设置情况

序号	示范县名称	隶属综合试验站名称	序号	示范县名称	隶属综合试验站名称
1	房山区	北京综合试验站	14	康保县	张家口综合试验站
2	门头沟区	北京综合试验站	15	阳原县	张家口综合试验站
3	昌平区	北京综合试验站	16	岢岚县	太原综合试验站
4	密云县	北京综合试验站	17	河曲县	太原综合试验站
5	延庆县	北京综合试验站	18	方山县	太原综合试验站
6	雄县	保定综合试验站	19	孝义市	太原综合试验站
7	易县	保定综合试验站	20	陵川县	太原综合试验站
8	蠡县	保定综合试验站	21	大同县	大同综合试验站
9	高阳县	保定综合试验站	22	阳高县	大同综合试验站
10	清苑县	保定综合试验站	23	天镇县	大同综合试验站
11	崇礼县	张家口综合试验站	24	右玉县	大同综合试验站
12	沽源县	张家口综合试验站	25	五寨县	大同综合试验站
13	张北县	张家口综合试验站	26	突泉县	呼和浩特综合试验站

(续表)

序号	示范县名称	隶属综合试验站名称	序号	示范县名称	隶属综合试验站名称
27	阿鲁科尔沁旗	呼和浩特综合试验站	64	社旗县	南阳综合试验站
28	丰镇市	呼和浩特综合试验站	65	方城县	南阳综合试验站
29	凉城县	呼和浩特综合试验站	66	合川区	重庆综合试验站
30	赛罕区	呼和浩特综合试验站	67	永川区	重庆综合试验站
31	阜新蒙古族自治县	沈阳综合试验站	68	忠县	重庆综合试验站
32	彰武县	沈阳综合试验站	69	潼南县	重庆综合试验站
33	凌源市	沈阳综合试验站	70	巫山县	重庆综合试验站
34	喀喇沁左翼蒙古族自治县	沈阳综合试验站	71	简阳市	成都综合试验站
35	康平县	沈阳综合试验站	72	乐至县	成都综合试验站
36	前郭尔罗斯蒙古族自治县	长春综合试验站	73	大竹县	成都综合试验站
37	洮南市	长春综合试验站	74	嘉陵区	成都综合试验站
38	镇赉县	长春综合试验站	75	市中区	成都综合试验站
39	长岭县	长春综合试验站	76	威宁彝族回族苗族自治县	毕节综合试验站
40	通榆县	长春综合试验站	77	大方县	毕节综合试验站
41	泰来县	齐齐哈尔综合试验站	78	织金县	毕节综合试验站
42	龙江县	齐齐哈尔综合试验站	79	纳雍县	毕节综合试验站
43	甘南县	齐齐哈尔综合试验站	80	赫章县	毕节综合试验站
44	梅里斯达斡尔族区	齐齐哈尔综合试验站	81	祥云县	大理综合试验站
45	杜尔伯特蒙古族自治县	齐齐哈尔综合试验站	82	弥渡县	大理综合试验站
46	海门市	南通综合试验站	83	大理市	大理综合试验站
47	启东市	南通综合试验站	84	洱源县	大理综合试验站
48	如皋市	南通综合试验站	85	嵩明县	大理综合试验站
49	如东县	南通综合试验站	86	神木县	榆林综合试验站
50	通州市	南通综合试验站	87	府谷县	榆林综合试验站
51	明光市	合肥综合试验站	88	横山县	榆林综合试验站
52	五河县	合肥综合试验站	89	米脂县	榆林综合试验站
53	利辛县	合肥综合试验站	90	佳县	榆林综合试验站
54	萧县	合肥综合试验站	91	会宁县	定西综合试验站
55	涡阳县	合肥综合试验站	92	安定区	定西综合试验站
56	平度市	潍坊综合试验站	93	陇西县	定西综合试验站
57	胶南市	潍坊综合试验站	94	通渭县	定西综合试验站
58	昌邑市	潍坊综合试验站	95	临洮县	定西综合试验站
59	临朐县	潍坊综合试验站	96	达坂城区	乌鲁木齐综合试验站
60	莱阳市	潍坊综合试验站	97	木垒哈萨克自治县	乌鲁木齐综合试验站
61	邓州市	南阳综合试验站	98	阿勒泰市	乌鲁木齐综合试验站
62	新野县	南阳综合试验站	99	富蕴县	乌鲁木齐综合试验站
63	唐河县	南阳综合试验站	100	布尔津县	乌鲁木齐综合试验站

（二）"十二五"岗位设置

1. 岗位科学家设置

"十二五"期间食用豆体系岗位科学家设置情况

机构名称	科学家姓名	岗位名称	建设依托单位
产业技术研发中心	程须珍	首席科学家	中国农业科学院作物科学研究所
	田 静	室主任	河北省农林科学院
育种研究室	程须珍	种质资源评价	中国农业科学院作物科学研究所
	张亚芝	东北芸豆绿豆育种	黑龙江省农业科学院
	田 静	华北小豆绿豆育种	河北省农林科学院
	刘玉皎	西北蚕豆豌豆育种	青海省农林科学院
	包世英	南方蚕豆豌豆育种	云南省农业科学院
病虫害防控研究室	朱振东	室主任	中国农业科学院作物科学研究所
	朱振东	东北病虫害防控	中国农业科学院作物科学研究所
	万正煌	华北华中病虫害防控	湖北省农业科学院
	杨晓明	西北病虫害防控	甘肃省农业科学院
	陈 新	南方病虫害防控	江苏省农业科学院
栽培与土肥研究室	王述民	室主任	中国农业科学院作物科学研究所
	尹凤祥	东北区栽培与土肥	吉林省白城市农业科学院
	张耀文	华北区栽培与土肥	山西省农业科学院
	王述民	旱薄区栽培与土肥	中国农业科学院作物科学研究所
	宗绪晓	雨润区栽培与土肥	中国农业科学院作物科学研究所
综合研究室	康玉凡	室主任	中国农业大学
	任贵兴	功能成分及产品研发	中国农业科学院作物科学研究所
	康玉凡	综合加工	中国农业大学
	张蕙杰	产业经济	中国农业科学院农业信息研究所

2. 试验站设置

"十二五"期间食用豆体系综合试验站设置情况

序号	试验站名称	站长姓名	建设依托单位
1	北京综合试验站	濮绍京	北京农学院
2	保定综合试验站	李彩菊	保定市农业科学研究所
3	张家口综合试验站	徐东旭	张家口市农业科学院
4	唐山综合试验站	刘振兴	唐山市农业科学研究院
5	太原综合试验站	畅建武	山西省农业科学院
6	大同综合试验站	冯 高	山西省农业科学院
7	呼和浩特综合试验站	孔庆全	内蒙古自治区农牧业科学院
8	沈阳综合试验站	葛维德	辽宁省农业科学院
9	长春综合试验站	郭中校	吉林省农业科学院
10	齐齐哈尔综合试验站	崔秀辉	黑龙江省农业科学院
11	南通综合试验站	王学军	江苏沿江地区农业科学研究所
12	合肥综合试验站	张丽亚	安徽省农业科学院
13	青岛综合试验站	张晓艳	青岛市农业科学研究院
14	南阳综合试验站	朱 旭	南阳市农业科学院
15	南宁综合试验站	蔡庆生	广西壮族自治区农业科学院
16	重庆综合试验站	张继君	重庆市农业科学院
17	成都综合试验站	余东梅	四川省农业科学院
18	毕节综合试验站	张时龙	毕节地区农业科学研究所
19	曲靖综合试验站	唐永生	曲靖市农业科学研究所
20	大理综合试验站	陈国琛	大理白族自治州农业科学研究所
21	榆林综合试验站	王 斌	榆林市农业科学研究院

（续表）

序号	试验站名称	站长姓名	建设依托单位
22	定西综合试验站	王梅春	定西市旱作农业科研推广中心
23	临夏综合试验站	郭延平	临夏回族自治州农业科学研究所
24	乌鲁木齐综合试验站	季 良	新疆维吾尔自治区农业科学院

3. 示范县设置

"十二五"期间国家食用豆体系示范县设置情况

序号	示范县名称	隶属综合试验站名称	序号	示范县名称	隶属综合试验站名称
1	房山区	北京综合试验站	38	凌源市	沈阳综合试验站
2	门头沟区	北京综合试验站	39	喀喇沁左翼蒙古族自治县	沈阳综合试验站
3	昌平区	北京综合试验站	40	康平县	沈阳综合试验站
4	密云县	北京综合试验站	41	前郭尔罗斯蒙古族自治县	长春综合试验站
5	延庆县	北京综合试验站	42	洮南市	长春综合试验站
6	雄县	保定综合试验站	43	镇赉县	长春综合试验站
7	易县	保定综合试验站	44	长岭县	长春综合试验站
8	蠡县	保定综合试验站	45	通榆县	长春综合试验站
9	高阳县	保定综合试验站	46	泰来县	齐齐哈尔综合试验站
10	清苑县	保定综合试验站	47	龙江县	齐齐哈尔综合试验站
11	崇礼县	张家口综合试验站	48	甘南县	齐齐哈尔综合试验站
12	沽源县	张家口综合试验站	49	梅里斯达斡尔族区	齐齐哈尔综合试验站
13	张北县	张家口综合试验站	50	杜尔伯特蒙古族自治县	齐齐哈尔综合试验站
14	康保县	张家口综合试验站	51	海门市	南通综合试验站
15	阳原县	张家口综合试验站	52	启东市	南通综合试验站
16	玉田县	唐山综合试验站	53	如皋市	南通综合试验站
17	遵化市	唐山综合试验站	54	如东县	南通综合试验站
18	迁安市	唐山综合试验站	55	通州市	南通综合试验站
19	迁西县	唐山综合试验站	56	明光市	合肥综合试验站
20	乐亭县	唐山综合试验站	57	五河县	合肥综合试验站
21	岢岚县	太原综合试验站	58	利辛县	合肥综合试验站
22	河曲县	太原综合试验站	59	萧县	合肥综合试验站
23	方山县	太原综合试验站	60	涡阳县	合肥综合试验站
24	孝义市	太原综合试验站	61	平度市	青岛综合试验站
25	陵川县	太原综合试验站	62	胶南市	青岛综合试验站
26	大同县	大同综合试验站	63	昌邑市	青岛综合试验站
27	阳高县	大同综合试验站	64	临朐县	青岛综合试验站
28	天镇县	大同综合试验站	65	莱阳市	青岛综合试验站
29	右玉县	大同综合试验站	66	邓州市	南阳综合试验站
30	五寨县	大同综合试验站	67	新野县	南阳综合试验站
31	突泉县	呼和浩特综合试验站	68	唐河县	南阳综合试验站
32	阿鲁科尔沁旗	呼和浩特综合试验站	69	社旗县	南阳综合试验站
33	丰镇市	呼和浩特综合试验站	70	方城县	南阳综合试验站
34	凉城县	呼和浩特综合试验站	71	合浦县	南宁综合试验站
35	赛罕区	呼和浩特综合试验站	72	富川瑶族自治县	南宁综合试验站
36	阜新蒙古族自治县	沈阳综合试验站	73	大新县	南宁综合试验站
37	彰武县	沈阳综合试验站	74	陆川县	南宁综合试验站

（续表）

序号	示范县名称	隶属综合试验站名称	序号	示范县名称	隶属综合试验站名称
75	博白县	南宁综合试验站	98	大理市	大理综合试验站
76	合川区	重庆综合试验站	99	洱源县	大理综合试验站
77	永川区	重庆综合试验站	100	嵩明县	大理综合试验站
78	忠县	重庆综合试验站	101	神木县	榆林综合试验站
79	潼南县	重庆综合试验站	102	府谷县	榆林综合试验站
80	巫山县	重庆综合试验站	103	横山县	榆林综合试验站
81	简阳市	成都综合试验站	104	米脂县	榆林综合试验站
82	乐至县	成都综合试验站	105	佳县	榆林综合试验站
83	大竹县	成都综合试验站	106	会宁县	定西综合试验站
84	嘉陵区	成都综合试验站	107	安定区	定西综合试验站
85	市中区	成都综合试验站	108	陇西县	定西综合试验站
86	威宁彝族回族苗族自治县	毕节综合试验站	109	通渭县	定西综合试验站
87	大方县	毕节综合试验站	110	临洮县	定西综合试验站
88	织金县	毕节综合试验站	111	和政县	临夏综合试验站
89	纳雍县	毕节综合试验站	112	康乐县	临夏综合试验站
90	赫章县	毕节综合试验站	113	临夏县	临夏综合试验站
91	陆良县	曲靖综合试验站	114	积石山保安族东乡族撒拉族自治县	临夏综合试验站
92	麒麟区	曲靖综合试验站	115	渭源县	临夏综合试验站
93	沾益县	曲靖综合试验站	116	达坂城区	乌鲁木齐综合试验站
94	师宗县	曲靖综合试验站	117	木垒哈萨克自治县	乌鲁木齐综合试验站
95	富源县	曲靖综合试验站	118	阿勒泰市	乌鲁木齐综合试验站
96	祥云县	大理综合试验站	119	富蕴县	乌鲁木齐综合试验站
97	弥渡县	大理综合试验站	120	布尔津县	乌鲁木齐综合试验站

（三）"十三五"岗位设置

1. 岗位科学家设置

"十三五"期间食用豆体系岗位科学家设置情况

机构名称	科学家姓名	岗位名称	建设依托单位
产业技术研发中心	程须珍	首席科学家	中国农业科学院作物科学研究所
	田　静	室主任	河北省农林科学院
遗传改良研究室	王丽侠	种质资源收集与评价	中国农业科学院作物科学研究所
	王述民	育种技术与方法	中国农业科学院作物科学研究所
	田　静	绿豆育种	河北省农林科学院
	尹凤祥	小豆育种	吉林省白城市农业科学院
	魏淑红	芸豆育种	黑龙江省农业科学院
	刘玉皎	蚕豆育种	青海省农林科学院
	何玉华	豌豆育种	云南省农业科学院

（续表）

机构名称	科学家姓名	岗位名称	建设依托单位
栽培与土肥研究室	张耀文	室主任	山西省农业科学院
	何 宁	栽培生理	黑龙江省农业科学院
	王瑞刚	生态与土壤管理	农业部环境保护科研监测所
	张耀文	水分生理与节水栽培	山西省农业科学院
	宗绪晓	养分管理	中国农业科学院作物科学研究所
病虫草害防控研究室	朱振东	室主任	中国农业科学院作物科学研究所
	朱振东	病害防控	中国农业科学院作物科学研究所
	万正煌	虫害防控	湖北省农业科学院
	杨晓明	草害防控	甘肃省农业科学院
	陈 新	生物防治与综合防控	江苏省农业科学院
机械化研究室	陈巧敏	室主任	农业部南京农业机械化研究所
	杨 丽	播种与田间管理机械化	中国农业大学
	陈巧敏	收获机械化	农业部南京农业机械化研究所
加工研究室	周素梅	室主任	中国农业科学院农产品加工研究所
	康玉凡	鲜品加工	中国农业大学
	周素梅	食品加工与综合利用	中国农业科学院农产品加工研究所
	任贵兴	质量安全与营养品质评价	中国农业科学院作物科学研究所
产业经济研究室	张蕙杰	室主任	中国农业科学院农业信息研究所
	张蕙杰	产业经济	中国农业科学院农业信息研究所

2. 试验站设置

"十三五"期间食用豆体系综合试验站设置情况

序号	试验站名称	站长	单位
1	保定综合试验站	李彩菊	保定市农业科学院
2	张家口综合试验站	徐东旭	张家口市农业科学院
3	唐山综合试验站	刘振兴	唐山市农业科学研究院
4	太原综合试验站	畅建武	山西省农业科学院
5	大同综合试验站	冯 高	山西省农业科学院
6	呼和浩特综合试验站	孔庆全	内蒙古自治区农牧业科学院
7	沈阳综合试验站	葛维德	辽宁省农业科学院
8	长春综合试验站	郭中校	吉林省农业科学院
9	齐齐哈尔综合试验站	崔秀辉	黑龙江省农业科学院
10	南通综合试验站	王学军	江苏沿江地区农业科学研究所
11	合肥综合试验站	张丽亚	安徽省农业科学院
12	青岛综合试验站	张晓艳	青岛市农业科学研究院
13	南阳综合试验站	朱 旭	南阳市农业科学院
14	南宁综合试验站	蔡庆生	广西壮族自治区农业科学院
15	重庆综合试验站	张继君	重庆市农业科学院
16	成都综合试验站	余东梅	四川省农业科学院
17	毕节综合试验站	张时龙	毕节市农业科学研究所
18	曲靖综合试验站	唐永生	曲靖市农业科学院

（续表）

序号	试验站名称	站长	单位
19	大理综合试验站	陈国琛	大理白族自治州农业科学推广研究院
20	榆林综合试验站	王斌	榆林市农业科学研究院
21	定西综合试验站	王梅春	定西市农业科学研究院
22	临夏综合试验站	郭延平	临夏回族自治州农业科学院
23	乌鲁木齐综合试验站	季良	新疆维吾尔自治区农业科学院

3. 示范县设置

"十三五"期间国家食用豆体系示范县设置情况

序号	示范县名称	隶属综合试验站名称	序号	示范县名称	隶属综合试验站名称
1	雄县	保定综合试验站	30	赛罕区	呼和浩特综合试验站
2	易县	保定综合试验站	31	阜新蒙古族自治县	沈阳综合试验站
3	蠡县	保定综合试验站	32	彰武县	沈阳综合试验站
4	高阳县	保定综合试验站	33	凌源市	沈阳综合试验站
5	清苑县	保定综合试验站	34	喀喇沁左翼蒙古族自治县	沈阳综合试验站
6	崇礼县	张家口综合试验站	35	康平县	沈阳综合试验站
7	沽源县	张家口综合试验站	36	前郭尔罗斯蒙古族自治县	长春综合试验站
8	张北县	张家口综合试验站	37	洮南市	长春综合试验站
9	康保县	张家口综合试验站	38	镇赉县	长春综合试验站
10	阳原县	张家口综合试验站	39	长岭县	长春综合试验站
11	玉田县	唐山综合试验站	40	通榆县	长春综合试验站
12	遵化市	唐山综合试验站	41	泰来县	齐齐哈尔综合试验站
13	迁安市	唐山综合试验站	42	龙江县	齐齐哈尔综合试验站
14	迁西县	唐山综合试验站	43	甘南县	齐齐哈尔综合试验站
15	乐亭县	唐山综合试验站	44	梅里斯达斡尔族区	齐齐哈尔综合试验站
16	岢岚县	太原综合试验站	45	杜尔伯特蒙古族自治县	齐齐哈尔综合试验站
17	河曲县	太原综合试验站	46	海门市	南通综合试验站
18	方山县	太原综合试验站	47	启东市	南通综合试验站
19	孝义市	太原综合试验站	48	如皋市	南通综合试验站
20	陵川县	太原综合试验站	49	如东县	南通综合试验站
21	大同县	大同综合试验站	50	通州市	南通综合试验站
22	阳高县	大同综合试验站	51	明光市	合肥综合试验站
23	天镇县	大同综合试验站	52	五河县	合肥综合试验站
24	右玉县	大同综合试验站	53	利辛县	合肥综合试验站
25	五寨县	大同综合试验站	54	萧县	合肥综合试验站
26	突泉县	呼和浩特综合试验站	55	涡阳县	合肥综合试验站
27	阿鲁科尔沁旗	呼和浩特综合试验站	56	平度市	青岛综合试验站
28	丰镇市	呼和浩特综合试验站	57	胶南市	青岛综合试验站
29	凉城县	呼和浩特综合试验站	58	昌邑市	青岛综合试验站

（续表）

序号	示范县名称	隶属综合试验站名称	序号	示范县名称	隶属综合试验站名称
59	临朐县	青岛综合试验站	88	沾益县	曲靖综合试验站
60	莱阳市	青岛综合试验站	89	师宗县	曲靖综合试验站
61	邓州市	南阳综合试验站	90	富源县	曲靖综合试验站
62	新野县	南阳综合试验站	91	祥云县	大理综合试验站
63	唐河县	南阳综合试验站	92	弥渡县	大理综合试验站
64	社旗县	南阳综合试验站	93	大理市	大理综合试验站
65	方城县	南阳综合试验站	94	洱源县	大理综合试验站
66	合浦县	南宁综合试验站	95	嵩明县	大理综合试验站
67	富川瑶族自治县	南宁综合试验站	96	神木县	榆林综合试验站
68	大新县	南宁综合试验站	97	府谷县	榆林综合试验站
69	陆川县	南宁综合试验站	98	横山县	榆林综合试验站
70	博白县	南宁综合试验站	99	米脂县	榆林综合试验站
71	合川区	重庆综合试验站	100	佳县	榆林综合试验站
72	永川区	重庆综合试验站	101	会宁县	定西综合试验站
73	忠县	重庆综合试验站	102	安定区	定西综合试验站
74	潼南县	重庆综合试验站	103	陇西县	定西综合试验站
75	巫山县	重庆综合试验站	104	通渭县	定西综合试验站
76	简阳市	成都综合试验站	105	临洮县	定西综合试验站
77	乐至县	成都综合试验站	106	和政县	临夏综合试验站
78	大竹县	成都综合试验站	107	康乐县	临夏综合试验站
79	嘉陵区	成都综合试验站	108	临夏县	临夏综合试验站
80	市中区	成都综合试验站	109	积石山保安族东乡族撒拉族自治县	临夏综合试验站
81	威宁彝族回族苗族自治县	毕节综合试验站	110	渭源县	临夏综合试验站
82	大方县	毕节综合试验站	111	达坂城区	乌鲁木齐综合试验站
83	织金县	毕节综合试验站	112	木垒哈萨克自治县	乌鲁木齐综合试验站
84	纳雍县	毕节综合试验站	113	阿勒泰市	乌鲁木齐综合试验站
85	赫章县	毕节综合试验站	114	富蕴县	乌鲁木齐综合试验站
86	陆良县	曲靖综合试验站	115	布尔津县	乌鲁木齐综合试验站
87	麒麟区	曲靖综合试验站			

二、体系研发目标与任务

（一）总体研发目标

以产销量较大的绿豆、小豆、普通菜豆（芸豆）、蚕豆、豌豆等中国特色食用豆类为主要突破口，通过现代农业产业技术体系建设，提升食用豆科技创新能力，拓宽产业研究领域，根据产业特色建立以科研单位为依托、市场需求为导向、产业发展为目标的多元化科技创新体系，搭建起从田间到餐桌的产业链条各个环节有机整合的技术桥梁，保证食用豆产品的质量安全，带动整个产业健康发展。

（二）重点研发任务

针对我国食用豆产量偏低、栽培技术落后、农民种植收益不稳等问题，开展新品种选育、高产高效栽培技术研究及新产品研发等。

1. "十一五"期间研发任务核心技术内容

（1）重点任务

优良品种与高产综合配套技术试验与示范；主要病虫害防控技术研发与试验示范；传统制品的标准化、工业化生产技术研发与示范。

（2）基础性工作

建立优异种质资源交换平台和穿梭育种网络；评价鉴定种质资源的抗病虫性，筛选抗性育种材料；产业技术发展相关信息数据库建设。

（3）前瞻性研究

抗病虫、抗逆境等相关基因的发掘与种质创新；主要食用豆种肥水需求规律研究；研究不同耕作制度（含轮作、连作、间套作等）下重要病虫害发生发展规律；主要食用豆种加工品质及功能成分的研究。

（4）应急性任务

调研食用豆产业动态信息和突发性生产问题，完成农业部交办的临时性应急任务，提出解决突发性生产问题的切实可行的建议与措施方案。

2. "十二五"期间研发任务核心技术内容

（1）食用豆多抗专用品种筛选及配套技术研究示范（全体系）

东北区出口专用及机械化生产品种筛选与配套技术；华北区抗病虫及间套种品种筛选与配套技术；西北区抗旱耐瘠品种筛选与配套技术；南方区抗病虫及耐冷品种筛选与配套技术；食用豆加工专用品种筛选与加工技术。

（2）豆象综合防控技术研究与示范（全体系）

豆象种类鉴定、分布及为害现状调查；抗豆象种质资源筛选；豆象田间防控技术；豆象仓储防控技术。

（3）食用豆抗性种质创新与新品种选育（育种研究室）

抗病虫绿豆种质创新与新品种选育；抗病出口专用普通菜豆种质创新与新品种选育；抗旱高产春播蚕豆、豌豆种质创新与新品种选育；抗病高产秋播蚕豆、豌豆种质创新与新品种选育；抗病出口专用小豆种质创新与新品种选育。

（4）食用豆重要病害综合防控技术研究（病虫害防控研究室）

豌豆白粉病综合防控技术；蚕豆赤斑病综合防控技术；绿豆尾孢菌叶斑病综合防控技术；普通菜豆普通细菌性疫病综合防控技术。

（5）食用豆抗逆栽培生理与施肥技术研究（栽培与土肥研究室）

抗旱生理指标体系建立与抗旱性能鉴定；旱区高产群体结构与功能优化；耐冷品种及生理指标筛选与验证；氮、磷、钾最佳施肥技术。

（6）食用豆功能成分鉴定与新产品研发（综合研究室）

食用豆降血糖品种筛选与功能因子鉴定技术；绿豆清热解暑功能因子鉴定与品种筛选技术；规模化芽菜优质高效安全生产集成技术；富硒豌豆分离蛋白及豌豆膳食纤维的工艺优化技术；小豆高膳食纤维发酵工艺技术及功能性饮品工艺研发。

（7）食用豆产业发展与政策研究（综合研究室）

食用豆生产要素变化评估；食用豆市场变化趋势分析；食用豆产业政策预测、预警模型研究；食用豆产业发展政策研究。

（8）产业基础数据平台建设（全体系）

建立完善食用豆种质资源、品种、土壤肥力、肥料、病害、虫害等21个数据库。

（9）应急性技术服务（全体系）

调研食用豆产业动态信息和突发性生产问题，完成农业部交办的临时性应急任务，提出解决突发性生产问题的切实可行的建议与措施方案。

3. "十三五"期间研发任务核心技术内容

（1）食用豆高产多抗适宜机械化生产新品种选育（全体系）

高产、抗病虫、优质、适宜机械化收获的食用豆新种质创新；高产多抗适宜机械化生产的食用豆新品种选育；新品种特性与适应性评价；经济效益评估。

（2）食用豆绿色增产增效关键技术集成与示范（全体系）

优质多抗食用豆新品种鉴定与应用；节本增效技术研究集成与应用；绿色防控技术研究集成与应用；机械化生产技术研究集成与应用；产品安全性评估；研究集成技术的经济和生态环境效益评估。

（3）食用豆育种技术创新与新基因发掘（遗传改良研究室）

种质资源鉴定与评价；新基因挖掘鉴定；分子标记辅助育种技术研究与应用；育种技术创新与应用。

（4）食用豆可持续生产关键技术研究（栽培与土肥研究室）

小豆、普通菜豆生长发育、生理调控技术研究；生态与土壤环境状况调查及土壤质量管理；抗旱节水关键技术研究；养分高效利用关键技术研究。

（5）食用豆重要病虫草害绿色防控及关键技术研究（病虫草害防控研究室）

重要食用豆病害病原菌变异及资源抗性研究；食用豆蚜虫绿色防控基础及关键技术研

究；食用豆草害绿色防控关键技术研究；食用豆病毒病绿色防控关键技术研究。

（6）食用豆生产全程机械化相关机械与技术研究（机械化研究室）

精量播种技术研究及机具研制；机械化植保技术研究与机具研制；食用豆收获损伤机理研究及分段收获机具研制；食用豆联合收获关键技术研究及技术规程制定。

（7）食用豆加工技术提升与产品创新研究及示范（加工研究室）

鲜品保鲜与加工技术提升；传统制品加工技术提升与综合利用；新型方便营养健康食用豆制品研发；食用豆及其加工制品品质评价。

（8）食用豆产业发展形势研判与政策建议（产业经济研究室）

生产效益分析；生产贸易形势分析；产业发展政策研究。

（9）产业基础数据平台建设（全体系）

建立完善食用豆种质资源、品种、土壤肥力、肥料、病害、虫害等21个数据库。

（10）应急性技术服务（全体系）

监测本产业生产和市场的异常变化，及时向农业农村部上报情况；发生重大自然灾害，及时制订分区域的应急预案与技术指导方案；组织开展应急性技术指导和培训工作；完成农业农村部各相关司局临时交办的任务。加大与龙头企业的对接力度，建立健全体系与龙头企业科技会商、需求对接、联合协作、成果转化、利益共享机制，促进科技与经济紧密结合。

三、体系研发工作进展

针对我国食用豆种类多、种植范围广、区域性强，产业发展中多抗专用品种缺少、栽培技术落后、种植效益偏低、产后加工基础薄弱等问题，国家食用豆产业技术体系积极开展高产优质多抗专用新品种选育、重要病虫害综合防控、绿色高产高效配套技术研究集成、功能成分鉴定与新产品研发等。筛选出适宜我国不同产区种植的多抗专用品种56个，培育通过省级及以上审（鉴）定品种267个，研发出主要病虫害绿色防控技术6套，研制出绿色高效生产技术4套（含17个单项），形成技术规程和标准108项。获省部级以上科技成果54项、国家专利45项、新品种保护权34个，发表论文800余篇，出版著作36部，培养出一批国家和省部级高层次人才及博士、硕士等中青年技术骨干。通过技术培训、应急性服务等，在引领食用豆科技创新、推动提质增效和绿色发展、科技扶贫、促进农民增收、支撑政府决策等方面发挥了重要作用。

（一）食用豆高产优质多抗专用新品种选育，解决了主产区品种混杂、产量低、抗性差等问题

经体系联合鉴定试验，筛选出龙芸豆5号、白绿8号、白红3号等东北区出口专用及适宜机械化生产，中绿5号、冀红352等华北区抗病虫间套种，临蚕6号、定豌4号等西北区抗旱耐瘠，云豆早7、云豌4号、中绿5号等南方区抗病耐冷及稻茬免耕或间套作等品种61个，解决了主产区专用品种缺乏问题。

培育通过省级及以上品种管理部门审（鉴）定新品种 267 个，如抗病虫高产优质绿豆、抗病广适出口专用小豆、抗病优质出口专用型普通菜豆、抗旱高产春播蚕豆豌豆、多抗优质专用秋播蚕豆豌豆等。其中国家鉴定品种 31 个，包括绿豆 5 个、小豆 11 个、普通菜豆 2 个、蚕豆 3 个、豌豆 6 个、豇豆 4 个。另外，云豆早 7、青海 13 号、云豌 1 号、中秦 1 号、冀绿 7 号、中红 6 号、龙芸豆 5 号等 16 个品种获新品种保护权。

通过新品种适应性评价，鉴定出产量较对照品种显著增产的冀绿 0816、品绿 2011-06 绿豆，白红 9 号、唐红 2010-12 小豆，中芸 5 号、龙 12-2614 普通菜豆，凤 04160、凤 01137 蚕豆，云豌 49 号、云豌 48 号豌豆等新品种 31 个。

根据食用豆功能特点和产业需求，经对数千份初选材料进行功效成分及加工特性分析，鉴定出营养保健功能成分含量高及加工专用品种 59 个，包括抗氧化、降血糖、清暑热、高纤维等，以及芽苗菜、豆沙、淀粉、饮料等加工专用品种。研发出绿豆清热解暑、降血脂、润肠通便，小豆降血糖等加工中试产品 6 种。

（二）种质创新与新基因挖掘等基础性研究得到加强，提高了食用豆育种效率和技术水平，缩短了食用豆与大宗作物间的差距

收集引进国内外种质资源 3 500 余份，经农艺性状鉴定和种子繁殖已有 1 153 份入交国家种质库保存。系统评价国内外种质资源 3 万多份，构建了绿豆、小豆、蚕豆、豌豆、普通菜豆等主要豆种应用核心种质。鉴定出一批具有特殊利用价值的优异种质，包括抗豆象、叶斑病、镰孢根腐病、丝核菌根腐病绿豆，抗豆象、丝核菌根腐病、白粉病、炭腐病小豆，抗赤斑病蚕豆，抗白粉病、枯萎病豌豆，抗镰孢菌枯萎病、炭疽病普通菜豆等。其中抗豆象绿豆、小豆，抗叶斑病绿豆等在我国食用豆资源中相对匮乏。创制出抗旱、抗枯萎病、抗豆象、抗细菌性疫病、适宜机械化生产的绿豆，抗豆象、抗病毒病小豆，抗赤斑病、高抗白粉病蚕豆，耐锈病、耐根腐病、抗白粉病豌豆，高度耐盐普通菜豆等新种质 617 份。

利用远缘杂交、幼胚拯救、桥梁亲本、分子生物技术等途径，创新食用豆育种技术 4 项。其中，利用远缘杂交和幼胚拯救技术，获得小豆—饭豆的 F_5 代群体，鉴定出高抗豆象小豆材料 54 份。利用桥梁亲本 V. riukiuensis，实现了小豆和饭豆遗传物质的融合。以抗豆象栽培绿豆 V2709 作母本，抗豆象黑吉豆 sublobata-1 作父本，通过温室错期播种和光温处理，使绿豆和黑吉豆远缘杂交获得成功。从自主开发的 SSR 标记中筛选到 8 个与 V1128 抗豆象新基因 Br3 紧密连锁的分子标记，可对抗豆象后代材料进行苗期和早代精准选择。蚕豆、豌豆、绿豆 EMS 诱变，^{60}Co 辐射等育种技术正在不断完善与应用。

基因定位及分子标记辅助育种研究取得重要进展。完成了绿豆、小豆转录组测序研究及 EST-SSR 引物开发，开发出 SSR 引物 15 000 余个。构建了一张迄今为止密度最高的绿豆遗传连锁图谱，将抗豆象 Br1~Br5 基因定位到第 5、第 6 连锁群上一个 2.4~6.7cM 的区间内。从绿豆中成功克隆出具有 AP2 结构域和转录激活活性 VrDREB2A 基因，过表达可增强绿豆植株抗干旱和高盐耐性。将 MYB66、DREB20 和 NAC39 确定为绿豆抗旱候选基因。利用复合区间作图法，鉴定出与绿豆株高、幼茎色、主茎色、生长习性、结荚习性、复叶叶形和成熟叶色等农艺性状相关的 QTL37 个，贡献率为 8.49%~99.51%。构建了小豆高密度遗传连锁图谱，将开花基因定位到第 3 和第 5 连锁群。筛选到与蚕豆单宁性

状相关的 SSR 标记 2 个，遗传距离分别为 2.9cM 和 14.2cM。对 12 个抗白粉病豌豆资源进行了 *er1* 候选基因克隆和测序。

（三）豆象综合防控技术研究与示范，填补了我国食用豆领域多项技术空白

经全体系人员对 25 个主产省份系统调查，首次明确为害我国食用豆的豆象种类、分布区域、为害与寄主情况。发现为害我国食用豆的豆象有 5 种，其中蚕豆象主要为害蚕豆，分布在北纬 24°00′~43°21′、东经 88°18′~121°39′，最高海拔为 2 294m。豌豆象主要为害豌豆，分布在北纬 24°02′~44°00′、东经 87°18′~121°39′，发现豌豆象的最高海拔为 2 800 多 m。绿豆象为杂食性害虫，可为害多种豆科植物。在调查的 25 个省份 198 个县中，除黑龙江外，均有绿豆象发生。四纹豆象在储藏期为害绿豆、小豆及豇豆，在重庆永川和黔江、江苏南京、河北石家庄、湖北武汉等均有发生。菜豆象为害菜豆属豆种，在云南、贵州多个产区及吉林延边朝鲜族自治州（以下简称延边州），以及青岛、呼和浩特、哈尔滨、延吉和海南乐东都有发生。

建立完善食用豆抗豆象表型鉴定方法、评价标准及分子标记鉴定技术体系，从上万份种质资源（高代品系）中鉴定出抗豆象优异种质 65 份，包括绿豆 31 份、小豆 6 份、豇豆 1 份、饭豆 2 份、蚕豆 19 份、豌豆 6 份。精细定位了不同来源的绿豆抗豆象基因，将 TC1966 抗豆象基因 *Br* 定位在第 5 号染色体上一个约 40kb 的区间，含有两个候选基因，经过测序发现其中一个编码多聚半乳糖醛酸酶抑制蛋白（PGIP）的 DNA 序列和 cDNA 序列在 TC1966 和 VC1973A 中存在导致氨基酸变化的 3 个主要 SNP 差异，qRT-PCR 验证表明，该基因在 TC1966 中的表达显著上调。发现 V2802 对绿豆象和四纹豆象的抗性由一个主效显性基因控制，将其抗豆象基因 *VrBr5* 定位在第 5 染色体上，并与菜豆第 9 染色体的一个区域同源。利用 BSA 法将抗豆象栽培绿豆 V1128 抗豆象基因 *Br3* 定位在标记 DMB158 和 VRBR-SSR033 之间，两侧遗传距离分别为 4.4cM 和 5.8cM。

建立豆象田间和仓储防控技术 3 套，包括种子处理、田间调查、药剂筛选、田间防控、仓储运输等在内的综合防治技术规程 1 套；仓储绿豆象、蚕豆象和豌豆象物理防控技术 1 套；仓储豆象化学综合防控技术 1 套。

抗豆象新品种新技术试验示范社会、经济和生态效益显著。在 18 个示范县示范豆象综合防控技术 2 000 多亩，辐射 3 万亩，防效在 68% 以上，总体为害情况较 2008 年减轻 2~3 倍。通过示范引领带动，豆象防治效果达到 90% 以上，减少损失 8.419 万 t，新增经济效益 4.48 亿元。

（四）研究集成食用豆重要病虫害绿色防控技术 6 套，获得良好防治效果

基本明确我国绿豆、小豆、蚕豆、豌豆及普通菜豆病虫害种类。建立完善豌豆白粉病、蚕豆赤斑病、绿豆叶斑病和枯萎病、普通菜豆细菌性疫病鉴定方法与评价标准。鉴定出抗枯萎病绿豆品种 59 个，抗尾孢叶斑病绿豆 60 个，对白粉病免疫或抗病豌豆 227 份，抗赤斑病蚕豆 38 份，抗细菌性疫病普通菜豆 14 份。

研制出豌豆白粉病综合防控技术，筛选出对白粉病防治效果较好的化学药剂 3 种，制定技术规程 1 套；蚕豆赤斑病综合防控技术，建立了蚕豆赤斑病发生早期预警和离体叶片

（八）做好应急性技术服务，为农民增收、企业增效、政府决策提供技术支撑

1. 密切关注本产业生产、市场及研究现状和变化动向，及时向有关政府部门提交调研报告

通过固定观察点农户调查、主产区和消费区批发市场跟踪监测等，撰写食用豆生产情况调查、市场与价格形势、生产形势分析、国际贸易形势、产业发展趋势与建议等报告近百篇，为农业农村部和地方政府决策提供参考依据。

根据农业农村部及其他部委有关农业农村发展政策建议的需求，通过调研分析形成燕山—太行山特困连片区食用豆产业状况、"十三五"特困连片区食用豆产业状况、"十三五"产业技术创新重点与机制、内蒙古跨体系产业扶贫对接、食用豆产业发展与战略研究等调研报告及燕山—太行山区域技术扶贫项目建议书、中国农业重大科技需求和重大科技成果、食用豆类良种科研联合攻关实施方案、登记作物优良绿色品种筛选目标及评价标准、新时期农业科技创新建议、食用豆产业技术体系产业重大难题等报告百余份，为国家和有关政府部门科研立项提供参考依据。

2. 关注产业突发性和农业灾害性事件，及时提出应急预案与技术指导方案

十年间，市场上绿豆价格疯涨，生产上低温冻害、冰雪、干旱等突发性和灾害性事件频发。如2010年初绿豆价格疯狂上涨，2011年1月贵州及其周边等地区持续发生大范围冻雨、低温、冰雪灾害，2011年6月江苏、安徽等南方地区遭遇强台风，2014年1月云南冻害、6—8月河南及南方产区持续干旱、7月中旬至8月下旬东北西部持续干旱、8—10月南方地区包括江苏等地持续低温阴雨，2015年1月云南强降雪，同年7月辽宁、山西等遇夏旱、10—11月华东地区持续低温阴雨等，体系专家都在第一时间奔赴生产一线调研，提出应急预案和技术指导意见，及时分发到有关省市区政府和农技部门，并为灾区筹集种子、化肥、农药等，将灾害损失降低到最低，受到当地有关政府、农业管理部门及广大种植户好评。

3. 积极组织开展各类人员的技术培训和指导，促进体系研发成果快速转化

据不完全统计，十年间，国家食用豆产业技术体系共组织各类培训班、现场会、展示会、技术讲座等万余场次，并通过电视、广播、光盘、墙报等宣传形式，培训基层技术骨干、示范种植户约10万人次，发放培训资料、技术手册等18万份，提供示范种子约10万kg，农药1万kg，化肥6万kg，示范推广新品种200多个、新技术80余项，推进体系研发成果快速进村、入户、到田、并"落地生根"，受益农民达2万户，起到了加快新技术和新成果应用、提升科技支撑产业发展和科技服务能力的效果。

同时，积极开展体系内外、国内外资源信息交流与合作，建立体系岗岗联合、岗站对接、站站协作机制，积极与其他产业体系、农技推广体系、地方创新团队合作，建立求真务实的体系学风和诚实守信的观念。如冬季豆类种传病害防控技术研讨会、GGEbiplot统计软件应用培训班、食用豆育种与栽培技术引进及应用研讨会、东北区食用豆机械化生产技术研讨会、亚太地区食用豆国际交流会等。

4. 及时完成农业农村部各相关司局临时交办的任务

圆满完成农业农村部交办的各项任务，如"农业科技促进年大培训"活动、"十二五"体系示范基地建设、体系征文活动、《中国现代农业产业可持续发展战略研究》丛书撰写、科研项目申报、主导品种和主推技术推介、体系经费检查、中期及年终工作总结等。

（九）依托新品种新技术，科技扶贫取得显著成效

1. 实地调研，明确贫困地区食用豆产业发展技术需求

食用豆体系按照农业农村部扶贫工作总体部署和体系岗站设置情况，2016年初组织专家到燕山—太行山区、吕梁山区、大兴安岭南麓山区、大别山区、秦巴山区、乌蒙山区、滇西边境山区、六盘山区等特困连片区，实地调研了当地的食用豆生产和产业技术需求，并向科教司提交了调研报告。针对贫困地区生态特点和产业需求，组建起由首席科学家任组长、功能研究室主任为副组长、岗位科学家和站长为技术骨干的科技扶贫联合帮扶团队。以14个集中连片贫困区、"三区三州"、部定点扶贫等21个省（市、区）、66个国家级深度贫困县为重点，以科技助力产业扶贫为突破口，以国家商品和种业基地建设为抓手，以节本增效为目标，以"食用豆+"生产模式为核心，按"一县一业、一村一品"的布局规划，构建食用豆"科研+企业+贫困县+基地"新型产业扶贫模式。

2. 开展食用豆高效栽培技术研制集成与试验示范

在贫困地区开展食用豆新品种、新技术试验示范。按照食用豆优势产区布局规划，利用科普日、科技活动周、防灾减灾日及日常工作等开展技术培训，通过展示、观摩、现场会及媒体宣传等方式普及推广食用豆新品种新技术。据不完全统计，2016—2018年在贫困地区示范推广中绿5号、白绿9号、冀绿10、凤豆6号、青蚕14、中豌6号、云豌18、龙芸豆5号等新品种69个，食用豆新品种地膜覆盖、间作套种、机械化生产等新技术30余项，累计示范面积约1 500万亩。开展新品种配套技术培训1 000多场次，培训1.5万余人次，发放培训资料及技术手册2.5万多份，受益农户数万人。

3. 提供食用豆种子并开展技术培训

根据贫困地区生产特点，为示范区提供优良品种、农膜、化肥、农药、技术资料等。春季通过送种子、送农资、送科技下乡，以及慰问贫困户等活动；针对种植大户技术需求，开展送汽油喷雾器、播种机等生产资料活动；关键生长时期开展技术培训与指导，送技术资料下乡活动；2016—2018年累计开展技术指导1 500余次，培训基层技术人员2 000余人次，培训农民6.4万人次，发放宣传资料14.9万份，电话网络咨询300余次，提供种子69.5万kg、化肥等农资合计超过54.2万kg，提交政策建议、产业咨询报告百余份。食用豆在不同地点增产25~150kg/亩，亩增收100~900元，对产区农户脱贫起到积极的促进作用，提升了农民种豆积极性和生产技术水平。

4. 科技扶贫取得显著成效

食用豆新品种新技术的示范，提高了食用豆的种植效益。新品种新技术示范，一般增产10%以上，已成为当地农民脱贫致富的重要途径。例如，毕节综合试验站承担了大方

县、黔西县、织金县、纳雍县、威宁彝族回族苗族自治县、七星关区6个贫困县的帮扶任务，针对地方特色制订出切实可行扶贫计划。

（1）同步小康的集团帮扶点

以产业带动发展，扶贫先建社。普通菜豆作为乌蒙特困连片山区的主要特色作物之一，毕节综合试验站先后在仙龙村、津海村和营田村培养致富带头人，并协助致富带头人建立农民特色作物种植专业合作社。毕节综合试验站提供技术服务和良种、肥料和农药等生产资料，通过专业合作社组织实施普通菜豆良种繁育基地建设，当地农民以土地入股的形式加入了新成立的特色作物种植专业合作社，在入股的贫困人口当中，仙龙村有48人16户，津海村有94人31户，营田村有52人17户。经统计，2017年11月底仙龙村脱贫53人17户，津海村61人20户，营田村41人13户。其中，入股专业合作社的贫困农户中80%的经济收入均来自合作社分红后的收入。在专业合作社的组织下，毕节综合试验站团队先后对当地农民培训了6 000人次，培养了普通菜豆高效种植科技二传手20人，发放各种培训资料15 000份，种植基地辐射带动周边15万亩，引导农民就业75人。这种以"现代农业产业技术体系+专业合作社+贫困农户"的科技扶贫模式初步取得了一定成效，让科研成果在农民的土地上进行转化，再以专业合作社对转化成果进行消化，让芸豆产业逐渐形成一条完整的产业链，让食用豆产业在脱贫攻坚的过程中发挥作用。

（2）科技创新人才团队帮扶点

毕节综合试验站以站长张时龙为领衔人、团队成员为骨干，组建了"毕节市蔬菜产业科技创新人才团队"，帮扶毕节市七星关区生机镇。团队帮助生机镇镇江村成立了"七星关区生机镇镇江村特色蔬菜种植农民专业合作社"，入户农户88户，其中贫困户占60%。根据该村的自然条件确定重点发展早熟蔬菜及错季蔬菜。2017年重点发展果园套种蚕豆、豌豆及稻田轮作早熟鲜食菜豆、叶菜类蔬菜，其中蚕豆450亩、豌豆80亩、稻/普通菜豆轮作50亩。毕节综合试验站提供蚕豆、普通菜豆及蔬菜良种580kg、复合肥2 000kg、钾肥1 000kg、农药10件，总计投入经费4.5万元。经测产，合作社鲜食蚕豆亩产值5 200元，每亩增收3 600元，总增收162万元；鲜食豌豆亩产值4 800元，亩增收3 400元，总增收27.2万元；稻/普通菜豆轮作亩产值7 100元，亩增收3 300元，总增收16.5万元。三项共计增收205.7万元，户均增收2.34万元。举办培训班（会）13场期次，培训了415人次，培养科技二传手12人，发放各种培训资料1 000多份，引导农民就业145人，帮助53户贫困户脱贫。

（3）其他脱贫联系点

2017年，食用豆体系为"千名科技人员包千村""三区科技特派员"、科技副职等6个扶贫联系点提供普通菜豆、蚕豆、豌豆、小豆、绿豆等种子5 750kg，开展技术培训与指导18场次，培训乡镇技术人员、合作社技术骨干和农民1 950人次，发放技术资料3 000多份，累计投入资金11.35万元。在扶贫点开展食用豆新品种、新技术示范2 780亩，促进农民增收51.2万元，实现96户贫困户脱贫。

另外，张家口综合试验站与河北金田地广农业发展有限公司合作开展扶贫工作，在阳原县10个乡镇建立食用豆示范样本35 227亩（绿豆21 464亩、红小豆8 414亩、普通菜豆

5 349亩），提供种子共计 9 万 kg，使阳原县新品种新技术示范推广覆盖率达到 80% 以上，示范区内增产 10% 以上，取得了显著的社会效益和经济效益，在深度贫困县的脱贫致富工作中发挥了重要作用。

榆林综合试验站在绥德县积极推行旱作农业示范，在吉镇上刘家沟村示范地膜绿豆覆膜播种一体技术 100 亩，平均亩产达 110.5kg，露地栽培亩产 84.8kg，增产 30.3%；在名州镇王家山村示范绿豆良种潍绿 9 号 130 亩，采用一次性收获，每亩节省人工 3 个，增效 210~240 元，并为示范村提供 200 亩绿豆细菌性晕疫病防治的药剂，为贫困村筛选出脱贫致富的好产业——绿豆产业。

大理综合试验站在宾川县高寒贫困山区，指导贫困农户种植"高寒山区夏秋播鲜食蚕豆"，提供凤豆 6 号、凤豆 11 号等优质蚕豆种子 12 000kg，化肥 43 260kg，并进行技术培训和田间指导，与加工销售企业一起进行鲜食蚕豆产品加工和市场开发研究。其中杨柳村、乌龙坝种植夏秋播鲜食蚕豆 7.61 万亩，平均亩产鲜豆荚 1 172.41kg，比对照亩增产 192.46kg，亩增产值 577.38 元，新增产值 4 393.86 万元，平均亩产值 3 517.23 元，总产值 26 766.12 万元，通过该项目实施使广大农民脱贫致富。

蚕豆育种岗位科学家在宁夏回族自治区（以下简称宁夏）六盘山区固原市隆德县、青海省海东市乐都区，以"蚕豆新品种青蚕 14 号及其配套技术示范推广"项目和技术服务的形式，培育优势产业。2017 年在隆德县陈靳乡陈靳村等共示范推广面积 5 000亩，青蚕 14 号蚕豆的产量达 220.0kg/亩，较当地主栽品种青海 9 号等增产 11.5%，亩种植效益达 900 元以上，累计种植效益达 450 万元。在乐都区达拉乡杜家洼村、芦化乡本巴湾村示范种植青蚕 14 号及地膜覆盖种植技术 800 亩，亩产量 250~300kg，产值为 1 000~1 500元/亩，收入达 80 万~120 万元，惠及 50 户 150 多人，户均 1.6 万~2.4 万元，人均 5 000~6 000元。

呼和浩特综合试验站在商都县屯垦队镇北井子村指导种植 1 300亩绿子叶蚕豆平均亩产 246kg，与当地蚕豆品种产量相当，但是企业收购价格比当地品种高出 0.8 元/kg，收入增加近 200 元/亩。在突泉县种植绿豆新品种较当地品种平均亩产 126kg，增产 8.2%，每亩增收绿豆 9.6kg，按收获时收购价 8 元/kg 计算，亩增收 76.8 元；绿豆地膜覆盖高产栽培技术的增产效果更为显著，平均亩产 138kg，较当地不覆膜垄作栽培增产 18.9%，增产绿豆 22kg，每亩增收 176 元。2017 年，在突泉县示范绿豆新品种 3.6 万亩，地膜覆盖高产栽培技术 125 亩，增加经济收益 278.9 万元。

太原综合试验站 2017 年在岢岚县高家会乡西会村建立品金芸 3 号及高产栽培技术示范 310 亩，亩产红芸豆 135.1kg，较对照田增产 16.1%。通过高产创建和示范，在岢岚县及周边五台县、定襄县、代县和宁武县推广红芸豆新品种 2 万亩、新技术 4.5 万亩，可增加当地农民经济收入 437 万元。同时，还在岢岚县高家会乡西会村开展 3 次科技扶贫技术服务和培训，发放技术资料 222 份，红芸豆种子 2 859kg，地膜 830kg，化肥 8 300kg，药剂 800 余袋。通过红芸豆新品种及高产技术的培训，提高了农民种植红芸豆技术水平，促进了当地红芸豆产业的发展，加大了科技扶贫力度。

四、体系活动大事记

（一）2009 年

1. 食用豆类行业科研专项年度总结暨现代产业技术体系建设启动会

会议于 2009 年 1 月 13—15 日在北京召开，地点：中国农业科学院作物科学研究所。农业部科技司刘艳副司长，产业技术处张国良处长，中国农业科学院作物科学研究所万建民所长、王述民副所长等领导，国家食用豆产业技术体系首席科学家、岗位科学家和综合试验站站长及部分出口加工企业代表等，共 70 余人出席了会议（图 1）。

图 1　2009 年 1 月体系启动会集体（北京）

会议内容：总结交流 2007—2008 年度食用豆类行业科技及种质资源研究进展情况，落实 2009 年工作计划，制定食用豆产业技术体系建设研究方向等。

会议由王述民副所长主持，万建民所长致欢迎辞。刘艳副司长向参会代表详细介绍了目前我国农业科研机构所面临的重要问题，现代农业产业技术体系与行业专项的关系、组织结构、工作目标及发展方向等。张国良处长对产业体系建设做了系统部署、安排，要求各岗位科学家和综合试验站站长在首席科学家的领导和协调下精诚合作、奋力争先，同时要团结和凝聚体系外的专家，最大限度发挥体系团队的技术支撑作用。

会议对 2007—2008 年度农业部公益性行业科研专项"食用豆类资源初级核心样本和新品种配套栽培技术研究与集成示范（nyhyzx07-17，3-32）"的研发工作进行了系统总结和交流，落实了 2009 年度重点工作计划，明确了在现代产业技术体系建设中各岗位科学家和综合试验站的重点任务。会议还邀请国家大豆产业技术体系首席科学家韩天富研究员介绍了大豆体系建设一年来的经验和体会。

2. 国家食用豆产业技术体系任务规划核心内容研讨会

会议于 2009 年 3 月 10—11 日在北京召开，地点：中国农业科学院作物科学研究所。会议邀请中国农业科学院作物科学研究所董玉琛院士、常汝镇研究员和中国食品进出口土畜商会蒋宪生处长莅临指导，中国农业科学院作物科学研究所王述民副所长，国家食用豆产业技术体系首席科学家、各功能研究室主任及岗位科学家和部分试验站站长等，共 20 多人出席会议（图 2）。

图 2　2009 年 3 月体系研讨会会场（北京）

会议内容：讨论落实农业部现代农业产业技术体系建设工作精神，制定国家食用豆产业技术体系研发重点任务等。

会议由首席科学家程须珍研究员主持。董玉琛院士认为现代农业产业技术体系建设非常适合像食用豆这样的小作物，食用豆体系从资源利用、种质创新，到新品种选育和配套栽培技术研究及其示范推广、生产基地建设和产后利用一起抓，形成了很好的一条龙服务技术体系，带动产业健康发展，为小作物产业发展开了个好头。希望进一步提高对现代农业产业技术体系建设的认识，增强责任感、使命感和服务意识，把食用豆产业做得更大更好。董院士还就食用豆产业技术体系任务规划核心内容的重点任务、基础性工作、前瞻性研究、应急性工作等提出具体的意见和建议。常汝镇研究员指出，进入现代农业产业技术体系为食用豆迎来了最好的发展时期，但是也意味着要承担更多的责任和义务。因此，要求各个岗位科学家、试验站站长等体系人员要本着诚信、严谨的态度，以大局为重，实现科研成果与生产对接，为发展中国特色食用豆类做更多的实事。蒋宪生处长建议，应充分发挥食用豆产品特色和市场优势，实现体系与商贸有机结合，进一步提高出口产品质量和数量，增强国际市场竞争力。

会议讨论制定了国家食用豆产业技术体系建设五年（2009—2013 年）任务规划，明确了食用豆遗传育种、栽培与土肥、病虫害防控、产后加工利用、产业经济等领域的重点任务、基础性工作、前瞻性研究、应急性任务等的具体研发目标，以及体系内各岗位科学家与综合试验站的对接方式，完善了国家食用豆产业技术体系工作细则。

3. 国家食用豆产业技术体系任务落实暨产业化示范现场观摩会

会议于 2009 年 5 月 10—14 日在江苏南京召开，地点：江苏省会议中心（钟山宾馆）。会议由国家食用豆产业技术研发中心/中国农业科学院作物科学研究所主办，江苏省农业科学院蔬菜研究所、江苏沿江地区农业科学研究所承办，江苏徐淮地区淮阴农业科学研究所协办。中国农业科学院作物科学研究所王述民副所长、江苏省农业科学院常有宏副院长、江苏省农林厅科教处周振兴副处长、江苏省农业科学院办公室黄俊主任、江苏省农业科学院科研处还红华副处长、江苏省农业科学院蔬菜研究所唐于银书记、沿江地区农业科学研究所邱启程书记等领导，国家食用豆产业技术首席科学家、功能研究室主任、岗位科学家和综合试验站站长及部分团队成员等，共 80 余人出席了会议（图 3）。

图 3　2009 年 5 月体系工作会会场（南京）

会议内容：落实岗位科学家和综合试验站的任务规划并签订委托任务书，交流 2009 年前期产业发展技术需求调研情况，编写《中国食用豆产业发展技术需求调研报告》，参观江苏省豌豆、蚕豆产业化示范基地，讨论农业部公益性行业科研专项经费项目绩效自评报告，制订体系近期工作计划。

　　会议由国家食用豆产业技术体系首席科学家程须珍研究员主持。常有宏副院长致欢迎辞，介绍了江苏省食用豆产业发展情况。王述民副所长在开幕词中充分肯定了食用豆产业体系建设前期工作所取得成就，同时提出产业存在的问题和体系建设努力方向，江苏省农业厅科教处周振兴副处长对食用豆产业发展也提出建设性意见。

　　会议总结交流了2009年产业发展技术需求调研工作，提出了编印《中国食用豆产业发展技术需求调研报告》的建议，进一步明确了各服务区存在的主要问题及产业重点技术需求，确定了各岗（站）的工作重点、目标任务和努力方向，制定出切实可行、行之有效的技术措施。会议还参观了江苏省淮阴区码头镇千亩豌豆高产高效试验示范基地、南通市海门市货龙镇蚕豆多元化高效栽培模式及江苏中宝食品有限公司食用豆速冻产品加工基地（图4）。

图4　2009年5月体系工作会观摩现场（淮阴）

　　4. 国家食用豆产业技术体系工作交流暨产业化示范现场观摩会

　　会议于2009年6月26—29日在甘肃兰州召开，地点：兰州市友谊饭店。会议由国家食用豆产业技术研发中心/中国农业科学院作物科学研究所主办，甘肃省农业科学院作物研究所承办，甘肃省定西市旱作农业科研推广中心、甘肃省临夏回族自治州农业科学研究所协办。中国农业科学院作物科学研究所王述民副所长、甘肃省农牧厅科教处陈士辉处长、甘肃省农业科学院郭奇志副院长、科研处杨发荣副处长及作物研究所党占海所长等领导，国家食用豆产业技术体系首席科学家、岗位科学家、综合试验站站长及部分团队成员等，共50余人出席了会议（图5）。

　　大会开幕式由国家食用豆和油用胡麻两个产业技术体系联合举行，国家油用胡麻产业技术体系首席科学家党占海所长主持，郭奇志副院长致欢迎辞，王述民副所长致开幕词，程须珍研究员对我国食用豆产业现状、存在问题、发展前景等做了全面分析，并对食用豆

图5　2009年6月体系工作会集体合影（兰州）

产业的发展提出新的要求和希望。

会议主要内容：总结交流2009年阶段性工作进展，讨论编辑出版《中国食用豆产业发展技术需求调研报告》稿件小样，制订下半年工作计划，参观甘肃省中西部食用豆试验示范及产业化示范基地。

工作会议由首席科学家程须珍研究员主持。程首席对食用豆产业技术体系前期工作做了全面总结，就体系建设中存在的问题进行了认真分析，强调要进一步加强各功能研究室间的协作及与岗位科学家和试验站的对接，要求大家通过总结交流，认真学习先进经验，力争把下半年的体系工作做得更好。各岗位科学家、综合试验站站长总结交流了2009年上半年研发工作进展情况。王述民副所长在总结发言时强调，大家要提高认识、统筹规划，加强各功能研究室之间的团结协作，抓好关键品种或栽培模式的联合试验，形成相对集中、比较统一的技术模式，以利于新品种新技术的大规模示范推广。会议对编印《中国食用豆产业发展技术需求调研报告》进行了充分讨论，提出编写方案和具体要求。研究制定了下半年工作计划。观摩考察了国家食用豆产业技术体系兰州秦王川豌豆品种试验和300亩集中连片产业化示范基地，定西综合试验站豌豆品种试验和通渭县华家岭乡老站村豌豆生产示范基地，临夏州蚕豆育种试验和临夏县掌子沟乡尕巴山村500亩蚕豆产业化示范基地（图6）。

5. 主要食用豆类（绿豆、小豆）杂交育种技术培训会

培训会于2009年8月5—7日在河北石家庄举办，地点：河北省军区招待所。培训会由国家食用豆产业技术体系研发中心、遗传育种研究室主办，河北省农林科学院粮油作物研究所承办。河北省农林科学院孙进群书记、陈霞副处长，河北省农林科学院粮油作物研究所梁双波所长、王国印副所长、李辉副所长等领导，国家食用豆产业技术体系首席科学家、部分岗位科学家和站长，以及来自北京、河北、山西、内蒙古、辽宁等共16个省

图6　2009年6月体系观摩会现场（临夏）

（市、自治区）的有关团队技术骨干和体系外从事食用豆类研究的科研人员，共53人参加了培训（图7）。

图7　2009年8月体系育种技术培训会场（石家庄）

培训内容：聘请体系内、外专家进行主要食用豆类及其他相关作物育种技术交流，传授食用豆杂交育种方法和关键技术，并进行田间实际操作训练，参观河北省农林科学院粮油作物研究所食用豆研究室试验基地。

培训会由首席科学家程须珍研究员主持。团队成员王丽侠博士、遗传育种研究室主任田静研究员、岗位科学家尹凤祥研究员、陈新博士及国家大豆产业技术体系团队成员赵青松等分别就"中国绿豆育种技术及其研究进展""小豆杂交育种程序及关键技术""东北绿豆品种改良""国内外绿豆小豆研究进展及未来发展方向""大豆育种方法讨论"等内容做了专题报告。

会议还参观了河北省农林科学院粮油作物研究所食用豆育种试验基地。田静研究员在田间详细介绍了食用豆类杂交育种关键环节与操作技术，现场传授了绿豆小豆杂交育种去雄授粉技术，并指导学员实习操作（图8）。

图8 2009年8月体系育种技术培训现场（石家庄）

6. 国家食用豆产业技术体系2009年中期工作总结暨产业化示范观摩会

会议于2009年8月23—26日在山西太原召开，地点：山西省农业科学院新纪元大酒店。会议由国家食用豆产业技术研发中心/中国农业科学院作物科学研究所主办，山西省农业科学院小杂粮研究中心承办，山西省农业科学院作物品种资源研究所、高寒区作物研究所协办。中国农业科学院作物科学研究所王述民副所长，山西省农业科学院乔雄吾副院长、山西省农业厅种子站王新安站长和科教处岳继和副处长等领导，国家食用豆产业技术体系首席科学家、岗位科学家和综合试验站站长及部分团队成员等，共80多人出席会议。

会议内容：传达学习农业部"现代农业产业技术体系首席科学家会议"和"现代农业产业技术体系产业经济岗位科学家座谈会"会议精神，总结交流2009年上半年工作进展，讨论体系运行中存在的问题，制定下半年工作重点，讨论"十二五"期间体系建设问题，参观山西省食用豆试验示范及产业化示范基地。

开幕式由山西省农业科学院作物科学研究所所长张名昌主持。乔雄吾副院长致欢迎辞。王述民副所长致开幕词，向与会代表传达了农业部近期召开的产业经济岗位座谈会精神，就食用豆体系建设中存在的问题提出了新的要求和努力方向。

体系工作会议由首席科学家程须珍研究员主持。程首席带领大家一起认真学习了年初制定的食用豆产业技术体系工作细则，进一步明确了各岗位的职责与任务。各岗位科学家和综合试验站站长就近期工作做了总结和交流，并就近期工作中存在的问题及如何把下一步工作做好等方面进行了充分讨论。与会代表参观了山西省岢岚县千亩芸豆示范和大同旱地绿豆地膜覆盖示范基地，专家深入田间地头与基层农技人员和农民面对面，详细了解食用豆生产中存在的问题，给予现场解答（图9）。并就山西北部干旱特点和当前旱情发展情况，提出相应的栽培管理技术措施。

图9 2009年8月体系中期会现场观摩（山西）

（三）2010年

1. 国家食用豆产业技术体系2009年度总结暨岗位人员考评工作会

会议于2010年1月7—9日在北京召开，地点：中国农业科学院作物科学研究所。会议由国家食用豆产业技术研发中心/中国农业科学院作物科学研究所主办。农业部科技教育司刘艳副司长、产业技术处陈彦宾副处长，中国农业科学院作物科学研究所万建民所长、王述民副所长、曹永生副所长等领导，国家食用豆产业技术体系首席科学家、岗位科学家、综合试验站站长及部分团队成员等，共70多人出席了会议（图10）。

图10 2010年1月体系工作会集体合影（北京）

会议内容：传达学习农业部农科教发〔2009〕9号文和"现代农业产业技术体系人员考评办法（试行）"文件精神，及"食用豆产业技术体系工作细则"等；总结2009年度体系建设工作，并对岗位人员进行绩效考评；讨论《2009年度食用豆产业技术发展报告》

和《2010 年食用豆产业发展趋势与政策建议》；制定 2010 年度体系管理工作计划；研究体系建设中存在的问题。

会议由王述民副所长主持。万建民所长代表国家食用豆产业技术体系建设依托单位/会议主办单位致欢迎辞，表示要大力支持现代农业产业技术体系建设，就如何完善体系工作、理顺好体系关系、做好创新性工作讲了 3 点看法，并对食用豆体系建设工作给予好评，对下一步工作提出切实可行的建议。王述民副所长提出体系建设要突出科技创新，多出成果，为推动食用豆产业健康发展提供技术支撑。会上，刘艳副司长介绍了自 2007 年现代农业产业技术体系启动以来的发展概况，并对食用豆产业技术体系建设工作给予充分肯定。建议大家在体系建设工作中要处理好体系建设和其他项目的关系、国家体系和地方创新团队的关系、体系人员和依托单位的关系、体系内部之间的关系，要把观念从做项目转变到做事业上来，分清岗位职责，树立体系理念。

对体系的年度考评工作由陈彦宾副处长主持。陈处长传达了农业部有关现代农业产业技术体系考评办法和具体要求，听取了首席科学家程须珍研究员的述职报告后，组织体系内全体岗位人员采用无记名投票方式进行了现场考评打分。

程首席在述职报告中指出，2009 年，在农业部的直接领导和建设依托单位的支持下，全体岗位人员团结协作，克服严重的自然灾害，围绕食用豆产业技术体系的年度任务和工作目标开展工作，取得了显著成效，促进了我国食用豆产业的平稳发展。主要取得以下几个方面效果：①整合、优化、稳定了一支责任心强、业务水平高的食用豆研发队伍。②启动了一批食用豆基础研究，如野生种外源基因导入、抗豆象分子标记辅助育种、病原菌分子鉴定、高产栽培生理及资源高效利用等。③提纯复壮了 10 个传统出口品种，育成 6 个高产、优质、专用、多抗食用豆新品种。据不完全统计，2009 年生产示范推广 753 万亩，直接经济效益 2.69 亿元，社会效益 15.75 亿元。④研究集成食用豆高产栽培和节本增效及病虫害综合防治技术 7 套，通过技术培训和千亩示范区建立，推广 32 万亩以上。⑤促进和带动了一批产业化龙头企业的快速发展。⑥首次开展食用豆精深产品加工和产业经济研究。此外，体系还积极开展学术交流和岗位人员培训活动，组织学术报告会 8 次，编写培训教材 5 部，编发《食用豆科技通讯》1~8 期，发表论文 22 篇，出版《中国食用豆类品种志》等。

体系岗位人员的考评工作由程须珍研究员主持。与会代表听取了各功能研究室主任、岗位科学家和综合试验站站长的工作总结及述职报告，岗位人员采取无记名投票方式相互测评，重点对任务委托协议规定的各项考核指标完成情况、对本岗位领域的国内外前沿跟踪情况、团队人员参加体系工作和团队建设情况、工作日志填报情况、经费使用情况等方面进行量化打分，并提出改进意见和建议。

考评结束后，全体岗位人员就体系工作中存在的问题，以及 2010 年工作计划和"十二五"发展规划等进行了充分讨论。部分专家就如何积极有效地做好岗站对接、优良品种及抗病虫资源筛选和有效利用，以及如何加强科技创新等问题发表了自己的看法。在总结发言中首席对各岗位人员的辛勤工作和取得的成绩给予充分肯定，认为经过一年的努力，大家的业务水平都有了明显提高，思想观念不断从做项目向做体系转变，逐步进入各自的岗位状态，有了明确的研究目标和方向。同时，程首席也提醒大家要求真务实，脚踏实地的完成好各项研发工作，重视工作日志的填报，经费要合理使用做到专款专用，引种鉴定要有诚信等。王述民副所长认为通过一年的努力，整合、优化了一支食用豆高级人才队伍，初步摸清了我国食用豆生产、科研、贸易、市场的基本情况，提纯复壮了一批名特优品种，筛选出一些适合不同生态区种植的品种，新培育出一批高产、优质、多抗新品种，系统开展了高产栽培技术的集成，深加工研究得到了进一步加强，首次开展了产业经济研究。在肯定成绩的同时，王述民副所长也要求大家要突出科技创新，兼顾成果转化，抓好一些地区性的技术集成与试验示范，如西南地区冬季稻茬休闲田的蚕豆种植问题等。强调岗位人员要从做项目向做事业转移，注意团队建设和对年轻人的培养。

2. 国家食用豆产业技术体系 2010 年任务落实暨产业化示范现场观摩会

会议于 2010 年 3 月 17—21 日云南昆明召开，地点：昆明云安会都。会议由国家食用豆产业技术研发中心/中国农业科学院作物科学研究所主办，云南省农业科学院粮食作物研究所承办，云南省大理农业科学研究所及曲靖市农业科学研究所协办。中国农业科学院作物研究所副所长王述民，云南省农业科学院副院长戴陆园、粮食作物研究所李露副所长，云南省农业厅科教处处长毕虹、外国专家局国际合作处辛志辉副处长等领导，以及来自叙利亚国际干旱农业研究中心南亚项目管理处项目官员 Dr. Ashutosh Sarker、冬季豆类改良研究项目处 Dr. Fouad Salim Maalouf，澳大利亚国际农业研究中心粮食研究和发展合作部豆类和油料育种项目管理处 Brondwen Maclean 女士、阿德莱德大学 Dr. Paull Jeffery Gordon，美国华盛顿州立大学冬季食用豆研究室 Dr. Clarice Coyne，国家食用豆产业技术体系首席科学家、岗位科学家、综合试验站站长及部分团队成员等，共 80 余人出席了会议（图 11）。

图 11　2010 年 3 月体系工作会会场（昆明）

会议内容：传达学习农业部近期有关"现代农业产业技术体系建设"的指示精神，落实 2010 年度国家食用豆产业技术体系建设的各项任务，讨论体系建设中存在的问题，开展国际间合作及信息与学术交流，参观云南省食用豆试验示范及产业化示范基地。

会议由首席科学家程须珍研究员主持。王述民副所长、戴陆园副院长、毕虹处长、李露副所长进行大会致辞或发言。体系工作会议主要包括两部内容：第一部分，由程首席组织大家讨论落实 2010 年度体系建设任务，传达农业部近期指示精神；部署 2010 年科技创新及相关工作计划，制定年度选育品种目标、数量和与其配套的栽培及病虫防控技术实施方案；商定体系拟召开的重大会议和重要活动，明确出版物和发表文章时应该注意的一些具体问题。第二部分，各岗位科学家就2010年的工作安排向首席科学家进行叙职汇报，并针对地区合作、资源共享等进行了商榷。专家们认为，2010年各岗位和试验站长的重点任务应集中在以下几个方面：及时完成农业部交给的应急任务；完善数据库建立的系统标准；全面展开新品种多点联合鉴定试验；深化抗病虫、抗逆境技术研究。王述民传达了农业部《现代农业产业技术体系考评办法》及产业经济岗位会议精神。

为促进国际间合作及信息与学术交流，会议聘请国内外10位专家就食用豆种质资源、遗传育种、抗病性鉴定、品质改良等领域做学术报告。与会专家赴云南省陆良县和大理州对冬季豆类试验示范及产业化生产基地进行现场观摩。2010年云南省遭遇重大干旱灾害，与会专家对陆良县马街镇常家村和大理州祥云县祥城镇褚家村进行了旱情考察（图12、图13），面对触目惊心的干旱胁迫，专家们深感肩上的责任重大。在考察活动现场，专家们积极建言献策，就抗旱品种选育、节水栽培技术及抗旱保水制剂研发等方面进行了热烈讨论，为今后的育种目标及栽培技术研究提出新要求。

图12　2010年3月体系工作会现场（大理）

图13　2010年3月体系工作会现场（曲靖）

3. 国家食用豆产业技术体系 2010 年工作会议暨产业化示范现场观摩会

会议于 2010 年 8 月 15—18 日在陕西榆林召开，地点：圣凯诺大酒店。会议由国家食用豆产业技术研发中心／中国农业科学院作物科学研究所主办，西北农林科技大学、榆林市农业科学院承办，榆林市农业局、榆林市农业技术服务中心等单位协办。中国农业科学院作物科学研究所王述民副所长，西北农林科技大学党委副书记马建华、榆林市市长助理刘俊明、榆林市农业局局长张耘等领导，国家食用豆产业技术体系首席科学家、岗位科学家、综合试验站站长及部分团队成员等，共 89 人出席会议（图 14）。

图 14　2010 年 8 月体系工作会会场（榆林）

会议内容：传达农业部有关"现代农业产业技术体系建设"的指示精神，总结交流 2010 年上半年体系建设进展，落实下半年工作重点，讨论体系运行及"十二五"体系建设中存在的问题，参观陕西省食用豆试验示范及产业化示范基地。

会议由首席科学家程须珍研究员主持。刘俊明市长助理、王述民副所长、马建华副书记、张耘局长等领导致辞或讲话。

程首席组织大家学习了农业部产业技术处《关于"十二五"体系建设和上报经费执行进度的通知》《关于强农惠农专项资金清理自查通知》等文件，安排落实了 2010 年国家食用豆产业技术体系建设的各项任务。岗位科学家和试验站站长分别汇报了半年来工作进展和任务落实情况。观摩了横山县芦家畔、靖边县原种场、榆林市原种场、神木县赵家沟等食用豆产业化试验示范基地，考察了西北农林科技大学、榆林市农业科学院食用豆试验基地（图 15）。

图 15　2010 年 8 月体系工作会现场（榆林）

　　会议组织开展了绿豆产业报告会，首席科学家程须珍研究员做专题报告，来自榆林市有关县区农业技术推广中心、种子站、农业局等单位的技术干部参加了培训。

　　4. 国家食用豆产业技术体系/行业科研专项分子生物技术培训会

　　培训会于 2010 年 9 月 1—3 日在江苏南京召开，地点：南京农业大学翰苑宾馆。会议由国家食用豆产业技术研发中心主办，江苏省农业科学院蔬菜研究所承办。江苏省农业科学院余文贵副院长、蔬菜研究所羊杏平所长、国家食用豆产业技术体系首席科学家程须珍研究员及来自全国 15 个省（市、区）的 53 名国家食用豆产业技术体系代表和 3 位泰国农业大学食用豆类专家出席了培训会（图 16）。

图 16　2010 年 9 月体系培训会代表合影（南京）

会议内容：邀请泰国农业大学 Peerasak Srinives 教授及相关专家介绍泰国食用豆研发进展，邀请南京农业大学和江苏省农业科学院等有关分子生物学专家就转基因和分子标记技术进行技术培训，参观江苏省农业科学院蔬菜研究所食用豆生物技术实验室和试验基地。

培训会由羊杏平所长主持。余文贵副院长致欢迎词，并对江苏省食用豆生产现状和发展前景等作相关分析。首席科学家程须珍研究员强调了分子生物技术在食用豆现代产业技术发展中的必要性和紧迫性，以及食用豆与其他大田作物之间存在的差距，要求大家充分利用这次机会认真学习国内外相关领域的先进经验，把现代生物技术尽快应用到食用豆产业研发工作之中，进一步提升我国食用豆产业技术体系的整体研究水平。

培训会上，Peerasak Srinives 博士、Prakit Somta 博士，以及南京农业大学大豆研究所所长、国家大豆改良中心副主任喻德跃教授，江苏省农业科学院生物技术所功能基因组杨郁文博士、蔬菜研究所崔晓艳博士等作专题报告和技术培训。会议期间全体培训人员参观了国家食用豆产业技术体系岗位科学家在江苏省农业科学院溧水和六合试验基地安排的食用豆新品种新技术试验示范试验。

5. "十二五" 国家食用豆产业技术体系聘任人员遴选工作会

按照农业部的通知精神，根据 "十二五" 现代农业产业技术体系建设的总体安排，会议于 2010 年 9 月 23—25 日在北京召开，地点：中国农业科学院作物科学研究所。会议由国家食用豆产业技术体系执行专家组/中国农业科学院作物科学研究所主办。中国农业科学院作物科学研究所王述民副所长，农业部科教司产业技术处徐利群副处长及来自 "十二五" 国家食用豆产业技术体系的首席科学家、岗位科学家和综合试验站站长及应聘新增岗位科学家和综合试验站站长等 40 多人出席会议（图 17、图 18）。

图 17　2010 年 9 月体系工作会会场（北京）

图18　2010年9月体系工作会与会代表合影（北京）

　　会议内容：传达农业部关于开展"十二五"产业技术体系聘任人员遴选工作的指示精神；确定直接推荐聘任岗位科学家、综合试验站站长及其团队成员名单；竞聘人员答辩，包括：新增补的岗位，不符合遴选条件或主动退出体系腾出的岗位，以及拟参加竞聘的综合试验站站长，年度考核后10%的岗位，年度考核后10%的站长；新增补和调整的综合试验站站长答辩。

　　会议由王述民副所长主持。徐利群副处长向与会专家重点介绍了应聘人员的必备条件和应聘程序，对体系人员的调整要充分考虑到整个产业团队的稳定性，做到"大稳定，小调整"。在体系建设方面，徐处长强调在"十二五"期间，要处理好体系与个人、体系与岗位人员依托单位、体系研发任务与岗位人员个人研究兴趣及与单位研究任务、体系内部岗位科学家与综合试验站站长等之间的关系。岗位科学家和试验站站长要加强合作，岗位科学家要把自己的最新研究成果在相对应的试验站进行示范推广，充分发挥各自的优势，把体系做大做强。

　　遴选工作会议由首席科学家程须珍研究员主持。会议传达学习了农业部关于开展"十二五"产业技术体系聘任人员遴选工作有关文件，宣读了直接推荐聘任岗位科学家、综合试验站站长及其团队成员名单，以及新增岗位和综合试验站名单和参加竞聘的岗站名单。参加"十二五"国家食用豆产业技术体系聘任的岗位有"综合加工"和"产业经济"2个、综合试验站有乌鲁木齐、毕节、潍坊、南阳4个，新增岗位有"功能成分与产品研发"1个、综合试验站有南宁、唐山、曲靖、临夏4个，沈阳综合试验站因人员变动竞聘站长1人。参加竞聘的岗位科学家和综合试验站站长答辩结束后，由全体系岗位人员进行了现场无记名投票，投票人数超过体系总人数的3/4，并将遴选结果上报农业部审批。

　　遴选会议结束后，首席科学家组织全体与会人员学习了农业部关于现代产业技术体系"十二五"建设思路，并就本体系"十二五"建设规划进行了充分讨论。

6. 国家食用豆产业技术体系2010年体系年终总结和人员考评工作会

会议于2010年12月20—22日在北京召开，地点：中苑宾馆有限公司。会议由国家食用豆产业技术研发中心/中国农业科学院作物科学研究所主办。农业部科教司产业技术处徐利群副处长，中国农业科学院作物科学研究所王述民副所长、大豆专家常汝镇研究员等领导和专家，国家食用豆产业技术体系首席科学家、岗位科学家、综合试验站站长和部分团队成员，以及"十二五"体系新增岗位科学家和试验站站长等，共90多人出席了会议（图19、图20）。

图19　2010年12月体系工作会参会代表合影（北京）

图20　2010年12月体系工作会会场（北京）

　　会议内容：传达学习农业部关于 2010 年体系年终总结和人员考评、研讨"十二五"体系研发与管理等工作、现代农业产业技术体系人员考评办法等文件精神，以及"食用豆产业技术体系工作细则"等。总结 2010 年度体系建设工作（体系人员述职报告），并对岗位人员进行绩效考评。讨论《2010 年度食用豆产业技术发展报告》和《2011 年食用豆产业发展趋势与政策建议》等。制定 2011 年度体系管理工作月度计划（如体系工作会议、研讨会、现场会、出版物、重大活动计划等）。研讨"十二五"体系研发与管理工作等。

　　会议由王述民副所长主持。徐利群副处长就产业技术体系"十一五"运行情况及"十二五"重点任务凝练等作报告。徐处长强调本次会议的主要内容是 2010 年体系工作总结和人员考评，但更重要的是要做好"十二五"规划和重点任务凝练及 2011 年工作安排，并代表农业部科教司对食用豆体系在"十一五"期间为产业发展做出的成绩给予充分的肯定和表扬。徐处长认为食用豆体系是一个团结协作、积极奋进的体系，"十一五"期间不论是在体系建设还是在运转管理过程中表现得都非常好，各个岗位科学家和综合试验站站长对程首席的工作给予了大力支持；工作中程首席能够把握全局、统筹事情的方方面面，在人员遴选和体系工作中充分考虑学科的发展和区域间平衡，积极配合农业部的中心任务，认真负责、刻苦敬业，带领食用豆产业和谐、稳步发展，给大家做出了榜样，受到科教司和产业技术领导的好评。对本次会议，徐处长要求人员考评一定要严格按照 2009 年农业部的有关规定执行，并就"十二五"重点任务凝练、体系基础数据库建立、体系后备人才队伍建设、2011 年工作重点、"十二五"体系各岗位经费自查等几个方面进行认真讨论，提出切实可行的实施方案和保障措施。

　　对体系的年度考评工作由徐利群副处长主持。徐处长传达了农业部有关现代农业产业技术体系考评办法和具体要求，听取了首席科学家程须珍研究员的述职报告后，组织体系内全体岗位人员采用无记名投票方式进行了现场考评打分。程首席在述职报告中指出，2010 年，在农业部的直接领导下，食用豆产业技术体系全体岗位人员立足本职、服务大局、团结协作，克服严重的自然灾害，围绕食用豆产业技术体系的年度任务和工作目标积极开展工作，取得了显著成效，推动我国食用豆产业健康发展。通过多点联合鉴定，筛选出中绿 5 号、冀红 352、龙芸豆 5 号、青海 12、草原 276 等 12 个适合不同生态区种植的优良品种。研究集成东北区芸豆高台大垄、春播绿豆地膜覆盖、麦茬免耕等高产栽培高产高效栽培技术 7 套，建立百亩以上优良品种及高效栽培技术示范田 41 个，培训各类人才11 600 人次，发放各种培训资料约 3 万份。研制西北地区豌豆象综合防治、蚕豆锈病综合防控技术规程各 1 套。研发食用豆传统制品的标准化、工厂化生产技术 3 项。初步建成绿豆、小豆、普通菜豆等主要食用豆种优质专用核心样本，创制出 20 份具有不同病虫害抗性的食用豆新种质、新材料。完成 2 244 份蚕豆、豌豆、普通菜豆资源的主要病害抗性鉴定，获得 29 份抗豌豆白粉病、普通菜豆枯萎病、抗普通菜豆象种质。初步建立食用豆主栽品种、土壤肥料、主要病虫害、产业经济与贸易等数据库 6 个。成功繁殖豇豆属野生种、近缘野生种等材料 10 个种 88 份材料，并进行了部分豆种的远缘杂交。基于形态学、SSR 标记、DNA 序列分析及细胞学等方面的研究发现，我国确有 *Vigna minima*、*Vigna nakashimea* 等豇豆属野生种、近缘野生种野生资源存在。经对全国 16 个省（市、区）病虫害发生情况调查，获得豌豆根腐病、绿豆根腐病、豌豆白粉病、绿豆白粉病、蚕豆赤斑病、普通菜豆枯萎病病原菌分离物。完成 *F. solani f. sp. pisi* 的 4 个致病基因 *PDA*、*PEP1*、*PEP3*、*PEP5* 特异性引物对不同地区来源的 *F. solani* 豌豆分离物的致病基因进行了分子检测。2010 年春季我国西南地区发生严重干旱，体系专家及时到一线调研并提出救灾措施，使 700 万亩受灾农田挽回损失 30% 以上。华北地区持续低温冻害严重，体系专家及时提出补救措施，并通过媒体大力宣传指导生产，为农民挽回了经济损失约 1 200 万元。针对 2010 年绿豆价格快速上涨事件，首席科学家组织全体岗位人员，对全国绿豆等食用豆类生产、销售、市场及存在的主要问题进行全面调查，对绿豆生产和贸易现状、导致绿豆价格上涨的原因进行了综合分析，并向农业部有关领导和政府部门提交"2010 年春夏之交绿豆价格上涨原因调查与分析"报告，为领导决策提供一手材料。新品种、新技术示范推广近 1 000 万亩，直接经济效益 2.7 亿元，社会效益达 20 亿元。获科技成果 4 项。此外，体系积极开展学术交流和岗位人员培训活动，组织学术报告会 6 次，编写培训教材 6 部，发表论文 30 余篇，编写出版《中国食用豆类品种志》《豆类芽菜学》《绿豆、小豆、蚕豆、豌豆育种实用技术》等。

体系岗位人员的考评工作由首席科学家程须珍研究员主持。会议期间，与会代表听取了各功能研究室主任、岗位科学家和综合试验站站长的工作总结及述职报告，岗位人员采取无记名投票方式相互测评，重点对任务委托协议规定的各项考核指标完成情况、对本岗位领域的国内外前沿跟踪情况、团队人员参加体系工作和团队建设情况、工作日志填报情况、经费使用情况等方面进行量化打分，并提出改进意见和建议。

在讨论过程中，常汝镇研究员对食用豆体系建设工作进行点评。常老师对食用豆体系在"十一五"期间所做出的突出成绩给予充分肯定，特别是中绿 5 号、冀绿 7 号等一大批优良品种的育成与推广，为食用豆产业的发展起到了积极的推动作用。常老师指出，目前新技术创新方面还没有突出亮点，岗位人员可以考虑在抗旱性、抗豆象、立体套种等方面进行认真研究，力争在"十二五"结束时提出一些新的栽培模式或技术，为产业的稳定、持久发展提供技术支撑。

在总结发言中程首席对个别岗位人员材料准备不充分、岗位人员和岗位任务不符合等问题进行了不点名批评，要求相关人员进行整改。在品种选育问题上，首席科学家要求大家在联合鉴定和品种交流等方面要态度严谨，尊重别人的劳动成果。程首席还对 2010 年的工作总结报告等作了详细布置。

（四）2011 年

1. 国家食用豆产业技术体系"十二五"工作任务研讨会

会议于 2011 年 4 月 2—4 日，食用豆产业技术体系在云南昆明召开，地点：昆明云安会都。会议由国家食用豆产业技术研发中心/中国农业科学院作物科学研究所主办，云南省农业科学院粮食作物研究所承办。中国农业科学院作物科学研究所王述民副所长、云南省农业厅种植业处王平华处长、云南省农业科学院戴陆园副院长、云南农业科学院粮食作物研究所袁平荣副所长等领导，国家食用豆产业技术体系首席科学家，16 位岗位科学家和 24 个综合试验站站长及部分团队成员，共 60 多人参加本次会议（图 21）。

图 21　2011 年 4 月体系工作会集体合影（昆明）

　　会议内容：传达农业部有关"十二五"国家现代农业产业技术体系建设指示精神，落实"十二五"国家食用豆产业技术体系建设重点任务，修订各岗位人员"十二五"体系工作任务书，安排 2011 年度国家食用豆产业技术体系建设工作计划。

　　会议由王述民副所长主持。王平华处长向与会代表介绍了云南省农业特别是食用豆生产概况，指出蚕豆、豌豆在云南省实现百亿斤粮食增产计划十大举措中的重要地位，如高产创建、间套作等；并表示在"十二五"期间云南省将把蚕豆、豌豆等作为重要作物来抓，配备相应的科技措施和研发计划，为云南食用豆产业发展提供技术支撑。戴陆园副院长在致辞中提出，在农业部的支持下国家食用豆产业技术体系建设取得长足发展，对云南省乃至全国食用豆产业发展起了很重要的推动作用，缅甸、越南、老挝等周边国家是世界食用豆主要生产国，资源丰富，但经济条件较差，技术发展相对缓慢，希望国家食用豆产业技术体系与大湄公河农业合作计划联合，在这些国家进行资源收集与技术服务。

　　会上，首席科学家程须珍研究员向全体参会人员传达了农业部农科教发〔2011〕3 号文等有关文件及农业部"十二五"体系任务研讨会和有关领导讲话精神，宣布了国家食用豆产业技术体系建设依托单位和岗位聘用人员名单、执行专家组组成人员名单。介绍了"十二五"国家食用豆产业技术体系建设重点任务形成及体系任务书（2011—2015 年）的起草过程，讲解了各项任务的核心技术、实施方案、考核指标等相关内容，以及各岗位任务的分解原则和初步设想。要求大家严格执行农业部的规章制度，牢记各自的岗位职责，转变过去做项目的常规观念，统一思想、集中目标、明确分工、协同攻关，把"十二五"体系任务分解与落实工作做好，保证各岗位和综合试验站的研发工作一定要与岗位任务相一致。

　　在首席科学家主持下，全体岗位科学家和综合试验站站长对体系两大重点任务"食用豆多抗专用品种筛选及配套技术研究示范"和"豆象综合防控技术研究与应用"及 5个研究室重点任务"食用豆抗性种质创新与新品种选育""重要病虫综合防控技术研究与示范""抗逆栽培生理与施肥技术研究""功能成分鉴定与新产品研发""产业发展与政策研究"等内容进行了充分讨论，并根据各自的职责分别提出相关岗位建设任务和实施方案的初步意见。经反复讨论凝练出各岗位科学家、综合试验站站长的"十二五"体系建设重点任务，以及岗站对接、岗岗联合实施方案；明确了每个岗位科学家在各项体系任务中承担的具体核心技术，并提出实施方案，联合相关岗位科学家共同开展技术研发，组织相关综合试验站进行试验示范；初步形成由首席科学家牵头设计与组织实施、研究室主任分工负责、岗位科学家技术研发、综合试验站长试验示范的整体框架结构。同时，利用专家互评、模版展示等措施，对各岗位人员的"十二五"体系任务书进行补充完善。

在会议总结中，程首席对体系任务书的编写方法和具体要求进行了详细说明，并对2011年食用豆高产创建活动等进行了统筹安排，指出2011年在做好技术研发、试验示范的同时要抓好食用豆生产情况调查、高产试点创建等工作。王述民副所长要求全体岗位科学家和综合试验站站长尽快完成各自的"十二五"体系任务书修改和试验方案制定，做到岗位职责明确，任务分工合理，岗站对接一致，与体系总任务有机结合。

2. 国家食用豆产业技术体系2011年度中期工作总结暨产业化示范观摩会

会议于2011年7月30日至8月3日在青海召开，地点：西宁宾馆。会议由国家食用豆产业技术研发中心/中国农业科学院作物科学研究所主办，青海省农林科学院承办。农业部科教司产业技术处张国良处长、中国农业科学院科技管理局王小虎局长、中国农业科学院作物科学研究所王述民副所长，青海省农牧业厅赵念农副厅长，青海省农林科学院刘青元院长、迟德钊副院长等，国家食用豆产业技术体系首席科学家及来自全国21个省（市、区）的岗位科学家、综合试验站站长和团队成员等，共90多人出席了会议（图22）。

图22　2011年7月体系工作会集体合影（西宁）

会议内容：总结交流"十二五"国家食用豆产业技术体系重点任务落实情况，及2011年上半年各岗位人员研发工作进展；讨论体系运行中存在的问题；制定下半年工作重点；参观青海省食用豆试验示范及产业化示范基地。

会议开幕式由迟德钊副院长主持。刘青林院长致欢迎辞。赵念农副厅长介绍了青海省现代农业产业技术体系建设及农业生产的基本情况，并指出青海省豆类产业基础薄弱，投入少，科研与产业脱节，希望通过体系建设推动青海省食用豆产业及农业发展。

张国良处长认为食用豆体系 2011 年中期工作总结会开的非常必要，2011 年是"十二五"的开局之年，也是确定重点任务实施的第一年，对体系建设至关重要，要求大家一定要把体系四大任务落实好，并对体系重点任务、功能研究室任务、产业基础数据平台建设、应急性技术服务工作进行诠释，强调下半年要加强示范基地建设。张处长说食用豆体系与其他体系一样，经过 4 年行业科研专项和 3 年体系建设实施，"十二五"应进入平稳发展、稳定发展时期。张处长要求大家，在新的时期应在管理部门的指导下更多地依靠体系的自身组织作用，进行自我管理、自我教育、自我监督、自我发展，在以首席科学家为核心的执行专家组的带领下，积极主动地完成既定目标，为产业发展提供技术支撑。为此，今后应做好以下几个方面，一在体系定位上要有准度，二在科研目标上要有亮点，三在产业发展上要有影响，四在团队建设上要有发展，五在专家学术上要有地位，六在经费使用上要有安全，七在体系管理上要有创新，八在体系宣传上要有声音，九在体系建设上要有文化。

王小虎局长在报告中指出，现代产业技术体系是农业科研管理机制上的一种创新，通过经费的稳定支持，扭转了长期困扰科研人员每年或短期内多头申请经费的局面，实现了科研与生产应用有效结合。他强调食用豆是小作物，申请到国家大额度、长周期的经费支持不容易，大家一定要珍惜这个机会，力争把小作物做成大产业。王述民副所长指出，此次会议的主要议题是检查各项体系任务的落实情况，大家在汇报时要以各自承担的核心技术内容为重点。王所长提醒大家落实"十二五"体系任务时，在品种选育方面要考虑育成品种与"十一五"相比是否高产、抗病、适合机械化种植，在栽培与土肥方面要考虑干旱及不同地区的特殊栽培需求，在植保方面要考虑主要病害的基本原理与早期预警及防治措施等。

首席科学家程须珍研究员对"十一五"食用豆体系建设工作做了简单回顾，她认为在农业部的直接领导和依托单位的帮助下，经过全体系人员的共同努力，食用豆体系顺利走过了 3 年，在新品种选育、病虫害防控防治、栽培技术研究集成、产品加工、产业经济等领域取得了阶段性重要进展。通过体系建设，整合、优化、稳定了一支食用豆科技创新队伍，搭建起以育种、病虫害防控、栽培与土肥、产品加工、产业经济为依托的多学科研发技术平台。通过新品种、新技术示范及基地建设，扶持了一批龙头企业，带动了当地农民致富。通过多层次人才培育和技术培训，提升了食用豆整体研究水平。"十二五"食用豆体系又增加了新的岗位和综合试验站，目前岗位设置和团队成员已经确定，重点任务已经明确，实施方案已经制定，在今后 5 年应按照体系既定目标和张国良处长关于体系建设的讲话精神稳定发展，推动食用豆产业健康发展。

2011 年体系中期工作会议由程须珍研究员主持。程首席就"十一五"体系建设专项资金自查及"十二五"体系重点任务凝练和任务书填报、体系任务分解与岗位任务书签定、体系核心技术实施方案制定、体系聘用人员及依托单位信息核查、应急性技术服务等几方面，向大会通报了半年来体系建设情况。16 个岗位科学家和 24 个综合试验站站长分别对各自承担的体系任务落实情况进行了总结汇报。栽培与土肥研究室主任王述民副所长总结发言时指出，2011 年上半年体系建设进展顺利，各岗位科学家和试验站都在脚踏实地的开展工作，相比之下综合试验站的任务更加饱满，但各岗位和试验站之间发展不平衡，有一定差异，希望大家共同努力，把"十二五"体系任务完成的更好。

与会代表参观了青海省湟中县灌溉区青海12号蚕豆高产创建示范基地、蚕豆出口加工企业——青海源兴工贸有限公司、青海省农林科学院蚕豆豌豆育种基地、大通县半无叶豌豆草原24号高产示范基地、互助县雨养区青海13号蚕豆高产创建示范基地、互助县高海拔区青海13号蚕豆机械播种技术示范基地（图23、图24）。

图23　2011年7月体系工作会现场（湟中）

图24　2011年7月体系工作会现场（西宁）

3. 豇豆属食用豆类种质评价与遗传育种研究国际学术交流会

会议于2011年10月5—11日在北京举行，地点：中国农业科学院作物科学研究所。来自泰国农业大学农学院的Peerasak Srinives教授、日本农业资源研究所Norihiko Tomooka博士、Takehisa Isemura博士，中国农业科学院作物科学院王述民副所长，国家食用豆产业技术体系首席科学家，以及各有关岗位科学家、综合试验站站长和主要从事豇豆属食用豆种质评价与遗传育种研究的团队成员与技术骨干等，共50多人参加了本次会议（图

25、图 26）。

图 25　2011 年 10 月体系学术交流会会场集体合影（北京）

图 26　2011 年 10 月体系学术交流会现场（北京）

　　会议由首席科学家程须珍研究员主持。王述民副所长致欢迎辞。Peerasak Srinives 教授、Norihiko Tomooka 博士、Takehisa Isemura 博士，以及来自中国农业科学院作物科学研究所王丽侠博士、朱振东研究员和钟敏、刘岩等，河北省农林科学院粮油作物研究所田静研究员和刘长友，江苏省农业科学院陈新研究员等分别用英文作相关学术报告。学术报告结束后，国内外专家就食用豆产业发展中存在的问题及研究方向进行了充分讨论，并在食用豆合作研究、资源及信息交换、人才培养等方面初步达成国家间合作计划，力争"十二五"期间在相关研发领域取得较大突破。

　　会议期间，泰国、日本专家还先后参观了中国农业科学作物科学研究所、江苏省农业科学院、河北省农林科学院试验基地及实验室等（图27、图28）。

图27　2011年10月体系学术会现场（石家庄）

图28　2011年10月体系学术交流会会场（南京）

4. 国家食用豆产业技术体系2011年工作总结及学术交流会

会议于2011年12月20—23日在武汉召开，地点：湖北省武汉市湖滨花园酒店。会议由国家食用豆产业技术研发中心/中国农业科学院作物科学研究所主办，湖北省农业科学院粮食作物研究所承办。中国农业科学院作物科学研究所王述民副所长，湖北省农业科学院戴贵洲书记、粮食作物研究所程航书记，湖北省农业厅徐能海副厅长、种植业处蔡俊松副处长，国家食用豆产业技术体系首席科学家、岗位科学家和综合试验站站长及部分团队成员等，共 120 多人出席了会议（图 29、图 30）。

图 29　2011 年 12 月体系工作会参会代表合影（武汉）

图 30　2011 年 12 月体系工作会会场（武汉）

会议内容：传达学习农业部关于 2011 年体系年终总结和人员考评、研讨"十二五"体系研发与管理等工作、现代农业产业技术体系人员考评办法等精神，以及"食用豆产业技术体系工作细则"等；总结 2011 年度体系建设工作（体系人员述职报告），并对岗位人员进行绩效考评；讨论《2011 年度食用豆产业技术发展报告》《2012 年食用豆产业发展趋势与政策建议》《2011 年度产业科技服务工作总结》等；制定 2012 年度体系管理工作月度计划；讨论修订体系核心技术实施方案，制定下一步工作计划，提出各岗位"十二五"体系建设关键性成果 1~2 个；针对食用豆体系研发工作进展，开展学术交流等。

会议由王述民副所长主持。戴贵洲书记致欢迎辞，并向大家介绍了湖北省农业科学院发展概况和食用豆课题组相关研究情况。徐能海副厅长向大家介绍了湖北省种植业发展概况及食用豆生产情况。程航书记表示作为岗位建设依托单位将全力以赴支持体系研发工作。

　　受农业部委托，对体系的年度考核由徐能海副厅长主持，传达了农业部有关现代农业产业技术体系考评办法和具体要求，听取了程须珍研究员的述职报告后，组织体系内全体岗位人员采用无记名投票方式对首席进行现场考评和打分。

　　程首席在述职报告中指出，2011 年，在农业部的直接领导下，食用豆产业技术体系全体岗位人员围绕"十二五"重点任务，团结协作，在多抗专用品种筛选及配套技术研究示范、豆象综合防控技术研究与示范、抗性种质创新与新品种选育、重要病害综合防控技术研究、抗逆栽培生理与施肥技术研究、功能成分鉴定与新产品研发、产业发展与政策研究等诸多方面取得显著成效，为推动食用豆产业健康发展提供技术支持。经多点联合鉴定试验，筛选出适宜不同生态区种植的优良品种 28 个。通过配套栽培技术研究及抗性和加工品质评价，筛选出适合机械化耕作、间作套种、抗旱、抗病、抗虫食用豆新品种 9 个；加工专用型品种 4 个。研究集成轻简化实用技术 10 套，经相关试验站示范，比传统种植模式增产 10% 左右。经主产区大规模调查，明确了在我国发生的豆象种类，鉴定出 20 份抗豆象种质。经田间和仓储多点试验，初选出豆象综合防治技术 4 套。收集和引进国内外种资源 1 528 份，筛选出 20 份可供育种和创新利用的优异种质。在前期工作的基础上，创制出抗性突出的优异种质 26 份，培育出通过省级以上品种管理部门审（鉴）定品种 26 个。初步建立蚕豆抗赤斑病、绿豆抗尾孢菌叶斑病和芸豆抗细菌性疫病鉴定方法 3 套，从 1 484 份资源中获得 116 份抗性种质。筛选出防治蚕豆赤斑病、绿豆尾孢叶斑病和芸豆细菌性疫病防控技术 3 套。建立绿豆、芸豆抗旱生理指标与抗旱性能评价体系 2 套，筛选出 63 份抗旱种质。初步建立蚕豆、豌豆耐冷品种及生理指标技术体系 2 套，获得 17 份抗寒种质。通过多因素试验，初步建立西北旱区绿豆亩产 120kg 的高产群体。通过氮磷钾最佳施肥技术研究，初步获得绿豆、小豆和芸豆在最高经济效益时的最佳经济施肥量。明确了食用豆降血糖主效功能因子，筛选出高功效成分含量的绿豆种质 21 份。初步建立豌豆淀粉和蛋白分离、抗氧化豆茶制备、富硒豌豆蛋白及豌豆膳食纤维分离技术 3 项，研发出绿豆膳食纤维润肠胶囊、三豆速食营养粉加工产品 2 个。完成吉林白城、山西岢岚、江苏南通、云南大理 4 个固定观察点的产业经济调查，以及科技发展对食用豆产业发展支撑作用的初步评价报告等。组织各类培训班、现场会、展示会、技术讲座等 200 余次，实地指导农民生产 500 余次、开展病虫害、生产效益等各类调研 500 余次、培训基层技术人员 3 000 余人次、种豆大户和农民 1 万余人次，发放技术资料 3.6 万余册（份）。获省部级科技成果奖 7 项，出版著作 2 部，发表研究论文 81 篇。

　　对体系岗位人员的考评由首席科学家程须珍研究员主持。与会代表听取了各功能研究室主任、岗位科学家和综合试验站站长的工作总结及述职报告，岗位人员采取无记名投票方式相互测评，重点对任务委托协议规定的各项考核指标完成情况、对本岗位领域的国内外前沿跟踪情况、团队人员参加体系工作和团队建设情况、工作日志填报情况、经费使用情况等方面进行量化打分，并提出改进意见和建议。

　　考评结束后，全体岗位人员就体系工作中存在的问题及接下来的工作计划等进行充分讨论，并提出 2012 年体系建设工作重点。

　　体系工作会议结束后，组织召开了首次体系学术交流会，来自本体系的 3 位岗位科学家、4 位试验站站长、14 位团队成员就各自研究领域的最新研究进展及未来发展趋势等作了学术报告，报告的内容涉及食用豆遗传育种、栽培生理、病虫害防控、加工技术等方面内容。

（五）2012 年

1. 国家食用豆产业技术体系 GGEbiplot 统计软件应用培训班

培训班于 2012 年 5 月 28 日在石家庄举办，地点：石家庄京洲大酒店。培训班由国家食用豆产业技术体系研发中心、遗传育种研究室主办，河北省农林科学院粮油作物研究所承办，加拿大农业部东部粮油研究中心的严威凯博士主讲。河北省农林科学院粮油作物研究所王国印副所长，国家食用豆产业技术体系首席科学家程须珍研究员和来自北京、安徽、河北、河南、辽宁、内蒙古、山东、山西等的部分岗位科学家、综合试验站站长、团队成员，以及体系外和从事其他作物研究的专家等，共 54 人参加了培训（图 31）。

图 31　2012 年 5 月体系技术培训会会场（石家庄）

培训内容：为了科学、合理、有效地分析国家食用豆产业技术体系实施以来的各种试验数据，提高体系研发数据管理及分析水平，聘请 GGEBiplot 分析软件的开发者严威凯研究员，讲解该农业统计软件的应用原理及在多点试验数据统计分析中的应用，演示作物品种多点试验中高产稳产、品质性状及肥料试验的统计分析技术等。

会议由育种研究室主任田静研究员主持，王国印副所长致欢迎辞。会上，程首席就体系成立以来举办的专业技术培训进行了总结，指出针对性强的专业技术培训对提高体系岗位人员及团队成员的专业技术水平具有重要作用，并对本次培训提出了具体要求和建议。报告会上，严威凯博士介绍了 GGE 双标图的起源、发展、原理与应用，详细演示了 GGE 双标图软件在多年、多点、多重复试验数据处理分析中的方法、过程、结果分析与解释等，展示了该软件的高效、直观、简洁与科学性。严博士现场演示了应用 GGE biplot 软件分析国家食用豆产业技术体系新品种联合鉴定试验数据的分析过程与结果解释，并就分析过程中的数据管理与整理、常遇到的问题等进行了交流与互动。

2. 2012 中国—白城农业科技创新国际合作会议—食用豆育种与栽培技术引进及应用研讨会

会议于 2012 年 6 月 25—27 日在吉林白城召开，地点：吉林省白城市宾馆。国际合作会议由吉林省人民政府、国家科技部和国家外国专家局、加拿大农业与农业食品部主办，白城市人民政府承办。来自加拿大、美国、日本、澳大利亚、荷兰、印度、奥地利、摩洛哥、挪威等国家的 23 名专家，国家部委和省领导，全国各有关农业科研单位、农业大学的专家学者、企业代表等 100 多人出席了会议（图 32、图 33、图 34、图 35）。会议主题是推动科技合作、促进农业发展。国家食用豆产业技术体系首席科学家程须珍研究员和日本北海道农业试验场豆类专家加藤淳先生分别作大会报告。

图 32　2012 年 6 月体系国际合作会会场（白城）

图 33　2012 年 6 月体系国际合作会会场（白城）

图 34　2012 年 6 月体系国际合作会会场（白城）

图 35　2012 年 6 月体系国际合作会观摩（白城）

食用豆育种与栽培技术引进及应用专题研讨会，国际合作会议分组会议（第二组）于 6 月 26 日在白城市宾馆召开。会议由国家食用豆产业技术研发中心、吉林省白城市农业科学院主办。来自美国、加拿大、印度、荷兰的外国 6 名专家，国家食用豆产业技术体系首席科学家及部分岗位科学家、综合试验站站长、团队成员和基地县企业代表，沈阳农业大学、黑龙江八一农垦大学专家等，共 41 人出席会议。

会由首席科学家程须珍研究员主持，宗旨是研讨东北绿豆、红小豆和芸豆等食用豆科研生产现状及发展战略、育种和栽培技术研究进展，讨论中国农业改革及大规模机械化发展趋势对绿豆生产和出口的影响，通过学术交流、引进国外先进技术，解决生产技术问题，促进食用豆产业健康发展。来自美国北达科他州州立大学（NDSU）、加拿大农业与农业食品研究中心、亚洲蔬菜研究发展中心、荷兰 Evers Specials 公司和加拿大 Altrasense Technologies 公司及岗位科学家康玉凡、张亚芝、陈新、张耀文、尹凤祥等作专题报告。

会议期间代表们还参观了白城市农业科学院食用豆育种和栽培试验地、温室、旱棚、实验室以及样品室等，并到洮南市物质粮油贸易有限公司、洮南市吉豆贸易有限公、洮南市百群食品有限公司参观、调研了绿豆清选、加工生产线和绿豆饮品加工生产线。

3. 2012 年国家食用豆产业技术体系中期工作总结暨产业化示范观摩会

会议于 2012 年 7 月 18—21 日在黑龙江哈尔滨召开，地点：翰林凯悦大酒店。会议由国家食用豆产业技术研发中心/中国农业科学院作物科学研究所主办，黑龙江省农业科学院作物育种研究所、黑龙江省农业科学院齐齐哈尔分院承办。中国农业科学院作物科学研究所王述民副所长，黑龙江省农业科学院刘德副院长、科研处刘峰处长、作物育种研究所左远志所长、齐齐哈尔分院张树权院长，黑龙江省齐齐哈尔市政府王俊卿副秘书长等领导，国家食用豆产业技术体系首席科学家及来自全国 20 个省（市、区）的岗位科学家、综合试验站站长和部分团队成员等，共 80 多人出席了会议（图 36 至图 39）。

图 36　2012 年 7 月体系工作会会场（哈尔滨）

图 37　2012 年 7 月体系工作会现场（嫩江）

图38　2012年7月体系工作会现场（嫩江）

图39　2012年7月体系工作会现场（嫩江）

会议内容：传达学习现代农业产业技术体系首席科学家座谈会会议精神，总结汇报国家食用豆产业技术体系2012年各岗位重点任务落实情况及工作进展，讨论制定下半年体系工作重点及成果凝练，参观黑龙江省食用豆试验示范及产业化示范基地。

会议由左远志所长主持，刘德副院长致欢迎辞。王述民副所长就食用豆产业近期工作中存在的问题等进行了剖析，希望大家团结协作，抓住重点，着力解决生产中的重大技术难题，促进食用豆产业良好发展。首席科学家程须珍研究员向大家传达了"农业部现代农业产业技术体系首席科学家座谈会"的会议精神，再次强调了"十二五"国家食用豆产业技术体系重点任务，明确了目标和责任。

体系工作总结交流会由程须珍研究员主持，各岗位科学家和站长分别作了工作总结。汇报结束后，程须珍研究员还组织召开执行专家组工作会议，针对体系挂牌、归档、经费使用以及宣传等工作做了具体安排。

会议观摩了位于黑龙江省嫩江县的九三管局尖山农场的5 000亩普通菜豆产业化示范

基地、科技园区、现代化农业机械展示现场及杜尔伯特蒙古族自治县连环湖镇白音诺勒村高产创建百亩示范田。尖山农场场长冯占山、杜尔伯特蒙古族自治县副县长陈武、农业局局长牛坤校都出席了现场观摩会。当地媒体对此次产业化观摩会进行了全程的跟踪报道。

4. 国家食用豆产业技术体系合肥综合试验站绿豆新品种新技术示范观摩会

会议于2012年9月4—5日在安徽明光召开，地点：安徽省明光市华亚国际大酒店。会议由国家食用豆产业技术体系研发中心、合肥综合试验站主办。农业部科教司刘艳副司长、安徽省农业科学院胡宝成副院长、安徽省农业科学院作物所张磊所长、明光市人民政府杨甫祥市长、李梅青副市长、农委陈晓学主任、推广中心周福红主任等领导，国家食用豆产业技术体系首席科学家及部分岗位科科学家、综合试验站站长、团队成员和示范县技术骨干，明光市土肥站、植保站、农经站的技术骨干、企业代表等，共50余人出席了会议（图40至图41）。

图40 2012年9月体系工作会集体合影（明光）

图41 2012年9月体系工作会会场（明光）

　　会议由张磊所长主持，杨甫祥市长致欢迎词。刘艳司长介绍了现代农业产业技术体系自 2007 年启动以来的发展概况，对食用豆体系建设工作给予充分肯定。她指出，体系运行以来成效显著，已成为国家农业产业发展的技术支撑和核心力量，希望科技人员要处理好体系建设和其他项目的关系、国家体系和地方创新团队的关系、体系人员和依托单位的关系、体系内部之间的关系，积极转变观念，分清岗位职责，树立体系理念，突出科技创新，兼顾成果转化，抓好区域性的技术集成与试验示范，把体系建设工作做得更好。程首席对刘司长长期以来对食用豆产业发展的支持和关爱表示衷心感谢，对合肥综合试验站在明光示范县的工作给予充分肯定，对明光绿豆产业发展提出建设性意见。胡宝成副院长感谢刘艳司长对安徽省农业科学院各产业技术体系岗站的大力支持，欢迎各位专家来皖考察指导。张丽亚站长总结汇报了合肥综合试验站体系建设进展情况。

　　刘司长和与会人员一起到生产现场，观摩了明东街道绿豆品种展示、绿豆与玉米间作栽培技术、病虫害综合防控技术等试验区和涧溪镇两个不同生态区的中绿 5 号百亩高产无公害示范，并组织专家进行了现场田间测产（图 42、图 43）。

图 42　2012 年 9 月体系工作会现场（明光）

图 43　2012 年 9 月体系工作会会场（明光）

通过会议交流、讨论研究、现场观摩加强了各研究室和试验站间的合作，对体系定位、工作重点和研发方向达成了共识。

5. 作物分子育种技术运用与推广高级研修班

组织参加由人力资源和社会保障部、农业部和中国农业科学院于2012年11月25—30日在北京联合举办的"作物分子育种技术运用与推广高级研修班"。地点：中国农业科学院作物科学研究所。

研修内容：作物重要性状基因定位与克隆技术、作物分子标记育种技术、作物安全高效规模化转基因技术、作物转基因育种技术、生物安全评价与检测技术等。国家食用豆产业技术体系首席科学家、部分岗位科学家、综合试验站站长及团队成员等，共25人参加了培训（图44）。

图44　2012年11月培训班部分体系人员（北京）

6. 国家食用豆产业技术体系2012年工作总结及学术交流会

会议于2012年12月17—20日在北京召开，地点：中国农业科学院作物科学研究所。会议由国家食用豆产业技术研发中心/中国农业科学院作物科学研究所主办。农业部科教司产业技术处张国良处长、农业部种植业管理司粮油处万福世处长，中国农业科学院作物科学研究所王述民副所长等领导，国家食用豆产业技术体系的首席科学家、岗位科学家和试验站站长及部分团队成员等100多人出席了本次会议（图45）。

图45　2012年12月体系工作会集体合影（北京）

会议内容：传达学习农业部关于 2012 年体系年终总结和人员考评、研讨"十二五"体系研发与管理等工作、现代农业产业技术体系人员考评办法等精神，及"食用豆产业技术体系工作细则"等；总结 2012 年度体系建设工作，并对岗位人员进行绩效考评；讨论《2012 年度食用豆产业技术发展报告》《2013 年食用豆产业发展趋势与政策建议》及《2012 年度产业科技服务工作总结》等；制订 2013 年度体系管理工作月度计划；讨论修订核心技术的实施方案，制订下一步工作计划，明确各岗位"十二五"体系建设关键性成果 1~2 个；针对食用豆体系研发工作进展，开展学术交流等。

会议由王述民副所长主持，张国良处长就 2012 年度体系工作总结与人员考评及下阶段工作重点作了重要报告，并对食用豆产业技术体系所取得的成绩给予充分的肯定和表扬，同时也提醒大家一定要戒骄戒躁，进一步做好体系重点任务研发和重点成果凝练，为推动产业健康和谐发展做出更大贡献。张处长认为 2012 年体系建设已经进入"十二五"的中期阶段，应对工作思路和任务重点进行适当调整，争取多出成果和出大成果。关于体系运行过程中存在的问题，张处长认为目前全部体系都面临着"思想懈怠、能力不足、外部诱惑"三大压力，要求大家时刻保持清醒头脑，认真总结前期工作经验，不能因为有了 5 年一贯制的稳定支持就产生懈怠情绪，要把主要精力集中于体系建设上来，做好岗岗联合、岗站对接，努力提高执行专家组的组织管理能力和岗位人员的研发水平，充分掌握本产业的各类基础数据和发展动态，力争获得社会公众和业内专家共同认可的标志性成果，为政府决策、农民增收、企业增效提供技术支持。

对体系的年度考核由万富世处长主持。万处长传达了农业部有关现代农业产业技术体系考评办法和具体要求，听取了首席科学家程须珍研究员的述职报告后，组织体系内全体岗位人员采用无记名投票方式对首席进行现场考评和打分。考评结束后，万富世处长代表农业部种植业管理司粮油处对食用豆体系建设在多抗专用品种筛选与新品种选育及配套栽培技术研究与示范、病虫害综合防控技术研发与示范、栽培生理与施肥技术研究、功能成分鉴定与新产品研发、产业发展与政策研究等方面取得阶段性成果给予充分的肯定，对首席科学家的工作报告表示高度的赞扬。

首席科学家程须珍研究员在述职报告中指出，2012 年，在农业部的直接领导下，体系全体岗位人员围绕"十二五"重点任务，团结协作，在多抗专用品种筛选及配套技术研究示范、豆象综合防控技术研究与示范、抗性种质创新与新品种选育、重要病害综合防控技术研究、抗逆栽培生理与施肥技术研究、功能成分鉴定与新产品研发、产业发展与政策研究等诸多方面取得显著成效，为推动食用豆产业健康发展提供技术支持。

经多点联合鉴定试验，初选出适宜不同生态区种植的优良品种 53 个，评选出加工专用型品种 14 个。研究集成轻简化实用技术 10 套，制定技术规程 4 项，增产效果显著。进一步明确在我国发生的豆象种类及危害情况，鉴定出抗豆象种质 69 份，集成田间和仓储豆象综合防控技术 6 套。收集和引进国内外种质资源 811 份，鉴定出抗病性资源 75 份。完善了豌豆白粉病、蚕豆赤斑病、绿豆尾孢叶斑病和芸豆普通细菌性疫病等病害防治药剂的筛选及综合防控技术。建立了芸豆、绿豆抗旱生理指标体系，筛选出抗旱性资源 70 份。完善了西北旱区绿豆高产群体结构与功能优化，研制豌豆、蚕豆耐冷生理指标鉴定技术规范 2 套。开展了微量元素缺乏对豌豆、蚕豆生长发育影响的研究，明确了绿豆、小豆、芸豆氮磷钾最佳施肥技术。筛选出适合于豆沙加工、粥或饭蒸煮、降血糖专用小豆品种 6 个，确定了绿豆降血脂活性物质及作用机制。开展了乙烯对绿豆幼苗主根伸长及侧根生长中的调控作用，以及硒对蚕豆、绿豆发芽过程中芽用特性及生理生化成分变化规律研究。完成 4 个固定观察点的调查工作，形成调研报告 4 份；完成 2012 年食用豆产业分析报告 5 份。举办各类培训会、观摩会 260 余场次，培训基层技术骨干、示范种植户 22 000 人次，发放培训资料 4.3 万份，提供示范种子 25 000kg，农药 3 900kg，示范推广新品种 160 多个、新技术 80 余项，受益农民达 2 万户。在国内外核心刊物发表研究论文 81 篇，获省部级科技奖 8 项。

食用豆体系岗位人员的考评工作由首席科学家程须珍研究员主持。会议期间，与会代表听取了各功能研究室主任、岗位科学家和综合试验站站长的工作总结及述职报告，岗位人员采取无记名投票方式相互测评，重点对任务委托协议规定的各项考核指标完成情况、对本岗位领域的国内外前沿跟踪情况、团队人员参加体系工作和团队建设情况、工作日志填报情况、经费使用情况等方面进行量化打分，并提出改进意见和建议。

考评结束后，全体岗位人员就体系工作中存在的问题及"十二五"成果凝练等进行充分讨论，并提出 2013 年体系建设工作重点。

在体系年终工作总结及考评会议结束后，组织召开了体系第二次学术交流会，岗位科学家、站长和团队成员 20 多人作相关学术报告，报告内容涉及食用豆遗传育种、栽培生理、病虫害防控、加工技术等研发领域，为下一步相关基础研究和前瞻性工作打下良好基础。

（六）2013 年

1. 国家食用豆产业技术体系 2013 年度中期工作总结暨产业化示范观摩会

会议于 2013 年 7 月 30 日至 8 月 2 日在石家庄召开，地点：京州国际酒店。会议由国家食用豆产业技术研发中心/中国农业科学院作物科学研究所主办，河北省农林科学院粮油作物研究所、保定市农业科学研究所、张家口市农业科学院、唐山市农业科学院承办。中国农业科学院作物科学研究所王述民副所长，河北省农业厅科教处刘魁处长，河北省农林科学院郑彦平副院长、科研处陈霞副处长，粮油作物研究所梁双波所长等领导，国家食用豆产业技术体系的首席科学家、岗位科学家和试验站站长及部分团队成员等，共 80 多人出席了本次会议（图 46）。

图 46　2013 年 7 月体系中期工作总结代表合影（石家庄）

会议内容：传达学习农业部有关现代农业产业技术体系建设的通知及文件；总结汇报国家食用豆产业技术体系 2013 年各岗位重点任务落实情况及工作进展；讨论制定下半年体系工作重点及成果凝练，包括新品种新技术试验示范及高产创建田间检测检验、技术服务及成果转化、《中国现代农业产业可持续发展战略研究》（食用豆分册）定稿、《中国食用豆类生产技术丛书》通稿等；参观河北省农林科学院粮油作物研究所食用豆试验基地及保定、张家口等综合试验站试验、示范基地。

会议开幕式由梁双波所长主持，郑彦平副院长致欢迎辞并介绍了河北省农林科学院的基本概况、承担现代农业产业技术体系建设情况及河北省食用豆产业研发现状等。刘魁处长在发言中强调，食用豆是河北省小特色作物，在燕山—太行山一带的贫瘠干旱山区的旱作农业、冀中南、黑龙港棉区的间套种高效农业以及特色农产品出口创汇中具有一定作用，加强食用豆产业研发与示范应用对河北及其他省份农业生产具有重要意义。王述民副所长介绍了国家食用豆产业技术体系的布局概况和相关研究进展，并对河北省食用豆研究取得的进展给予肯定。

体系工作会议由首席科学家程须珍研究员主持，她指出，2013 年度体系按照农业部有关通知要求，完成了 2012 年度产业科技服务工作总结、2013 年产业发展趋势与政策建议、2012 年度产业技术发展报告、2012 年度产业技术体系工作总结、2013 年度产业技术体系管理工作计划、2012 年产业技术体系人员考评情况报告等；完成体系征文 54 篇；按照农业部关于编写《中国现代农业产业可持续发展战略研究》丛书的通知，细化了编写提纲，落实了编写任务，并汇报了 2013 年度体系重点任务落实情况、围绕重点任务主要岗站进行的高产创建活动、种质资源搜集评价入库及交流分发等。随后，各研究室主任、岗位科学家、试验站站长就 2013 年度本岗位重点任务落实情况、主要进展、存在问题及下阶段工作重点等进行了总结汇报和交流。全体与会人员参观了河北省农林科学院粮油作物研究所食用豆试验基地，保定综合试验站蠡县试验示范基地，张家口综合试验站坝上试验、示范基地等（图47）。

图47　2013 年 7 月体系中期会现场（石家庄）

2. 国家食用豆产业技术体系 2013 年度工作总结及学术交流会

会议于 2013 年 12 月 22—25 日在北京市召开，地点：北京香山饭店。会议由国家食用豆产业技术研发中心/中国农业科学院作物科学研究所主办，中国农业大学承办。农业部科教司产业技术处张振华处长、中国农业大学李召虎副校长、农学与生物技术学院金危危副院长，中国农业科学院作物科学研究所王述民副所长等领导，以及来自国家食用豆产业技术体系的首席科学家、岗位科学家和试验站站长及其团队成员等 100 多人出席了本次会议（图 48）。

图 48　2013 年 12 月体系工作会代表合影（北京）

会议内容：传达学习农业部关于 2013 年体系年终总结和人员考评、现代农业产业技术体系人员考评办法等有关文件精神，及"国家食用豆产业技术体系工作细则"等；总结 2013 年度体系建设工作，并对岗位人员进行绩效考评；讨论《2013 年度食用豆产业技术发展报告》、《2014 年食用豆产业发展趋势与政策建议》以及《2013 年度产业科技服务工作总结》等；制定 2014 年度体系管理工作计划，包括体系工作会议、学术交流及研讨会、技术培训及示范观摩、出版物等重大活动计划；讨论修订核心技术的实施方案，制定下年度体系重点研发工作计划，明确各岗位"十二五"体系建设关键性成果 1~2 个；针对食用豆体系研发工作进展，开展学术交流等。

会议开幕式由王述民副所长主持。张振华处长对 2013 年度体系工作总结与人员考评作了统筹安排，他要求大家简化程序，认真学习相关文件精神，同时就首席科学家和岗位人员的考核程序，以及考核过程中需要关注的重点问题作了详细说明。李召虎副校长在致辞中对食用豆体系对中国农业大学的支持表示衷心感谢，简要介绍了中国农业大学的相关研究概况，表示对食用豆体系建设工作将给予进一步的支持。王述民副所长代表食用豆体系研发中心建设依托单位对会议承办单位表示了感谢。

体系的年度考核由张振华处长主持，张处长传达了农业部有关现代农业产业技术体系考评办法和具体要求，听取了程须珍研究员的述职报告后，组织体系内全体岗位人员采用无记名投票方式对首席进行现场考评和在德、能、勤、绩、廉等方面进行民主测评。

首席科学家程须珍研究员在述职报告中指出，2013 年，在农业部直接领导下，食用豆体系全体岗位人员围绕"十二五"重点任务，团结协作，在多抗专用品种筛选及配套技术研究示范、豆象综合防控技术研究与示范、抗性种质创新与新品种选育、重要病害综合防控技术研究、抗逆栽培生理与施肥技术研究、功能成分鉴定与新产品研发、产业发展与政策研究等诸多方面取得显著成效。①经多点联合鉴定试验，选出适宜我国不同区域种植的多抗专用品种 31 个，抗病虫、适宜机械化和间作套种、出口和加工专用品种数十个。②优化完善高产高效栽培技术 8 套，并制定相关技术规程 12 项。③多抗专用品种及其配套技术示范与高产创建初见成效。④进一步明确我国食用豆主产区豆象种类、分布及为害现状。⑤筛选出一批抗豆象优异种质 73 份、高代品系 756 份，研究集成田间和仓储豆象综合防控技术 5 套。⑥抗性种质创新与新品种选育取得了新进展。⑦重要病害综合防控技术研究成效显著。⑧抗逆栽培生理与施肥技术进一步完善。⑨食用豆功能成分鉴定与新产品研发进一步发展。⑩食用豆产业发展与政策研究体系逐步完善。⑪产业基础数据平台建设及信息网络逐步形成。⑫应急性技术服务成效显著。组织各类培训班、现场会、展示会、技术讲座 500 余场次，培训基层技术骨干、示范种植户 3 万多人次，发放培训资料 1.5 万份，明白纸 10 万多张，提供示范种子超过 1.5 万 kg，农药超过 2 万 kg，示范推广新品种 76 个、新技术 56 项，受益农民达 2 万户，经济效益 6.5 亿元。发表论文 96 篇，出版著作 3 部，获省部级科技奖 9 项、申报专利 10 项、制定技术规程 12 项，获新品种权 7 项。撰写工作日志 10 479 篇，平均每人 261 篇，每人每月均 22 篇。

对体系岗位人员的考评由首席科学家程须珍研究员主持。会议期间，与会代表听取了各功能研究室主任、岗位科学家和综合试验站站长的工作总结及述职报告，岗位人员采取无记名投票方式相互测评，重点对任务委托协议规定的各项考核指标完成情况、对本岗位领域的国内外前沿跟踪情况、团队人员参加体系工作和团队建设情况、工作日志填报情况、经费使用情况等方面进行量化打分，并提出改进意见和建议。考评结束后，全体岗位人员和与会专家就体系建设工作中存在的问题、2014 年工作重点及"十二五"成果凝练等进行了充分讨论。

工作会议结束后，组织召开了体系第三次学术交流会，来自 10 多个团队的年轻科技人员就各研究领域的最新进展及发展趋势等作了学术报告，其内容涉及食用豆遗传育种、栽培生理、病虫害防控、加工技术等。

（七）2014 年

国家食用豆产业技术体系中期总结会暨产业化示范现场观摩会

会议于 2014 年 7 月 27—30 日在吉林白城召开，地点：吉林省通榆县向海大酒店。会议由国家食用豆产业技术研发中心／中国农业科学院作物科学研究所主办，吉林省通榆县人民政府、吉林省白城市农业科学院、吉林省农业科学院作物科学研究所承办。中国农业科学院作物科学研究所王述民副所长，吉林省白城市农业科学院任长忠院长、郭来春副院长、白城市通榆县杨晓峰县长、于海航副县长、农业局李志远局长，通榆县云飞鹤舞农业有限公司牟文健等领导与企业界代表，国家食用豆产业技术体系首席科学家、岗位科学家和试验站站长及部分团队成员等，共 90 多人出席了会议（图 49）。

图 49　2014 年 7 月体系工作会集体合影（白城）

　　会议内容：传达学习农业部有关现代农业产业技术体系建设的通知及文件；总结汇报国家食用豆产业技术体系 2011—2013 年各项研发任务实施及 2014 年工作进展；讨论制定下半年体系工作重点及成果凝练，如新品种新技术试验示范及高产创建田间检测检验、技术服务及成果转化、《中国现代农业产业可持续发展战略研究》（食用豆分册）定稿、《中国食用豆类生产技术丛书》定稿及出版等相关事宜；考察吉林省食用豆生产及加工企业、通榆县食用豆示范园区及大面积生产情况等，提供相关技术指导与咨询；参观吉林省白城市农业科学院、吉林省农业科学院作物科学研究所食用豆试验及示范基地。

　　会议由王述民副所长主持。杨晓峰县长致辞，介绍了通榆县农业发展情况及食用豆在通榆农业发展中的重要地位，通榆县年种植绿豆、豌豆、小豆等各类食用豆 75 万亩左右，年产量在 6 万~8 万 t。任长忠院长在致辞中介绍了白城市农业科学院的基本情况及食用豆研究所取得的重要进展，对国家地理标志产品"白城绿豆"作了充分说明，并希望国家食用豆产业技术体系与白城市各级政府及企业部门精诚合作，把先进的技术成果运用于白城农业，为推动白城食用豆产业发展作贡献。

　　体系中期工作会由首席科学家程须珍研究员主持，程首席代表食用豆体系作了半年工作总结，各功能研究室主任及相关核心技术负责人分别就"2011—2013 年各项研发任务总结及 2014 年工作进展"作了相关报告，并对下一阶段工作进行了认真落实和布置。

　　与会代表观摩了吉林省白城市通榆县云飞鹤舞农业物联网企业、吉林省粮食集团通榆县加工企业（主要有绿豆米、红小豆等各类加工产品），吉林省白城市农业科学院通榆县新华镇食用豆示范基地、吉林省农业科学院作物科学研究所洮南市食用豆试验及示范基地、吉林省白城市农业科学院院内示范基地等（图 50）。

图 50　2014 年 7 月体系工作会会场（白城）

（八）2015 年

1. 国家食用豆产业技术体系 2014 年学术交流会

会议于 2015 年 1 月 6—7 日在重庆召开会议，地点：重庆金质花苑酒店。会议由国家食用豆产业技术研发中心/中国农业科学院作物科学研究所主办，重庆综合试验站承办。国家食用豆产业技术体系首席科学家程须珍研究员以及来自全国 20 余省市的体系岗位科学家、试验站站长及部分团队成员，共 130 多位专家出席了此次会议（图 51、图 52）。

图 51　2015 年 1 月体系学术交流会会场（重庆）

图 52　2015 年 1 月体系学术交流会会场（重庆）

会议内容：围绕"十二五"体系研发工作重点，总结交流与本岗位任务相关基础性和前瞻性研究进展及取得的阶段性成果，并作为岗位人员考评的参考依据。

会议由首席科学家程须珍研究员主持。程首席强调,学术交流会是对体系年终考评内容的重要补充,有助于更全面的展示各团队的研究进展,同时为年轻人提供展示自己的平台。会上,有 25 个专家分别从资源筛选与抗逆基因评价和育种方法改进、病虫害防控、加工技术研发、栽培与土肥研究、产业经济等五大领域开展了学术报告交流。

2. 国家食用豆产业技术体系 2014 年终总结和人员考评工作会议

会议于 2015 年 1 月 7—9 日在重庆召开,地点:重庆金质花苑酒店。会议由国家食用豆产业技术研发中心/中国农业科学院作物科学研究所主办,重庆综合试验站承办。农业部科技教育司产业技术处张文处长、中国农业科学院作物科学研究所王述民副所长、重庆市农业科学院唐洪军院长、重庆市农委颜其勇总经济师、重庆市农业科学院特作所李经勇书记等有关领导,国家食用豆产业技术体系首席科学家程须珍及岗位科学家、综合试验站站长及部分团队成员等 110 余人出席了会议(图 53、图 54)。

图 53 2014 年终总结和人员考评工作会(重庆)

图 54 2015 年 1 月体系工作总结代表合影(重庆)

会议内容：传达学习农业部关于2014年体系年终总结和人员考评、现代农业产业技术体系人员考评办法等有关文件精神，以及"国家食用豆产业技术体系工作细则"等；总结2014年度体系建设工作，并对岗位人员进行绩效考评；讨论撰写《2014年度食用豆产业技术发展报告》《2015年食用豆产业发展趋势与政策建议》以及《2014年度产业科技服务工作总结》等；讨论制定2015年度体系研发及管理工作计划，"十三五"体系建设重点任务及核心技术等。

会议由王述民副所长主持。唐洪军院长致欢迎辞，简要介绍了重庆市农业科学院科研情况和重庆综合试验站自2008年建站以来所取得的主要成效。颜其勇总经济师对食用豆产业技术体系对重庆产业发展所给予的支持与帮助表示由衷的感谢。张文处长在报告中充分肯定了国家食用豆体系建设以来所取得的成绩，并希望体系建设根据当前形势，从"变革""改革""革新"三大方面入手，争取开创体系与依托单位双赢的创新模式，为我国现代农业产业发展做出更大的贡献。

体系的考评工作由张文处长主持，张处长传达了农业部2014年度体系工作总结与人员考评办法和具体要求，听取了程须珍研究员的述职报告后，组织体系内全体岗位人员采用无记名投票方式对首席进行现场考评及德、能、勤、绩、廉民主测评。

首席科学家程须珍研究员代表全体系人员对2014年的研发工作做了详细汇报。在农业部直接领导下，食用豆体系全体岗位人员围绕"十二五"重点任务，团结协作，在多抗专用品种筛选及配套技术研究与示范、豆象综合防控技术研究与示范、抗性种质创新与新品种选育、重要病害综合防控技术研究、抗逆栽培生理与施肥技术研究、功能成分鉴定与新产品研发、产业发展与政策研究等诸多方面都取得了显著成效。①经多点联合鉴定试验，筛选出适宜我国不同区域种植的多抗专用品种65个，抗病虫、适宜机械化和间作套种、出口和加工专用品种数十个；②优化完善高产高效栽培技术4套，并制定相关技术规程11项；③多抗专用品种及其配套技术示范与高产创建成效显著；④食用豆主产区豆象种类、分布及为害现状调查又有新的发现；⑤筛选出抗豆象优异种质210份、高代品系106份，优化完善田间和仓储豆象综合防控技术7套；⑥抗性种质创新与新品种选育取得新的进展；⑦重要病害综合防控技术研究成效显著；⑧抗逆栽培生理与施肥技术进一步完善；⑨食用豆功能成分鉴定与新产品研发进一步开展；⑩食用豆产业发展与政策研究体系逐步完善；⑪产业基础数据平台建设及信息网络逐步形成；⑫应急性技术服务成效显著。同时，还组织各类培训班、现场会、展示会、技术讲座200余场次，培训基层技术骨干、示范种植户1.6万人次，发放培训资料5.8万份，提供示范种子3.28万kg，农药超过3 000kg，化肥2.26万kg，示范推广新品种100多个、新技术60余项，受益农民达2万户。获省部级科技奖10项，申报专利14项，发表论文106篇，出版著作4部，鉴定规程4项，新品种权6项。撰写工作日志9 625篇，平均每人247篇，每人月均21篇。

体系岗位人员的考评工作由首席科学家程须珍研究员主持。会议期间，与会代表听取了各功能研究室主任、岗位科学家和综合试验站站长的工作总结及述职报告，岗位人员采取无记名投票方式相互测评，重点对任务委托协议规定的各项考核指标完成情况、对本岗位领域的国内外前沿跟踪情况、团队人员参加体系工作和团队建设情况、工作日志填报情况、经费使用情况等方面进行量化打分，并提出改进意见和建议。

考评结束后，全体岗位人员和与会专家就体系建设工作中存在的问题、2015 年工作重点及"十二五"成果凝练等进行了充分讨论，并进一步明确 2015 年体系建设工作重点。

3. 国家食用豆产业技术体系技术培训暨示范观摩会

会议于 2015 年 8 月 10—12 日在江苏南京召开，地点：江苏省南京市翰苑宾馆。会议由国家食用豆产业技术研发中心/中国农业科学院作物科学研究所主办，江苏省农业科学院承办。农业部科教司产业技术处魏锴副处长，中国农业科学院作物科学研究所范静副所长，江苏省农业科学院周建农副院长，泰国农业大学 Peerasak Srinives 教授，江苏省农委作栽站俞春涛科长、种子站张玉明副科长，江苏省农业科学院蔬菜研究所王伟明所长、辛红霞书记，食用豆产业技术体系首席科学家程须珍及来自全国 18 个省份，近 110 名岗位科学家和试验站长及团队成员出席了本次会议（图 55）。

图 55　2015 年 8 月体系学术交流会集体合影（南京）

会议期间，来自体系内的 7 个岗位团队分别就绿豆、小豆、蚕豆、豌豆、普通菜豆、豇豆等主要食用豆类作物，田间试验和主要农艺性状、病虫害、抗性等规范化调查记载，及产业经济跟踪、数据库构建、生物技术辅助选择等进行技术培训。Peerasak 教授就最新国际食用豆研究进展做了专题报告。范静副所长根据国家财务管理新规定，就国家食用豆产业技术体系建设专项经费安全使用和规范化管理做了专题报告。与会代表还观摩了江苏省农业科学院六合基地食用豆田间试验与示范情况。

4. 国家食用豆产业技术体系中期工作总结暨产业化示范观摩会

会议于 2015 年 8 月 12—13 日在安徽明光召开，地点：明光市世纪缘国际酒店。会议由国家食用豆产业技术研发中心/中国农业科学院主办，合肥综合试验站/安徽省农业科学院和明光市农委承办，江苏省农业科学院协办。中国农科院作物科学研究所王述民副所长，安徽省农业科学院胡宝成副院长、农委科教处徐国余调研员、农业科学院作物所汪建来副所长，安徽省明光市何玉忠副市长，泰国农业大学 Peerasak Srinives 教授，国家食用豆产业技术体系首席科学家、岗位科学家、试验站站长和部分团队成员，明光市相关农技人员等，共 100 多人参加了会议（图 56）。

图 56　2015 年 8 月体系工作会集体合影（明光）

会议内容：传达学习农业部有关现代农业产业技术体系建设的通知及文件；总结汇报食用豆体系 2011—2014 年各项研发任务实施情况及 2015 年工作进展，重点汇报体系前期所凝练的 1~2 项岗位研发成果；制定下半年体系研发工作重点及成果凝练，如新品种新技术试验示范及高产创建田间检测检验、技术服务及成果转化等；讨论"十三五"体系重点任务、基础性工作等相关核心技术内容等；参观合肥综合试验站明光示范县绿豆试验示范基地。

会议由首席科学家程须珍研究员主持。何玉忠副市长致欢迎辞，介绍了明光绿豆的名优特点、悠久历史、生产现状及产业化发展情况，提出市政府将加强明绿品牌保护，支持明绿产品电子商务发展，感谢全国食用豆体系为明光绿豆发展做出的重大贡献。徐国余调研员介绍了安徽省农业产业化和食用豆生产情况，希望在国家食用豆体系的支持和帮助下，把明光绿豆品牌产业做大做强。胡宝成副院长指出，食用豆"小作物，大作用"，作为保健食品、特色产品，对人民健康和营养及生活品质的提高作用越来越大，体系专家们深入一线调查研究，现场解决生产中的实际问题，对产业发展起到了很好的促进作用。王述民副所长认为明光绿豆产业发展在全国 50 个体系中是非常成功的典型案例，把技术体系与推广体系很好地结合起来，为产业发展做出了重大贡献，我们要认真学习明光的成功经验，并进行总结推广。程首席总结了明光市示范县工作的五个特点：一是明光市政府及农委等相关部门高度重视绿豆产业发展；二是明光绿豆生产历史悠久；三是明光绿豆产品丰富；四是明光绿豆种质资源种类多；五是明光市绿豆文化氛围浓厚，并分析了体系成立以来取得的成果和社会经济效益及存在的问题。

会议观摩了明光市涧溪镇蒲塘村长城家庭农场无公害绿豆种植示范基地，绿豆高产创建、新品种引进与展示、病虫害综合防控、测土配方施肥、不同种植模式、明绿品种保护与繁殖试验示范，以及长城家庭农场绿豆生产、经营销售情况等（图57）。

图57 2015年8月体系工作会会场（明光）

5. 国家食用豆产业技术体系 2015 年度考核、"十二五"总结和"十三五"任务凝练工作会

会议于 2015 年 12 月 16—18 日在北京召开，地点：北京香山饭店。会议由国家食用豆产业技术研发中心主办，中国农业科学院作物科学研究所承办。农业部科教司产业技术处窦鹏辉副处长，中国农业科学院作物科学研究所王述民副所长，国家食用豆产业技术体系首席科学家程须珍研究员，以及岗位科学家和综合试验站站长等，共 50 余人出席了会议（图58）。

图58 2015年12月体系工作会集体合影（北京）

会议内容：传达学习农业部关于做好现代农业产业技术体系 2015 年度考核、"十二五"总结和"十三五"任务凝练等相关工作的通知、现代农业产业技术体系人员考评办法等有关文件精神，以及补充完善"国家食用豆产业技术体系工作细则"等；总结交流

2015 年度体系建设工作，并对岗位人员进行绩效考评；总结交流"十二五"体系建设工作，依据体系"十二五"总任务书、年度任务书，"十二五"绩效评估自评估指标体系等，对体系总体任务完成情况、每位体系人员任务完成情况、经费使用情况进行综合考核与验收；讨论制定"十三五"体系任务，研究提出本体系"十三五"体系重点研发任务、前瞻性研究、基础性工作等，与其他体系共同合作完成的跨体系任务，在 14 个特困连片地区的研发与试验示范任务方案；制定 2016 年度体系管理工作计划；凝练"十二五"体系建设关键性成果。

会议由首席科学家程须珍研究员主持，王述民副所长致欢迎辞。对体系的考评工作由窦鹏辉副处长主持，首席科学家程须珍研究员代表全体系人员对 2015 年的研发工作做了详细汇报。程首席指出，五年来，在农业部直接领导下，食用豆体系全体岗位人员围绕"十二五"重点任务，团结协作，在多抗专用品种筛选及配套技术研究与示范、豆象综合防控技术研究与示范、抗性种质创新与新品种选育、重要病害综合防控技术研究、抗逆栽培生理与施肥技术研究、功能成分鉴定与新产品研发、产业发展与政策研究等诸多方面都取得了显著成效。①经多点联合鉴定试验，筛选出适宜我国不同区域种植的多抗专用品种 56 个。②筛选出加工专用品种 39 个，高功效成分 20 个，研发小豆降血糖及绿豆清热解暑、降血脂、润肠通便产品 6 种。③研究集成高产高效栽培技术 5 套，含 14 个单项技术，其中东北芸豆高台大垄密植机械化高产栽培技术，绿豆小豆机械化高产栽培技术，华北抗病虫品种间作套种技术，西北抗旱耐瘠品种高效栽培技术，南方抗病虫及耐冷品种配套技术，已在生产上大面积示范应用增产增收效果显著。④首次查明为害我国食用豆的豆象种类有蚕豆象、豌豆象、绿豆象、四纹豆象和菜豆象，明确其分布区域、为害情况和寄主，撰写调查报告 1 份。⑤鉴定出抗豆象优异种质 65 份，定位了 5 个绿豆抗绿豆象基因。⑥建立豆象田间和仓储综合防控技术 3 套。⑦收集引进国内外种质资源 3 491 份，鉴定出 112 份优异种质，育成通过省级及以上鉴（认）定品种 153 个，获新品种保护权 10 个。⑧优化完善主要病害综合防控技术 4 套，筛选出 286 份抗病资源。⑨优化完善抗旱、耐冷鉴定技术指标体系，筛选出抗旱绿豆 7 份、普通菜豆 3 份、耐冷性豌豆 21 份、蚕豆 2 份。⑩开展氮磷钾最佳施肥技术研究，形成豌豆、蚕豆高效施肥模式 2 套。⑪优化完善西部旱区食用豆高产群体优化与构建。⑫开展食用豆功能成分鉴定与新产品研发。⑬开展食用豆产业发展与市场经济调研。⑭产业基础数据平台建设及信息网络逐步完善。⑮应急性技术服务成效显著。同时，还组织各类培训班、现场会、展示会、技术讲座 1 120 余场次，培训基层技术骨干、示范种植户近 10 万人次，发放培训资料约 20 万份，并提供示范种子、农药、化肥等，示范推广新品种 100 多个、新技术 60 余项，受益农民达 10 万户。获省部级科技奖 42 项、申报专利 51 项、发表论文 450 多篇、出版著作 35 部、制定标准 93 项、新品种权 8 项，中绿 5 号等分别列入全国 14 个连片特困地区农业适用品种和技术，以及北京市种植业高产、优质、节水农业主推品种。撰写工作日志 49 835 篇，平均每人约 240 篇。在听取首席科学家和 4 位功能研究室主任的报告后，窦鹏辉副处长进行总结发言，对首席科学家的工作报告给予充分的肯定，对食用豆体系在"十二五"期间取得的研发成果加以赞扬，认为食用豆体系了不起，把小作物做成了大产业，在小体系里做出了大文章。窦处长就体系未来发展，提出了三个关键词。第一个是改革，体系的发展要同国家大的改革方向相一致，要适应国家科技计划改革的步伐，要做好相关岗位人员接替工作。第二个是选择，体系人员既然选择了相关岗位，就要围绕体系设立的同一个方向、同一个目标踏踏实实地做下去，要围绕国家的扶贫战略和"一带一路"发展战略制订"十三五"目标和任务。第三个是精神，体系人员要有匠人所具有的沉心静气、细致入微、一以贯之品质，坚持稳定方向、协同创新、执着追求的精神，要耐得住寂寞，把体系工作做大、做强。

体系岗位人员的考评工作由首席科学家程须珍研究员主持。与会代表听取了各功能研究室主任、岗位科学家和综合试验站站长就 2015 年和"十二五"研发工作总结及述职报告，岗位人员采取无记名投票方式相互测评，重点对任务委托协议规定的各项考核指标完成情况、对本岗位领域的国内外前沿跟踪情况、团队人员参加体系工作和团队建设情况、工作日志填报情况、经费使用情况等方面进行量化打分，并提出改进意见和建议。

考评工作结束后，全体体系人员就"十二五"工作总结和"十三五"任务进行了充分讨论和凝练。程首席就体系"十二五"工作总结中安徽明光绿豆、吉林白城绿豆、榆林绿豆、陕西岢岚芸豆、青海蚕豆、大理蚕豆、芽菜产业七个亮点进行了具体布置。王述民副所长建议将体系工作总结分为基本情况、研发进展、主要成效、主要做法、"十三五"设想等几个方面，并对每项内容进行了细化。明确了高产多抗适宜机械化新品种选育、绿色增效栽培技术集成示范、重要病虫草害安全防控技术研究等为三项体系重点任务。跨体系任务暂定为：大豆、谷子、马铃薯、大麦青稞 4 个体系。14 个特困连片地区任务研发与示范确定为燕山—太行山区、乌蒙山区、六盘山区、大兴安岭地区、秦巴山区为重点。

（九）2016 年

国家食用豆产业技术体系中期工作交流暨产业化示范观摩会

会议于 2016 年 7 月 30 日至 8 月 1 日在吉林长春召开，地点：长春市南湖宾馆。会议由国家食用豆产业技术研发中心／中国农业科学院作物科学研究所主办，长春综合试验站／吉林省农业科学院承办。吉林省农业科学院罗振锋副院长、中国农业科学院国际合作局张蕙杰副局长、作物科学研究所科研处刘录祥处长、吉林省农委科教处杨忠群副处长、吉林省农业科学院科研处蔡红岩副处长、作物科学研究所张学军所长，国家食用豆产业技术体系首席科学家程须珍研究员，以及岗位科学家、试验站站长和部分团队成员，来自全国各地的十余家食用豆生产、加工、贸易界企业代表等，共 100 余人出席了会议（图 59）。

会议以引导农业供给侧结构性改革、引领产业转型升级为总体目标，以促进产业结构调整、产业发展方式转变、产业竞争力提升来提高科技对产业的贡献度提升为主线，以检验"十二五"体系研发新进展、推广食用豆科技新成果为行动。其主要内容有：学习农业部有关现代农业产业技术体系建设的最新通知及文件，研究现阶段应急性工作，总结体系建设以来各项研发任务实施情况及重要成果凝练，商定技术转化合作企业，修改"十三五"重点任务实施方案，落实体系各项技术内容及考核指标，签订 2016 年度岗位任务书，汇报本年度体系研发任务进展情况及存在问题等，举办体系科技成果展览，参观长春综合试验站食用豆试验示范基地等（图 60）。

图 59 2016 年 7 月体系中期工作会会场（长春）

图 60 2016 年 7 月体系中期工作会观摩现场（长春）

会议由程须珍研究员主持。程首席指出本次会议是食用豆发展史上一次非常重要的会议，为促进现代农业产业技术体系研发成果快速转化，配合当前国家农业种植调结构转方式、精准扶贫及国际豆类年活动发展的需要，本次会议期间举办国家食用豆产业技术体系研发成果展览，编辑出版了《国家食用豆产业技术体系建设科技成果展（2008—2015年）》，并与相关企业进行有效对接。罗振锋副院长致欢迎辞，介绍了吉林绿豆产业的发展历史及潜力，认为伴随国家对农业供给侧结构的改革及对镰刀弯地区玉米面积的缩减，食用豆特别是绿豆种植面积的增加是必然等，总结了体系建设的优势，建议体系专家要转变思路，从消费需求开始做科研工作，丰富产品加工种类，把产业做到国外去。刘录祥处长在发言中，肯定了食用豆在种植业结构调整中的重要地位，建议进一步加强创新研究，特别是机械化作业和精深加工领域，要开发营养好、口味佳的各类功能健康食品，认为只有把企业吸收进来体系才具有活力和发展后劲，才能把产业做大做强，有特色有成效。

会上，首席就新常态下食用豆产业发展做了专题报告，从国计民生中食用豆产业的重要作用、发展现状、发展机遇、现代农业产业技术体系推动食用豆产业健康发展等几个方面做了详细阐述。育种、病虫害防控、栽培、加工研究室的 8 位岗位科学家和 5 位试验站站长先后就各自领域最新研究成果进行了推介，受到与会企业代表的高度重视。南通品源生态农产品有限公司倪经理就乌小倌系列出口休闲食用豆产品、山东潍坊市昌乐县火山杂粮有限公司姬广义经理就中绿 5 号有机绿豆生产、河北金田地广农业有限公司就食用豆出口、吉林省长吉图特种作物有限公司马经理就食用豆功能产品开发、吉林鑫来粮油集团马金来总经理就食用豆市场贸易等做大会发言。讨论制定了国家食用豆产业技术体系科企对接实施方案和合作协议。修改完善了“十三五”体系核心技术实施方案，确立了 15 位牵头专家对接的综合试验站。观看了长春试验站拍摄的试验示范基地视频，参观了《国家食用豆产业技术体系建设科技成果展（2008—2015 年）》展厅，观摩了长春综合试验站公主岭试验示范基地田间绿豆和小豆生长情况。中央电视台、农民日报、吉林卫视、光明日报吉林记者站等新闻媒体进行了跟踪报道。

（十）2017 年

1. 国家食用豆产业技术体系 2016 年年终总结报告及考评会

会议于 2017 年 2 月 26—28 日在北京召开，地点：北京香山饭店。会议由国家食用豆产业技术研发中心/中国农业科学院作物科学研究所主办。农业部科教司刘艳副司长、农业部种植业司粮油处万克江博士、中国农业科学院科技局王述民副局长、作物科学研究所刘春明所长、李新海副所长，国家食用豆产业技术体系首席科学家程须珍研究员，及各功能研究室主任、岗位科学家和站长等，共 50 余人出席了会议（图 61）。

图 61　2017 年 2 月体系工作会会场（北京）

会议内容：传达学习农业部关于做好现代农业产业技术体系 2016 年度考核、2017 年度任务落实等相关通知精神，总结交流 2016 年度体系建设工作并对岗位人员进行绩效考评，制定 2017 年度体系管理工作计划。

　　会议由首席科学家程须珍研究员主持。刘春明所长在致欢迎辞，总结了食用豆类作物在种植业结构调整中的重要作用，肯定了国家食用豆产业技术体系建设所取得的成就。万克江博士就体系建设提出 3 个方面的建议，即工作思路要实现三个结合、工作方向要做到三个注重、工作重点要做到三个强化，3 个强化首先要强化协同发展，其次要强化集成创新，再次是要强化技术引导在树立典型上下功夫。王述民副局长就体系调整时期食用豆如何发挥作用，及前期研发成果如何"十三五"示范推广等提出了建议。

　　体系的考评工作由万克江博士主持，万博士传达了农业部有关现代农业产业技术体系考评办法和具体要求，听取了程须珍研究员的述职报告后，组织体系内全体岗位人员采用无记名投票方式对首席一年来的工作进行了测评打分。

　　首席科学家程须珍研究员代表全体系人员对 2016 年的研发工作做了详细汇报。食用豆高产多抗适宜机械化生产新品种选育成效显著，绿色增产增效关键技术集成与示范进展顺利，节本增效及绿色防控技术集成与应用效果明显，育种技术创新与新基因发掘有了新的突破，重要病虫害绿色防控及关键技术研究初见成效，可持续生产关键技术研究顺利开展，健康方便食品研发有了新进展。培育出通过省级以上鉴定新品种 34 个，研究集成节本增效技术 5 套，开发速食产品 5 个、功能性产品 4 种。组织各类培训班、现场会等 216 场次，调研咨询 630 多次，培训基层技术骨干、示范种植户 2.57 万人次，发放培训资料 6.9 万份，提供示范种子超过 22.7 万 kg，农药 8 198kg，化肥 15.95 万 kg，示范推广新品种 189 个、新技术 68 项，受益农民达 37 689 户。获省部级科技奖 8 项、新品种权 1 项，申报专利 10 项、发表论文 105 篇、出版著作 11 部，制定标准 3 项。

　　对体系岗位人员的考评工作由王述民研究员主持。与会代表听取了各功能研究室主任、岗位科学家和综合试验站站长的工作总结及述职报告，岗位人员采取无记名投票方式相互测评，重点对任务委托协议规定的各项考核指标完成情况、对本岗位领域的国内外前沿跟踪情况、团队人员参加体系工作和团队建设情况、工作日志填报情况、经费使用情况等方面进行量化打分，并提出改进意见和建议。

　　考评会结束后，王述民副局长组织全体系人员对"十三五"重点研发任务核心技术内容进行了充分讨论，并提出自己的见解，认为育种研究室 7 个岗位要有突破，有特色；栽培与土肥岗位要结合生产研发产业技术，注重绿色增产增效；植保研究室要注重减药增效，开展种衣剂研究；机械研究室要选 1~2 种作物，先做起来；加工研究室鲜品和综合加工要分开；产业经济研究室围绕产业经济职能提前谋划；试验站站长要有自信，要敢于提出自己的观点想法，不要被动接受。

　　刘艳副司长在总结报告中就当前国家大的科技计划改革和"十三五"体系建设框架结构做了重点说明。体系建设十年来，成效巨大。在中央财政资金改革，基本科研业务费缩减情况下，体系作为非常特殊的一类在行业部委中只保留下来这 1 个。这是一支稳定的国家级农业研发队伍，分布在我国农业产业的各个环节、各个产区，为中央和各级政府决策提供了很好的技术和信息支撑。"十三五"体系结构和管理方面将有一些改变。首先是预算方式改成了部门预算，第二是经费数量增加了，第三是对体系做了一些相应的调整，第四是学科建设方面做了一些相应的调整。在新增岗位方面，院士、千人计划等很多优秀人才参加应聘，竞争压力非常大。因此我们要一定把体系做好。"十三五"体系的作用和任务也有一些改变，各岗站的作用主要是研发、服务、培训、应急、智库、帮扶等，体系任务由原来的四大任务外，增加了横向联合、科技扶贫等。"十三五"重点任务核心技术内容要符合供给侧结构性改革对体系提出的新要求，由体系建立初期的提高产量转向绿色发展、生态环境等问题上来，这就是我们体系发展的动力。育种要实现从通用型、到专用型、再到特用型品种的三个转变。体系运行特点也有一些新的模式，一是以产业链布局创新链、以创新链布局资金链的总体布局模式；二是科研经费始终如一的稳定支持；三是小同行的考评模式；四是10%的淘汰比例，今后还会继续坚持，因为只有这样才能得到财政部等部委的支持。最后，刘司长要求大家不忘初心，继续前进，为国家现代农业改革做出更大的贡献。

2. 国家食用豆产业技术体系中期工作交流暨"十三五"体系任务完善与落实会产业化示范观摩会

于2017年8月18—20日，在内蒙古呼和浩特召开，地点：呼和浩特市东蓬假日酒店。会议由国家食用豆产业技术研发中心/中国农业科学院主办，呼和浩特综合试验站/内蒙古自治区农牧业科学院承办。内蒙古自治区农牧业科学院白晨副院长、科研管理处李子钦副处长、植物保护研究所张建平副所长，国家食用豆产业技术体系首席科学家程须珍研究员及全体岗位科学家、试验站站长和部分团队成员等，近50人出席了本次会议（图62、图63）。

图62　2017年8月体系工作会现场（呼和浩特）

图63　2017年8月体系工作会集体（呼和浩特）

会议内容：传达学习农业部有关现代农业产业技术体系建设的有关通知及文件等，及"食用豆产业技术体系工作细则"等，补充完善体系"十三五"任务内容，落实重点任务实施方案及考核指标等，讨论制订岗岗联合、岗站对接方案，签订"十三五"及2017年度岗位任务书，总结汇报2017年度体系研发任务进展情况及存在问题等，落实现阶段应急性工作等，参观呼和浩特综合试验站食用豆试验示范基地等。

会议由首席科学家程须珍研究员主持，白晨副院长对现代农业产业技术体系"十三五"新框架、战略目标和重要作用进行了详细说明，对食用豆体系十年建设取得了成效给予充分肯定。张建平副所长致欢迎辞，并介绍了内蒙古食用豆产业发展情况。与会岗位科学家和站长认真学习了"食用豆产业技术体系工作细则"和农业部现代农业产业技术体系建设有关文件，汇报了2017年上半年的重点工作情况，讨论了岗岗联合、岗站对接实施方案，补充完善了"十三五"食用豆产业技术体系建设核心技术内容，撰写修改了2017—2020年和2017年任务书，并上报农业部。与会代表还观摩了呼和浩特综合试验站赛罕区百亩绿豆试验示范基地生长情况。

（十一）2018 年

1. 国家食用豆产业技术体系 2017 年度考评及 2018 年任务落实会

会议于2018年1月14—15日在江苏南京召开，地点：江苏省南京市翰苑宾馆。会议由国家食用豆产业技术体系研发中心/中国食用豆类科技应用协作组主办，中国农业科学院作物科学研究所、江苏省农业科学院承办，江苏沿江地区农业科学研究所协办。农业部种植业司粮食作物技术处万克江副处长，中国农业科学院作物科学研究所刘春明所长，江苏省农业科学院常有宏书记、黄俊副院长，江苏省农业委员会科教处姜雪忠处长等有关领导及"十三五"国家食用豆产业技术体系首席科学家、岗位科学家、综合试验站站长等50余人出席了会议（图64）。

图 64　2018 年 1 月体系工作集体合影（南京）

会议内容：传达学习农业部关于做好现代农业产业技术体系 2017 年度考核、2018 年度任务落实等相关通知精神，总结交流 2017 年度体系建设工作并对岗位人员进行绩效考评，修改完善 2017 年度产业技术发展报告及 2018 年产业发展趋势与政策建议等，研究制定 2018 年度体系管理工作计划等。

会议由首席科学家程须珍研究员主持。黄俊副院长致欢迎辞，常有宏书记介绍了江苏省食用豆产业发展方向和取得的重要进展，姜雪忠处长就江苏省特粮特经产业技术体系与国家体系的有效对接等作了专题报告。刘春明所长通报了十年来国家食用豆产业技术体系建设取得的重要成果，并对今后体系如何在国家精准扶贫和农村振兴战略中发挥重要作用提出指导意见。万克江副处长对国家食用豆产业技术体系研发工作所取得的显著成效和创新亮点给予了充分的肯定，并就体系建设工作重点提出四点意见，一是要适应新常态，做好基础性工作；二是要把握新要求，做好重点工作特别强调要在产业结构调整中发挥重要作用；三是要立足科研面向推广，大力做好各项创新技术的推广工作；四是要立足当前面向长远，做好中长期规划。

体系的考评工作由万克江副处长主持，首席科学家程须珍研究员代表全体系人员对 2017 年的研发工作做了详细汇报。全体系的科技创新取得新的进展，创制出具有高产、抗枯萎病、抗细菌性疫病、抗叶斑病、白粉病等重要病害，抗豆象、蚜虫等重要害虫，抗旱耐瘠、品质优良、商品性好、株型直立、结荚集中、成熟一致不炸荚适宜机械化生产等突出特性的新种质 81 份，培育通过省级以上省鉴定品种 9 个，初选出适宜不同区域种植的高产广适多抗宜机械化管理的新品种 34 个，初步解决目前生产上抗病虫、耐干旱、机械化生产品种缺乏等问题。推进农业绿色发展成效显著，研制出蚕豆、绿豆、小豆减施 40%~60% 氮素最佳施肥方案，筛选出 18 个高抗绿豆枯萎病品种，抗病虫新品种示范效果明显，提高了食用豆产量和品质，降低了生产和劳动成本，解决了因打药和熏蒸造成的产品及环境污染问题。推动农业提质增效农民增产增收发挥了重要作用，采用科研+种植户+合作社（公司）模式，在示范县和特困连片地区，建立核心示范区 173 个，示范推广中绿 5 号、中红 6 号、龙芸豆 5 号、青蚕 14 号、云豌 8 号、中豇 4 号等新品种 75 个，西北旱区绿豆地膜覆盖节水、西南区冬闲田稻茬免耕及蚕豆平衡施肥、东北区食用豆全程机械化节本增效、华北和华东区绿豆—棉花、绿豆—玉米等间作套种高效种植等新技术 39 项，示范面积 7.48 万亩，平均增产 14.7%，增收 4.4 亿元以上。为政府决策农民增收企业增效提供强有力的技术支撑，向农业部及有关政府部门提交产业研发技术和工作报告及培训教材 118 份。获省部级科技进步奖 4 项，新品种保护权 6 项，国家发明专利和实用新型专利 11 项；研制省级以上技术标准 9 项；培养研究生数十人；发表研究论文 97 篇（SCI 收录 15 篇）；开展各类技术培训 300 多场次，培训技术人员和种植大户 2 万余人次，发放技术资料 5.89 万份，提供种子 2.63 万 kg、农药 1.26 万 kg、化肥 21.99 万 kg，收益农民 12.6 万户。

对体系岗位人员的考评工作由首席科学家程须珍研究员主持。与会领导和专家听取了各功能研究室主任、岗位科学家和综合试验站站长的工作总结及述职报告，岗位人员采取无记名投票方式相互测评，主要对任务委托协议规定的各项考核指标完成情况、对本岗位领域的国内外前沿跟踪情况、团队人员参加体系工作和团队建设情况、工作日志填报情况、经费使用情况等方面进行量化打分，并提出改进意见和建议。

2. 中国食用豆类科技创新学术交流会

会议于 2018 年 1 月 16—17 日在江苏南京召开，地点：南京翰苑宾馆。会议由国家食用豆产业技术体系研发中心/中国食用豆类科技应用协作组主办，中国农业科学院作物科学研究所、江苏省农业科学院承办，江苏沿江地区农业科学研究所协办。江苏省农业科学院刘贤金副院长，国家食用豆产业技术体系首席科学家、各功能研究室主任、岗位科学家和站长及来自全国各有关单位的 160 多名专家代表出席了此次会议（图 65）。

图 65　2018 年 1 月体系学术交流会集体合影（南京）

会议内容：邀请国内从事食用豆遗传育种、栽培与土肥、病虫草害防控、机械化生产、产后利用、产业经济与信息技术等研究领域的知名专家，开展学术交流与技术培训，研究制定行业间合作计划与产业研发方向。

会议以"绿色、共享"为主题，来自国内 21 个省份 60 多名体系内外专家围绕食用豆资源创新与品种选育、节本增效栽培技术、病虫草害绿色防控技术、产业化加工技术、机械化栽培与收获技术等方面开展了科技创新学术交流，特别是来自山西省农业科学院的系统耐旱资源研究、黑龙江省农业科学院围绕供给侧结构改革而进行的镰刀湾地区食用豆高效节本栽培技术研制、福建省农业科学院的专家做的有关蚕豆左旋多巴功能性产品进行的大规模产业化开发、江苏苏芽食品有限公司围绕豆类芽苗菜开展的绿色健康产品开发等系列报告，亮点纷呈、创新性强，在食用豆产业在农村振兴战略方面提供很好的思路与策略。专家组根据各与会专家的学术水平与表达能力，分别评选出一等奖 5 名、二等奖 10 名、三等奖 15 名。

3. 国家食用豆产业技术体系中期工作总结暨产业化示范观摩和科企对接研讨会

会议于 2018 年 7 月 10—12 日在青海西宁召开，地点：西宁盐湖海润大酒店。会议由国家食用豆产业技术研发中心/中国农业科学院作物科学研究所主办，蚕豆育种岗位/青海省农林科学院承办。青海省农林科学院金萍院长，青海省农牧业厅粮油处胡瑞宁处长，农业农村部科教司产业技术处张志勇研究员，国家食用豆产业技术体系首席科学家程须珍研究员及全体岗位科学家、试验站站长和部分团队成员，相关合作企业代表等，共 60 余人出席了本次会议（图 66）。

图 66　2018 年 7 月体系科企对接会现场（西宁）

会议内容：传达学习农业部有关现代农业产业技术体系建设的通知及文件，汇报国家食用豆产业技术体系 2018 年各项研发任务实施情况，制定下半年体系工作重点及体系成果凝练，参观蚕豆育种岗位科学家育种试验及新品种新技术展示示范基地。组织召开食用豆产业科企对接研讨会。

会议由首席科学家程须珍研究员主持，胡瑞宁处长致欢迎辞，金萍院长介绍了青海农林科学院及蚕豆育种岗位所取得的最新研发成果，对国家食用豆产业技术体系在青海农业发展所发挥的重要作用表示感谢。张志勇研究员对国家食用豆体系为推动地方产业发展所做的贡献给予充分的肯定，并就体系下一步工作提出期望。

会上食用豆体系 44 名岗位科学家和试验站站长分别就 2018 年上半年主要工作和下半年工作计划作了详细汇报。首席科学家程须珍研究员对体系上半年取得的主要成就和重点研发工作做了详细报告，并对 2018 年岗位任务书签署及《体系十年》编写出版等下阶段工作进行了布置安排。

会议讨论确立了《现代农业产业技术体系建设理论与实践》（食用豆分册），编写方案与框架结构及各岗站《体系十年》编写统一格式。补充完善了各岗位研发工作总结、成果汇总表等稿件。全体与会人员参观了蚕豆育种岗位在青海省农林科学院内的蚕豆育种试验及湟源县新品种新技术展示示范基地。会后，首席科学家及部分岗位人员和团队成员出席了首届蚕豆育种研讨会。

体系科企对接研讨会（图 67、图 68）由处张志勇研究员主持，北京东升方圆农业种植开发有限公司（总经理王铭堂）、河北"三豆"食品有限公司（总经理鲁冰英）、青海昆仑种业集团有限公司（总经理马生祥）、江苏苏芽食品有限公司（总经理陈道赏）、河北泥河湾农业发展股份有限公司（总经理肖志祥）、吉林吉农高新技术发展股份有限公司（财务总监宋东红）、青岛和谐生物科技有限公司（技术代表刘金）七家企业分别介绍了各自的业务范围、与相关岗位的合作与对接情况及进一步工作计划等。会上北京东升方圆农业科技开发有限公司与首席科学家岗位团队、河北三豆食品有限公司与绿豆育种岗位团队、青海昆仑种业集团有限公司与蚕豆育种岗位团队、江苏苏芽食品有限公司与生物防控及综合防控岗位团队、河北泥河湾农业发展股份有限公司与张家口综合试验站、吉林吉农高新技术发展股份有限公司与长春综合试验站等——签署联合合作协议，协议内容包括共建联合试验示范基地、共同开展技术研发等，这种新型合作模式将有效推动食用豆产业技术体系研发成果快速转化，为农业种植结构调整、产业扶贫、乡村振兴提供技术支撑。

图 67　2018 年 7 月体系中期会现场（西宁）

图 68　2018 年 7 月体系中期会现场（西宁）

4. 国家食用豆产业技术体系科技扶贫示范观摩会

会议于 2018 年 8 月 6—7 日在河北张家口召开，地点：河北省阳原县宾馆。会议由国家食用豆产业技术研发中心/中国农业科学院、河北省农业厅、张家口市人民政府主办，张家口综合试验站/张家口市农业科学院、阳原县人民政府承办，河北省农林科学院协办。中国农业科学院作物科学研究所书记孙好勤，副所长刘录祥，农业农村部科教司产业技术处黄晨阳博士，河北省农业厅总农艺师郑红维，张家口市农牧局副局长李万宇，市农业科学院院长张斌，副院长黄文胜，阳原县县委书记孙海东，县长李德，副县长李志军、陈涛，张北县副县长沈光宏等领导，食用豆加工贸易生产企业及合作社代表，国家食用豆产业技术体系首席科学家及相关岗位科学家、综合试验站站长及团队成员等，共 120 多人出席会议（图 69 至图 72）。

图 69　2018 年 8 月体系科技扶贫会现场（阳原）

图 70　2018 年 8 月体系科技扶贫会现场（阳原）

图71　2018年8月体系科技扶贫会现场（阳原）

图72　2018年8月体系科技扶贫会现场（阳原）

会议内容：观摩国家食用豆产业技术体系阳原县要家庄乡王府庄村绿豆新品种及轻简化技术集成示范、阳原县要家庄乡王府庄村、张北县二台镇王家村芸豆轻简化栽培技术集成示范等科技扶贫基地，参观河北泥河湾农业发展股份有限公司食用豆加工车间及产品展览，组织召开科技扶贫研讨与技术培训会。

会议由副所长刘录祥研究员主持，张家口市农牧局、阳原县政府等领导致欢迎辞，中国农业科学院、河北省农业厅、张家口市农业科学院、农业农村部科教司等领导就杂粮杂豆在当前科技扶贫工作的重要作用发言，河北泥河湾农业发展股份有限公司负责人做产业发展报告，对国家食用豆产业技术体系建设及科技扶贫中取得的成绩给予充分肯定。认为在国家食用豆产业技术体系的支持和帮助下，张家口绿豆等食用豆产业得到了长足的发展，对地方特色产业发展和脱贫攻坚发挥了强有力的推动作用，在张家口地区走出了一条行之有效的科技扶贫之路，为河北省农业产业发展和乡村振兴带来了更多的新理念和新机遇。

科技扶贫研讨与技术培训会由国家食用豆产业技术体系首席科学家程须珍研究员主持，张家口综合试验站站长徐东旭研究员、遗传改良研究室主任、绿豆育种岗位科学家田静研究员、栽培与土肥研究室主任、水分生理与节水栽培岗位科学家张耀文研究员做专题报告。研讨会结束后，河北省张家口市人民政府刘均勇副市长主持召开了张家口市科技扶贫高级座谈会，出席会议的有农业农村部科教司、中国农业科学院、张家口市农业科学院、阳原县、张北县等有关领导和科技人员。

5. 第二届中泰豇豆属食用豆类国际合作研讨会

会议于 2018 年 10 月 27—29 日在北京召开，地点：北京四季御园国际大酒店。会议由国家食用豆产业技术研发中心/中国农业科学院作物科学研究所主办。中国农业科学院国际合作局贡锡锋局长、徐明处长，中国农业科学院作物科学研究所刘录祥副所长，泰国农业大学 Prakit Somta 博士，国家食用豆产业技术体系首席科学家程须珍研究员等 70 多人参加了本次会议（图 73）。

图 73　2018 年 10 月国际合作研讨会集体合影（北京）

会议内容：举行中国农业科学院及泰国农业大学（CAAS-KU）食用豆类研究联合实验室揭牌仪式（图 74），聘请国内外食用豆类专家开展学术交流，研究制定双边合作计划。

图 74　2018 年 10 月联合实验室揭牌现场（北京）

会议由刘录祥副所长主持，贡锡锋局长致辞，贡局长对食用豆类作物在"一带一路"地区国际间合作，乡村振兴、脱贫攻坚、营养健康等中的作用给予充分肯定，分析了建立"中泰食用豆类研究联合实验室"的重要性，并对实验室研发工作提出建设性意见。首席科学家程须珍研究员，介绍了自 1984 年以来中泰食用豆类合作研究历程和取得的成果。Prakit

Somta 博士宣读了 Peerasak 教授的贺信，他说中泰合作历史长久、基础坚实、成果丰硕，食用豆类研究联合实验室的建立将双方进一步合作推向了一个新阶段，前景广阔。贡锡锋局长和 Prakit Somta 博士为联合实验室揭牌。来自中国和泰国的 10 位食用豆类专家分别就种质资源评价、遗传育种、栽培土肥、病虫害防控及产后加工利用等领域作大会报告。会议讨论制定了下一步中泰食用豆类合作研究计划，并对体系 2018 年终工作总结和人员考评及《体系十年》《中国食用豆品种志续集》编写等近期工作进行了充分讨论和布置安排。

（十二）2019 年

1. 国家食用豆产业技术体系 2018 年度考评及 2019 年任务落实会

会议于 2019 年 1 月 3—5 日在山西大同召开，地点：大同魏都国际酒店。会议由国家食用豆产业技术研发中心/中国农业科学院作物科学研究所主办，山西省农业科学院作物科学研究所、山西省农业科学院高寒区作物研究所、山西省农业科学院作物品种资源研究所承办。

会议主要内容：传达学习农业农村部关于做好现代农业产业技术体系 2018 年度考核、2019 年度任务落实等相关通知精神，总结交流 2018 年度体系建设工作并对岗位人员进行绩效考评，修改完善 2018 年度产业技术发展报告及 2019 年产业发展趋势与政策建议等，研究制订 2019 年度体系管理工作计划与食用豆新品种鉴定及推介实施方案，讨论确定《现代农业产业技术体系建设理论与实践》（食用豆分篇）修改方案。

农业农村部全国农业技术推广与服务中心粮食作物技术处万克江副处长、中国农业科学院作物科学研究所刘春明所长、刘录祥副所长、顿宝庆副处长、山西省农业科学院张强副院长、山西农业大学副校长/山西省杂粮体系首席专家杨武德教授、山西省大同市农业委员会何长青副主任、山西省农业科学院高寒地区作物科学研究所杨如达所长等有关领导及"十三五"国家食用豆产业技术体系建设岗位科学家、综合试验站站长等 50 余人出席了会议（图 75）。

图 75　2019 年 1 月体系考评会集体合影（大同）

会议由首席科学家程须珍研究员主持。张强副院长代表会议承办和部分岗站建设依托单位致欢迎辞，刘春明所长代表体系研发中心建设依托单位致感谢辞，万克江副处长代表主持单位对现代农业产业技术体系建设运行情况进行了系统总结，认为食用豆产业技术体系成绩越来越突出，对产业的支撑力越来越强，并对体系人员考评和下一步研发工作提出要求和建议。

对国家食用豆产业技术体系的考评工作由万克江副处长主持，首席科学家程须珍研究员代表全体系人员对 2018 年的研发工作做了详细汇报。科技创新又取得了新的突破性进展，创制出高产，抗枯萎病、抗晕疫病、抗白粉病、抗细菌性疫病、抗赤斑病、抗锈病、抗豆象、抗旱、耐盐、鲜食、观赏性、加工专用的新种质 98 份；育成新品种 38 个，获新品种保护权 12 项；鉴定出抗豌豆白粉病、枯萎病，抗绿豆晕疫病、枯萎病，抗豆象绿豆、蚕豆，抗旱性芸豆、绿豆，降血糖小豆，清热解暑绿豆等专用品种 175 个。筛选出高产多抗宜机械化管理的优良品种 53 个，解决了生产上抗病虫、耐干旱、机械化生产品种严重缺乏的问题。推进农业绿色发展成效显著，筛选出小豆种衣剂 2 种，Cd 或 As 低积累品种 51 个；研究集成减施氮肥、高效轮作技术；筛选出绿豆抗晕疫病品种和叶斑病、豆象防效生物药剂；初选出抗豇豆荚螟绿豆品种和高毒力 BT 菌株；探索了不同轮作模式对田间草害发生和危害规律；研究集成机械化播种和收获模式；提高了食用豆产量和品质，降低了生产和劳动成本，解决了因打药和熏蒸造成的产品及环境污染问题。推动农业提质增效农民增产增收发挥了重要作用，大力推进西北旱区地膜覆盖节水、西南区稻茬免耕及平衡施肥高效、东北区全程机械化节本增效、华北和华东区绿豆/棉花和绿豆/玉米间套种高效栽培技术等，为可持续发展提供技术服务。采用"科研+种植户+合作社（公司）"模式，结合新品种示范和科技扶贫，在示范县和特困连片地区及主产区，建立核心示范区 125 个，示范推广中绿 5 号、中红 6 号、龙芸豆 5 号、青蚕 14 号、云豌 8 号、中豇 4 号等新品种 77 个及配套技术和标准 48 项，示范面积 2 554.23 万亩，增产粮食 1.23 亿 t，增收 2.47 亿元，节约成本 4.53 亿元，提高了农民种植效益，减少了农药化肥使用量。为政府决策农民增收企业增效提供强有力的技术支撑，2018 年，向农业农村部及地方政府有关部门提交产业研发技术和工作报告及培训教材 118 份；获省部级科技奖 8 项、国家发明和实用新型专利 25 项；研究制定省级以上技术标准及规范 9 项；培养研究生 43 名；发表研究论文 117 篇，编写著作 8 部；开展各类技术培训 300 多场次，培训技术人员和种植大户 2 万余人次，发放技术资料 5.56 万份，提供种子 2.26 万 kg、农药 1.3 万 kg、化肥 18.87 万 kg，受益农民 12.8 万户。

国家食用豆产业技术体系岗位人员的考评工作由首席科学家程须珍研究员主持。与会领导和专家听取了各功能研究室主任、岗位科学家和综合试验站站长的工作总结及述职报告，岗位人员就总体情况、合同任务完成情况、重要科研进展、扶贫工作情况、机制创新情况、宣传报道情况、经费使用情况、存在问题、明年工作计划等进行总结汇报，并采取无记名投票方式相互测评，主要对任务委托协议规定的各项考核指标完成情况、对本岗位领域的国内外前沿跟踪情况、团队人员参加体系工作和团队建设情况、工作日志填报情况、经费使用情况等方面进行量化打分，并提出改进意见和建议。

考评结束后，体系栽培岗位科学家、中国农业科学院国际合作局王述民局长就中国农业科学院"实施乡村振兴战略十大行动方案（2018—2022 年）"进行了详细解读。全体岗站人员就 2019 年重点任务等内容进行了充分讨论，制订出体系科技扶贫和乡村振兴重点示范点建设实施方案，体系联合鉴定品种推介工作计划。研究确定了《现代农业产业技术体系建设理论与实践》（食用豆类分篇）补充修改条目和任务分解。

体系岗位建设成就

首席科学家

一、岗位简介

2007年，中央为全面贯彻落实党的"十七大"精神，加快现代农业产业技术体系建设步伐，提升国家与区域创新和农业科技自主创新能力，为现代农业和社会主义新农村建设提供强大的科技支撑，在实施优势农产品区域布局规划的基础上，由农业部、财政部依托现有中央和地方科研优势力量和资源，启动建设了以50个主要农产品为单元、以产业链为主线，从产地到餐桌、从生产到消费、从研发到市场各个环节紧密衔接、服务国家目标的现代农业产业技术体系，国家食用豆产业技术体系就是其中的一个，中国农业科学院作物科学研究所程须珍研究员任首席科学家。

图1　首席科学家程须珍

国家食用豆产业技术体系于2008年正式建立，由1个产业技术研发中心和若干个综合试验站组成。研发中心设有首席科学家1名、体系秘书1名、功能研究室4~6个，每个功能研究室设有主任1名、岗位科学家若干名，每个岗位由4~5名团队成员组成；每个综合试验站由1名站长及4名团队成员和5个示范县组成，每个示范县由3名技术骨干组成。每个岗站对接合作企业1~2个。在"十一五"期间本体系共设有15个科学家岗位，20综合试验站，100个示范县；到"十三五"发展到22个科学家岗位，23个综合试验站，115个示范县，分布在全国22个主产省份。

二、主要研发任务

作为首席科学家，组织带领全国食用豆科技人员，通过调查研究，根据产业发展需求，制定出国家食用豆产业技术体系建设总体研发目标。以绿豆、小豆、蚕豆、豌豆、普通菜豆（芸豆）等特色食用豆为突破口，通过体系建设提升科技创新效率，拓宽产业研究领域，建立以科研单位为依托、市场需求为导向、产业发展为目标的多元化科技创新体系，保证产品质量安全，带动产业健康发展。

体系重点研发任务是：围绕现代农业产业需求，着力解决食用豆产量偏低、栽培技术落后、农民种植收益不稳等问题，重点开展食用豆高产多抗适宜机械化生产新品种选育、绿色增产增效关键技术集成与示范、育种技术创新与新基因发掘、可持续生产和重要病虫草害绿色防控关键技术研究、全程机械化生产机械与技术研究、加工技术提升与产品创新研究、产业发展形势研判与政策建议、产业基础数据平台建设、应急性服务、技术培训、科技扶贫等研发工作。

三、重要进展

（一）高产多抗专用食用豆新品种选育引领产业优质化

针对我国食用豆种类多、种植范围广、区域性强、多抗优质专用（加工、出口）品种缺乏等问题，体系以"高产多抗适宜机械化生产新品种选育"为首要任务，经过多年多生态区多领域联合攻关，利用传统育种与分子生物技术相结合方法，培育出一批通过国家和省级审（认、鉴）定的抗病（根腐病、褐斑病、白粉病、枯萎病、细菌性疫病、病毒病等）、抗虫（豆象、蚜虫、豆荚螟等）、适宜间作套种、机械化作业、出口和加工专用的新品种，有效解决了我国食用豆生产品种混杂、产量低、抗性差、品质不优等突出问题。通过示范、展示、技术培训及媒体推介等，新品种示范推广到30多个省份，主产区新品种普及率达到80%以上，一般增产12%~39%，保障了食用豆产业发展的品牌化、专用化和优质化。

（二）优异基因资源挖掘及种质创新等基础性研究逐步走向世界前沿

针对我国食用豆优异资源匮乏和育种技术落后等问题，着力开展优异种质创新技术研究。通过对国家种质库3万多份食用豆资源表型鉴定、抗性评价和品质分析，首次深度解析了我国食用豆种质资源利用情况，构建了应用核心种质；采用常规杂交，辅以辐射、诱变及高通量表型快速鉴定等手段，创制出抗豆象、褐斑病、白粉病、立枯病、细菌性疫病、病毒病，抗除草剂，抗旱、耐涝、抗冻、耐盐等优异种质，提升了我国食用豆种质资源的整体研发水平。

建立了普通菜豆抗炭疽病、豌豆抗白粉病、绿豆抗豆象等分子标记辅助育种技术体系。明确了普通菜豆抗炭疽病候选基因和抗细菌性疫病基因位点及直立性状候选基因座位；发现了6个豌豆抗白粉病等位基因，开发出相关功能标记；通过全基因组重测序和基因组变异分析，构建了世界首张普通菜豆高密度单倍型图谱，鉴定出500多个重要性状位点；完成了绿豆基因组测序，构建了包含形态标记和分子标记高密度遗传图谱，鉴定出抗旱、抗豆象等重要性状基因位点，引领了国际食用豆基因组学发展。

（三）节本增效生产技术模式实现了食用豆产业轻简化

充分发挥食用豆与禾本科作物、幼林果树轮作及间套种的优势，紧紧围绕产业规模小、生产成本高、农机农艺融合度低等问题，以"绿色增产增效关键技术集成与示范"为体系重点任务，系统研究不同间作套种模式、麦后复播、抗旱节水、冬闲田利用等多种生产技术，集成创新出适宜不同产区种植的各种轻简化生产模式。其中东北区芸豆高台大垄密植机械化栽培与绿豆小豆机械化生产，华北区绿豆/棉花、绿豆/玉米、小豆/夏玉米间作套种，西北区高寒地区旱地绿豆/芸豆地膜覆盖"机艺一体化"种植、豌豆/玉米及豌豆/马铃薯套种，南方区蚕豆稻茬免耕、蚕豆豌豆桑（果）园套种等节本增效轻简化栽培技术，在主产区示范 5 000 多万亩，增产 12%~60%，增收 150 亿元以上。

（四）病虫草害综合防控技术实现了食用豆生产绿色化

绿色无公害是食用豆的生产优势，也是本产业可持续发展的关键。组织体系专家系统开展不同区域、不同豆种为害产业发展的重大病虫草害研究，首次明晰了我国豆象、豆荚螟种类及发生和为害规律；揭示了蚕豆赤斑病、普通菜豆细菌性疫病、绿豆枯萎病、豌豆白粉病等重大病害抗性机理及病原菌变异特征；研发出病虫害快速检测技术，筛选出一批抗性资源并培育出抗性品种，推动了我国食用豆病害由盲目打药向有的放矢综合治理的转变。

针对食用豆主要病虫草害发生情况，组织体系人员以"药肥双减、质效双增"为根本，以抗病、抗虫、适宜机械化作业的新品种为核心，利用合理的轮作倒茬、幼龄林果树间作套种、适度密植、适期播种、水肥调控、品种搭配等综合农业防控技术，辅以最低剂量、安全高效、绿色环保的化学药剂应用技术，研究集成创新了一批绿色高效防控技术。其中绿豆叶斑病、蚕豆赤斑病、豌豆白粉病、细菌性疫病等绿色防控技术，在主产区示范800 余万亩，防效 85%以上，增产 11.8%~122.3%，增收 24 多亿元。豆象田间和仓储绿色综合防控技术，经在重点疫区示范，田间防效在 68%以上，减少损失 25.3 万 t，新增经济效益 13.44 亿元。

（五）农机农艺融合推动了食用豆产业机械化

针对食用豆生产机械程度低、劳动成本高等问题，研究集成蚕豆、绿豆精量播种和机械化收获、麦后绿豆/小豆免耕播种、干旱冷凉地区绿豆/小豆覆膜打孔播种技术。研制出勺舀式蚕豆精量播种机、小型手推式播种机、单行/双行自走式与背负式轻简割晒机等专用收获脱粒农机具。全喂入式蚕豆、绿豆联合收割机，每亩纯收益提高 30%以上，实现了我国食用豆联合收割机零的突破。

（六）产后精深加工技术引领食用豆产业高值化

针对食用豆产业效益低、深加工技术落后、产业链短、产品附加值低等因素，开展食用豆产品精深加工技术和新产品研发。研究集成了绿豆清热解暑功能因子牡荆素、异牡荆素检测技术和小豆降血糖功能因子 α-糖苷酶抑制活性检测技术。研发出绿豆清热解暑袋泡茶、小豆降血糖产品，适合"三高"等慢病人群食用的 γ-氨基丁酸（GABA）富集产品、低血糖指数制品、蛋白品质改良产品等功能性食品，以绿豆、红小豆、黑豆等为主要原料的三豆饮料和速食粉等，引领我国食用豆由传统产业向现代高值化方向转型升级。

（七）决策咨询和应急服务实现了科学高效化

充分发挥首席科学家的引领作用，依靠体系各岗站的优势力量，密切关注产业发展动态和突发性事件，开展食用豆产业发展监测与预警研究。建立了长期固定观察点、主产区和消费区市场调查制度，持续跟踪和分析国内外食用豆市场供需情况，监测食用豆生产与成本效益等。针对食用豆市场变化，主产区低温冷冻、冰雪灾害、低温阴雨、特大干旱等重大突发性事件，组织体系专家在第一时间奔赴生产一线调研，提出科学应急预案与技术指导意见。十年来，为农业农村部、地方有关政府部门、企业（合作社）、种植大户等，撰写各类调研报告、政策建议、技术材料数百篇，为政府决策和农民增收提供技术支撑。

（八）凝聚体系创新成果助力产业提质增效和科技扶贫

围绕食用豆产业需求和国家"绿色、高效、安全、生态"现代农业发展目标，通过示范、展示、观摩、现场会及技术培训与媒体宣传等方式，宣传普及体系优势研发成果，对推动农业种植结构调整、科技扶贫、乡村振兴战略实施发挥了重要作用。其中，高产优质多抗适于机械化生产的食用豆新品种示范、重要病虫害综合防控及绿色高产高效配套技术示范等，为食用豆生产方式改变、产业提质增效和转型升级提供了强有力的技术保障。

为推动食用豆产业提质增效和科技扶贫，按照农业农村部的统一部署，组织带领全体系人员，对十四个特困连片区食用豆产业状况进行实地调研，针对贫困地区生态特点和产业需求，制定出切实可行的扶贫工作计划和实施方案，组建起由首席科学家任组长、功能研究室主任为副组长、岗位科学家和综合试验站站长为技术骨干的科技扶贫工作组，形成体系内联合、体系间合作的工作机制，实行遗传育种、栽培土肥、绿色防控、机械化生产、产后加工利用等多学科全方位技术服务。仅 2017 年，食用豆体系直接参与科技扶贫的岗站团队就有39 个，扶贫覆盖面涉及全国 21 个省份、46 个地级市、66 个县。新品种新技术示范，增产10%以上，亩增收食用豆类超过 20kg，亩增收 200 元左右，受益农户数万人。

（九）体系管理和文化制度建设创新出科学高效的运行模式

依据农业部、财政部《现代农业产业技术体系建设实施方案（试行）》（农科教发〔2007〕12 号）和财政部、农业部《现代农业产业技术体系建设专项资金管理试行办法》（财教〔2007〕410 号），在体系建设初期就研究制定出切实可行的管理工作细则，包括组织方式、岗位职责、任务确定、经费使用、考核与奖惩、相关规定与附则 7 个章节。根据产业发展需求与研发工作进展，每年年初制定出本年度体系管理工作计划，包括会议计划、出版计划、出国计划、培训计划等。在文化建设方面，设计出体系 LOGO，确立了"求真务实、精诚合作、恪尽职守、服务产业"的体系精神，创办了《中国食用豆》科技通讯，建立了体系执行专家、岗位科学家、综合试验站、示范县等电子信箱及电话、短信、QQ、微信等工作群。同时，积极开展体系内外、国内外信息交流与合作，组织召开数十次国内外技术培训、学术交流会议。形成了体系内岗岗联合、岗站对接、站站协作，跨体系合作及与地方创新团队、农技推广体系联合，求真务实的体系学风和服务大局的奉献精神。

四、标志性成果

作为国家食用豆产业技术体系首席科学家，十年来，在农业农村部的领导和建设依托单位的支持和帮助下，组织带领全体系人员凝心聚力、协同创新，体系建设成效显著。其中，食用豆高产优质多抗专用新品种选育，解决了主产区品种混杂、产量低、抗性差等问题；种质创新与基因挖掘等基础性研究，提高了育种效率和技术水平，缩短了与大宗作物间的差距；绿色高产高效生产技术研究与示范，促进了农业增产、农民增收和企业增效；机械化生产技术研究，提高了食用豆生产效率；产后加工技术提升与产品创新研究，促进了产业提质增效；决策咨询和应急服务，为政府决策和农民增收提供了技术支撑；体系研发成果示范，对国家农业种植结构调整、科技扶贫发挥了重要作用；体系管理和文化建设，培养了一批团结协作的高层次技术人才，推动了食用豆产业健康可持续发展。同时，还获得科技成果奖励104项，包括国际合作奖1项、国家友谊奖1项；省部级奖52项，其中科技进步奖39项、推广奖2项、丰收奖3项、农村承包奖3项、山区创业奖5项；地市级奖50项。培育通过有关品种管理部门审鉴定品种267个，其中绿豆71个、小豆63个、豌豆46个、蚕豆41个、普通菜豆30个、豇豆16个。研制颁布国家行业及地方标准与技术规程122个，获国家专利72个、新品种保护权34个，发表相关研究论文800余篇，编写出版科技专著36部。培养各类高层次科技人才近百名，促进了食用豆产业健康可持续发展。

五、对本领域发展的支撑作用

体系建设十年，食用豆多抗专用农机农艺融合新品种、抗旱耐冷高效轻简栽培、间作套种立体种植、病虫草害早期预警及绿色防控、精量播种和机械化收获、高值化精深加工等制约产业发展的一系列关键技术得到有效解决，研发水平不断提升。建立起全国性政科企、产学研综合服务技术平台和信息化基础数据平台，促进了体系研发成果快速转化和落地生根。通过与地方有关政府部门及农民专业合作社、新型经营主体和商贸龙头企业有效对接，全方位多角度服务于产业发展需求，解决重大技术难题，推动食用豆产业由传统的粗放型生产模式向优质化、轻简化、绿色化、机械化和高值化现代生产方式转变。在全国范围内培育出一批食用豆新品种、新技术、新模式引领产业提质增效的示范典型，对保障我国农业生态系统优化、耕地质量提升、农业持续增收、粮食有效供给、出口创汇、产业扶贫及乡村振兴等方面发挥了不可替代的作用，国内外市场竞争力和国际影响力不断提升。组建了一支稳定服务于食用豆产业发展的老中青结合、多学科发展的高层次人才队伍，基础条件建设得到大幅度改善。

岗位科学家

遗传改良研究室

种质资源收集与评价岗位

一、岗位简介

种质资源收集与评价岗位科学家 2008—2016 年由首席科学家程须珍研究员（图 1）兼任，2017 年由团队成员王丽侠博士接替（图 2）。该岗位目前有团队成员 4 名，其中研究员 1 人，副研究员 3 人（图 3）。课题组有分析实验室 $34m^2$、种子储藏室 $17m^2$、办公室 2 间共 $34m^2$、学生自习室 $34m^2$、工作间 $10m^2$ 等基础设施，以及京内外示范展示基地近百亩，其中京内顺义基地 15 亩、通州 15 亩、院内 3 亩，京外合作基地有河北唐山、张家口、邯郸等，山西大同，甘肃定西，新疆维吾尔自治区（以下简称新疆）昌吉回族自治州，广西壮族自治区（以下简称广西）南宁，海南三亚等。成果转化合作企业 2 个，研发合作企业 2 个。

首席科学家程须珍：1954 年出生，研究员，硕士生导师。享受国务院政府特殊津贴科学家，中华农业科教基金会 2016 年度"风鹏行动·种业功臣"，中国农业科技管理研究会 2017 年度"育种之星"。农业农村部公益性行业科研专项领域食用豆类首席科学家，中国食用豆类科技应用协作组组长，国家绿豆科研协作组组长，国家小宗粮豆技术鉴定委员会委员，国家小宗粮豆新品种展示园北京园区首席专家，中国亚蔬（AVRDC）豆类合作研究项目国家协调员，亚太地区作物育种协会（SABRAO）区域秘书、理事、学报副编等。培育出中绿 1~22 号绿豆、中红 2~20 号小豆、中豇 1~7 号豇豆、中芸 3 号普通菜豆、中薏 1 号薏苡等新品种 50 余个，申请新品种权 21 项。其中，中绿 3 号和中绿 4 号抗

图 1　岗位科学家程须珍

豆象、抗叶斑病属世界首例；中绿 5 号是国内产量最高、适应范围最广、推广面积最大的抗叶斑病新品种。先后获科技成果奖 24 项，其中国家奖 5 项、省部级奖 19 项。申请国家发明专利 9 项。主编和参编著作 30 余部，其中第一主编 14 部，如《中国绿豆产业发展与科技应用》《中国食用豆类品种志》《中国食用豆类生产技术丛书》等。在《Scientific Reports》《Molecular Breeding》《Gene》《PLoS One》《中国农业科学》《作物学报》等国内外期刊发表论文 130 多篇。

岗位科学家王丽侠：1972 年出生，博士，副研究员，硕士生导师。主要从事绿豆、小豆等豇豆属作物种质资源的收集保存、评价鉴定、创新利用及新基因发掘等工作。国家自然科学基金、北京市自然科学基金等网评专家，《作物学报》《作物杂志》审稿专家。先后主持国家自然科学基金、北京市自然科学基金等项目。参与编写《食用豆类种质资源描述规范与数据标准》《中国食用豆类品种志》《食用豆类生产技术丛书》等书籍。制定行业标准 1 项，获省部级奖项 5 项。在《遗传学报》《作物学报》《中国农业科学》等中文期刊发表论文 50 余篇，在《Molecular Breeding》《Journal of Plant Research》《Crop Science》等 SCI 期刊发表论文 20 余篇。

图 2　岗位科学家王丽侠

图 3　岗位团队成员

二、主要研发任务和重要进展

（一）主要研发任务

1. 重点任务

承担绿豆、小豆、豇豆等热季豆类种质资源的考察收集引进、鉴定评价保存及创新利用等方面的研究工作；兼顾食用豆类作物重要农艺性状的遗传规律、基因发掘及相关 QTL 定位等分子遗传学研究。

主要包括利用杂交、分子标记辅助选择等手段，创制耐旱、抗豆象、抗叶斑病及适宜机械化收获的绿豆、小豆等食用豆新种质；以常规育种技术与分子标记辅助选择相结合，协同育种岗位科学家选育高产、多抗、早熟、直立、结荚集中、适宜机械化生产的食用豆新品种；协助其他研究室相关专家开展新品种（种质）主要病虫害抗性、抗逆、机械化生产特性、主要营养品质及加工特性等鉴定与评价；开展新品种稳定性、产量、抗性、品质及适应性等特性的鉴定与评价。

2. 基础性工作

建立食用豆种质资源数据库及遗传育种相关技术发展档案；对种植大户、企业及基层技术人员和相关科技人员等进行技术培训等；配合首席科学家、其他功能研究室、岗位科学家和综合试验站开展相关工作并提供有关数据信息等。

3. 应急性任务

根据农业农村部要求，监测本产业生产和市场变化，关注突发性事件和农业灾害事件，并提出应急预案和技术指导方案，完成农业农村部各相关司局临时交办的任务。

（二）取得的重要进展

1. 收集考察国内外食用豆种质资源 3 000 余份，其中野生种资源 600 余份

开展了种质资源的收集考察，从北京、河北、辽宁、山东、江苏、安徽、河南、天津等省市收集 600 余份野生近缘种资源并完成分类鉴定；完成全国范围内 2 000 余份栽培种资源的收集和入库；引进美国、泰国、印度、俄罗斯等国家的栽培种资源 500 余份，大部分已繁种鉴定并入库。构建了绿豆、小豆、豇豆等核心种质，完成多年多点（北京、吉林、河北、河南、广西）6 000 余份次资源的生态适应性评价，筛选出适宜不同生态区生产或育种利用的优异种质 100 余份。并通过田间鉴定，筛选出抗病虫、耐逆资源 20 余份。

2. 开展了种质创新、新品种选育及展示示范

通过人工杂交和回交等手段，创制出抗豆象、抗叶斑病等优异种质，培育出一系列适宜不同市场和生产需求的绿豆、小豆、豇豆等新品种 50 余个，并经省级以上相关部门鉴定，其中 5 个品种获新品种授权。通过展示示范或联合鉴定等方式，中绿 5 号、中绿 10 号，中红 4 号、中红 5 号等已在全国范围内大面积推广应用。

3. 开展了绿豆抗豆象等性状的遗传规律及基因定位研究

通过后代表型分离及分子标记分析，明确了 ACC41、TC1966 等绿豆抗豆象基因由主效显性基因控制，并通过遗传连锁图谱构建，发掘出与抗性基因相连锁的分子标记，经验证，可有效用于标记辅助育种。

4. 体系内协作研究

协助育种研究室专家，承担了各年度北京区绿豆、小豆、饭豆联合鉴定试验共 3 轮；协助病虫害研究室专家，承担了新品种主要病虫害的田间鉴定试验；协助经济岗位科学家开展了信息调研等工作。向各个研究室分发提供用种 2 000 余份次，用于品种、栽培、病虫害防控、机械化操作及加工品质的相关研究。

三、标志性成果

（一）获奖成果

"绿豆优异基因资源挖掘与创新利用" 获 2015 年度中华农业科技一等奖（图 4）。

图 4　资源收集与评价岗位获奖成果证书

该成果针对我国绿豆生产豆象、叶斑病发生严重等问题，广泛收集引进国内外种质资源，构建首套中国绿豆核心种质，挖掘出我国绿豆中缺乏的抗豆象、抗叶斑病基因资源。

创立了首例常规育种与分子标记辅助选择相结合的绿豆抗性育种技术，培育出高抗豆象、抗叶斑病等系列新品种，提高了产量和抗病虫能力，降低了生产和劳动成本，解决了因打药和熏蒸造成的产品及环境污染问题。该成果在种质资源系统收集与引进、鉴定评价和遗传特性研究基础上，开展基因挖掘与创新利用研究，在核心种质构建、绿豆抗豆象分子鉴定、新品种选育等方面取得突出进展，创新性突出，在同类研究中成果总体上达到了国际先进水平。新品种自 2005 年开始大面积示范推广，应用区域遍及全国 29 个省区，种植覆盖率达到 50%以上。据不完全统计，2012—2014 年新品种在 18 个省份累计种植 1 204.3 万亩，增产 1.94 亿 kg，增收 20.2 亿元以上，社会效益和经济效益显著。

"高产多抗广适绿豆新品种选育及应用"获 2014 年北京科学技术奖三等奖（图 4）。

该成果收集引进国内外绿豆资源 3 000 余份，构建首套中国绿豆优异资源和核心种质，发掘出我国绿豆中缺乏的抗豆象、抗叶斑病基因资源。首次创立常规育种与分子标记辅助选择相结合的绿豆抗性育种体系，培育出一批高产、多抗、广适新品种，其中抗豆象品种属国际首创；中绿 5 号是目前我国绿豆产量最高、抗性最强、适应范围最广的绿豆新品种。建立了首套大规模绿豆种质和育种材料抗豆象特性评价技术体系，明确绿豆野生及栽培种抗豆象遗传特性。构建了一张世界上标记数最多、密度最高的绿豆遗传连锁图谱，标记间平均距离为 1.25cM。根据我国不同产区耕作制度，针对新品种特征特性，研究集成新品种麦后复播、间作套种、旱区地膜覆盖等高产高效配套栽培技术。

（二）育成的新品种

选育并通过省级以上审（鉴）定新品种共 42 个（附表 3），包括绿豆 17 个、小豆 17 个、豇豆 7 个、芸豆 1 个，其中国审 3 个。上述品种既包括高抗豆象中绿 7 号及特色绿豆如中绿 16 号黄绿豆、中绿 13/17 号黑绿豆、中绿 18 号蓝黑绿豆等，也包括中农黑小豆、白小豆、杏黄小豆、绿小豆等特色小豆新品种，满足了生产和市场的多样化选择需求。

申请新品种保护权 21 个，其中绿豆 9 个，小豆 9 个，豇豆 3 个。中红 6 号、中绿 16、中绿 17、中绿 18、中绿 19、中绿 C52 等已授权（图 5）。

图 5　资源收集与评价岗位获新品种权证书

（三）申请专利

申请专利 9 项，其中"一种分子标记辅助选育抗豆象品种的方法""绿豆抗豆象基因 *VrPGIP* 其功能性分子标记及应用""植物耐逆性相关蛋白 *VrDREB2A* 及其编码基因与应用""基于转录组测序开发绿豆 SSR 引物的方法"等 6 项获批（图 6）。

图 6　资源收集与评价岗位获国家发明专利证书

"植物耐逆性相关蛋白 *VrDREB2A* 及其编码基因与应用"提供了一种植物耐逆性相关蛋白 *VrDREB2A* 及其编码基因 *VrDREB2A* 与应用。本发明通过农杆菌转化法将 *VrDREB2A* 基因导入拟南芥，经过潮霉素初筛、分子检测、萌发期盐胁迫和后期干旱胁迫等手段，筛选到抗盐和抗干旱能力显著提高的转基因拟南芥株系。本发明对于培育耐盐、耐干旱的转基因豆科作物具有重要价值。

"基于转录组测序开发绿豆 SSR 引物的方法"提供一种基于转录组测序开发绿豆 SSR 引物的方法，包括：获得绿豆全基因组转录本的集合，形成序列数据库；用 Trinity 将测序序列拼接成一个转录组，取每条基因中最长的转录本作为 Unigene；Unigene 序列生物信息学分析；采用 MISA1.0 对 Unigene 进行 SSR 检测；用 Primer 3 进行 SSR 引物设计，并进行 SSR 引物多态性鉴定。应用本方法成功设计了 13 134 对 SSR 引物，从中随机选取 50 对引物对来源于不同国家共 8 份绿豆 DNA 进行验证，其中多态引物共有 32 对，利用这 32 对 SSR 引物可以区分不同地理来源的绿豆材料。本发明方法方便、快捷、准确且成本低廉，为绿豆 SSR 引物开发提供了新思路。

"一种分子标记辅助选育抗豆象品种的方法"提供一种省时、省力、准确快捷的分子标记辅助选育绿豆抗豆象品种的选育方法。应用分子标记辅助选择育种技术培育抗豆象绿豆品种，是防治豆象为害最为经济且环保的方法，对于减轻豆象为害、保障我国绿豆安全生产具有重要的意义。

（四）形成的技术或标准

发布农业行业标准 1 项"植物新品种特异性、一致性和稳定性　测试指南　小豆"，

2014 年 1 月 1 日正式发布。该标准规定了小豆新品种测试的技术要求和结果判定的一般原则。适用于小豆 [*Vigna angularis*（Willd.）Ohwi & Ohashi] 新品种特异性、一致性和稳定性测试和结果判定。

（五）代表性论文、专著

2008—2018 年间共发表论文 58 篇，其中 SCI 期刊 18 篇；出版专著 11 部，包括《食用豆类生产技术丛书》《中国食用豆类品种志》等。

（六）人才培养

程须珍获 2015 年"种业功臣"荣誉称号。共培养硕士研究生 14 人，其中，中国农业科学院内 8 人、客座 4 人、推广硕士 2 人。

王丽侠 2008 年晋升副研究员，王素华 2017 年晋升副研究员，陈红霖 2018 年晋升副研究员。

四、科技服务与技术培训

本岗位主要从事种质资源收集保存和评价利用研究，涉及科技服务及资源的分发和创新材料的共享等工作，十多年来资源分发超过 15 000 份次，平均每年逾 1 500 份次；通过创新材料的共享，共选育新品种 10 余个，多次开展了新品种及配套栽培技术的宣传和新形势下食用豆产业发展方向等培训工作。组织承办了第一届国际食用豆学术交流会，并联合国内外相关专家组织召开了连续三届的亚太食用豆交流会。组织国内专家针对资源考察收集、创新利用及分子标记等研究，每年定期召开技术培训班。共计 16 次技术培训，培训人员超 2 000 人。

五、对本领域或本区域产业发展的支撑作用

种质资源收集与评价岗位的任务，主要是考察、收集、引进国内外种质资源，经评价鉴定后，送交国家库保存，为小宗粮豆的战略储备提供保障，并分发给各育种单位及育种家，有效拓宽了我国食用豆新品种的遗传背景。近十年来，考察收集并保护了一批濒危野生资源，并补充收集上千余份栽培种资源，提高了库存资源的遗传多样性；在种质创新的基础上开展了新品种选育并联合体系专家进行配套栽培技术研究，在大同、阳原、桦川等区域，展示示范及推广利用，有效助推了新品种新技术在上述地区的科技扶贫，也为绿色、高效、可持续食用豆生产提供了科技支撑。此外，通过抗病虫、重要表型等性状的遗传规律、基因定位等研究，建立了系列标记辅助选择体系，提升了食用豆类整体遗传研究水平和育种效率，为后续分子修饰育种技术在食用豆中的应用奠定了基础。

育种技术与方法岗位

一、岗位简介

本岗位建设依托单位为中国农业科学院作物科学研究所，岗位名称和研究任务在体系建设过程中都发生了变化，在"十一五"期间岗位名称是产业经济，"十二五"期间岗位名称是旱薄区栽培与土肥，"十三五"期间岗位名称是育种技术与方法，岗位科学家是王述民研究员。团队成员随岗位名称和研发任务的变化做出相应调整，目前，团队由4人组成，其中，研究员1名，副研究员2名，助理研究员1名。此外，团队还有多名支撑人员，博士、硕士研究生4人，科研助理2人。团队拥有分子实验室120m²，配备有PCR仪、电泳仪、高速冷冻离心机、超低温冰箱、凝胶成像系统等仪器设备。此外，在京内有温室100m²，病害鉴定室50m²，在黑龙江哈尔滨、贵州毕节、新疆奇台等地有试验基地。

岗位科学家： 王述民，1962年出生，博士，研究员、博士生导师。现任中国农学会遗传资源分会秘书长，中国农业生态环境保护协会常务理事，中国作物学会常务理事。1987年以来一直从事作物种质资源考察收集与鉴定评价研究。主要研究方向是食用豆类

图7 岗位科学家王述民

遗传多样性研究及新基因挖掘。在 SCI 刊物及国内核心期刊发表学术论文 50 余篇，出版专著 6 部。获国家发明专利两项，省部级以上奖励 7 项。

团队成员：经过几年的发展，团队成员更加趋于合理，涵盖种质资源、分子遗传和遗传育种等研究方向的人员。目前，团队成员由 4 人组成，其中，副研究员 2 名，助理研究员 1 名。此外，团队还有多名支撑人员，博士、硕士研究生 4 人，科研助理 2 人（图8）。

图 8　岗位团队成员

二、主要研发任务和重要进展

（一）主要研发任务

围绕抗旱生理指标体系建立与抗旱性能鉴定和旱区高产群体的构建展开研究工作。其中，抗旱生理指标体系建立与抗旱性能鉴定包括抗旱品种筛选与验证、耐旱生理指标筛选并建立抗旱生理指标体系和耐旱基因挖掘与定位三方面研究内容。旱区高产群体的构建包括抗旱品种筛选和在西北旱区创新与集成旱区高产栽培技术体系两方面的研究内容。

（二）重要进展

1. 形成普通菜豆抗旱品种鉴定规范一套并应用于抗旱品种的检测

以 185 份芸豆种质为材料，经过多年多点苗期、芽期、全生育期抗旱性鉴定，获得一批抗性稳定的材料。同时，形成了普通菜豆各个生育期的抗旱鉴定技术规范。为抗旱材料的筛选及抗旱机理的研究提供了科学、可靠的检测技术。

（1）普通菜豆芽期抗旱品种鉴定

利用 -0.7MPa 的 PEG6000 溶液模拟芽期干旱处理，获得 13 个芽期抗旱性较强的品种为：跃进豆、白扁豆、黄芸豆、白芸豆、芸豆、NR、干枝密、白饭豆、圆白芸豆、FOT36、八月炸豆子、NV、260219 等，同时形成芽期抗旱鉴定技术规范。

（2）普通菜豆苗期抗旱品种鉴定

苗期抗旱处理采取反复干旱的方法。调查反复干旱后苗的存活率，获得苗期抗旱较好的 10 个品种：干枝蜜、白连豆、跃进豆、白金德利豆、兔子腿、奶花芸豆、龙 22-0579、龙芸豆 3 号、白芸豆、桃花枚白连豆，同时形成苗期抗旱鉴定技术规范。

（3）普通菜豆全生育期抗旱品种鉴定

联合青岛综合试验站和乌鲁木齐综合试验站。完成了普通菜豆全生育期抗旱鉴定，调查的主要性状包括出苗期、基本苗数、初花期、黄苗期、收获期、收获株数、单株荚数、单荚粒数、百粒重、单株产量、小区产量等。采用抗旱系数和抗旱指数来对抗旱性进行综合评价：

综合三年结果，青岛站获得高抗全生育期旱胁迫的普通菜豆资源 3 份：F1179、F4357 和 F0078，分别来自陕西、国外引进及山西。乌鲁木齐站获得抗旱材料如下：新芸 6 号、芸豆、小白豆、260205、黑色红豆、五月先、大黑豆。同时形成全生育期抗旱鉴定技术规范。

（4）抗旱鉴定规范的应用

利用初步形成的普通菜豆抗旱鉴定技术规范，对西部抗旱耐瘠品种，在可控条件下进行抗旱性鉴定。

普通菜豆抗旱鉴定试验参试材料 76 份，选用 2 个性状指标利用平均隶属函数进行抗旱性综合评价，利用逐级分类法进行抗旱等级划分。2012150405、2012150020 等 4 份资源属 1 级抗旱类型；2012150075、2012150059 等 4 份资源属 2 级抗旱类型；2012141318、2012150077 等 15 份资源属 3 级抗旱类型；2012150083、2012150081 等 3 份资源属 4 级抗旱类型；20121500357、2012150082 等 4 份资源属 5 级抗旱类型。

2. 形成绿豆抗旱品种鉴定规范一套并应用于抗旱品种的检测

以 262 份绿豆种质为材料，经过多年多点苗期、芽期、全生育期抗旱性鉴定，获得一批抗性稳定的材料。同时，形成了绿豆各个生育期的抗旱鉴定技术规范。为抗旱材料的筛选及抗旱机理的研究提供了科学、可靠的检测技术。

（1）绿豆芽期抗旱品种鉴定

芽期鉴定采用 PEG-6000（-1.3MPa）高渗溶液模拟旱胁迫。共筛选到 6 份高抗材料：当地吉豆、黄绿豆、绿豆、大绿豆、小绿豆、黄绿豆，同时形成抗旱鉴定技术规范。

（2）绿豆苗期抗旱品种鉴定

苗期筛选实验每年分 2 次进行，3 个重复，播种于旱棚内塑料箱内。在正常生长到三出复叶，进行第 1 次干旱胁迫，当土壤含水量下降到 3%，记载萎蔫指数并复水，复水 3 天左右记载成活率。进行第二次旱胁迫。记载每个重复 2 次反复干旱胁迫的萎蔫指数及存活苗数，计算平均萎蔫指数和平均存活率，以此两项指标鉴定材料的抗旱性。经过三年的实验，筛选获得稳定抗旱性好的材料 10 份：绿小豆、绿豆、内蒙古绿豆、中绿 6 号、中绿 4 号、保 942、9004-358、8901-2113、淮绿 7 号、苏绿 11-8 号。同时形成抗旱鉴定技术规范。

（3）绿豆全生育期抗旱品种鉴定

试验在中国农业科学院旱棚内进行。记载出苗期、初花期、考种调查株高、收获株数、分枝数、5株荚数、5荚粒数、5株产量、小区产量、百粒重等。单株产量计算抗旱指数评价单株水平的抗旱性，获得抗旱性好的材料：保942-40-2、9002-341、潍绿1号、8901-2113、鹦哥绿豆、保956-6、中绿9号。同时形成全生育期抗旱鉴定技术规范。

（4）抗旱鉴定规范的应用

利用初步形成的绿豆抗旱鉴定技术规范，对西部抗旱耐瘠品种，在可控条件下进行抗旱性鉴定。

绿豆抗旱鉴定试验参试材料32份，选用5个性状指标利用加权抗旱系数进行抗旱性综合评价，利用逐级分类法进行抗旱等级划分。20121500289、20121500355等4份资源属1级抗旱类型；2012611219、2012612007等4份资源属2级抗旱类型；2012150037、20121500411等16份资源属3级抗旱类型；2012612148、201161062等3份资源属4级抗旱类型；2012612050、201161009等3份资源属5级抗旱类型。绿豆种质资源来自内蒙古和陕西省，1级抗旱类型中内蒙古资源占其所供材料的33.33%，陕西资源占其所提供材料的7.69%。

3. 筛选获得用于抗旱评价的生理指标

选取筛选出的抗旱性较强的跃进豆、260250和抗旱性较弱的奶花芸豆为试材。对单株荚数、单株粒数等5个产量指标及净光合速率（Pn）、蒸腾速率（Tr）以及气孔导度（Gs）、游离脯氨酸（Pro）含量等13个、生理生化指标进行测定。结果表明，利用单株产量、单株粒数、单株荚重和单荚粒数可以综合评价芸豆全生育期抗旱性，提高抗旱种质筛选的准确性；WUE、脯氨酸含量、叶片RWC、MDA含量以及GO活性在不同的芸豆品种间具有差异，可作为抗旱性评价指标育种工作。

4. 构建了普通菜豆旱胁迫下的转录组数据库

2011—2013年对普通菜豆种质资源芽期、苗期、全生育期抗旱性鉴定的基础上，选择耐旱性强的材料（龙22-0579）和旱敏感材料（奶花芸豆）进行旱胁迫前后转录组分析，筛选对旱胁迫的应答基因。构建包括龙22-0579旱胁迫前后、奶花芸豆旱胁迫前后的4个转录组数据库，转录组测序获得约27Gb的测序数据，约包含270万条的序列。初步组装获得62 828个基因，其中26 501个基因与其他豆科作物或已经测序植物具有较高的相似性，所有的基因都进行了GO、COG、KEGG注释。此外，在转录组序列中鉴定出10 482个SNP和4 099个EST-SSR，为普通菜豆提供了丰富的分子标记。最后，鉴定出一批响应旱胁迫的差异基因，龙22-0579旱胁迫前后表达量差异明显的基因4 139个，奶花芸豆旱胁迫前后表达量差异明显的基因6 989个。在耐旱、敏感材料间有2 187个基因表达量变化趋势一致，有9个基因在两个材料间的表达量变化趋势相反。利用RT-PCR技术对其中16个差异基因进行验证，结果与转录组分析结果基本一致。

5. 构建了一张绿豆高密度遗传图谱，定位获得50个绿豆抗旱相关位点

利用前期抗旱鉴定筛选出的耐旱材料"鹦哥绿豆"和旱敏感材料VC2917组配杂交组合，经南繁和温室加代至F_6代，形成含有261个株系的RIL群体。利用312个多态性SSR

标记及 1 个形态标记（幼茎色）在 RIL 群体间进行基因型鉴定，构建出一张包含 313 个标记的绿豆遗传连锁图谱。该图谱共有 11 个连锁群，覆盖绿豆的 11 条染色体，图谱总长 1 010.18cM，相邻标记间平均遗传距离为 3.23cM。

利用绿豆遗传连锁图谱，对石家庄和北京试点，水、旱条件下的表型数据进行 QTL 定位。通过单环境分析法，在株高、最大叶面积、生物量、叶片相对含水量和产量 5 个性状中共检测到 50 个 QTL 位点，可以解释的表型变异率为 2.86%~29.45%。其中 34 个 QTL 位点表现为稳定 QTL 位点（2 个或 2 个以上环境中检测到的 QTL）。尤其是 qPH5A 和 qMLA2A 在所有 4 个环境中分别被定位在连锁群 5 上 GMES5773~MUS128 和连锁群 2 上 Mchr11-34~HAAS_VR_1812 标记区间内，分别可以解释表型变异的 6.40%~20.06% 和 6.97%~7.94%。

6. 明确了旱区高产群体结构

组织乌鲁木齐、大同、榆林等综合试验站，研究了旱区绿豆和普通菜豆品种、密度、施氮水平对食用豆群体结构及功能、产量构成因子及产量的影响，构建适应旱区环境、实现高产的合理食用豆群体结构。获得适于乌鲁木齐、山西大同、陕西榆林三地的高产群体结构模式，单产比常规种植增产 15% 以上。

7. 普通菜豆重要基因克隆取得显著进展，为抗病分子辅助选择育种提供了可靠的标记

为了提升普通菜豆的分子育种水平，针对普通菜豆生产上的主要病害及主要农艺性状展开研究。进行了分子标记辅助育种标记的开发，经过几年的努力，通过对重要性状基因的定位克隆，并开发分子标记，已经可有效用于分子育种。

（1）炭疽病基因分子标记开发

红花芸豆高抗炭疽病，其抗性受 1 对新的显性核基因控制，并利用分子标记将其定位于普通菜豆 B06 连锁群标记 Clon1429 和 BM170 之间。通过开发新的标记和扩大分离群体两条途径，将候选基因定位于约 46kb 的区间内；候选区段内包含 4 个候选基因，预测其都属于丝氨酸/苏氨酸蛋白激酶家族；候选基因在基因组水平、转录水平序列上都存在有不同程度的差异；RT-PCR 实验分析候选基因在抗感材料间存在表达量的差异，特别是基因存在高达 100 倍的差异；依据候选基因启动子区序列差异开发了 PCR 标记，并在自然群体和分离群体中验证了该标记的有效性，可用于普通菜豆炭疽病分子育种。

（2）抗细菌性疫病基因分子标记开发

利用抗性品种龙芸豆 5 号，研究构建了包含 785 个单株的 F_2 分离群体。构建了一张包含 206 个 SSR 标记，该图谱包含 12 个连锁群，各连锁群平均长度 137.37cM，连锁群上标记数量 3~35 个。接种 14d 后在 Pv06 染色体上检测到一个抗病 QTL。该位点位于标记 p6s249 与 p6s183 之间，加性效应值为 0.44，说明增效基因来源于龙芸豆 5 号，LOD 值为 5.93，表型贡献率为 4.61%，该抗病 QTL 的效应值相对较低，将在培育稳定持久的抗芸豆普通细菌性疫病的品种中发挥作用。最后，对抗性基因紧密连锁的 11 对 SSR 引物与普通细菌性疫病抗性的关联分析表明，SSR 标记 p6s249 与普通细菌性疫病抗性极显著关联（$P<0.001$），该标记可用于抗病分子育种。

（3）生长习性基因分子标记开发

选用无限蔓生型育成品种"连农紫芸一号"和有限丛生地方品种"兔子腿"配置组合。遗传分析表明，有限直立对无限蔓生是由一对隐性单基因控制，将该基因命名为 gh-lz。利用分离群体分组分析法初步将该基因定位在 B01 连锁群，通过扩大群体和新开发的分子标记将目的基因定位在标记 p1t52 和 In93 之间，位于一号染色体上 45 453 003～45 575 103bp，区间大小为 122 100bp，预测候选区段共包含 12 个基因，命名为 Gene1～Gene12，其中，Gene12 为普通菜豆的 *TFL* 基因，推测该基因可能是生长习性的候选基因。依据 *TFL* 基因在生长习性差异材料中的序列差异开发分子标记，可稳定地苗期检测普通菜豆的生长习性，标记可有效地应用于生长习性的分子育种。

（4）普通菜豆籽粒特性分子标记的开发

以大粒品种龙 270709 和小粒品种 F5910 配置杂交组合，对百粒重、粒长、粒宽、粒厚、长宽比和长厚比 6 个籽粒性状进行 QTL 定位。哈尔滨环境下定位到 38 个与百粒重、粒长、粒宽、粒厚、长宽比、长厚比相关的 QTL，表型贡献率为 2.39%～17.37%，分布在除第 1 染色体外的其余 10 条染色体上；北京环境下定位到 21 个QTL，贡献率为 5.92%～22.53%，分布在第 1、第 3、第 6、第 7、第 8、第 9 和第 11染色体上。其中，百粒重 QTLSW7 与 SW7′，SW6.1 与 SW6′，粒长 QTLSL6.1 与SL6.1′，粒厚 QTLSH11 与 SH11′在 2 个环境下的标记区间重叠，SW7、SW6.1、SL6.1、SW6′和 SL6.1′的表型贡献率在 10% 以上。上述分子标记可用于芸豆籽粒特性的分子标记育种。

三、标志性成果

2008—2018 年，本岗位编写专著 1 部，发表学术论文 32 篇，其中 15 篇为 SCI 期刊论文，获得两项国家发明专利（图 9），形成两项抗旱技术标准。

（一）授权专利

1. 辅助鉴定尖镰孢菌普通菜豆专化型的引物对及其应用（ZL 2012 1 0033056.8）

本发明所述的引物对鉴定尖镰孢菌普通菜豆专化型，具有特异性好、灵敏度高的优点，适用于特异性检测该病原菌，比较其在不同品种植株中的增殖速度，区分不同品种间抗性水平的差异，可用于农田环境病原菌的实时监控和种子带菌检测。为普通菜豆镰孢菌枯萎病抗性资源的准确鉴定和筛选提供了新思路，在抗病分子辅助选择中有很好的应用前景。

2. 一个与普通菜豆抗炭疽病基因位点紧密连锁的分子标及其检测方法（ZL 2014 1 0549437.0）

发明涉及普通菜豆抗炭疽病基因 *Co-2322* 共分离的分子标记及其检测方法，用于抗炭疽病资源的利用及抗病品种的选育。基于基因 *Co-2322* 初步定位的结果，进一步进行

图9 育种技术与方法岗位获国家发明专利证书

精细定位，构建抗病基因 *Co-2322* 区段物理图谱，特别是基于相关候选基因启动子序列差异开发基因 *Co-2322* 共分离的分子标记，所述分子标记为 *InDel/Pro7*。共分离标记将会加速抗炭疽病新品种的选育进程，提高抗炭疽病育种效率。

（二）人才培养

2017 年 1 月王述民聘为二级研究员。

2012 年 5 月武晶博士加入本团队，2015 年 1 月聘为副研究员，2018 年 6 月遴选为硕士研究生导师。

四、对本领域或本区域产业发展的支撑作用

（一）抗旱种质资源促进了食用豆的抗旱新品种选育

首先，研发制定了普通菜豆、绿豆的芽期、苗期和全生育期抗旱鉴定技术规程，规范了抗旱性鉴定评价、确保种质资源抗旱性鉴定评价的准确性、提高种质资源的利用效率。该技术规程可广泛应用于我国普通菜豆、绿豆种质资源鉴定评价、新品种培育、抗性基因挖掘等领域，对于提升普通菜豆、绿豆种质资源研究水平具有积极的作用，对抗旱育种具有指导意义，将产生较大的经济效益。然后，通过田间和人工模拟干旱，对 457 份普通菜豆、绿豆种质资源进行了抗旱性鉴定评价，鉴定了一批普通菜豆、绿豆的抗旱性较好的种质资源，并提供给黑龙江省农业科学院、山西省农业科学院和河北农林科学院等科研单位。开展抗旱新品种的选育，为培育抗旱食用豆品种提供坚实支撑。

（二）新基因挖掘推动了食用豆分子育种的发展

开展分子育种的前提是定位、克隆优异性状的控制基因或位点。团队在过去的十年间通过转录组测序、连锁分析等方法定位了一批抗旱相关基因/位点，在此基础上进一步开展基因克隆和功能研究，利用生物信息技术、候选基因挖掘等方法开发功能分子标记，为分子标记育种、基因组编辑育种和分子设计育种提供标记、基因和其他遗传信息。基因的克隆将有效地支持食用豆的抗旱分子育种，推动食用豆育种水平的跃升。

绿豆育种岗位

一、岗位简介

河北省农林科学院粮油作物研究所 2008 年加入国家食用豆产业技术体系，田静研究员（图 10）任遗传育种研究室主任/北方小豆绿豆育种岗位科学家。通过体系调整优化，该岗位先后变更为"十二五"期间的育种研究室主任/华北小豆绿豆育种岗位和 2017 年起的遗传改良研究室主任/绿豆育种岗位科学家。通过 10 年的运行，基础设施、创新平台、研究团队等得到了发展壮大。目前该岗位有团队成员 8 名，其中，研究员 2 名，副研究员 2 名，助理研究员 1 名，科研助理 3 名，博士 1 名，硕士 3 名（图 11）。拥有食用豆专用分子遗传实验室 47m²，PCR 仪、高压电泳仪、高速冷冻离心机、超低温冰箱等仪器设备 85 台套，价值 203.1 万元。藁城堤上试验站固定试验地 60 亩，专用温室 40m²，考种作业室 7 间 216m²，海南繁育基地 5 亩，鹿泉 3502 农场、衡水故城"三豆"农业科技有限公司、廊坊、承德、青县等育种试验基地 9 个 100 余亩，吉林、陕西、新疆、内蒙古

图 10　岗位科学家田静

等省内外示范基地 10 余个 3 000 亩左右，成果转化合作企业 4 个。

图 11 岗位团队成员

岗位科学家田静：1964 年出生，硕士学位，研究员，现为中国食用豆科技应用协作组副组长，农业农村部小宗粮豆专家指导组成员，河北省有突出贡献的中青年专家，全国三八红旗手，河北省农业专家咨询团专家，河北省农业科技推广专家委员会杂粮组副组长。

二、主要研发任务和重要进展

（一）主要研发任务

1. 重点任务

筛选适宜北方生态区种植、商品性好、高产、多抗、生育期适宜、适应性强的绿豆小豆新品种，选育高产多抗适宜机械化生产的绿豆小豆新品种，研究集成新品种优质高产高效配套栽培技术及绿色增产增效关键技术，联合相关试验站进行新品种新技术的示范应用；华北区豇豆属豆种豆象种类、分布及为害调查，抗豆象种质筛选及创新；抗病虫绿豆小豆新品种选育及抗性种质创新，开展高效育种技术、基因定位与新基因挖掘、新品种指纹图谱构建等前瞻性研究。

2. 基础性工作

建立食用豆新品种数据库及遗传育种相关技术发展档案；对种植户、技术人员及科技人员等进行技术培训等；配合首席科学家、其他功能研究室、岗位科学家和综合试验站开展相关工作并提供有关数据信息等。

3. 应急性任务

监测本产业生产和市场变化，关注突发性事件和农业灾害事件，并提出应急预案和技术指导方案，完成农业农村部各相关司局临时交办的任务。

（二）重要进展

1. 育成小豆绿豆新品种10个，申请品种保护6个，获得新品种保护权5个

针对小豆绿豆品种中存在的产量低、抗性差、适应范围窄等问题，在以往育种工作的基础上，结合新的育种和创新目标，采用杂交选育、多期复合选择、异地鉴定和室内外鉴定相结合的育种方法，育成小豆绿豆新品种10个。其中，冀绿10号、冀绿13号、冀红352、冀红15号、冀红16号通过国家鉴定，冀黑绿12号、冀绿15号、冀红17号通过省级鉴定，冀绿7号、冀绿9号、冀绿10号、冀绿13号、冀红16号获得新品种保护权。

2. 提交参加各级区试材料33份，创新种质在抗豆象、抗枯萎病、抗细菌性疫病等性状上有较大突破

十多年来，在田间、温室通过错期播种、遮光处理等共配置杂交组合519个，获得杂交荚18 934个，鉴定选择单株24 417个，选出苗头品系1 192个；295个新品系进行了产比鉴定和异地鉴定，提交33份新品系参加了国家、省级区域试验。在抗性种质创新方面，创制出绿豆高抗豆象、抗细菌性疫病、抗枯萎病等新品系39份。小豆上胚轴长、分枝角度小、株形紧凑、适宜机械化收获、抗豆象新品系19份等。在专用种质创新中，小豆籽粒商品性优良，非常适宜外贸出口，百粒重最大23g，出沙率75%以上，适宜豆沙加工。绿豆籽粒商品性好，百粒重最大8.2g，豆芽加工率为6倍以上，适宜芽菜加工。

3. 完善小豆绿豆育种与种质创新技术4项，获得发明专利3项

在借鉴国外先进技术的基础上，通过研究创新，形成了利用近缘野生种为桥梁亲本转移饭豆抗豆象基因、抗豆象近源种 *V. hirtella* 直接与小豆杂交、利用远缘杂交通过幼胚拯救实现饭豆抗豆象基因向小豆的转移、SSR分子标记辅助绿豆抗豆象品种选育等4项育种与种质创新新技术。其中，"一种利用幼胚拯救实现小豆和饭豆远缘杂交的方法"于2016年获得国家发明专利。另外，在EMS诱变群体中，鉴定筛选出叶形变异、柱头外露的材料2份。在辐射后代群体中，获得无分枝、分枝紧凑、雄性不育等材料26份，为下一步相关性状的遗传研究、绿豆杂种优势利用和品种选育积累了材料。

4. 收集鉴定国内外种质资源422份，获得抗豆象、抗蚜虫、高蛋白等种质7份

通过国际交流、实地考察收集，共收集国内外食用豆种质资源422份。其中，引进日本小豆核心种质118份，国际热带农业研究所（IITA）具有抗病、抗豆象、抗蚜虫、高蛋白、高微量元素含量的豇豆新种质7份，日本、泰国豇豆属近缘野生种7份。先后到辽宁、山东、北京、天津、河北、湖北、江苏等地收集到具有不同籽粒颜色、籽粒大小的野生小豆、半野生小豆、*V. minima*、野生绿豆等资源共121份，并利用SSR引物对小豆野生种、近缘野生种及栽培种进行了遗传多样性分析。首次国内报道了我国豇豆属野生种 *V. minima* 种质资源的地理分布、原生境主要性状及其与野生小豆、栽培小豆性状间的差异等，为豇豆属野生资源的考察收集与开发利用提供依据。

5. 组织实施了3轮新品种联合鉴定试验，鉴定筛选出适宜不同生态区种植的新品种28个

综合3轮新品种联合鉴定试验结果，筛选出高产、多抗、适宜不同区域种植的小豆绿豆新品种。其中小豆适宜东北区的品种有品红 2000-107、龙小豆 3 号、白红 5 号、白红 6 号、吉红 11 号；适宜北方夏播区的品种有冀红 12 号、中红 10 号、保红 947、冀红 9218、京农 8 号等，适宜南方区的品种有冀红 12 号、中红 10 号、中红 9 号等。

绿豆适宜北方春播区的品种有白绿 11 号、科绿 1 号、保绿 942-34、辽绿 10 号、吉绿 6 号、中绿 11 号；适宜北方夏播区的品种有保绿 942-34、冀绿 7 号、冀绿 10 号、冀绿 11 号和潍绿 9 号；适宜南方区的品种有冀绿 7 号、保绿 942-34、冀绿 11 号、冀绿 10 号、中绿 5 号等。

适宜与棉花间套种的绿豆品种有冀绿 7 号、保绿 942-34、中绿 5 号、潍绿 9 号等。适宜与玉米间套种的小豆品种为冀红 9218、保红 947、中红 10 号等。

新品系联合鉴定试验鉴定出冀绿 0816、冀红 0015 等适宜不同区域种植、具有高产、抗病、生育期适宜等优异特性的绿豆新品种 10 个，小豆新品种 9 个，并于 2017 年首次组织了体系新品种生产试验，为品种鉴定评价提供了依据。

6. 集成新品种高产高效配套生产技术 4 项，形成地方标准 2 项

针对河北及华北区域特点，以提高产量、减少种植成本、提高种植效益为目标，依托新品种研究集成了"棉田套种绿豆生产技术规程""丘陵山区春播绿豆地膜覆盖生产技术规程""春播绿豆套种夏玉米栽培技术""绿豆水肥一体轻简化高产高效栽培技术"等高产优质高效种植技术 4 项。其中"棉田套种绿豆生产技术规程"和"丘陵山区春播绿豆地膜覆盖生产技术规程"作为河北省地方标准分别于 2010 年、2015 年颁布实施。

7. 省内外示范新品种新技术 52 384 亩，辐射推广应用 80 万~100 万亩

依托本岗位育成的新品种、研究集成的新技术，在河北、山东、吉林、新疆等 15 个适宜省区示范了冀绿 13 号、冀绿 10 号、冀绿 7 号、冀黑绿 12 号、冀红 9218、冀红 352、冀红 16 号等新品种，膜下滴灌、地膜覆盖、间套种等高产高效种植技术，示范面积累计 52 384 亩。建立百亩以上的示范区 15 个，辐射推广应用面积 80 万~100 万亩，累计增产约 1 000 万 kg，增收约 7 000 万元。其中，2011 年石家庄灵寿县寨南村瘠薄旱地地膜覆盖冀绿 7 号 182.14kg/亩，冀绿 9 号 161.31kg/亩。冀绿 7 号在新疆和田策勒示范面积 100 亩，亩产 161.0kg。2013 年邯郸永年刘汉乡刘备村棉花绿豆套种示范 200 亩，亩纯增效益 177 元。2014 年鹿泉 3502 农场 130 亩冀红 16 号亩产 233.72kg，抗豆象绿豆品种冀绿 0509 亩产 127.6kg。2015 年永年刘汉乡刘备村 50 亩棉花绿豆套种，冀绿 7 号套种产量 72.32kg/亩，冀绿 9 号套种产量 53.32kg/亩；鹿泉市 3502 农场冀绿 13 号 50 亩示范田亩产 138.7kg。2016 年 3502 农场冀绿 13 号示范田 100 亩示范产量达 155.1kg/亩。2017 年新疆阜康、清河示范冀绿 7 号膜下滴灌节水旱作高产栽培技术 5 000 余亩，示范产量达 168.2kg/亩。3502 农场冀绿 HN0809 绿豆新品种示范 100 亩，测产 143.08kg/亩，比地方品种增产 20.78%。

8. 基础研究得到加强

利用绿豆转录组测序开发出多态性 SSR 引物 3 788 对，并进行了绿豆多态性、品种鉴定、抗豆象基因标记等研究，相关内容 2016 年发表在《Journal of Genetics》。

利用开发的 SSR 引物，筛选出与抗豆象基因紧密连锁的分子标记 2 个。该标记已应用于绿豆抗豆象后代群体选择。"一种用于绿豆抗豆象新基因 *Br3* 辅助选择的分子标记及

其应用"申报了国家发明专利。

利用冀红 9218 与野生小豆杂交形成的 F_8 代 RILs 群体，使用 SLAF 技术，构建了高密度遗传连锁图谱，并将开花基因定位于第 3 和第 5 连锁群上。相关内容 2016 年发表在 *Scientific Reports*。

利用 F_2 群体、RIL 群体、连续选株回交和从 RIL 群体中筛选杂合分离株系构建的 2 套近等基因系，进行了栽培绿豆 V1128 抗豆象特性遗传分析及抗豆象基因初步定位研究，相关研究成功获得了国家自然科学基金课题资助。

与中国农业科学院体系岗位科学家王述民博士合作，通过构建 RIL 群体，利用 312 个多态性 SSR 标记及 1 个形态标记进行了基因型鉴定，构建出一张包含 313 个标记的绿豆遗传连锁图谱。并对水/旱条件下的表型数据进行了 QTL 定位。5 个性状共检测到 34 个稳定的 QTL 位点。尤其是 qPH5A 和 qMLA2A 在所有 4 个环境中分别被定位在连锁群 5 和连锁群 2 的相关标记区间内。相关研究 2017 年发表在《Theoretical and Applied Genetics》。

9. 配合体系首席及功能研究室，完成各种报告 40 余个，建成并维护"食用豆品种数据库" 1 个

十多年来，配合首席完成了各年度的"产业技术发展报告"和"产业发展趋势与政策建议"，进行了华北区豆象种类、分布和为害现状调研。汇总撰写了燕山—太行山特困连片区食用豆产业状况调研报告、"十三五"特困连片区食用豆产业状况调研报告、"十三五"产业技术创新重点与机制研究报告、食用豆产业发展与战略研究调研报告等 40 余份，较好地完成了首席交办的各项任务。

建立并维护"食用豆品种数据库" 1 个，数据库规模达到 212 个品种，其中蚕豆 55 个、绿豆 54 个、豌豆 41 个、小豆 42 个、普通菜豆 20 个。

三、标志性成果

（一）获奖成果

10 年来，本岗位获得省部级成果奖励 4 项，其中省科技进步二等奖 1 项，三等奖 2 项（图 12），中华农业科技奖一等奖 1 项。

成果"高产稳产广适绿豆新品种冀绿 7 号、冀绿 8 号选育与应用"是针对我国绿豆品种产量低、稳产性差、适应范围窄等问题，利用正反交，通过"南北春夏水肥旱薄地"多重环境交替鉴定和相关选择，育成绿豆新品种冀绿 7 号和冀绿 8 号。两品种的育成实现了产量突破，改变了绿豆只能填闲补荒、低产低效的传统认识，解决了绿豆区域性强、适应范围狭窄的突出问题，填补了豆芽加工专用品种的空白，提出并应用"南北春夏水肥旱薄地"多重环境交替鉴定与相关选择，实现了高产、稳产、早熟、广适等多个目标性状的聚合。针对品种特点，研究集成了春夏播平作高产栽培技术、旱薄地春播地膜覆盖高产栽培技术和春播绿豆套种夏玉米生产栽培技术等。据统计，到 2011 年年底，两品种应用面积累计达 323.2 万亩，应用区域遍及河北、安徽、新疆、重庆等 15 个地区。其中河

北省累计172.4万亩，占适宜面积78.2%。新增总产量6 093.6万kg，总产值3.69亿元，纯收益3.37亿元。该成果获得2012年度河北省科技进步奖二等奖。

图12　绿豆育种岗位获奖成果证书

（二）育成的新品种

育成小豆绿豆新品种10个（附表3），其中，冀红352为降血糖专用品种，冀绿9号抗氧化活性强，冀绿13号在国家区试中产量均位居第1位，表现出突出的高产广适性。冀红15号在国家区试中产量位居第1位，适宜区域覆盖了北京西南部、河北中北部、江苏东南部、陕西中北部和河南西部等区域。冀红16号百粒重18.6~19.1g，籽粒饱满整齐，商品性好且出沙率高。冀绿15号高抗豆象，填补了河北绿豆抗豆象品种的空白。

（三）形成的技术标准

河北省地方标准"棉田套种绿豆生产技术规程"是以"选用适宜品种，确定适宜播期，合理种植样式，综合田间管理"为核心技术，通过防控盲蝽象、及时收获等技术措施，亩增效益100~150元。该技术于2010年成为河北省地方标准并颁布实施。

河北省地方标准"丘陵山区春播绿豆地膜覆盖生产技术规程"是针对燕山、太行山西部山区绿豆种植区地力贫瘠、灌溉设施缺乏、干旱少雨等问题，以地膜覆盖为核心技术，通过品种选择、播前准备、播种、田间管理和收获等技术措施，亩增绿豆 20~30kg/亩，亩增效益 45~60 元。该技术于 2015 年成为河北省地方标准并颁布实施。

（四）申请专利

申请国家发明专利 4 项，其中"一种利用幼胚拯救实现小豆和饭豆远缘杂交的方法"于 2016 年获得授权（图 13）。该发明公开了一种利用幼胚拯救实现小豆和饭豆远缘杂交的方法，包括材料准备、材料种植、杂交授粉、幼胚拯救、杂种幼苗移栽等。本发明通过选用较早熟的饭豆作为母本，选用综合性状优良的小豆品种作为父本，获得的杂种幼胚可以直接长成幼苗，幼苗生长发育良好，移栽成活率高，远缘杂交 F_1 植株成株期可以正常开花结实，并且能够收获 F_2 种子。本发明方法能有效避免远缘杂种胚败育，使大量远缘杂交胚继续发育成正常种子，最终实现小豆和饭豆的种间远缘杂交。

图 13 绿豆育种岗位获国家发明专利证书

（五）代表性论文、专著

本岗位共发表论文 28 篇，其中，在《Theoretical and Applied Genetics》《Scientific Reports》等杂志上发表 SCI 论文 5 篇，累计影响因子 13.172，核心期刊论文 23 篇。其中，《Development of a high-density genetic linkage map and identification of flowering time QTLs in adzuki bean（*Vigna angularis*）》2016 年发表在《Scientific Reports》，影响因子 5.228。《Quantitative trait locus mapping under irrigated and drought treatments based on a novel genetic linkage map in mungbean（*Vigna radiata L.*）》发表在《Theoretical and Applied Genetics》，影响因子 4.132。

另外，主编或参编著作 4 部，主编《小豆生产技术》一书。

（六）人才培养

10 年来，本岗位先后获得河北省有突出贡献的中青年专家、全国三八红旗手、"河北省十大女杰"等荣誉称号。刘长友获得博士学位，3 名团队成员晋升职称，2 名团队成员获得河北省"三三三人才工程"第二、第三层次人选。

四、科技服务与技术培训

十多年来，本岗位及团队成员，深入生产一线，在备耕生产、关键农时、农闲季节等，通过现场指导、技术讲座、现场观摩等途径，对种植户与技术人员进行了技术培训和技术服务。据统计，本岗位举办培训班共 36 场次培训约 1 506 人，发放技术资料 2 000 余份，提供示范用种 2.1 万 kg。通过新品种新技术的示范应用与技术培训，提高了产量，改善了商品品质，取得了较好的示范效果。

作为研究室主任，主持召开体系成员参加的"主要食用豆类杂交育种技术培训班"和"GGEbiplot 统计软件应用培训班"大型技术培训会 2 次，共 107 人次岗位科学家、试验站长及团队成员等参加了培训。

2010 年针对河北石家庄、沧州、邢台等地早春低温冻害局部小麦大面积死亡，农民损失较大的突发性情况，及时进行了"小麦冻灾后补种绿豆栽培技术"的指导，补种冀绿 7 号约 2 万亩，为农民挽回了经济损失约 1 200 万元。

五、对本领域或本区域产业发展的支撑作用

在科技创新方面，围绕体系研发任务，积极调整研究方向，创新科研思路，拓展研究领域，增强创新实力。育种目标由原来的高产优质扩展到高产优质广适与多抗。育种方法由原来的系统选育、杂交育种扩展到远缘杂交、辐射处理、化学诱变、分子标记辅助选择等。启动并开展了与遗传改良相关的分子标记开发、遗传连锁图谱构建、重要性状的 QTL 定位、转录组分析等基础研究，育成了冀绿 7 号、冀绿 13 号、冀红 352、冀红 16 号等一批在食用豆生产中发挥了较大作用的品种，其中，"高产稳产广适绿豆冀绿 7 号、冀绿 8 号的选育和应用"提高了河北省甚至是我国绿豆的产量水平，拓宽了品种应用范围，改善商品品质，提高了种植效益，获得 2012 年度河北省科技进步二等奖。

在促进产业发展方面，通过技术培训与技术服务、与龙头企业和经营合作社合作，成功地进行了新品种新技术的示范推广、商品生产与市场开发等，提供了从种子繁育到生产技术指导、产品开发、市场信息咨询等系列服务，形成了公司带基地、基地联农户、产学研相结合的产业发展模式，带动和支撑了区域性食用豆产业的发展。

小豆育种岗位

一、岗位简介

吉林省白城市农业科学院于 2008 年加入国家食用豆产业技术体系，尹凤祥研究员（图14）为东北绿豆芸豆育种岗位科学家；经过体系优化调整，本岗位先后变更为东北区栽培与土肥（十二五）和 2017 年起的小豆育种岗位科学家（十三五）。通过 10 年的体系建设，本岗位研究团队、基础设施和创新平台不断发展壮大。目前，本岗位团队成员 8 人，其中研究员 4 人，助理研究员 1 人，研究实习员 2 人，技术工人 1 人，硕士学位 3 人（图15）。拥有固定试验基地 1 个，150 亩（院内）；在洮南、镇赉、通榆等示范基地 5 个；海南育种基地 3 亩；温室 100m²；晾晒棚 2 个，200m²；分子实验室 1 个；拥有光照培养箱、超净台、震荡组织培养箱、高速冷冻离心机、PCR 仪、凝胶电泳仪等组织培养和分子遗传仪器设备及筛选机、比重机、播种机、豆类收获机等种子清选、加工设备和田间管理设备等。

岗位科学家尹凤祥：1958 年出生，吉林省白城市农业科学院食用豆研究所，研究员，吉林省作物学会理事，农业农村部小宗粮豆专家指导组成员。主要从事绿豆、小豆育种和栽培技术研究工作，先后主持和参加吉林省科技厅项目、国家科技支撑、公益性行业（农业）科研专项、现代农业产业技术体系建设专项、农业农村部作物种质资源保护项目等。取得省部级以上获奖成果 5 项，市级科技进步奖 3 项。育成绿豆、小豆、豇豆新品种 25 个；参加《中国食用豆品种志》《中国小杂粮产业发展报告》《中国小杂粮品种》等著

图14 岗位科学家尹凤祥

作的编写；起草制定吉林省地方标准《绿豆种子质量》《绿豆机械化生产技术规程》等6个绿豆系列标准。发表论文30余篇。

图15　岗位团队成员

二、主要研发任务和重要进展

（一）主要研发任务

1. 重点任务

筛选适宜东北春播区种植、商品性好、高产、多抗、生育期适宜、适应性强的绿豆、小豆、普通菜豆新品种；选育高产、多抗、适宜机械化生产的绿豆小豆新品种；研究集成东北绿豆机械化生产技术；研发新品种优质高产高效配套栽培技术及绿色增产增效关键技术；联合相关试验站进行新品种和新技术的示范应用；东北区豇豆属豆种豆象种类、分布及为害调查；抗病、抗旱绿豆小豆新品种选育及抗性种质创新。

2. 基础性工作

收集、整理食用豆种质资源；开展高效育种技术、基因定位与新基因挖掘及功能分析等研究。建立食用豆新品种及遗传育种相关技术研发档案；对种植户、技术人员及科技人员等进行技术培训等；配合首席科学家、其他功能研究室、岗位科学家和综合试验站开展相关工作，并提供有关数据信息等。

3. 应急性任务

监测本产业生产和市场变化，关注突发性事件和农业灾害事件，并提出应急预案和技术指导方案，完成农业农村部各相关司局临时交办的任务。

（二）重要进展

1. 育成绿豆小豆普通菜豆新品种20个，获得新品种权1个

针对东北区绿豆小豆等生产中存在的品种混杂退化、产量低、病害重、机械化适应性

差等问题，结合新的育种和创新目标，采用杂交选育、异地鉴定和室内外鉴定结合的育种方法，育成绿豆、小豆、普通菜豆新品种 20 个。其中，绿豆新品种 10 个，小豆 8 个，普通菜豆 1 个，豇豆 1 个。绿豆 522、白绿 8 号和小豆白红 6 号、白红 7 号 4 个新品种通过国家鉴定。白绿 13 获得新品种权。

2. 鉴定筛选适合东北区机械化生产的绿豆小豆普通菜豆新品种，解决了机械化生产中的品种适应性差的突出问题

经过 3 轮体系联合鉴定试验，筛选出适合东北出口专用机械化生产的绿豆白绿 8 号、白绿 9 号、白绿 11 号，小豆白红 3 号和普通菜豆龙云豆 5 号等食用豆新品种 8 个。

3. 搜集整理鉴定国内外绿豆、小豆和普通菜豆种质资源 489 份，按要求繁殖入库食用豆种质资源 285 份

其中小豆 130 份；绿豆 93 份；普通菜豆 63 份。完成 328 份小豆和 481 份绿豆种质资源种子扩繁和主要性状调查鉴定。

4. 研究集成绿豆微肥使用技术、绿豆和玉米间作地膜覆盖栽培技术和绿豆根腐病药剂防治技术 3 套

绿豆铁、镁、锌、铜、钼等微肥施用技术解决了生产上连作造成苗期缺素症、黄化等生理性病害的防控问题；地膜覆盖技术提高地温保墒增湿，增强抗旱性，防风固沙，利于保全苗，并使绿豆提前播种，提高产量 25% 以上；绿豆根腐病药剂防治技术，采用 25% 的多克福或精甲镉菌清等进行种子包衣或浸种处理可以有效地预防绿豆苗期根腐病的危害。

5. 绿豆机械化生产技术研发与示范推广

联合东北区相关试验站在开展绿豆机械化品种筛选的同时，开展了绿豆机械化生产技术集成与示范推广，研究集成"绿豆机械化高效生产技术"一套；制定《绿豆机械化生产技术规程》地方标准（2015）；修订吉林省地方标准《白城绿豆生产技术规程》（2017）。绿豆机械化生产技术实现了从机械化整地、起垄、打药播种、中耕除草和机械化收获、脱粒等全程机械化作业。绿豆机械化分步收获作业质量可以达到田间作业损失率不高于 3%，籽粒破损率不高于 3%。

6. 研究集成绿豆、小豆氮磷钾高效施肥技术 2 套

针对绿豆、小豆生产上管理粗放、生产投入少、施肥不合理等问题，开展了绿豆、小豆氮磷钾配比优化施肥技术研究。研究表明，绿豆最高产量（159.64kg/亩）的最佳肥料组合为氮 2.79kg/亩、五氧化二磷 1.38kg/亩与氧化钾 4.43kg 亩（氮：五氮化二磷：氧化钾为 1：0.5：159）；小豆最高产量（155.56kg 亩）的最佳肥料组合为氮 4.20kg/亩、五氧化二磷 3.15kg/亩和氧化钾 4.0kg/亩（氮：五氧化二磷：氧化钾为 1：0.75：0.95）。

7. 岗站联合开展优质绿豆小豆新品种及配套技术示范推广，取得显著的社会经济效益

推广绿豆新品种和配套栽培技术 225 万亩以上，创经济效益 2.3 亿元以上。

8. 配合产业经济岗建立白城绿豆固定调研点

自"十二五"开始配合产业经济岗研究团队，在吉林省白城市 5 个辖区县建立绿豆产业经济固定调研点。进行绿豆生产和产业经济调研，跟踪绿豆生产状况、调查生产面积消长、产品销售、生产要素变化等情况，剖析绿豆产业存在的问题及解决对策。每年完成

绿豆产业经济调研技术问卷 200 余份，并提供各年度绿豆生产要素、市场形势、产业发展形势报告相关信息。

9. 配合体系首席及功能研究室，完成各种报告 50 余份，并为体系建立和维护"食用豆品种数据库"等各类数据库提供相关信息

汇总撰写了大兴安岭南麓特困连片区食用豆产业状况调研报告、"十三五"特困连片区食用豆产业状况调研报告、"十三五"产业技术创新重点与机制研究报告、食用豆产业发展与战略研究调研报告、"十四五"小豆种业发展研究报告等 50 余份。并为建立和维护"食用豆品种数据库"等体系数据库提供相关信息。

三、标志性成果

（一）获奖成果

十多年来，本岗位获得省部级成果奖励 4 项，其中省科技进步三等奖 1 项（图 16），省农业技术推广一、二、三等奖各 1 项（图 17）。

图 16　小豆育种岗位获奖成果证书

图17　小豆育种岗位获奖成果证书

1. **"绿豆新品种白绿8号与机械化生产技术"获得2016年度吉林省科技进步三等奖**

绿豆新品种白绿8号是以外引材料88012为母本、大鹦哥绿925为父本杂交，选育而成，2002年通过吉林省农作物品种审定委员会审定。2013年3月通过国家小宗粮豆新品种鉴定委员会鉴定。该品种具有早熟、优质、抗叶斑病和菌核病，抗旱耐瘠、适应性广等优点。研究集成了"绿豆机械化高效生产技术"；制定了吉林省地方标准《绿豆机械化生产技术规程》。新品种与绿豆机械化生产技术在东北春播区绿豆生产中的广泛应用，解决了生产中普遍存在的品种混杂退化，以及机械化收获作业质量差、损失率高等关键技术难题，2014—2016年累计推广面积105万亩，增产1 050万kg，增加社会经济效益达1.05亿元。

2. **"绿豆新品种白绿9号高产栽培技术推广"获得2015年度吉林省农业技术推广一等奖**

白绿9号是以鹦哥绿925为母本，外引材料88071为父本杂交选育而成，2008年通过吉林省农作物品种审定委员会审定。该品种粒大、饱满、色泽鲜艳，外观品质好，适合出口专用和芽菜生产，并且早熟、抗病、耐瘠薄和适应机械化作业。该品种与研究集成的"绿豆地膜覆盖技术""高密度抗旱栽培技术""绿豆机械化高效生产技术"等高产配套栽培技术在生产上推广应用，解决了东北春播区旱薄地绿豆机械化生产中的品种适应性差、病害严重，以及机械化收获作业质量差、损失率高等关键技术难题，2012—2014 年累计推广面积超过 120 万亩，增加产量 1 200 万 kg，增加社会经济效益达1.2 亿元以上。

（二）育成的新品种

育成新品种 20 个，其中，绿豆 10 个，小豆 8 个；普通菜豆 1 个，豇豆 1 个。白绿 8号和白绿 9 号为优质、大粒型、出口专用品种；白绿 11 号为直立、抗倒伏，适合机械化作业品种；绿豆 522 和白绿 8 号在国家绿豆品种区试中产量均位居第 1 位，表现出突出的高产和广适性。白红 6 号和白红 7 在国家小豆品种区试中产量分别位居第 1、第 2 位，表现出突出的高产和广适性、抗逆性强、适合机械化作业。这 4 个品种分别通过国家级绿豆和小豆新品种鉴定。

（三）形成的技术或标准

先后制（修）定《绿豆种子质量》《绿豆品种 522》《绿豆品种白绿 6 号》《绿豆标准大鹦哥绿 935》《绿豆机械化生产技术规程》《白城绿豆栽培技术规程》等。

其中，《绿豆机械化生产技术规程》规定了绿豆机械化生产的产量构成及生育性状、基地选择、投入品管理、栽培管理、病虫害防控、机械化收获、生产记录等综合生产技术，对绿豆机械化生产过程中各关键技术环节的技术操作均提出了具体的技术要求和作业指标，为指导绿豆机械化生产提供了理论依据。

（四）代表性论文、专著

发表《Cu^{2+}、Mg^{2+}、Fe^{2+} 浸种及喷施对绿豆产量及叶片部分生理指标的影响》《$CuSO_4$、$MgSO_4$、$FeSO_4$ 对绿豆 N、P、K 含量的影响》《小豆新品种白红 11 号选育及机械化生产技术》《PEG 胁迫对小豆苗期抗旱生理指标的影响及抗旱鉴定体系建立》等论文22 篇。参加《中国食用豆品种志》《绿豆生产技术丛书》《小豆生产技术丛书》《豇豆生产技术丛书》等的编写。

（五）人才培养

尹凤祥　2011 年 1 月晋升为三级研究员；2015 年获得吉林省人才资金项目资助；2017 年晋升为二级研究员。

梁杰　2012 年 1 月晋升为研究员；2012 年 12 月沈阳农业大学硕士研究生毕业，取得硕士学位。

郝曦煜　2017 年 1—3 月赴印度国际旱作研究中心（ICRISAT）进修；2018 年 6 月中国农业科学院研究生院硕士研究生毕业。

四、科技服务与技术培训

每年开展集中培训农技推广技术人员和种植大户100多人，举办现场观摩会1~2次。累计培训1 000多人次，发放技术资料15 000多份。并且通过电视讲座、广播电台讲座等，以及深入田间地头进行生产指导等多种形式为生产提供技术指导和技术咨询服务。此外，通过国家外国专家局的引智项目，聘请美国、加拿大、日本等国家的豆类专家来华讲学、培训团队成员，开展学术交流活动，掌握国际食用豆类生产和研发动态。

五、对本领域或本区域产业发展的支撑作用

在引领农业科技创新方面，主要开展了小豆、绿豆高产、多抗、适宜机械化生产新品种选育、种质创新与新基因发掘。筛选出优质、多抗，适合机械化生产的绿豆新品种白绿9号、白绿11号和小豆白红11号和白红12号；新收集国内外小豆、绿豆种质资源69份；繁殖并入库食用豆种质资源小豆130份，绿豆62份。筛选鉴定抗旱小豆品种白红3号和白红6号，鉴定出综合抗病性好的小豆遗传后代材料20份；筛选出抗病性强的优异种质3个。育成新品种小豆8个；绿豆10个；芸豆1个、豇豆1个，为食用豆产业发展提供核心技术支撑。

在推动农业提质增效、推进农业绿色发展、促进农民增产增收方面，围绕东北区食用豆产业发展需求，重点开展新品种及绿色增产增效关键技术集成与示范。在吉林省通榆县、镇赉县、洮南市、黑龙江省泰康县、内蒙古的兴安盟等地建立绿豆新品种白绿8号、白绿9号、白绿11号和小豆白红9号及"绿豆、小豆机械化高效生产技术"和"绿豆地膜覆盖技术"试验、示范基点及原种繁育基地7个，示范面积约1 500亩/年。其中，"绿豆新品种白绿8号与机械化生产技术"平均产量达到94.0kg/亩，比一般品种增产12.5%以上；绿豆白绿11号机械化生产技术平均公顷产量达到89.48kg/亩，增产10.2%以上，田间作业损失率4.2%；脱粒损失率3.1%；绿豆新品种白绿9号地膜覆盖技术平均产量达到110.0kg/亩以上，增产26.7%以上。

在支撑政府决策方面，积极配合地方政府和企业搞好国家地理标志保护产品——白城绿豆的品牌建设，提升产品质量，创建白城绿豆品牌。承担并完成了吉林省地方标准《白城绿豆栽培技术规程》修订任务。

在科技支撑绿豆产业发展方面，积极加快绿豆成果转化，与企业合作，承担并完成了吉林省科技厅重点科技成果转化项目"优质绿豆新品种白绿8号高产栽培技术"项目，加速了东北春播区绿豆品种的更新换代，提高了绿豆生产水平和生产效率。

芸豆育种岗位

一、岗位简介

芸豆育种岗位依托黑龙江省农业科学院作物育种研究所，随着食用豆产业技术体系研发进展和国家对体系的调整，其发展分为三个阶段。第一阶段：2008—2010年岗位名称为东北区综合栽培；第二阶段：2011—2016年岗位名称为东北芸豆绿豆育种，岗位科学家均为张亚芝（图18）；第三阶段：2017—2018年岗位名称为芸豆育种，岗位科学家为魏淑红（图19），团队成员有王强、孟宪欣、郭怡璠、杨广东（图20）。

芸豆育种岗位目前拥有专用实验室54m²，PCR仪、高速冷冻离心机、超低温冰箱等仪器设备34台套，价值71万元。国家示范园区民主实验基地45亩，专用温室20m²，种质保存低温库70m²，考种作业室2间60m²，克山县、引龙河农场、海伦市、嫩江县、宝清县等6个试验示范基地300余亩，成果转化合作企业2个。

岗位科学家张亚芝：1953年出生，研究员，现已退休。在职期间，是国家小宗粮豆技术鉴定委员会委员，国家小宗粮豆新品种展示园青冈、引龙河园区首席专家，国家芸豆科研协作组组长。黑龙江省第三、第四、第五、第六届经作杂粮登记委员会委员。承担过国家科技支撑计划，农业农村部农业行业科研专项等多项课题；先后育成食用豆新品种16个。

图18　岗位科学家张亚芝

岗位科学家魏淑红： 1963 年生，研究员，现任黑龙江省农业科学院作物育种研究所食用豆研究室主任。从事豆类种质资源研究多年，先后承担中外合作项目、国家科技支撑计划、国家农作物种质资源共享服务平台（黑龙江）等多个项目。先后育成食用豆新品种 20 余个，获国家部级成果奖 6 项，省级、院级科技进步奖多项，在国家级、省级刊物上发表论文 20 余篇。

图 19　岗位科学家魏淑红

图 20　岗位团队成员

二、主要研发任务和重要进展

（一）主要研发任务

第一阶段研究内容是确定东北区食用豆类生产类型区，加快优异品种选育和相应的配套技术研究，初步解决黑龙江省食用豆类生产落后局面，深入探索产业发展模式，充分发挥成果熟化转化、试验示范和科技服务功能，进行试验示范，直接为农户、企业和农民专业合作组织等技术用户提供服务，挖掘食用豆类增长潜力，初步形成黑龙江省食用豆类产业链，逐步构建现代化产业体系。

第二阶段研究内容是针对东北区芸豆产业存在的主要问题，进行抗病出口专用普通菜豆、绿豆种质创新与新品种选育。与综合试验站及相关企业、农垦等部门合作，开展普通菜豆、绿豆等高产示范区创建及其配套技术试验示范。

第三阶段在体系前期工作的基础上，根据国家食用豆体系工作调整，研究内容是开展抗病出口专用普通菜豆种质创新与新品种选育，筛选适合不同生态区域的优异品种，扩大优良品种（品系）推广利用范围，促进食用豆产业健康发展。

（二）取得的重要进展

1. 新品种选育方面

龙芸豆 5 号获得植物新品种权。选育（引育）小白芸豆、奶花芸豆、红芸豆、小黑芸豆、中白芸豆等新品种 15 个，其中品芸 2 号、龙芸豆 15 为国审品种，龙芸豆 6 号、龙芸豆 7 号、龙芸豆 8 号、龙芸豆 9 号、龙芸豆 10、龙芸豆 11、龙芸豆 12、龙芸豆 13、龙芸豆 14、龙芸豆 15、龙芸豆 16 为黑龙江省农作物审定委员会认定品种，海鹰豆、恩威、Nary ROG 为引育品种。系列新品种累计推广面积超过 1 500 万亩，新增经济效益超过 7.2 亿元。

2. 园区建设与技术培训

建立科技示范园区 9 个，示范区面积超过 500 亩。依托科技示范园区，举办了内容丰富、技术实用、形式多样的各类培训班、现场会 60 余次，提供技术指导服务及咨询 700 余次。培训农技人员和农户共计 4 000 余人次。

3. 在基础研究方面

创制普通菜豆新种质 46 份。开展抗旱节水及品种筛选研究，抗旱生理机制研究为普通菜豆生产提供了技术支持，并筛选出抗旱品种（系）2 份。进行了新品种机械化筛选试验，通过对机械化损失、产品质量、收割作业损失率、脱粒损失率、经济效益等综合因素分析，筛选出适合机械化作业品种龙芸豆 5 号和龙芸豆 15。开展耐盐种质筛选试验，筛选出耐盐种质 3 份。组织、承担了全国普通菜豆联合鉴定试验，筛选出生态适应性广的优异新品种（系）中芸 3 号、中芸 6 号、龙芸豆 5 号、龙芸豆 10 号等 12 个。开展"芸豆芍药间作节本增效技术模式"生产的新品种适应性试验，筛选出龙芸豆 5 号、龙芸豆 14 为适合品种。筛选出高抗枯萎病品种（系）3 个、抗枯萎病品种（系）2 个，筛查出 12 个抗炭疽病品系，13 个抗普通细菌性疫病品系和 2 个耐菌核病品系。

三、标志性成果

（一）获奖成果

芸豆育种岗位十年来，获得"芸豆种质资源评价与出口型新品种选育""优良芸豆系列新品种的选育与推广""优良芸豆新品种龙芸豆 5 号的选育与推广"黑龙江省农业科学技术一等奖 3 项,"出口芸豆新品种恩威的选育与推广"黑龙江省农垦总局科技进步奖三等奖 1 项。

种质资源评价与出口型新品种选育:针对我国出口型普通菜豆品种数量匮乏且产量低、病害重、机械化程度低等问题,对 6 500 份种质资源进行了全面系统的鉴定评价,选育了抗病、极早熟、适合机械化收获等出口专用型新品种 12 个,填补了我国无自主知识产权的适机收、抗细菌性疫病品种的空白,同时,填补了黑龙江省高寒地区缺乏普通菜豆品种的空白。2015—2017 年新品种在黑龙江、内蒙古、吉林、贵州累计推广 1 132.51 万亩,覆盖了东北主栽区种植面积 80% 以上,新增经济效益 59 392.36 万元。

优良普通菜豆系列新品种的选育与推广:本项目以培育新品种、改善商品质量、提高国际竞争力、促进产业化开发为目标,选育适合不同生态区域种植、符合出口标准、商品性好、高产、多抗、生育期适宜的普通菜豆系列新品种。2009—2011 年系列新品种累计推广 362.95 万亩,增加经济效益 35 563 万元。

优良新品种龙芸豆 5 号的选育与推广:龙芸豆 5 号作为出口专用型优良新品种,以适应性强、抗病性强、产量高等特点受到市场青睐,种植面积正逐年增加。龙芸豆 5 号优良新品种的推广利用,提升了品种市场竞争力,降低了生产风险,提高了农民的经济效益,作为优质商品出口创汇,并带动了相关产业的发展,社会效益显著(图 21)。

图 21　芸豆育种岗位获新品种权证书

(二) 育成的新品种

2008—2018 年选育(引育)普通菜豆新品种 15 个,其中品芸 2 号、龙芸豆 15 为国审品种,龙芸豆 5 号获得植物新品种权。

小白芸豆新品种选育：小白芸豆是出口主要类型之一，主产区多集中在黑龙江高寒地区，在高纬度地区缺乏早熟、高产品种。目前，小白芸豆品种多以半蔓生长类型为主，机械化生产损失率较高，商品质量较差。黑龙江省农业科学院作物育种研究所通过杂交、引育等手段，系统选育出普通菜豆新品种龙芸豆5号、Nary ROG、恩威、海鹰豆、龙芸豆12、龙芸豆16。其中，龙芸豆5号填补了黑龙江省无自主知识产权适合机械化收获品种的空白，龙芸豆16为超高蛋白品种（28.5%），其他小白芸豆品种均为出口专用型品种，对我国普通菜豆出口起到了积极的支撑作用。

小黑芸豆新品种选育：小黑芸豆种植历史较长，主要以龙芸豆4号及一些农家种、引进种为主，品种混杂退化严重，我们先后育成龙芸豆7号、龙芸豆10号、龙芸豆14等品种。龙芸豆7号是中东出口专用品种、龙芸豆10号是高蛋白品种（24.2%），龙芸豆14是早熟品种（85d），为我国高寒地区种植小黑芸豆提供了品种保障。

红芸豆新品种龙芸豆13选育：红芸豆是目前比较畅销的芸豆类型之一，国内外需求较大，但是，目前生产上种植的红芸豆品种单一，以英国红为主，由于连年种植，品种退化严重，严重影响商品品质和产量，急需替代品种。因此，我们系统选育出了适宜黑龙江种植的优质、高产、早熟的优良红芸豆品种龙芸豆13。

中白类型芸豆选育：中白芸豆是黑龙江主要出口普通菜豆类型，主要出口日本、东南亚等地，目前，生产上种植的中白类型芸豆品种有日本白和白沙克，由于品种连年种植，混杂退化严重，商品质量差，抗性较差，生产风险较大，因此，急需抗病性强、高产的中白类型芸豆新品种。针对以上目标，选育了龙芸豆8号、龙芸豆11和龙芸豆15中白芸豆品种，其中，龙芸豆15为国审品种。

奶花类型芸豆选育：奶花芸豆是黑龙江传统种植品种，以往，黑龙江市场上没有明确来源的奶花芸豆品种，种植风险较大，商品质量良莠不齐。针对上述问题，我们选育了龙芸豆6号和龙芸豆9号奶花芸豆，其中，龙芸豆6号为肾形奶花，龙芸豆9号为椭圆形奶花，都是市场需求的类型。其中，龙芸豆6号为极早熟品种，高海拔、高寒地区更新换代首选品种。

（三）形成的技术或标准

普通菜豆高台大垄密植栽培技术规程：本标准规定了普通菜豆的栽培、田间管理、病虫害防治和收获等方面的要求。本标准适用于普通菜豆的生产种植。该栽培技术可以起到抗旱、抗涝、增温的作用，较三垄栽培模式平均增产7%以上。

（四）专利

申请获得实用新型2项。

一种便携式食用豆类播种装置：本实用新型所要解决的技术问题在于提供一种便携式食用豆类播种装置，来解决目前现有豆类实验播种劳动强度大、播种装置不便携带等问题。

一种适合石蜡切片的简易二甲苯洗槽装置：石蜡切片试验，从对材料的包埋，到洗蜡、脱蜡都需要大量的二甲苯，由于染色盒（缸）口径比较大，二甲苯倒入会有大面积挥发。本实用新型结构简单、设计合理，减少污染，降低实验员对二甲苯的吸收，零件调换简单容易，提高工作效率。

（五）代表性论文、专著

发表《芸豆新品种龙芸豆 14》等论文 14 篇。

（六）人才培养

岗位科学家魏淑红获得国家对外援助物资项目评审专家、国家杂粮工程技术研究中心神农特聘研究员、农业科技成果转化资金专家、黑龙江省科协专家库专家等称号。在团队成员中，培养在职博士 3 人，1 人通过博士论文答辩，2 人 2018 年申请博士学位。团队成员由中级晋升副高级 1 人。

四、科技服务与技术培训

芸豆育种岗位在克山县、引龙河、嫩江等地建立科技示范园区 9 个，示范区面积超过 500 亩，辐射周边地区超过 50 万亩，通过示范，新品种新技术累计推广超过 1 500 万亩。

依托科技示范园区，举办了内容丰富、技术实用、形式多样的各类培训班，其中包括"新品种试验示范推广及技术培训会""良好农业操作规范培训会""小白芸豆栽培技术培训会""食用豆关键技术培训会""食用豆主要病害防治技术培训会""田间课堂"等 60 余次。在关键季节、关键农时进行技术指导服务及咨询 700 余次。培训农技人员和农户共计 4 000 余人次，发放技术手册万余份。培训人员范围广，包括食用豆主产区农技推广人员、乡镇农业技术人员、农场技术人员、科研院所科技人员、种养大户、农场承包责任人、普通种植户等。培训效果良好，在各级培训人员中反响强烈，他们通过消化吸收，对技术的掌握和了解得到了显著的提高，并将所培训的技术、知识、前沿信息等做了积极的宣传工作，辐射带动周边农户采用先进适用新技术、新品种，扩大了培训范围，产业技术体系培训工作带来的积极效果越来越显著。在首席科学家的监督和指导下，每年度各季度末，都通过体系管理平台填报培训情况，这样有效的管理机制，促进了岗位技术培训能够更好地贯彻国家农业战略部署，更好的发挥产业技术体系工作精神，使体系工作、培训工作、新品种、新技术、新知识、新信息真正的走进农民家，农民得实惠，社会受益。

五、对本领域或本区域产业发展的支撑作用

体系十年来，芸豆育种岗位在新品种选育和种质创新方面取得了显著成绩。普通菜豆新品种选育数量及新品种推广面积、总产及出口创汇均占全国第一位。依托国家产业技术体系的建设和发展，芸豆育种岗位在芸豆新品种选育等方面处于国内领先水平，正逐渐缩短与发达国家的差距。

随着普通菜豆新品种的选育推广，加快了良种推广和品种更新换代的速度，缓解了出口型新品种缺乏、商品质量低等问题，提高了我国普通菜豆出口竞争力，促进了产业健康持续发展。同时，结合精准扶贫工作，展开了全方位的科技扶贫，带动了特困地区的经济发展，并立足于黑龙江省种植结构调整，充分发挥了普通菜豆节能减排的产业优势，对于支撑黑龙江省农业供给侧结构性改革、发展绿色农业、推动特色农产品优势区建设等方面具有重要意义。

蚕豆育种岗位

一、岗位简介

蚕豆育种岗位依托于青海省农林科学院，2008—2016 年岗位名称为"西北蚕豆豌豆育种岗位"，2017 至今岗位名称变更为"蚕豆育种岗位"，刘玉皎任岗位科学家（图 22）。岗位团队现有固定人员 5 人（图 23），其中高级职称 4 人，中级职称 1 人；博士 1 人，硕士 4 人。建立了较完备分子生物学、细胞生物学、植物生理学研究平台，具备开展分子标记和植物生理生化实验研究能力，为相关基础研究与育种实践相结合，创制蚕豆优异种质和品种改良提供了科研创新平台支撑。育种基地位于青海省西宁市二十里铺镇莫家庄村，面积 50 亩，日光温室 400m²；在湟中县拦隆口镇新村和互助县威远镇卓扎滩村建有蚕豆鉴定试验及技术示范基地 2 个。

岗位科学家刘玉皎：1974 年出生，硕士，硕士研究生导师，青海大学农林科学院（青海省农林科学院）副院长，研究员。享受国务院特殊津贴专家，国家百千万人才工程国家级人选，有突出贡献的中青年专家，全国优秀科技工作者，青海省优秀专家、青海省优秀专业技术人才，青海省自然科学与工程技术学科带头人，青海省蚕豆产业技术体系首席专家。青海省高端创新人才千人计划领军人才。

图 22 岗位科学家刘玉皎

图 23 岗位团队成员

二、主要研发任务和重要进展

（一）主要研发任务

1. 重点任务

鉴定筛选适于西北地区种植的高产蚕豆豌豆品种；雨养型农业系统的高效生产技术；新品种及配套技术集成试验示范；青海蚕豆象、豌豆象种类鉴定；调查分析蚕豆、豌豆象对青海豌豆产量和品质的为害情况。

2. 前瞻性工作

蚕豆豌豆品种的抗旱性评价；蛋白亚基等性状的遗传研究；构建遗传群体，对蚕豆重要性状的相关基因进行分子标记；适于机械化生产、抗逆性、抗病、优质专用等蚕豆新种质创制及新品种选育。

3. 基础性工作

建立食用豆新品种数据库及遗传育种相关技术发展档案；对种植户、技术人员及科技人员等进行技术培训等；配合首席科学家、其他功能研究室、岗位科学家和综合试验站开展相关工作并提供有关数据信息等。

4. 应急性任务

监测本产业生产和市场的异常变化，及时向农业农村部上报情况；发生突发性事件和农业灾害事件，及时制订分区域的应急预案与技术指导方案；组织开展应急性技术指导和培训工作；完成农业农村部各相关司局临时交办的任务。

（二）重要进展

1. 旱作农业区筛选出 5 个蚕豆品种和 5 个豌豆品种

综合评价鉴定筛选出在生产中具有优势，并对区域蚕豆豌豆产业发展具有一定支撑作用的青海 12 号、临蚕 6 号、临蚕 8 号、青海 13 号和青蚕 14 号 5 个蚕豆品种；草原 224、草原 28 号、草原 25 号、定豌 6 号、天山白豌豆 5 个豌豆品种，作为西北地区优势蚕豆品种，分别在青海、甘肃临夏综合试验站和定西综合试验站、新疆乌鲁木齐综合试验站示范。

2. 集成了2项旱作农业区蚕豆高效配套技术

以鉴定筛选的青海13号蚕豆为依托，在海拔2 700~2 800m的半干旱农业区，以机械化播种、化学除草为核心技术，集成了《青海13号蚕豆高效生产技术规范》（DB63/T—2012）。在青海半干旱农业区应用，使青海蚕豆的播种效率提高了40倍左右，节约了播种成本、除草成本，合计节约成本200元/亩以上。

以青海13号为依托，在海拔2 500~2 600m的干旱地区集成了以地膜覆盖为核心技术的《蚕豆地膜覆盖种植技术规范》（DB63/T 1291—2014），2014年颁布为青海省地方标准，使旱作农业区蚕豆产量提高30%~50%。

两项技术已成为青海省基层推广体系建设蚕豆产业的主推技术，累计推广面积达10万亩以上。

3. 收集及鉴定199份资源，创制34份优异种质

收集大粒长荚蚕豆种质资源1份，红皮蚕豆资源2份。引进法国蚕豆种质1份；引进ICARDA蚕豆资源189份。引进阿根廷蚕豆3份，豌豆3份。

选育的优良品系包括适于机械化收获的优良品系5个、白粒抗氧化品系2个；菜用大粒蚕豆7个；抗旱豌豆品系8个；绿子叶早熟耐旱蚕豆3个。百粒重200g以上的种脐白色的晚熟蚕豆品系8个；中抗赤斑病的百粒重220g的大粒品系1个。其中，3个蚕豆品系完成中间试验；6个蚕豆品系进入区域试验。7个品系申请保护。

4. 累计建立优良蚕豆豌豆品种种子基地63 975亩，生产良种2 096.26万kg，为新品种发挥增产增收提供了种源保障

2011—2015年建立了青海12号、青海13号和青蚕14号品种的种子扩繁基地63 975亩，累计生产2 096.26万kg种子，为产业发展提供了优良种源保障。

5. 抗旱耐瘠品种及其配套技术在农业技术推广部门的应用效果

青海12号、青海13号蚕豆和地方品种马牙均是青海省基层推广体系改革建设示范县项目的主导蚕豆品种，在西北春蚕豆区广泛应用；临蚕6号、临蚕8号成为甘肃主导蚕豆品种，累计推广面积100万亩以上，与各品种丰产栽培技术配套实施后，增产率为8%~10%，增收约6 000万元。

研究制定的《青海13号蚕豆高效生产技术规范》（DB63/T 1154—2012）以丰产栽培技术为基础，配套了机械化播种、化学除草等技术，降低了蚕豆生产成本约200元/亩，生产效率可提高20~30倍。《蚕豆地膜覆盖种植技术规范》（DB63/T 1291—2014）旱作农业区的增产幅度达20%~50%，实现亩增收200元以上，累计推广面积达10万亩以上。

6. 找到了与蚕豆相关性状相关的多个分子标记，初步明确青海13号的抗旱机制

构建了蚕豆开花习性和单宁、蛋白质、熟性等性状的遗传群体，包括：早熟与晚熟、低单宁与高单宁、低蛋白和高蛋白的RIL群体和BC_1及F_2群体多个。对蚕豆单宁性状和蚕豆开花习性等两个重要性状的基因进行了标记。筛选到与蚕豆单宁性状相关的标记2个，两个标记分别位于该性状的两侧，与目标性状的遗传距离分别为2.92cM和14.21cM。筛选到与有限生长性状相关的SSR标记，该标记为CAAS7-390，与有限生长型基因的遗传距离为26.5cM。找到了9个与蚕豆子叶颜色性状相关的SSR标记，其中5个共显性标记、

3 个显性标记和 1 个隐性标记。1 个位于子叶颜色性状基因 CDCC 的一端，其他 8 个位于另一端，最近距离为 16.58cM。将子叶颜色性状基因初步定位于 LG5。检测到 13 个粒形性状相关 QTL，包括与籽粒长相关的 QTL $qGL1$ 和 $qGL2$ 位于 LG2 连锁群上；与籽粒厚相关的 QTL（$qGT1-qGT10$），位于 LG2 和 LG3 连锁群上；与籽粒重相关的 QTL $qGWt$ 位于连锁群 LG2 上。

通过干旱胁迫下蚕豆品种"青海 13 号"叶片蛋白水平的响应，获得了 8 个上调表达蛋白点，其主要参与代谢和能量、胁迫防御、调节蛋白等功能途径，初步推断其表达量的上调是造成"青海 13 号"蚕豆具有较强抗旱性的重要原因。同时，利用电子克隆技术得到 8 个上调表达蛋白点的氨基酸序列和核酸序列。

三、标志性成果

（一）获奖成果

"粮饲兼用型蚕豆新品种青海 11 号选育、试验示范与推广" 获 2009 年青海省科技进步二等奖，2008 年青海 11 号推广面积近 27.7 万亩，占青海蚕豆种植面积的 60.22%，水地蚕豆种植面积的 80% 以上；在宁夏、甘肃、四川、内蒙古、河北等春蚕豆产区种植，年均新增经济效益 3 000 万元以上。

"广适大粒蚕豆新品种青海 12 号选育与推广应用" 获 2013 年青海省科技进步二等奖，青海 12 号蚕豆 2012 年青海省种植面积达 31.0 万亩，占青海省种植面积的 73.8%，平均年新增经济效益 4 000 余万元。

"早熟高产小粒蚕豆新品种青海 13 号选育及配套技术集成与示范" 获 2016 年青海省科技进步三等奖，青海 13 号蚕豆是首个适于海拔 2 600~2 800m 区域种植的早熟小粒抗旱新品种；2015 年种植面积达 9.63 万亩，占青海蚕豆种植面积的 27.5%。产量高达 452.5kg/亩，增产率达 30% 以上，并使青海蚕豆生产方式发生极大转变，实现了蚕豆全程人工生产到全程机械化生产的质的飞跃（图 24）。

图 24 蚕豆育种岗位获奖成果证书

2. 育成的新品种

青海 13 号：2009 年通过青海省农作物品种审定委员会审定（青审豆 2009001），2014 年获农业农村部植物新品种保护权证（CNA20100355.5）（图 25），2017 年 12 月通过农业农村部登记［GDP 蚕豆（2017）630007］。百粒重 90g 左右；春性，早熟品种。

青蚕 14 号：2011 年通过青海省农作物品种审定委员会审定（青审豆 2011001），2017 年通过农业农村部登记［GDP 蚕豆（2017）630004］。百粒重 200g 以上。

青蚕 15 号：2013 年通过青海省农作物品种审定委员会审定（青审豆 2013001），2014 年获植物新品种保护权证（CNA20100355.5）（图 25），2017 年通过农业农村部登记［GDP 蚕豆（2017）630006］。百粒重 200g 以上。

草原 28 号：2011 年通过青海省农作物品种审定委员会审定（青审豆 2011002）。属于春性、中熟品种。矮秆。籽粒皱、麻粒，百粒重 30g 左右。

青豌 29 号：2012 年通过全国小宗粮豆技术鉴定委员会鉴定（国鉴品杂 2012009）。春性、中早熟品种，矮秆。干籽粒白色，圆形。百粒重 20g 左右。

图 25　蚕豆育种岗位获新品种权证书

3. 形成的技术或标准

研制了蚕豆相关技术规范 4 项，分别为青海 12 号蚕豆丰产栽培技术规范（DB63/T 761—2008）；蚕豆青海 13 号高效生产技术规范（DB63/T 1154—2012）；蚕豆覆膜栽培技术规范（DB63/T 1291—2014）；蚕豆机械化播种操作技术规程（DB63/T 1519—2016）。

4. 申请专利

申请发明专利 1 项：蚕豆叶片蛋白质组学分析的样品制备方法。

5. 人才培养

2 名团队成员晋升研究员，引进博士 2 名。岗位科学家刘玉皎研究员获得国家百千万人才工程，有突出贡献的中青年专家、享受国务院政府特殊津贴专家、全国优秀科技工作者、青海省优秀专家、青海省高端创新人才千人计划等专家、荣誉称号。

四、科技服务与技术培训

积极落实农业农村部提出的"农业科技促进年"、与基层推广体系改革建设示范县项目对接活动，开展农业科技培训。主要针对青海蚕豆豌豆产业发展的特点和技术需求，开展形式多样的科技人员和农民培训和田间现场技术服务与指导。2008—2017 年累计举办培训 75 场次，培训科技人员 592 人次和农民 3 995 人次。

2013—2015 年及时诊断蚕豆生产中的突发事件。团队成员及时与食用豆产业技术体系病虫防控室主任及岗位科学家沟通后，并经生物学鉴定和生化测定，最终确诊为前茬作物除草剂残留为害，主要成分"二氯吡哆酸和氨氯吡哆酸"。为青海省农牧厅提交建议报告 2 份，分别是关于前茬作物除草剂残留危害和加强合理轮体系建设，增加食用豆种植的规划建议。

五、对本领域或本区域产业发展的支撑作用

（一）蚕豆产业助推六盘山区精准扶贫

选育的新品种青海 13 号、青蚕 14 号等蚕豆产业成为六盘山区的青海互助、乐都、宁夏隆德等区域的优势产业。5 年累计推广 180 万亩，累计增加农民收入 16 200 万元。

（二）解决了蚕豆生产机械化和化学调控，进一步改变蚕豆生产方式

在国家食用豆产业技术体系和青海省蚕豆产业技术转化研发平台科技助推下，以青海 13 号为主体的高效生产技术集成示范，使蚕豆生产实现全程机械化，尤其在蚕豆机械化联合收割方面实现零的突破，使蚕豆生产成本大幅度降低、生产效率极大提高。在旱作农业区不断推广施肥、覆膜、点播一次性技术，将大幅度降低生产成本 300.0 元/亩以上，显著提高生产效率 30 倍以上。

（三）解决了旱作农业区蚕豆产业发展问题，进一步优化了区域布局

通过鉴定筛选出的青海 13 号、青海 12 号以及青蚕 14 号等品种与地膜覆盖种植技术集成示范后，有效扩大了干旱半干旱农业区蚕豆生产面积，促进蚕豆成为该生态区的优势主导产业之一，不仅增加了区域农牧民收入，而且促进土地用养结合，实现了减肥增效目标。

豌豆育种岗位

一、岗位简介

云南省农业科学院粮食作物研究所 2008 年加入国家食用豆产业技术体系，包世英研究员（图 26）为病虫害研究室/西南区病虫害防控岗位科学家。通过体系调整优化，本岗位先后变更为"十二五"期间的育种研究室/南方区蚕豌豆育种岗位和"十三五"起的遗传改良研究室/豌豆育种岗位。2008 年至"十二五"期间的岗位科学家为包世英，包世英于 2016 年 1 月因病去世；"十三五"期间，岗位科学家为何玉华（图 27），目前岗位有团队成员 8 名（图 28），其中，高职 4 人，中职 2 人，初职 2 人。通过 10 年体系项目的运作，目前岗位试验设施设备、研究团队等方面逐渐发展壮大，目前岗位拥有食用豆育种研究专用薄膜温室、玻璃温室、防虫网室合计 2 100m²，实验室 120m²，专属试验用地 75 亩，建立食用豆育种研究基地 2 个。

图 26　岗位科学家包世英

岗位科学家包世英：1962 年 2 月至 2016 年 1 月，学士学位，研究员，云南省技术创新人才，享受国务院特殊津贴。农业农村部小宗粮豆专家成员指导组、国家小宗粮豆品种鉴定委员会副主任等职务。先后主持国家及省部级科研项目 20 多项，以第一完成人获国家和省部级科技成果奖 8 项，其中国家一等奖 1 项、二等奖 1 项、三等奖 1 项，省一等奖 2 项、三等奖 3 项；发表科技论文 20 篇；育成经国家及省级审定品种 17 个；获国家植物新品种权 7 个。

岗位科学家何玉华：1978 年出生，硕士，副研究员，现任云南省农业科学院粮食作物研究所食用豆类遗传育种课题组负责人，农业农村部小宗粮豆专家指导组成员，云南省农作物品种审定委员会委员，云南省科技特派员。主持和参与执行科研项目共计 20 余项，获得云南省科技成进步奖 5 项，其中一等奖 1 项，二等奖 1 项，三等奖 3 项；获得国家植物新品种权 9 个；通过国家及省级审定、鉴定新品种 18 个；参与颁布地方标准 2 项。

图 27 岗位科学家何玉华

图 28 岗位团队成员

二、主要研发任务和重要进展

（一）主要研发任务

1. 西南区病虫害防控

区域内主要食用豆（蚕豆、豌豆、菜豆）病虫害发生、为害的调查，对严重制约的主要病虫害进行防控技术研究，开展防控技术培训、指导。

2. 南方蚕豌豆育种

抗病高产秋播蚕、豌豆种质创新与新品种选育及配套技术研究示范，包括国内外抗性优异种质的搜集与评价、抗性种质资源的创新研究、高产优质多抗新品种选育及示范。

3. 豌豆育种

食用豆高产多抗适宜机械化生产新品种选育、育种技术创新与新基因发掘。研究内容：优异种质引进与创新、品种选育、配套技术研究、适应性评价和在我国豌豆适宜区域进行新品种示范。

（二）重要进展

1. 西南区病虫害防控

开展区域内的病虫害研究工作，明确了我国西南及华中、华东地区冬季豆类（蚕豆、豌豆）病、虫发生的类型及地区差异性，研究结果指导上述食用豆产区的研究和生产工作，相关研究结果直接进入生产应用和示范；初步建立了食用豆病虫基础数据库；系统性开展优势区域豆类资源/品种的抗性评价并进行种质创新研究，研究形成的技术方法有力支撑体系后期相关工作的开展。

2. 南方蚕豌豆育种

联合四川、重庆、贵州、江苏、云南等南方秋播区蚕豆、豌豆主产区和消费区域各岗位及综合试验站，建立了系统、高效的蚕豌豆育种试验技术，专用品种的选育获得突破性进展，选育出包括云豆早7、云豆1183、云豌8等获得植物新品种权以及在主产区大面积推广应用的优良品种25个。相关科研成果获得3项省部级科技进步奖，其中一等奖1项，三等奖2项。

3. 豌豆育种

在前期研究工作的基础上开展豌豆抗性育种研究，建立了豌豆白粉病抗性育种技术体系，相关研究成果获得云南省科技进步奖二等奖；专用豌豆品种的选育及示范：育成包括获得植物新品种权的云豌1号在内的7个豌豆品种，系列专用豌豆新品种的大面积推广应用产生了巨大的经济效益和社会效益，在云南豌豆主产区新增利润1.02亿元/年。

三、标志性成果

（一）获奖成果

体系 10 年建设获得省部级奖励 4 项，其中省科技进步奖一等奖 1 项，二等奖 1 项，三等奖 2 项（图 29）。

图 29　豌豆育种岗位获奖成果证书

1. 豌豆种质资源收集评价创新与新品种选育及应用

针对我国豌豆主产区：地方资源和品种缺乏多样性，缺乏专用型豌豆品种，豌豆白粉病普遍流行为害严重问题，通过引进与收集相结合，构建了 6 849 份来自全球 68 个国家、类型齐全的豌豆种质资源库，并构建核心种质，创建了资源评价、混合群体资源纯化与育种目标结合的方法，选育出 7 个在株型结构、复叶类型、粒型、荚质、白粉病抗性等性状上表现优异的专用豌豆新品种，并对抗性新品种抗性基因进行发掘，获得 2 个抗白粉病新等位基因，构建了豌豆抗白粉病育种技术体系。育成新品种在云南省豌豆主产区 3 年累计推广面积 126.3 万亩，新增利润 2.9 亿元。育成生产推广应用的专用豌豆新品种 7 个。

2. 高产、高蛋白半无叶豌豆品种云豌 8 号选育

针对秋播豌豆产区种植品种多样，以传统地方品种为主，品种产量低、混杂、白粉病抗性差、产品商品性欠佳情况，选育出的半无叶豌豆新品种云豌 8 号蛋白质含量高、口感好、籽粒内含物品质突出、鲜销菜用及干籽粒饲用/加工性强。云豌 8 号干籽粒蛋白质含量高达 26.58%，属高蛋白豌豆品种；含有抗白粉病基因 *er1-1*，对白粉病表现高抗特性，品种研发很好地应对了生产和市场需求，成果应用获得了极显著的经济效益和社会效益。

3. 广适、优质蚕豆品种云豆 690 选育

适应性狭窄是蚕豆种质资源应用和引种种植的瓶颈，很大程度上限制了蚕豆作物经济价值的完整实现，云豆 690 在品种适应性改良中获得成功突破，同时以高产、优质为目标改良籽粒蛋白质含量（29.7%），提高其商品价值。在秋播蚕豆产区表现出较好的适应性和丰产性，成为第一个通过国家级审定（鉴定）的秋播粒用蚕豆新品种。云豆 690 具有广适应、高蛋白特性，其优异特性的改良较好地应对了市场、气候环境的变化需求，技术创新以及经济效益和社会效益显著。

4. 早熟高效蚕豆鲜销型品种云豆早 7 选育与应用

受蚕豆鲜食市场需求状况、经济价值、生产条件及生产规模的需求影响，早熟、耐热、优质鲜销蚕豆品种的改良研究具有极其良好的经济和农业生态应用前景，云豆早 7 的选育有力地促进蚕豆鲜销产业的发展，进而推进农业农村经济、技术进步，品种改良研究以选育早熟性为主要目的。该品种满足反季节鲜销菜用栽培对品种生育进程的要求，同时改良籽粒品质，提高商品率：播种到现蕾的天数<40d；粒形阔厚（籽粒厚度与出米率、吃味品质显著正相关）；株型紧凑（分枝角度<45°，增加茎秆硬度，提高栽培响应力）。

（二）育成的新品种

育成通过省级审定/登记蚕豆、豌豆新品种 16 个，获得植物新品种权 9 项（图 30）。其中云豌 1 号、云豌 18 号、云豌 23 号为鲜食专用型豌豆品种，属不同鲜食类型品种，云豌 1 号为无须鲜食茎叶类型，云豌 18 号为优质鲜食籽粒类型，具有耐储运、高蛋白质含量特性，云豌 23 号为半无叶软荚类型品种，是优异的鲜食嫩荚类型品种；云豌 8 号、云豌 21 号为干籽粒粒用类型品种，具有抗倒伏、高产、高抗白粉病、高蛋白质优异特点。上述豌豆品种在主产区的推广应用，2014—2016 年在云南省推广面积 126.3 万亩，新增利润 2.9 亿元。其中 2016 年推广面积 51.8 万亩，占

云南省豌豆总面积的 21%，新增利润 1.02 亿元；云豆早 7、云豆早 8 是早熟鲜食蚕豆品种，较普通品种比较，其鲜荚成熟时间提早 15~30d，其早熟特性较能有效缩短鲜食产品的上市时间，赢得更高的市场效益。云豆 1183 为抗锈病籽粒加工、外贸型小粒品种，该品种成功转育了抗锈病和小粒特性基因。云豆绿心 1 号、云豆绿心 2 号、云豆绿心 3 号、云豆绿心 4 号为子叶特异性粮菜兼用型品种，成功转育云南省特有"透心绿"资源的绿子叶基因，适宜进行鲜食和干籽粒加工使用，市场竞争力强，生产应用市场广阔。育成的蚕豆新品种近 3 年累计推广应用面积达到 262.56 万亩，平均增产率 22%，平均鲜荚新增产量 208.55kg/亩，累计新增产值 7.95 亿元。

育成的系列蚕豆、豌豆品种填补了云南蚕豌豆生产中专用品种的空白，有效地支撑了云南蚕豌豆产业的发展。

图 30　豌豆育种岗位获新品种权证书

（三）形成的技术或标准

1. 稻茬免耕蚕豆规模化种植技术

以西南水旱轮作区域蚕豆生产实际情况出发，在传统种植模式基础上进行技术创新形成的规范化高效种植技术，较传统模式降低用种量 50%，节本增效 230 元/亩。

2. 猕猴桃园套种鲜食豌豆栽培技术规程

针对云南省滇东北猕猴桃园主产区秋冬季节园地空闲的实际情况，以套作模式为基础，采取猕猴桃搭配鲜食豌豆品种生产方式，充分挖掘单位面积的经济收益，同时改良土壤，增加可持续生产，该技术规程可在猕猴桃生产园区新增加 1 200~2 100 元/亩的经济收益。该标准 2017 年成为曲靖市地方标准。

3. 鲜食豌豆云豌 18 号技术规程

以高效优质鲜食豌豆新品种云豌 18 号为依托，充分发掘云豌 18 号的生产潜力，与传统鲜食豌豆生产相比较，通过该技术规程规范化生产，亩节省用种量 30%~40%，每亩增加经济收益 100%~150%。该标准 2017 年正式成为曲靖市地方标准，并颁布实施。

（四）申请专利

1. 一种蚕豆闭花授粉方法及应用

本项目研究发现的"8137"花突变体材料，花器结构特殊，昆虫无法正常停留在花器上采蜜取粉，消除了昆虫在花朵间、植株花器间传导花粉而导致异交。

2. 短翼瓣型蚕豆材料的选育方法

通过研究发明了"470 花"并利用其特性通过系列技术手段解决了科研和生产中系列问题：一方面在蚕豆育种研究中能够快速纯合育种家所需的优异目标性状并长期将该性状保持；另一方面在生产应用中具有"470 花"材料的品种能够避免品种混杂和保持品种的生命力。

3. "云豆"商标注册

"云豆"是本岗位蚕豆育成品种"云南蚕豆"的简称,"云豆"商标是通过外观、名称设计,向国家工商行政管理总局商标局进行注册的商标,为蚕豆产业化的良性发展提供商业化支撑。

(五) 代表性论文、专著

在国内外学术刊物发表研究论文12篇,其中核心期刊5篇,SCI收录4篇,第一作者7篇。参与出版专著7部。论文《Collection of pea (Pisum sativum) and faba bean (Vicia faba) germplasm in Yunnan》和《云南省地方蚕豆种质资源形态学遗传多样性分析》系统性阐述了我国蚕豌豆资源的收集、鉴定和评价研究工作。与体系内栽培、病虫害岗位合作研究的论文《High-throughput novel microsatellite marker of faba bean via next generation sequencing》2012年发表于《BMC Genomics》《Genetic linkage map of Chinese native variety faba bean (Vicia faba L.) based on simple sequence repeat markers》2013年发表于《Plant Breeding》《High-Throughput Development of SSR Markers from Pea (Pisum sativum L.) Based on Next Generation Sequencing of a Purified Chinese Commercial Variety》2015年发表于《PLoS One》《Two major er1 alleles confer powdery mildew resistance in three pea cultivars bred in Yunnan Province》2016年发表于《The Crop Journal, Genetic diversity and differentiation of Acanthoscelides obtectus Say (Coleoptera: Bruchidae) populations in China》2016年发表于《Agricultural and Forest Entomology》。

(六) 人才培养

10年来,岗位科学家包世英先后获得云南省技术创新人才,云南省五一巾帼标兵等称号,享受国务院特殊津贴。何玉华获得硕士学位,4名团队成员晋升高级职称,3名团队成员晋升中级职称。

四、科技服务与技术培训

岗位科技服务:以公益性质面向体系内、上级主管部门、企业、种植者以及其他政府所属的科研机构提供咨询、建议报告、应急任务等内容。岗位建立至今按农业农村部全国农业技术推广服务中心工作安排按年度定期提供"粮食作物技术指导意见""粮食产业专家解读报告"科技服务文字报告内容;面向云南省及周边区域的社会科研机构、企业及个人以"三农通"专家答疑网络平台提供食用豆相关的各类科技咨询服务50余次/年;发放相关科技资料进行科技服务150余份(本)/年。

专题技术培训:专题报告(培训)和技术指导方式进行,促进了国内食用豆研究领域的学术交流、提升了我国蚕豌豆研究在国际上的知名度,面向主产区核心骨干、专业技术人员和农户进行技术培训和指导,室内培训和现场指导的方式进行,平均4次/年,岗位建设至今培训技术骨干、种植大户等2 200余人次。技术培训有效提升了科研人员业务技术技能，带动了蚕豌豆产业的快速健康发展。

五、对本领域或本区域产业发展的支撑作用

依托"西南区病虫害防控""南方蚕豌豆育种""豌豆育种"岗位，先后以云南省高原特色作物蚕豆、豌豆为重点，为滇黔桂石漠化区域、乌蒙山区、滇西边远山区打赢云南扶贫攻坚战、改善民生问题、解决区域性整体贫困、振兴乡村经济、推动云南高原特色农业发展方面发挥了积极作用，经过体系 10 年精心建设，岗位工作成果突出。

（一）支持产业发展

1. 岗位建设促进成果快速转化

云南省气候类型多样，垂直立体气候明显，岗位根据不同生态区域搭配不同豆类，在滇东北、滇南、滇西分别以蚕豆、豌豆、鹰嘴豆等建立了标准化、规模化的成果示范基地，该类基地的建立促进了体系成果的转化并推动区域食用豆产业的标准化发展。

2. 带动产业结构调整和产业链的形成

以云南省高原特色食用豆类为基础，在成果的示范转化中因地制宜发展食用豆类特色农业产业链，实现了蚕豆、豌豆、鹰嘴豆、芸豆及其他食用豆类的优化调整，围绕豌豆、蚕豆打造以云南为中心辐射周边的鲜食产业链，目前云南已经成为全国鲜食豌豆和蚕豆最大的生产和销售中心，年种植面积达 300 万亩，产值 1.5 亿元以上。

3. 岗位建设促成国内外协作网络为产业发展提供坚实的科技支撑

本岗位积极建立国内外协作网络，目前与国际机构建立长期协作关系，通过学术讲座和专题培训，全面提高云南食用豆类的研究水平和专业人员的业务技能。

（二）支撑扶贫攻坚

本岗位建设依托的蚕豆和豌豆作物的主要生产种植区域为山区，岗位的研究坚持把农民主体地位、增进农民福祉作为出发点和落脚点，结合"推进农业供给侧结构性改革，加快推进高原特色农业现代化，全面推进美丽宜居乡村建设，打赢脱贫攻坚战"等系列思想，在国家级贫困区域的滇西边境山区、乌蒙山区和滇桂黔石漠化区域，以发展"生产脱贫"方式加大工作力度，有效带动经济发展。

1. 滇西边境山区和乌蒙山区

工作重心由坝区"稻茬免耕"区域逐步向"山区间套作"区域转移，在山区大面积推广成熟的科研成果，如利用早熟蚕豆新品种云豆早 7 在山区发展"高原旱地蚕豆"间套作种植、反季种植、林下种植等模式，农户获得了 2 400~4 100 元/亩的收入，调动了高原山区农民的积极性、主动性和创造性。

2. 滇桂黔石漠化区

根据本区域冬春季节干旱少雨、农田大面积荒芜的情况，积极与国际协作网络开展合作研究，引入新型豆类种并进行示范推广和再创新，最终将耐旱品种鹰嘴豆机械化高效生

产种植模式在该区域推广使用，额外增加当地农户的经济收益，带动了农户生产种植的积极性，加快高原特色食用豆类产业现代化进程，从而实现"振兴乡村战略"目标。

3. 乌蒙山区

乌蒙山区是云南省食用豆类传统种植区域，通过岗位研发的高蛋白、早熟、抗病小粒蚕豆品种云豆1183成果在该区域示范推广，同时联合企业对示范成果进行转化，成功将农户和企业进行联合，贫困群众用自己的辛勤劳动来实现生产脱贫，提高脱贫攻坚成效。

栽培与土肥研究室

栽培生理岗位

一、岗位简介

栽培生理岗位于 2017 年正式建立建设，依托单位为黑龙江省农业科学院耕作栽培研究所，何宁研究员（图 31）任岗位科学家。目前该岗位有团队成员 6 名，其中，研究员 1 名，副研究员 2 名，助理研究员 3 名（图 32），可以进行食用豆的低温冷害抗逆筛选生理实验及抗寒资源指标评价。在黑龙江省农业科学院国家现代农业科技示范园区拥有固定试验地 40 亩，在黑龙江省大庆市林甸县、齐齐哈尔市拜泉县等地有示范基地 3 个，面积 100 余亩。

图 31　岗位科学家何宁

岗位科学家何宁：1966 年出生，研究员，博士。现任黑龙江省农业科学院科研处副处长（正处级）、联合国粮农组织国际黑土联盟理事、全球重要农业文化遗产专家委员会委员、日本红小豆研究会会员、黑龙江省耕作学会常务理事、黑龙江省作物学会理事、《黑龙江农业科学》杂志编委。毕业于日本国立岩手大学生物资源专业，一直从事食用豆的抗逆生理生化研究，先后主持了日本国家豆类基金课题、农业部 "948" 项目、科技部援助技术培训项目、人社部归国留学博士后项目、黑龙江省科技厅科技计划项目、黑龙江省人社厅留学优秀项目等课题。发表 SCI 论文多篇，获省、市级奖励成果 4 项，发明专利等多项。

图 32　岗位团队成员

二、主要研发任务和重要进展

（一）主要研发任务

重点任务：食用豆高产多抗适宜机械化种植管理的栽培技术；食用豆节本增效技术研究集成与应用；小豆抗逆生长发育及生理调控技术。

1. 适合机械化种植管理的栽培技术

开展不同栽培密度对小豆抗倒伏性及产量性状的影响。为小豆高产适宜机械化生产新品种选育提供可靠的栽培理论数据，实现小豆可持续生产栽培技术模式。

开花期喷施外源激素对小豆抗倒伏性及产量性状的影响，为高产适宜机械化生产提供有效的栽培技术及可靠的数据。

2. 节本增效技术研究集成与应用

植物活性营养剂（腐植酸）对小豆、芸豆初期叶面及根系生长发育的影响。

包衣对小豆出苗及苗期生长发育的影响。

不同生态环境下光温变化对小豆生态指标及产量的影响。

3. 小豆生长发育、生理调控技术

幼苗期低温胁迫下烯效唑对小豆生理活性及产量的调控效应。

幼苗期低温胁迫下脱落酸对小豆生理活性及产量的调控效应。

小豆生长发育及器官微观组织结构特征。

（二）重要进展

1. 明确了不同栽培密度对小豆抗倒伏性及产量性状的影响

针对不同的栽培密度影响小豆植株倒伏和产量的问题，选取了 4 个栽培品种、3 个栽培密度开展试验。结果显示，小豆的栽培密度以垄距60cm、株距20cm、一穴2~3株的标准为宜，既能保证产量，还可减少倒伏发生，如果播种粒数多，倒伏的发生率就会增加。虽然增加栽培密度有增产效果，但会导致分枝数减少，成熟期表现出提前的倾向。

2. 明确了开花期喷施外源激素对小豆抗倒伏性及产量性状的影响

在小豆关键生育期（开花期），通过喷施烯效唑（S3307）和外源脱落酸（ABA），开展了外源激素对小豆抗倒伏性和产量性状的影响研究。结果表明外源ABA能够影响小豆生长发育，其中以100mg/kg效果为最好，该浓度可以增加小豆茎粗，降低主茎长度，增加叶片鲜重和根系鲜重，并能显著提高小豆单株粒数。

3. 明确了生物肥—腐植酸可以促进小豆、芸豆苗期叶面生长及根系生长发育

为开展小豆绿色增产增效关键技术研究，实施了使用生物肥—腐植酸对食用豆生长的影响研究，得出腐植酸可促进小豆苗期根系生长加快，根系加长；芸豆苗期根系侧根生长增多，叶面增大。生物肥—腐植酸可促进食用豆生育初期的生长发育，为后期的生长发育奠定基础。

4. 明确了种衣剂包被影响小豆的出苗及苗期生育

针对小豆出苗弱、苗期生长力不强的问题，开展了不同包衣剂（20个处理）对小豆出苗及苗期生育的影响，得出"益佩威"包衣剂的效果较强，具有解除除草剂药害的功能，对小豆前期生育具有保护作用，效果较好。

5. 基本明确了黑龙江省小豆主栽区域不同生态环境对小豆生态指标及产量的影响

明确了始花期后的30d的气温条件是有效结荚和产量的关键要素。

明确了开花后至鼓粒期的日数越长（25~35d），籽粒越大。

不同光温条件对短日照小豆的生长发育有较大的影响。

6. 明确了植物生长调节剂烯效唑（S3307）和外源脱落酸（ABA）能有效缓解低温对小豆苗期的伤害

在实际生产中如遇低温预报预警，可提前喷施，降低低温伤害。

7. 明确了喷施调节剂缓解低温损伤的生理机制

通过提高内源ABA，降低生长素（IAA）和赤霉素（GA）水平，通过短暂的生长抑制，降低生长能量损耗，用于防御机制开启和运行；通过降低丙二醛（MDA）含量，降低膜脂过氧化伤害，有效提高脯氨酸和可溶性物质含量，维持细胞渗透调节能力；有效增强保护酶活性，抑制活性氧类物质生成和积累。

三、标志性成果

授权了国家发明专利1项：

何宁、冷春旭、曹大为等。一种红小豆抗寒性鉴定与评价的方法，ZL2017 1 0262023.3，2020年2月。

授权了国家实用新型专利 1 项：

李琬、项洪涛、何宁等。一种红小豆多层光照式保温培育装置，ZL2018 2 1815820.6，2019 年 7 月。

图 33 栽培生理岗位获国家发明专利证书

四、科技服务与技术培训

2017 年进入食用豆体系以来，主要在黑龙江省拜泉县开展科技扶贫服务和技术讲座，为当地种植户讲解食用豆种植过程中有关高产栽培及抗虫、抗病等实用技术。

黑龙江省拜泉县是小豆种植大县，现有小豆面积近 20 万亩。根据拜泉县农业情况，结合培训点土壤、气候、农机状况等，何宁研究员从小豆的生产种植、作物特性、功能特点、生长需求以及栽培管理等方面对种植户进行技术指导和技术培训，并提出了符合团结村的绿色高产栽培技术措施，以及配套的施肥耕作技术。

通过多次技术培训和田间实地考察，为当地小豆生产过程中如何提高产量和品质，提供了相应的栽培技术、品种选择、肥料运筹及田间管理方法。

五、对本领域或本区域产业发展的支撑作用

解决种植结构需要：黑龙江省作为农业大省，正深入推进"两大平原"现代农业改革试验，转变农业发展方式，调整种植结构，促进粮食增产增收，大力发展优质高效农业至关重要。小豆作为黑龙江省主要杂粮作物，具有增产潜力大、适于广泛种植、产业发展

前景广阔的特点，是全省调整种植结构的主要作物。目前黑龙江省小豆单产每亩不足 150 千克，低于国内平均产量，是发达国家的 1/2 水平。因此，黑龙江省小豆单产有很大的提升空间，完全可以通过项目的技术集成示范，加速科技创新、成果转化和技术推广，有效促进黑龙江省红小豆产量和质量的提高，从而降低生产成本，增加农民经济效益，发挥小豆在全省农作物种植中的"调结构"作用。

解决脱贫问题的有效途径：一直以来，黑龙江省小豆种植是拉动县域经济增长、促进农民增收的重要手段。比如宝清、林甸、龙江等小豆种植大县，在全国打出了地域经济优质品牌。但长期以来，黑龙江省多数小豆种植业户，靠天吃饭的种植习惯还普遍存在，种植方式单一、良种普及率低等现象较为突出，还没有有效解决"种得好"的根本问题。通过对示范栽培配套技术的应用和普及推广，引导农民科学调整种植结构，减少低端供给，改善长期以来黑龙江省栽培技术落后，田间管理粗放等制约全省小豆生产种植"不大不强"的状况，使小豆生产更加注重质量效益，真正实现促进农村发展、农业增效、农民增收效果。

推进小豆产业转型的重要保障：通过对小豆栽培技术的示范和推广，促进小豆产业链扩大延伸，共同探索推动种植业和加工业融合的小豆产业发展模式。其中，小豆种植作为小豆加工产业的基础，只有种植出高产高品质的小豆，才能保证小豆种植者和加工者的效益。

生态与土壤管理岗位

一、岗位简介

生态与土壤管理岗位于 2017 年正式建立建设，依托农业农村部环境保护监测所，王瑞刚（图 34）为岗位科学家，成立于 2017 年 7 月，团队现有固定人员 5 人，其中高级职称 3 人，中级职称 2 人，博士 3 人，硕士 1 人和本科 1 人（图 35）。现在湖南北山、河南新乡和广东韶关建立重金属低积累食用豆品种筛选和修复基地三个。

图 34　岗位科学家王瑞刚

岗位科学家王瑞刚：研究员，1979 年 12 月出生，2007 年毕业于北京林业大学，获理学博士学位（图 34）。主要从事农田重金属污染修复、植物逆境生理生化机理、全球气候变化与逆境生物学等方面的研究，主持国家重点研发任务课题（1 项）、国家自然科学基金（3 项）、天津市自然科学基金（1 项）等 10 余项，参加国家自然科学基金、"863"、农业农村部行业专项、"948" 等项目 10 余项。在国际知名杂志《Plant Physiol》《Journal of Hazardous Materials》《Plant Molecular Biology》《Tree Physiol》发表论文 40 余篇，SCI 收录 20 余篇，其中第一和通讯作者 9 篇；并在中国环境科学出版社出版 15 万字的专著一部。先后获北京市首届优秀博士学位论文奖，天津市 "131" 人才第一层次人选，中国农业科学院科研英才所级入选者，天津市科技进步二等奖。

图 35 岗位团队成员

二、主要研发任务和重要进展

（一）主要研发任务

一是食用豆生态与土壤环境状况调查：主要包括重金属和有机污染物（农残）、地力、农田生物多样性等。

二是重金属低累积品种筛选：重点开展 Cd、As 低累积食用豆品种筛选。

三是食用豆产地污染物阻控技术研发，重点针对土壤重金属、有机污染物阻控技术研发。

四是土壤改良和地力提升技术研发与示范。

五是食用豆与不同禾本科作物间套轮作模式下养分的动态变化规律研究。

六是集成技术的生态环境效益评估，建立对绿色增产增效技术模式的生态环境效益评估机制，重点评估土壤环境质量和生物多样性。

（二）重要进展

1. 土壤污染物阻控技术研发进展

通过查阅 CNKI 数据库，发现食用豆与重金属相关的文献一共 56 篇，其中绿豆 12 篇、小豆 1 篇、蚕豆 28 篇、豌豆 14 篇、芸豆 1 篇，其中蚕豆和豌豆是研究比较多的食用豆种。针对食用豆土壤污染物阻控技术的研究还比较少，需要进一步加强。

2. 生态与土壤环境状况、农产品质量调查

（1）环境状况调查

总共调查了 16 个试验站，154 个土壤样品，7 种重金属的含量，发现仅 Cd 含量超标，

超标个数为 11 个，超标率 7.14%（全国耕地的数据为 12.8%，最新农业农村部统计的数据）。主要集中在云南曲靖（6 个），安徽合肥（2 个），广西南宁（1 个），河南南阳（1 个），陕西榆林（1 个）；北方 2 个，南方 9 个。

（2）食用豆农产品质量调查（重金属）

总共调查了 6 个试验站，29 个样品，7 种重金属，获得有效数据 203 个。其中，Cr：超标 2 个，超标率 6.9%；Cd：超标 0 个，超标率 0%；Pb：超标 2 个，超标率 6.9%，超标点位置：云南曲靖。

三、标志性成果

王瑞刚，2017 年获天津市"131"人才第一层次人选；中国农业科学院科研英才所级入选者。

四、科技服务与技术培训

2017 年在广西都安县对 50 个左右的农户进行了绿色有机农产品种植的意义、所需环境条件及相关的种植技术培训，使培训的农户对绿色有机食用豆种植有了初步了解。

五、对本领域或本区域产业发展的支撑作用

生态与土壤管理岗位对食用豆产业体系的支撑作用，主要体系在如下几方面。

为食用豆的绿色可持续发展提供技术支撑。

为土壤退化区食用豆生产提供技术支撑。

为土壤污染区食用豆安全生产提供技术支撑。

通过在生产环境良好、生产方式绿色的偏远山区培训农民采用绿色和有机种植方式，提高单位面积食用豆的经济产值，增加农民收入，同时保护生态环境，发展乡村旅游。

水分生理与节水栽培岗位

一、岗位简介

国家食用豆产业技术体系水分生理与节水栽培岗位建立于 2008 年，依托单位为山西省农业科学院作物遗传研究所，岗位科学家为张耀文研究员（图 36），主要研究成员 6 人（图 37），其中研究员 1 名，助理研究员 2 名，研究实习员 3 名，主要负责食用豆类新品种选育及配套栽培技术研究等工作。参与合作单位 3 家，包括山西省农业科学院经济作物研究所、山西省农业科学院小麦研究所、山西省农业科学院右玉试验站。

"十一五"期间和"十二五"期间，岗位名称为华北区栽培与土肥。任务承担单位为山西省农业科学院作物科学研究所，岗位科学家为张耀文研究员，主要研究成员 9 人，其中研究员 1 名，副研究员 3 名，助理研究员 4 名，研究实习员 1 名。参与合作单位在"十一五"期间基础上增加山西农业大学。

"十三五"期间，岗位名称调整为水分生理与节水栽培。任务承担单位为山西省农业科学院作物科学研究所，岗位科学家为张耀文研究员，团队成员 4 人，其中研究员 1 名，副研究员 1 名，助理研究员 2 名。主要参与研究成员 19 人，研究员 6 名，副研究员 10 人。

岗位科学家张耀文：1964 年 9 月出生，1987 年毕业于山西农业大学农学系，获得农学学士学位。参加工作以来一直从事食用豆类遗传育种与栽培技术研究等工作，现任山西省农业科学院作物科学研究所副所长，中国作物学会小杂粮分会常委理事，山西省小杂粮学会副会长，山西省农作物品种审定委员会委员，山西省作物学会理事，山西大学、山西农业大学硕士研究生导师，山西农业大学新农村发展研究院研究员，山西大学生"互联网+农业"创业园专家，山西省小杂粮育种与栽培团队带头人，是山西省"333"人才。荣获山西省青年科技奖、山西省青年科学家称号，荣立三等功一次。先后育成食用豆新品种 8 个，制定山西省地方标准 3 项，获得省、部级奖励 7 项，发表论文 20 余篇，主编出版专著 5 部。

图 36　岗位科学家张耀文

图 37　岗位团队成员

二、主要研发任务和重要进展

（一）主要研发任务

1. 食用豆多抗专用新品种选育

利用杂交、辐射、诱变、分子标记辅助选择等手段，创制抗病、抗旱、抗逆、高产、结荚集中、商品性好，适宜机械化收获的抗豆象、抗细菌性疫病、抗根腐病的绿豆、小豆新种质，为育种提供基础材料；配制杂交组合，选育多抗、高产适宜机械化栽培、抗病绿豆、小豆新品系；同时进行新品种（种质）的稳定性、产量、抗性、品质及适应性等特性的鉴定与评价。

2. 食用豆绿色增产增效关键技术集成与示范

开展不同豆种蓄墒保苗、化学除草等精量播种与保苗技术，地膜覆盖、膜下滴灌等节水抗旱技术，减施化肥，增施根瘤菌肥技术研究。

3. 食用豆可持续生产关键技术研究

以抗旱节水、降低成本为目标，重点筛选绿豆、小豆抗旱节水品种，研究抗旱生理调节机制，研发节水关键技术，为西部旱区食用豆生产提供技术支撑，集成食用豆抗旱节水栽培技术并示范；在我国食用豆类主产区开展食用豆与不同作物（小麦、玉米、燕麦、马铃薯等）等种植轮作模式，比较不同模式下经济效益，初步建立适合不同产区与食用豆轮作的最佳作物及模式。

4. 食用豆生产全程机械化相关机械与技术研究

筛选并改进适宜绿豆全程机械化作业的机具及技术，并进行示范。

5. 系统调查山西省不同生态区、不同食用豆豆种豆象的种类和分布情况

分析豆象对食用豆产量和品质的为害；筛选抗豆象资源。

6. 负责食用豆肥料数据库的建设

共收集到食用豆类施用肥料信息 235 种。提供各类所需的基础数据信息。完成各种技术服务、应急性技术服务等。

（二）取得的重要进展

配置杂交组合 1 000 余份，升级后代 1 万余份，选育出一批多抗专用绿豆、小豆新品系材料，育成新品种晋绿豆 7 号、晋绿豆 8 号、晋小豆 5 号共 3 个。

收集、引进国内外绿豆、小豆、豌豆品种 300 余份，培育适宜机械化栽培、多抗专用新品系 10 余份。

晋绿豆 8 号、晋小豆 5 号、绿豆新品系 1009-2-5、小豆新品系 1 013 共 4 个品种参加了绿豆、小豆全国联合鉴定，在某些区域表现良好。

研究集成棉花—绿豆间作栽培技术、高寒区旱地绿豆高产栽培技术、复播绿豆硬茬直播栽培技术 3 项适宜不同生态区的高效栽培技术规程，并颁布实施。

三、标志性成果

（一）获奖成果

本岗位获得成果奖励 4 项，其中，中华农业科技奖一等奖 1 项，山西省科技进步二等奖 1 项，山西省农村技术承包一等奖 1 项、二等奖 1 项（图38）。

1. "红芸豆高产高效栽培技术"

在岢岚县推广了红芸豆 2 万亩，获 2015 山西省农村技术承包一等奖。通过良种良法高产高效栽培技术的应用推广，是全县 2 万亩红芸豆田的良种应用比例达 100%，配套栽培技术应用率达 100%；举办 20 次高产高效生产技术培训，并印发相关宣传材料，解答红芸豆生产中遇到的疑难问题。亩产比前三年平均亩产 120kg 增产 57.8kg，比对照田增产 21.5kg，比前三年平均产量总增产 115.6 万 kg，比对照田总增产 43.0 万 kg。按当时市场价格 8.4 元/kg 计算，项目比前三年总增值 961.6 万元，比对照田总增值 382.02 万元。

2. "抗豆象绿豆新品种晋绿豆 3 号、7 号的选育与应用"

获山西省科技进步二等奖。晋绿豆 3 号、7 号两品种突出优点是高产、优质、适应性广、抗豆象能力强，是目前国内极少数抗豆象品种，种植这两个品种每亩可为种植户直接增收 160 元，节支 50 元，不生虫，易储存，受到生产、贸易、加工等各环节的广泛认可，市场竞争力得到充分发挥，推广应用前景、市场前景非常广阔。2 个品种种植面积呈逐渐扩大的趋势，预计年可新增经济效益一亿元以上。

3. "旱地绿豆高产栽培技术"

获山西省农村技术承包二等奖。在怀仁县利用"机械覆膜播种、双株留苗、田间综合管理技术"等，有效推动了抗旱节水技术的应用，做到合理施肥，提高肥料利用率，保护生态环境，示范推广了 2 万亩。使绿豆亩增产 20kg 以上，项目区绿豆产量增加 40 万 kg，农民亩均增收 160 元。

图 38　水分生理与节水栽培岗位获奖成果证书

（二）育成的新品种

1. 晋绿豆 7 号

属中熟种，抗豆象能力优于晋绿豆 3 号、品质更优，适合我国绝大多数绿豆产区春播，麦后复播，已推广全省 9 个市、外省（市、区）8 个种植，目前为山西绿豆生产的主栽品种。未申请品种保护。

2. 晋绿豆 8 号

中熟种，生育期平均 82d。该品种适合我国绝大多数绿豆产区春播，麦后复播。目前为山西省绿豆生产的主栽品种。未申请品种保护。

3. 晋小豆 5 号

2012 年通过山西省农作物品种审定委员会审定，中早熟品种，抗旱，耐瘠，抗倒伏，耐病，具有较好的适应性。一般产量 110~150kg/亩。可在山西、河北、陕西、河南、山东等小豆产区种植。目前为山西省小豆生产的主栽品种。未申请品种保护。

（三）形成的技术或标准

1. "棉花—绿豆间作栽培技术"

通过选用适宜间作种植的绿豆、棉花品种，确定适宜播期、种植模式，田间综合管理，通过防控病虫害、及时收获等技术措施，亩增效益 100 元以上。

2. "高寒区旱地绿豆高产栽培技术"

选用覆膜播种机播种，膜宽 65cm，膜上行距 35~40cm，膜侧行距 60~65cm，株距 23~25cm，每亩 5 000 穴，深 3~4cm，每穴 3~5 粒，留双苗。每亩留苗 8 000~9 000 株。综合田间管理，及时收获。亩增收 15%~30%。

3. "复播绿豆硬茬直播栽培技术"

该项技术是在小麦收获后不进行任何耕作，不灌底墒水，直接在麦茬上播种的一项节水栽培技术。主要在山西省临汾、运城等地区推广应用，平均亩产达 123.6kg，最高亩产达 130kg，种植户亩收益超 1 000 元，示范推广效果非常好。

（四）授权专利

获得授权实用新型专利共 3 项：绿豆分选装置；一种预防绿豆根腐病的种子播种预处理；具有株距调节功能的食用豆点播装置。

（五）代表性论文、专著

本岗位共发表论文 24 篇；主编著作《小杂粮营养价值与综合利用》《食用豆高产栽培技术与综合利用》《小杂粮高产栽培技术与综合利用》3 部；制作出版高产栽培技术光盘影像资料《棉花绿豆间作种植技术》《高寒地区旱地绿豆地膜覆盖高产栽培技术》2 套。

（六）人才培养

张耀文研究员晋升为山西省农业科学院作物科学研究副所长、三级研究员。张春明、朱慧珺、高伟攻读并获得硕士学位；2 名团队成员晋升为副研究员、1 名成员晋升为研究员；培养硕士研究生 7 名。

四、科技服务与技术培训

十年来，本岗位及团队成员，深入生产一线，在备耕生产、关键农时、农闲季节等，通过现场指导、技术讲座、现场观摩等途径，对种植户与技术人员进行了技术培训和技术服务。据统计，本岗位举办培训共 36 次 1 506 余人，发放技术资料 2 000 余份，提供示范用种 2 万 kg。通过新品种新技术的示范应用与技术培训，提高了产量，改善了品质，取得了较好的示范效果。

五、对本领域或本区域产业发展的支撑作用

山西省朔州市右玉县、忻州静乐县、岢岚县、繁峙县，吕梁市岚县，太原市娄烦县、大同市阳高县一直是本岗位的定点扶贫地点，多年来一直提供优良的绿豆、小豆种子，组织开展栽培技术培训，共开展扶贫技术培训 18 次，累计培训人员 800 余人，免费发放技术资料万余份。根据贫困地区种植结构和劳动力资源制订扶贫方案，在丘陵旱地地区主要推广旱地绿豆地膜覆盖栽培技术，同时推广抗旱节水绿豆、小豆栽培技术，及绿豆、小豆与玉米间作栽培技术，绿豆、小麦轮作栽培技术，推广品种为晋绿豆 8 号和抗豆象绿豆品种晋绿豆 7 号。在太原市娄烦县扶贫中，推广的晋绿豆 8 号及旱地地膜覆盖技术增产效果明显，比当地对照增产 30kg，为农民增产、增收做出了贡献。

养分管理岗位

一、岗位简介

　　2008 年农业农村部建立国家食用豆产业技术体系，设立"南方区栽培与土肥"岗位，岗位依托中国农业科学院作物科学研究所，岗位科学家为宗绪晓研究员（图 39）。之后，随着体系研发任务的调整变化，岗位名称 2011 年变更为"雨润区栽培与土肥"、2016 年变更为"养分管理"。岗位团队先后由农学、土肥、植物学、栽培学与耕作学的 8 位科研骨干人员组成，其中包括高级职称 5 人、中级职称 3 人，此外先后有 8 位研究生和 8 名科研助理参与团队工作（图 40）。岗位团队现有试验示范基地 5 个，分别是中国农业科学院作物科学研究所院内及昌平实验基地（8 个试验温室约 2 亩），中国农业科学院作物科学研究所沽源试验基地（6 亩防虫网室和 19 亩试验田），辽宁辽阳试验示范基地（12 亩试验田）和山东枣庄山亭试验基地（12 亩试验田）。

图 39　岗位科学家宗绪晓

岗位科学家宗绪晓:农学博士，博士生导师，1964 年生，中国农业科学院作物科学研

图 40　岗位团队成员

究所研究员，食用豆类课题组组长；农业农村部小宗粮豆专家指导组副组长。主要从事豌豆、蚕豆等冷季豆类 SSR 和 SNP 等分子标记开发，抗冻、耐热、广适性、低异交率等种质资源评价筛选与品种选育，以及基于分子标记的抗性基因发掘与利用研究；全国食用豆类主产区土壤氮、磷、钾、有机质含量、酸碱度等分布规律研究，食用豆类根瘤菌的系统性收集、鉴定评价，"豆种—土壤—根瘤菌"相互关系研究，豌豆、蚕豆减施氮肥相关研究等养分管理研究工作。主持和参加了国家自然科学基金、现代农业产业技术体系建设专项、农业农村部作物种质资源保护、科技部资源平台等项目。

二、主要研发任务和重要进展

（一）主要研发任务

本岗位承担的体系主要研究内容包括：南方区食用豆主要种植模式调查集成与示范；抗冻豌豆、蚕豆资源筛选，豌豆抗冻标准制定及抗冻基因挖掘；豌豆、蚕豆 N、P、K 需肥量和配比研究；豌豆、蚕豆微量元素缺肥表型特征及鉴别研究；食用豆类产区土壤养分本底调查与研究；食用豆类产区根瘤菌采集与开发利用研究；豌豆、蚕豆减施氮肥相关研究。

（二）重要进展

一是组织南方区有关综合试验站完成了"蚕豆/玉米/红苕""果套豆（蚕豆豌豆）"

"鲜食蚕豆/棉花+甜瓜+鲜食大豆"等 7 套高综合收益模式集成与示范。与南通综合试验站合作，利用秋季 60d 的大田休闲期，将特早熟优质豌豆新品种"中秦 1 号"整合到当地反季节菜用豌豆产业创新模式中，经济和生态效益显著。与谷子高粱体系合作，在山东省枣庄市山亭区开展"豌豆（蚕豆）—谷子"一年两季作物轮作倒茬的高效节本增效生产模式探索，取得成功。

二是 2009—2016 年在青岛、莱阳、烟台、滨州完成了 3 700 份豌豆、4 100 份蚕豆资源的大田裸地多年多点全生育期越冬筛选。筛选出 48 份耐冷优异豌豆资源，发现 7 个与抗冻性紧密关联的稳定 SSR 标记；其中功能标记 EST1109 位于 LG-Ⅵ 上，预测与一种参与糖蛋白代谢的基因紧密关联，该代谢可有效应对寒冷压力，发现了豌豆一种新型抗冻机制，论文发表在《Scientific Reports》上。制定豌豆、蚕豆抗冻标准各 1 套。

三是豌豆 NPK 最佳施肥技术研究表明，每生产 100kg 豌豆干籽粒需吸收氮 4.35kg、磷 1.25kg、钾 2.46~3.23kg；氮：磷：钾 = 3.48：1：(1.97~2.48)。蚕豆 NPK 最佳施肥量研究表明，纯氮 0.296 4kg/亩、纯磷 4.318 3kg/亩、纯钾 6.703 3kg/亩时，蚕豆生物产量最大。

四是微量矿质营养元素缺乏对于蚕豆生长发育影响从大到小的排列顺序如下：空白对照>缺氮（N）>缺锌（Zn）>缺钴（Co）>缺铁（Fe）>缺硼（B）>缺铜（Cu）>缺锰（Mn）>缺钼（Mo）>缺碘（I）>全价营养；微量元素缺乏对于豌豆生长发育影响大小的排列顺序如下：空白对照>缺氮（N）>缺锰（Mn）>缺锌（Zn）>缺碘（I）>缺铁（Fe）>缺硼（B）>缺钼（Mo）>缺铜（Cu）>缺钴（Co）>全价营养。制定了判断豌豆、蚕豆缺素症的图像标准。

五是连续 4 年共完成食用豆产业体系 21 个综合试验站、4 个科学家岗位提供的我国 18 个省市自治区 150 个食用豆产区土样采集点的 481 份土样采集，以及上述土样的 pH 值、有机质含量、速效氮含量、速效磷含量、速效钾含量测定，对测定结果进行了详尽分析，部分结果整理论文发表在 Scientific Reports 上。

六是收集了 31 个省区市的食用豆类根瘤菌样品共 309 份并进行了分离提纯保存；收集到对应各根瘤样品的土样 303 份，对其进行 pH 值、有机质含量、速效氮含量、速效磷含量、速效钾含量测定。相关研究正在进行中。

七是与相关综合试验站合作开展蚕豆、豌豆、绿豆、小豆、芸豆减少氮素化肥施用量试验，确定在根瘤固氮正常的情况下，蚕豆、豌豆、绿豆化学氮肥施肥量在减少到生产中常用量的 40%~60% 时便可达到预期农艺目标，小豆也表现出减氮增效的相似趋势。

三、标志性成果

（一）获奖成果

获得省部级科技成果奖 6 项，包括北京市科学技术进步一等奖 1 项、山西省科技进步奖二等奖 1 项、中国植保学会科学技术奖二等奖 1 项、重庆市科学技术奖三等奖 1 项、云南省科学技术奖二等奖和三等奖各 1 项（图 41）。

图 41　养分管理岗位获奖成果证书

（二）育成的新品种

十年来，本团队育成新品种 6 个，为北方春播区豌豆生产提供了科技支撑。2010 年 3 月，半无叶株型高产豌豆新品种"科豌软荚 3 号"通过辽宁省新品种审定。2010 年 4 月，半无叶株型高产豌豆新品种"科豌 4 号"通过辽宁省新品种审定。2014 年 3 月，"科豌 5 号"（G866 系选）通过辽宁省非主要农作物品种备案委员会批准备案。2013 年 7 月，"科豌 6 号"（韩国超级甜豌豆×辽豌 4 号）通过辽宁省非主要农作物品种备案委员会批准备案。2016 年 4 月，"科豌 7 号"（国家种质资源库豌豆种质资源 G835 系选）通过辽宁省非主要农作物品种备案委员会批准备案。2016 年 4 月，"科豌 8 号"（国家种质资源库豌豆种质资源 G0006530 系选）通过辽宁省非主要农作物品种备案委员会批准备案。2018 年 11 月，特早熟干鲜籽粒兼用豌豆品种"中秦 1 号"，获得了农业农村部植物新品种保护权证书（图 42）。

图 42　养分管理岗位获新品种权证书

（三）形成的技术或标准

围绕蚕豆、豌豆、鹰嘴豆品种真实性鉴定工作，积极参与制定的两个农业农村部行业标准，《豌豆品种鉴定分子检测 SSR 分子标记法》《蚕豆品种鉴定分子检测 SSR 分子标记法》，已经完成验收，正处于报审颁布阶段。主持制定的农业农村部行业标准《鹰嘴豆品种鉴定分子检测 SSR 分子标记法》，正处于研究制定阶段。

（四）授权专利

申请并获批专利 4 项附表 7。一种蚕豆 SSR 指纹图谱的构建方法（专利号：ZL 201611062135.6）；豌豆耐寒相关 SSR 引物组合及其应用（专利号：ZL 2016 1 1266919.0）；一种豌豆 SSR 指纹图谱的构建方法（专利号：ZL 2016 1 1247537.3）；用于鉴定豌豆品种和纯度的核心 SSR 引物及试剂盒（专利号：ZL 2017 1 0831156.8）。

（五）代表性论文、专著

发表论文 68 篇附表 9、附表 10，其中 SCI 论文 24 篇，包括《Scientific Reports》《Frontiers in Plant Science》《Soil Biology & Biochemistry》《BMC Genomics》《BMC Plant Biology》等期刊。系统研究了蚕豆、豌豆等 SSR 分子标记的开发、遗传连锁图谱构建、蚕豆共生根瘤菌遗传多样性分析、全国食用豆土壤各营养元素含量分析等。

主编代表性中文专著 4 部，分别为《良种良法食用豆类栽培》（中国农业出版社，北京，2010 年 8 月第 1 版）、《豌豆生产技术》（北京教育出版社，北京，2016 年 5 月第 1 版）、《蚕豆生产技术》（北京教育出版社，北京，2016 年 5 月第 1 版）、《带您认识食用豆类作物》（中国农业科学技术出版社，北京，2019 年 1 月第 1 版）；参编代表性英文专著《Genetic and Genomic Resources of Grain Legume Improvement（Elsevier，2013）》《Broadening the Genetic Base of Grain Legumes（Springer，2014）》《Grain Legumes：Handbook for Plant Breeding（Springer，2015）》《Achieving Sustainable Cultivation of Grain Legumes，Volume 2：Improving Cultivation of Particular Grain Legumes（Burleigh Dodds Science Publishing，2018）》《Genomic Designing of Climate-Smart Pulse Crops（Springer，2019）》《Advances in Plant Breeding Strategies：Legumes（Springer，2019）》等 6 部，主编其中 2 个章节，参编其中 5 个章节。

（六）人才培养

团队成员杨涛 2013 年晋升为副研究员，2016 年聘为中国农业科学院研究生院硕士生导师；李玲 2017 年晋升为研究员；刘荣博士 2017 年加入本团队，晋升为助理研究员。2008—2018 年共培养毕业研究生 8 人。

四、科技服务与技术培训

参加了科技部农村司 2017 年组织的山西天镇县和 2018 年宁夏固原市的定点科技扶

贫，培训科技干部 200 多人。2015—2018 年，开展了云南省文山州鹰嘴豆产业化扶贫，并开拓了鲜食鹰嘴豆市场。2017—2019 年，与西藏自治区农牧科学院农业所合作，引入"中秦 1 号"，首创西藏自治区（以下简称西藏）3 月（除冬小麦、冬青稞以外）早春豌豆新模式，实测平均单株鲜荚 14.6 个，亩产青荚 1 740kg，培训基层科技人员 50 多名，对西藏地区实现"双减"保护生态，提质增效，绿色发展意义明显。2019 年，与重庆综合试验站合作，开展了重庆巫山县双龙镇深度贫困区科技扶贫，创新冬季果林间作"中秦 1 号"特早熟优质鲜食豌豆速效扶贫模式，10 月上旬播种，12 月下旬收青荚，亩增纯收入 2 400 元以上，并对几个村的 200 多种植户进行了现场培训。

五、对本领域或本区域产业发展的支撑作用

随着我国人民收入和消费逐步向发达国家水平逼近，膳食结构已由"吃得饱"转变为"吃的好"阶段，营养导向的食物多样化、营养品质、食味品质和低污染已成为消费追求目标，我国食用豆产业发展已经步入了从高产到兼顾高产与品质的阶段。筛选或培育商品品质、营养品质、食味品质和加工品种优良的食用豆类作物品种，探讨食用豆类作物产品优质形成的土壤生物学基础，建立食用豆类作物优质调控的栽培技术，研发食用豆类作物优质生产的技术规程，是对包括本岗位在内的食用豆类产业体系成员提出的重大需求。食用豆类作为非主要作物类别，与其他作物的轮作倒茬模式创新、根瘤菌及生物固氮研究利用、土壤养分管理方面的研究都非常薄弱。在国家食用豆产业技术体系的支持下，十年来在食用豆类轮作倒茬模式创新研究、食用豆类主产区土样肥力系统调查、根瘤菌系统收集和研究、土壤养分管理等方面的研究、配套创新栽培模式的豌豆新品种选育和推广利用都有了可喜进展，为种植业可持续发展、贫困区和特困区农民脱贫致富，为实现"藏粮于地、藏粮于技"和绿色可持续发展，从土壤养分管理角度提供了有力的科技支撑。

病虫草害防控研究室

病害防控岗位

一、岗位简介

2008 年农业部建立国家食用豆产业技术体系，设立"病虫害鉴定与防控"岗位，岗位依托中国农业科学院作物科学研究所，岗位科学家为朱振东研究员（图 43）。之后，随着体系任务的变化，岗位名称 2011 年变为"东北病虫害防控"、2017 年变为"病害防控"。岗位团队先后由 10 位植物病理或植物保护专业的科研骨干人员组成，其中包括高级职称 4 人、中级职称 2 人，此外先后有 10 位研究生和 8 名科研助理参加团队工作。

岗位科学家朱振东： 1965 年出生，中国农业科学院作物科学研究所研究员，博士生导师。1986 年毕业于华中农业大学植物保护系，获农学士学位；1989 年毕业于华中农业大学植物病理专业，获理学硕士学位；2003 年毕业于中国农业科学院研究生院生物化学与分子生物学专业，获理学博士学位。主要从事作物抗病新基因发掘、种质资源抗病性评价和抗性遗传多样性、植物病原菌遗传变异及分子检测、豆类病害鉴定及防治研究。迄今发表论文 160 篇，编著或参编著作 7 部，获得发明专利授权 6 项，获省级部级科技进步二等奖 2 项、三等奖 1 项。

图 43 岗位科学家朱振东

二、主要研发任务和重要进展

（一）主要研发任务

本岗位承担的体系主要研究内容包括：食用豆类病虫害调查与鉴定，食用豆类病害数据库建立，食用豆主要病害抗性资源和品种筛选，食用豆主要病害综合防控及绿色防控技术研究等。

（二）取得的重要进展

1. 食用豆病虫害研究取得显著进展

通过系统调查和研究，明确了我国主要食用豆类病虫害发生种类及各豆类重要病虫害。在国内或国际上发现和鉴定了一些新的豆类病害，如绿豆炭腐病、绿豆黄萎病、绿豆白绢病、绿豆晕疫病、绿豆疫霉病、绿豆灰霉病、小豆炭腐病。初步建立了食用豆类病害数据库。

2. 发掘一批食用豆类抗病资源，为抗病品种选育提供了抗源

开展了菜豆资源对普通细菌性疫病、菜豆枯萎病、菌核病和炭疽病的抗性鉴定，小豆品种（系）抗丝核菌根腐病、大豆孢囊线虫、白粉病和炭腐病鉴定，绿豆资源对枯萎病、白粉病和丝核菌根腐病的抗性鉴定，豌豆品种（系）抗白粉病、根腐病、枯萎病和黑斑病鉴定，发掘一批抗病资源。

3. 豆象综合防控技术研究取得重要进展

通过形态学和分子特征鉴定，发现主要为害我国食用豆的豆象有蚕豆象、豌豆象、绿豆象、四纹豆象和菜豆象，明确了5种豆象当前在我国的分布区域、为害情况、发生特点和寄主。解析了我国不同地理来源菜豆象群体的遗传关系，发现我国菜豆象明显分为两个类群，其中云南丘北、沾益盘江和西坪、昆明、文山4个群体与山东青岛、贵州大方群体为一类群，贵州毕节、海南乐东和吉林延吉群体为一类群。推测我国菜豆象两个最初入侵点为吉林延吉和云南文山，可能分别从朝鲜和越南传入我国。通过对绿豆象全基因组进行测序，开发获得了196对多态性SSR标记。在此基础上，用20个SSR标记对23个不同地点的绿豆象种群进行分析，发现我国绿豆象群体间和群体内都存在遗传变异，其中群体间遗传变异占总变异的23.3%，群体内遗传变异占76.7%，遗传变异主要来源于群体内，地理隔离对种群的遗传分化具有显著作用。基于SSR标记基因型数据，将23个绿豆象种群划分为4个遗传组群。建立了菜豆抗菜豆象鉴定方法，筛选出抗菜豆象资源。建立了蚕豆种质资源抗绿豆象鉴定评价方法并获得发明专利，筛选出一批绿豆、豌豆、蚕豆和菜豆类抗绿豆象资源。发现蚕豆和豌豆种子的颜色与抗性有关，褐色、麻褐色等深色种子的材料，其平均蛀孔数和被害率均显著低于黄色/绿色等浅色种子的材料。蚕豆和豌豆受绿豆象为害程度均与总酚、儿茶素及 γ-氨基丁酸含量呈显著负相关，与低聚糖含量呈显著正相关，推测蚕豆和豌豆对绿豆象的抗性由多种成分协同控制。

4. 菜豆普通细菌性疫病综合防控技术研究成效显著

明确了菜豆普通细菌性疫病病原菌及遗传变异。将我国发生的菜豆普通细菌性疫病菌鉴定为地毯草黄单胞菌菜豆变种（*Xanthomonas axonopodis* pv. *phaseoli*）和褐色黄单胞菌褐色亚种（*X. fuscans* subsp. *fuscans*），其中褐色黄单胞菌褐色亚种在中国属首次报道。研究了菜豆普通细菌性疫病菌在土壤和植株残体中的越冬能力，发现该病原菌在我国北纬45°地区土壤及植株残体中能够安全越冬，成为翌年病害发生的初次侵染源。评价了主产区菜豆品种（系）种子健康状况，发现我国一些菜豆主产区商业种植和研究用种子多数污染普通细菌性疫病菌。利用平皿抑菌圈法和含毒介质法测定了噻菌铜、农用链霉素、叶枯唑、可杀得和福美双对菜豆普通细菌性疫病病原菌的抑菌效果，发现72%农用链霉素的抑菌效果最好，抑菌中浓度（EC50）为 0.5mg/L，46.1%氢氧化铜水分散剂抑菌中浓度为 0.6mg/L，50%福美双可湿性粉剂抑菌中浓度 1.4mg/L。建立了 35%多克福种衣剂种子处理、72%农用硫酸链霉素可溶性粉剂和 50%福美双可湿性粉混合喷雾剂防治菜豆普通细菌性疫病及后期叶斑病防治技术，在多个试验站进行示范，增产 11.8%～122.3%，效果显著。

5. 豌豆白粉病研究获得突破性进展

鉴定了 1 500 多份豌豆资源对白粉病的抗性，在国内首次筛选出 250 多免疫或抗病资源。利用 4 个与豌豆抗白粉病基因 *er1* 连锁的 SCAR 标记对 102 份免疫或抗病资源进行基因型分析，鉴定 18 个标记基因型，其中 8 份来自中国云南的抗性资源分属 7 个标记基因型，明确了我国存在有效的豌豆白粉病抗源。对豌豆品种 X9002、须菜 1 号、G1778 和 DDR11 抗白粉病基因进行鉴定和分子作图。利用 SSR 标记将 4 品种的抗病基因均定位在豌豆连锁图谱 VI 连锁群，与 SSR 标记 AD60 和基因标记 c5DNAmet 连锁。进一步对 4 品种的 *PsMLO1* 基因 cDNA 序列进行测序发现 X9002 和须菜 1 号携带的抗白粉病基因为 *er1-2*，G1778 含有一个 *er1* 新的等位基因 *er1-6*，DDR-11 携带一个新的 *er1* 等位基因 *er1-7*。基于存在的 SNP 或 Indel，分别开发了 *er1-2*、*er1-6* 和 *er1-7* 基因功能标记 PsMLO1-650、SNP1121 和 InDel111-120。通过同源 *PsMLO1* 基因 cDNA 序列测序鉴定，发现云豌 8 号、Cooper 和 Tara 含有 *er1-1* 基因，云豌 21 号和 L1335 含有 *er1-2* 等位基因。

6. 明确了蚕豆赤斑病病原菌及其遗传多样性，为病害防治及抗性资源筛选奠定了基础

基于形态和分子特征将甘肃等 6 个省市的蚕豆赤斑病病原菌鉴定为蚕豆葡萄孢、灰葡萄孢和拟蚕豆葡萄孢。致病力测定表明，不同地理来源的 3 种病原菌分离物都存在致病力差异，但均以强致病力分离物为主。采用形态学观察、转座子检测、*Bc-hch* 基因序列 PCR-RFLP 分析、SSR 标记分析，对蚕豆赤斑病病原菌灰葡萄孢分离物的多样性进行研究，发现源于蚕豆的灰葡萄孢群体由灰葡萄孢类群 II 组成，分离物的菌落形态以菌核型为主，绝大多数分离物为转座子基因型，但转座子基因型分布明显存在地域差异。通过温室苗期接种和田间自然筛选两种方法鉴定了 157 份蚕豆资源对抗赤斑病抗性。综合苗期接种鉴定和田间自然发病鉴定结果，共筛选出 32 份中抗资源。

三、标志性成果

（一）获奖成果

1. "豌豆种质资源收集评价创新与新品种选育及应用"

2017 年获云南省科技进步二等奖。在该成果中，本岗位主要完成了豌豆资源抗白粉病评价，发现一批抗性资源并鉴定了豌豆抗白粉病基因。

2. "仓储绿豆象综合防控技术集成与示范"

2016 年获湖北省科技进步三等奖。在该成果中，本岗位参与完成了我国食用豆类豆象种类、分布及为害调查，查明了为害我国食用豆类的豆象种类有蚕豆象、豌豆象、绿豆象、四纹豆象和菜豆象，明确了这些豆象的分布区域、为害情况及其寄主。

（二）授权专利

"蚕豆对绿豆象抗性鉴定的方法"（ZL 2014 1 0041111.7）（图 44）

"四纹豆象的分子标记序列及检测方法"（ZL 2015 1 0587739.1）（图 44）

图 44　病害防控岗位获国家发明专利证书

共发表论文 35 篇，其中 SCI 论文 21 篇，包括 *Theoretical and Applied Genetics*，*International Journal of Molecular Sciences*，*Plant Disease*，*PloS ONE* 等期刊；编写专著 4 部，分别为《绿豆病虫害鉴定与防治手册》《食用豆类豆象鉴别与防控手册》《小豆生产技术》《普通菜豆生产技术》。

（三）人才培养

2008—2018 年共培养博士生 2 人，硕士生 6 人。

四、科技服务与技术培训

根据产业需求和生产上急需解决的问题，有针对性地开展病虫害鉴定和防治科技培训和技术服务。编写《绿豆病虫害鉴定与防治手册》《食用豆类豆象鉴别与防控手册》《芸豆（菜豆）病害鉴定及防治》《豌豆病害诊断系列》等实用技术手册，免费发放 5 000 余册，开展技术培训 20 余场次，培训各类技术人员 1 500 余人次。

五、对本领域或本区域产业发展的支撑作用

食用豆类作为一种非主要作物，病虫害研究非常薄弱。在国家食用豆产业技术体系的支持下，10 年来食用豆类病虫害研究在病虫害调查与鉴定、抗病虫资源筛选及抗性基因发掘与利用、病虫害绿色防控技术研发等方面都取得长足进展，为食用豆病虫害防治策略的制定、抗病品种选育及利用奠定了基础，极大地促进了食用豆病虫害防治从盲目防治到有的放矢、绿色高效防治的转变，有力地支撑了我国食用豆产业可持续发展。

虫害防控岗位

一、岗位简介

国家食用豆产业技术体系于 2008 年年底启动，万正煌研究员（图 45）被聘任为华中及华东区综合栽培岗位科学家，依托单位湖北省农业科学院。随着体系任务的变化，岗位名称 2011 年变为"华北华中病虫害防控"，2017 年变为"虫害防控"。岗位团队先后由 9 位植物保护等专业的科研骨干人员组成（图 46），其中包括高级职称 3 人，博士 3 人，中级职称 6 人。团队在武汉拥有核心试验基地 30 亩，湖北鄂州拥有高标准试验基地 60 亩，共建立固定试验示范基地 3 个，包括在湖北荆州与长江大学农学院共建基地 1 个，在湖北谷城县建立基地 1 个，与十堰市农业科学院在郧阳区共建扶贫基地 1 个。

岗位科学家万正煌：1972 年出生，湖北省农业科学院粮食作物研究所研究员。1995 年毕业于华中农业大学农学专业，获农学学士学位。近年来，主持并承担农业部食用豆产业技术体系岗位科学家项目、科技部国际合作项目、湖北省重大专项、湖北省国际合作项目、湖北省财政厅项目等多项科研项目；曾获国家科技进步一等奖 1 项。主持的项目"仓储绿豆象综合防控技术集成与示范"通过湖北省科技厅组织的专家鉴定，并获得 2016 年度湖北省科技进步三等奖。出版学术专著 3 部，授权国家发明专利 5 项，发表科研论文 30 多篇。作为第一选育人育成鄂绿 4 号、鄂绿 5 号，鄂蚕豆 1 号、鄂豌 1 号等多个食用豆新品种。

图 45　岗位科学家万正煌

图 46　岗位团队成员

二、主要研发任务和重要进展

（一）主要研发任务

本岗位承担的体系主要研究内容包括：多抗专用品种筛选；豆象综合防控技术研究与示范；绿豆尾孢菌叶斑病综合防控技术研究等。

（二）取得的重要进展

在对体系秋播蚕豌豆优良品种筛选的基础上，筛选出抗病、耐冷综合抗性好的蚕豆品种启豆 2 号和监利小蚕豆、豌豆品种云豌 21 号和云豌 8 号，并在示范基地进行了示范展示；利用国内优异种质，选育了抗病性好、高产、耐冷豌豆新品系鄂豌 1 号；选育了高抗赤斑病蚕豆品种鄂蚕豆 1 号，为湖北省审定的第一个蚕豆品种；对 38 份蚕豆资源进行田间抗蚜性鉴定，筛选出成胡 15 号等高抗蚕豆资源 4 份；通过对 49 份绿豆资源进行田间抗蚜性鉴定，筛选出中绿 8 号等高抗绿豆资源 8 份。

通过不同温度对绿豆象生长发育的测定，阐明了仓储绿豆象生长发育最适宜的温度，率先明确了物理防控仓储绿豆象的辐照致死剂量和极限温度及时间，制备并用于生产的植物源熏蒸片剂 1 种。集成了结合农业措施防控、物理防控和化学防控方法，集成了抗性品种、田间防控、低温防控、辐照防控和植物源及化学药剂熏蒸等防控技术手段的仓储绿豆象综合防控体系，并联合国家食用豆产业技术体系南阳、唐山、曲靖、重庆等 16 个综合试验站，在全国 51 个示范县开展大规模生产示范，将技术交付给当地农技部门推广应用。

分离纯化了绿豆尾孢菌叶斑病致病菌，并进行了分类鉴定，确定为变灰尾孢菌，进行致病性测定，筛选出强致病力菌株，建立了绿豆尾孢菌叶斑病室内鉴定方法，在对 144 份绿豆资源进行田间鉴定的基础上，进一步进行室内抗病性鉴定，筛选出高抗尾孢菌叶斑病绿豆品种 10 个，高感尾孢菌叶斑病品种 3 个。

制定了适宜不同产区绿豆尾孢菌叶斑病综合防控方案。主要包括：在对绿豆尾孢菌叶斑病的发病情况进行跟踪调查的基础上，确定绿豆尾孢菌叶斑病发生严重区域作为重点防控区域；选择适合当地种植并大面积推广的抗叶斑病品种；适当降低种植密度，减少绿豆倒伏，增加田间通透性；加强田间管理，有效控制杂草生长；在绿豆初花期使用 43% 戊唑醇悬浮剂 1 500 ~ 2 000 倍液进行喷雾处理，喷雾防治 1 次，喷药量 45kg/667m^2，在 2012—2014 年相关试验站的生产示范中，平均防控效果能达到 85% 以上。

三、标志性成果

（一）获奖成果

成果名称：仓储绿豆象综合防控技术集成与示范

获奖情况：2016 年湖北省科学技术三等奖（图 47）

成果介绍：本研究首次系统地对全国 25 个省市区的 198 个县（市、区）进行了绿豆象分布与为害调查，鉴定和定位了 5 个绿豆抗绿豆象基因，筛选出优异抗性资源或品种 65 份，阐明了仓储绿豆象生长发育最适宜的温度，率先明确了物理防控仓储绿豆象的辐照致死剂量和极限温度及时间，制备并用于生产的植物源熏蒸片剂 1 种。

项目形成的"仓储绿豆象综合防控技术"，结合农业措施防控、物理防控和化学防控方法，集成了抗性品种、田间防控、低温防控、辐照防控和植物源及化学药剂熏蒸等防控技术手段，并联合国家食用豆产业技术体系南阳、唐山、曲靖和重庆等 16 个综合试验站，在全国 51 个示范县开展大规模生产示范，将技术交付给当地农技部门推广应用。本项技术操作简便，安全高效，实际应用中综合防控效果显著，取得了较好社会、经济和生态效益。项目执行期间，公开发表研究论文 16 篇，其中 SCI 文章 5 篇，编著 2 部。申请国家发明专利 5 项，获得授权 3 项，颁布实施地方标准 1 项。科技培训基层农业技术人员和用户 2 100 人次，发放技术资料 1 万份（册）以上。技术应用普及率达到 85%，综合防控效果达到 90% 以上，在全国产区累计综合防控绿豆、蚕豆和豌豆等食用豆类 94.037 万 t，减少产量损失 8.419 万 t，增加社会经济效益 44 778.8 万元。

湖北省科技厅组织的专家鉴定委员会一致认为，项目"仓储绿豆象综合防控技术集成与示范"技术创新性突出，项目成果水平达到国际领先。

图47　虫害防控岗位获奖成果证书

（二）育成的新品种

育成绿豆、蚕豆和豌豆品种共4个。其中，鄂绿4号为湖北省第一个黑绿豆品种；鄂绿5号为优质抗绿豆尾孢菌叶斑病新品种；鄂蚕豆1号和鄂豌1号分别为湖北省第一个蚕豆和豌豆新品种。

（三）授权专利

已授权专利3项（图48）。

1. 一种利用低温防治仓储绿豆象的方法，专利号：ZL 2012 1 0534307. 0

简介：本发明公开了一种利用低温防治仓储绿豆象的方法，包括以下步骤：①将绿豆种子或商品在-5~0℃存放24~48h；②将经第①步处理后的绿豆种子或商品在-20~-15℃处理2~4h。本发明可有效防治仓储绿豆象，在保证食品安全、促进绿色储粮等方面有重要的指导价值和理论意义。

2. 绿豆尾孢菌叶斑病的抗病性快速鉴定方法，专利号：ZL 2014 1 0276784. 0

简介：本发明公开了一种绿豆尾孢菌叶斑病的抗病性快速鉴定方法，该方法为将绿豆种子进行表面消毒，将表面消毒后的绿豆种子点播到培养盘内；光照黑暗交替下培养，并定期观察绿豆苗生长情况；采集绿豆两叶一心期的叶片，清水洗净后放吸水纸上，并与吸水纸放入盒中保持湿润，在叶片上用牙签造成小伤口并接种6mm的菌饼，在温室条件下光照，观察其发病情况，本发明的鉴定体系是在培养室中观察发病情况。已有的观察和研究表明，病原菌的活动受到温度、光照等环境因素的影响。由于培养室的环境条件较稳定，加之本发明的鉴定体系本身是一个完全封闭的系统，使得鉴定结果的重复性和可靠性得到保证。

3. 鉴定或辅助鉴定仓储豆象的引物对及其试剂盒，专利号：ZL 2014 1 0717232. 9

简介：本发明所要解决的技术问题就是提供一种鉴定或辅助鉴定仓储豆象的引物对及其试剂盒，从分子水平对豆象进行种类鉴定，是一种高效、便捷的方法，对于采取有效的防治措施和检疫处理措施具有重要意义。本发明公开了一种鉴定或辅助鉴定仓储豆象的引物对及其试剂盒。本发明提供的引物对由 5 对引物对组成应用本发明所提供的试剂盒对仓储豆象进行种的鉴定，具有不受标本个体发育状态及样品完整性的影响，具有省时、高效、准确的优点。本发明可在粮食储藏部门和检疫部门广泛应用。

图 48　虫害防控岗位获国家发明专利证书

（四）代表性论文、专著

发表论文 20 篇。

（五）人才培养

岗位科学家万正煌获湖北省农业科学院领军人才培养对象，团队成员李莉、刘昌燕晋升为副研究员。

四、科技服务与技术培训

10 年来，本岗位及团队成员，深入生产一线，在备耕生产、关键农时等，通过现场指导、技术讲座、现场观摩等途径，对种植户与技术人员进行了技术培训和技术服务。累计推广相关技术 40 万亩，技术培训 40 余次，培训种植户及农技人员农民 2 000 名以上，发放技术资料 6 000 份以上。

五、对本领域或本区域产业发展的支撑作用

（一）扶贫

从"十三五"开始，团队主要在湖北十堰市秦巴山区深度贫困区开展扶贫工作，扶贫工作地点分别为竹山县擂鼓镇护驾村、郧阳区城关镇马场关村和郧阳区青曲镇周家洼村3 个村，联合十堰市农业科学院、郧阳区土圪垯专业合作社、竹山县栗地香生态种养专业合作社和湖北沛丰粮油股份有限公司进行。扶贫内容为开展绿豆、小豆、蚕豆绿色高效种植模式推广，提供优良品种和技术，结合生产进行技术指导，提供技术资料与咨询服务，联系企业回收产品，确保扶贫户增收。所取得的成效为分别在 1 个企业、2 家合作社、3 个贫困村开展了绿豆、小豆、蚕豆绿色高效种植模式生产示范与推广，共开展培训 5 次，培训基层农技人员和贫困户 80 人次以上，培养示范户 15 户，生产示范田块增产 30%，亩增加纯收入 100 元以上。

（二）产业发展

团队是植物保护岗位，主要进行食用豆主要病虫害绿色防控技术研究与示范，共研发出"仓储豆象综合防控技术"和"绿豆尾孢菌叶斑病综合防控技术" 2 套，并在体系相关综合试验站示范推广应用。研发的"仓储绿豆象综合防控技术集成与示范"，获得了2016 年度湖北省科技进步三等奖。本项技术联合体系相关综合试验站，在体系 51 个示范县进行大规模生产示范，并将技术交付给当地农技部门推广应用，取得了较好社会、经济和生态效益。截至 2016 年，本项技术应用普及率达到 85%，综合防控效果达到 90% 以上，在全国产区累计综合防控绿豆、蚕豆和豌豆等食用豆类 94.037 万 t，减少产量损失8.419 万 t，增加社会经济效益 44 778.8 万元。

草害防控岗位

一、岗位简介

甘肃省农业科学院作物研究所为食用豆产业技术体系建设依托单位，杨晓明研究员（图49）为西北区病虫害防控（2008—2016）和草害防控岗位科学家（2017—2020）。本岗位团队有研究人员5人，其中2名研究员，1名副研究员，2名助理研究员，先后培养博士研究生1人，硕士研究生7人。依托甘肃省农业科学院作物研究所在永登县上川镇建有100亩豌豆白粉病、蚕豆褐斑病、草害防控核心试验示范基地；在甘肃定西建有豌豆根腐病、豆象防控示范基地200亩；在临夏州掌子沟乡建有蚕豆象、根腐病防控示范基地200亩；在天祝县建有豌豆产业化示范基地；在陕西、甘肃、宁夏等食用豆主产区建有重大病虫害防控示范基地5个。

图49　岗位科学家杨晓明

岗位科学家杨晓明：1970年11月出生，甘肃静宁人，研究员，兰州大学理学博士，甘肃农业大学流动站博士后，甘肃省食用豆学科带头人，甘肃省第二层次领军人才，甘肃省第九届青年委员，甘肃农业大学硕士导师。主持完成国家和省市科研项目15项，获全国农牧渔业丰收一等奖1项，甘肃省科技进步二等奖2项，兰州市科技进步一等奖1项；2012年获甘肃省科普先进科技工作者。

图 50　岗位团队成员

二、主要研发任务和重要进展

（一）主要研发任务

主要研究内容是开展豌豆白粉病、豌豆象、蚕豆象和主要田间杂草发生与为害规律及防控技术研究；建立我国食用豆重大病虫害高效、可持续、符合绿色植保要求的病虫草害综合防控技术体系；创制和培育抗豌豆白粉病、抗豌豆象种质或品种；筛选高效杀虫、杀菌及除草新药剂；建立主要病虫草害发生、为害、防治技术数据库；协助首席及各功能研究室、试验站完成体系内其他相关研究工作；为本区域食用豆产业发展提供相关技术服务。

（二）取得的重要进展

1. 重大病虫害抗性种质创新工作得到加强

征集国内外豌豆资源 850 份，采用多年多生态区鉴定、室内接种和疫区自然感病鉴定，系统评价出白粉病、根腐病一批很好的抗性豌豆资源。鉴定出高抗白粉病豌豆材料 13 份。采用常规育种和碳离子辐照诱变手段，创制并选育出高抗白粉病豌豆品种陇豌 5 号等品种。

在豆象疫区开展了抗豆象种质的多年多生态区鉴定和抗性种质创制，筛选并鉴定出 8 份高抗豆象资源。通过农艺性状和抗性关系的分析，初步明晰了豆象抗性与豆荚表皮特征、豆荚大小、单宁含量等性状的关系。通过野生种豌豆和高感豆象品种杂交群体的研究，明晰了豆荚和子叶豆象抗性遗传规律。通过对野生种豌豆资源和携带豆象抗性基因

（*pwr*）豌豆品种 ATC113 的抗性表现比对，初步摸清了野生种豌豆抗豆象抗性机理和抗性基因来源。

抗病豌豆新品种育种工作再上新台阶。针对我国豌豆生产中种植品种倒伏烂秧、白粉病和根腐病抗性差的问题，调整传统旱地豌豆育种目标，开展适宜水地种植的高产、优质、矮秆、抗倒伏、抗病、专用型半无叶型豌豆育种，育成适宜我国西北灌区或二阴地区种植的豌豆品种 4 个。

2. 食用豆病害绿色防控技术研究和示范引领效果显著

在甘肃中部沿黄灌区和河西冷凉绿洲农业区以早熟、中抗白粉病品种陇豌 1 号、中豌 6 号为核心技术，开展了玉米套种豌豆种植模式示范和推广；在甘肃中部旱区开展了全膜双垄沟马铃薯套种陇豌 1 号种植模式示范。该种植模式对有效缓解豌豆根腐病、白粉病的发生和流行具有显著的效果。以临蚕 9 号为核心技术开展了双垄沟地膜蚕豆集水抗旱种植技术研究，该模式已成为临夏县、和政县抗旱节水种植蚕豆的主要模式，同时有效地缓解了蚕豆苗期立枯病和后期杂草的危害。通过不同种植套种豌豆试验示范研究表明，在甘肃中部旱区种植全膜双垄沟马铃薯套种豌豆，不仅有效的解决马铃薯连作障碍的问题，也可有效缓解豌豆田间杂草和豌豆白粉病的发生和流行。

3. 食用豆重要病害基础研究和综合防控技术工作得到提升

通过豌豆白粉病病原菌的研究，初步掌握了我国豌豆秋播区和春播白粉病种群分布、发生和为害规律。通过白粉病流行气象因子的研究，系统地探明了甘肃省中部地区豌豆白粉病早期预测预报和流行规律；通过对豌豆白粉病不同抗性品种接种前后的抗性防御酶活性变化及可溶性糖、可溶性蛋白和叶绿素含量变化的研究，从生理生化水平上阐明了豌豆白粉病不同抗性机理。通过对 X9002 抗性遗传分析及分子标记研究，从分子水平初步探明了 X9002 抗性机理。在田间综合防治豌豆白粉病方面制定综合防治技术规程。

完成西北区豆象种类、为害情况调查，重点对蚕豆象、豌豆象发生、流行、为害等情况的进行了系统研究，掌握了西北地区蚕豌豆象为害特性和发生规律；通过甘肃境内河西灌区、中部旱区、二阴地区不同产区蚕豌豆象为害和主要气象因子的研究，明晰了蚕豌豆象越冬和羽化规律；并制定了有效的豆象综合防控技术，通过示范和推广，豆象为害得到有效的控制。

4. 食用豆田间草害研究工作取得初步成效

通过开展不同生态区食用豆田间杂草调查、种群消长动态研究，初步明确了我国北方春绿豆、北方夏绿豆、南方夏绿豆、北方春蚕豆、南方秋蚕豆、北方春豌豆、南方秋豌豆、北方芸豆、西南芸豆田间草害发生和为害特点。通过不同生态区不同食用豆品种田间除草剂筛选试验，筛选出安全、高效、广谱除草剂品种；并通过田间除草剂为害特征的观察，初步明确了部分除草剂对食用豆类的危害症状和特征。

5. 食用豆产业基础数据平台建设取得成效

完成蚕豆、豌豆上使用的 12 种杀虫剂、21 种杀菌剂、10 种除草剂的数据库。设置病原名称、病原拉丁学名、病原分类地位、为害症状及标准图片、病原菌形态及标准照片、发生规律、经济重要性、防治措施、国内外研究进展、参考文献等 12 个数据库变量，对豌豆白粉病、枯萎病、锈病等 14 种病虫害数据库进行完善；完成豌豆、蚕豆、芸豆、小豆、绿豆田间除草剂数据库建设。

三、标志性成果

（一）获奖成果

成果名称：豌豆新品种陇豌 1 号选育及高产栽培技术示范推广（图 51）

图 51 草害防控岗位获奖成果证书

完成单位：甘肃省农业科学院作物研究所

项目完成人：杨晓明、杨发荣、王梅春、任瑞玉、陆建英、王翠玲、王昶、连荣芳、杨峰礼、李掌

成果简介：陇豌 1 号是我国西北地区豌豆抗倒伏和超高产育种的一个突破。早熟、花期集中、耐阴、矮秆、抗病、抗倒，很好地满足了水地轮作套种对豌豆品种的要求，有效地解决了水地豌豆种植倒伏烂秧的难题；抗病性突出，有效地缓解了甘肃中部豌豆根腐病及我国西南秋播区豌豆白粉病突出的问题。2008—2018 年，其推广和应用使我国豌豆单产和总产明显提高，新产区不断出现；在西北、西南地区的推广应用，使传统豌豆种植模式不断发生改变，将甘肃、宁夏、新疆、贵州豌豆单种模式发展到轮作套种，如甘肃河西灌区和中部沿黄灌区发展起来的玉米、油葵、幼林果树与豌豆套种，这些种植模式较传统种植模式经济效益显著增加；陇豌 1 号的示范推广，将豌豆传统种植区域由中部干旱区扩大到河西和沿黄灌区；适种区域不断扩大，可在甘肃、新疆、内蒙古、河北春播豌豆区种植，也可在云南、贵州、四川、湖北等秋播区种植，种植模式如贵州的烟草与豌豆套种。陇豌 1 号的示范推广将甘肃豌豆主产区由中部干旱产区扩大到中部灌区和河西灌区，将传

统豌豆单种种植模式发展到立体套种模式，推动了豌豆产业的快速发展，生态效益显著。

（二）育成的新品种

陇豌 3 号是加工青豌豆专用型豌豆品种，2012 年通过甘肃省品种认定委员会认定（甘认豆 2012002），原系代号 S3008，典型特征是子叶绿色，适宜加工青豌豆，产量和陇豌 1 号持平，显著缺点是易感白粉病。在临夏二阴地区亩产 331.6kg，比对照绿豌豆增产 16.7%；在定西干旱地区亩产 206.3kg，比对照定豌 1 号增产 5.6%。适宜在西北高寒阴湿区及中部半干旱有灌溉条件的地区种植。

陇豌 4 号是油炸专用型豌豆品种，2014 年通过甘肃省品种认定委员会认定（甘认豆 2014002），原系代号 GB09。典型特征是籽粒绿色、粒大呈马牙形，抗倒伏性极好，耐根腐病，甘肃省中部灌区亩产 305.9kg，高产可达 400～450kg，丰产性很好；在全国豌豆种植区均可种植，特别适宜在甘肃省高寒阴湿区及中西部有灌溉条件的豌豆产区种植，可与玉米、葵花、马铃薯等作物套种，缺点是易感白粉病。

陇豌 5 号是我国选育的首个半无叶型甜脆豆，也是目前我国唯一高抗白粉病的豌豆品种，2015 年通过甘肃省品种认定委员会认定（甘认豆 2015003），原系代号 X9002。农艺性状优良，直立生长，抗倒伏，生长势较强，鲜荚肥厚、甜脆可口，成熟时无贪青现象，整齐一致，可粮菜兼用；最大的优点是种植管理简便、节本增效，较传统的甜脆豆品种省去了人工搭架、吊线的工序，人工投入低。缺点是花期较短，采摘时间短，花荚期易受干热风的影响。

陇豌 6 号属广适、矮秆、高产、抗倒伏干豌豆品种，是目前甘肃省唯一通过国家认定的豌豆品种，2015 年认定（国鉴杂 2015035），该品种可秋播也可春播，广适性很好；耐根腐病、中抗白粉病、产量高、稳产性能好；株型紧凑，矮秆；春播区较对照增产 18.39%，冬播组区增产 12.75%。特别适宜在西北灌溉和年降水量在 350～500mm 的农业区种植。

（三）代表性论文、专著

在国际 SCI 期刊《Euphytica》《Biologia Plantarum》《作物学报》《草业学报》等刊物发表学术论文 28 篇，编著《黄土高原食用豆类》《豌豆生产技术》等专著 3 部。

（四）人才培养

2008—2018 年共培养硕士、博士和专业领军人才等不同层级人才 12 名。岗位科学家杨晓明为甘肃农业大学生命科学院硕士生导师，先后与甘肃农业大学草业学院博导李敏权教授联合培养硕士 2 名、博士生 1 名；与中国农业科学院作物科学研究所联合培养硕士生 3 名，与甘肃农业大学联合培育硕研究生 3 名。项目团队 2 人分别晋升副研究员和中级职称。

四、科技服务与技术培训

以体系研发的新成果陇豌 6 号、云豌 18 号等食用豆新品种为载体，以节本增效栽培技术、重点病虫草害防控技术为重点，找准产业发展需求，积极开展科技扶贫和助推产业发展。解决产业问题 20 多起，提供地方政府科技咨询报告 5 份，开展科技培训 40 期，受训农民 3 000 人次，提供食用豆新品种 5 个，配送食用豆良种 2 万 kg，提供重大病虫害防控技术 5 套，配送农药 50 件，开展成果示范 6 000 亩，帮助农民增收效果显著，科技扶贫深入人心，技术服务及时到位。通过科技培训和示范，农民种植食用豆科技水平得到显著提升，有力支撑了食用豆产业与农村经济稳步、快速、可持续发展。

五、对本领域或本区域产业发展的支撑作用

以食用豆新成果、新技术转化为抓手，充分发挥农民合作社、种植大户在科技成果转化中的示范带头作用，始终把培育食用豆产业、发展壮大产业、延伸产业链作为精准扶贫和助推产业发展的首要任务。以食用豆新成果为载体，找准产业发展需求，积极开展科技扶贫工作。先后深入六盘山区永登县、榆中县、静宁县、临夏、康乐县等贫困县区，积极为食用豆产业发展提供技术支撑，充分发挥了食用豆体系在扶贫攻坚中的示范带头作用。

生物防治与综合防控岗位

一、岗位简介

江苏省农业科学院 2008 年加入食用豆产业技术体系，承担遗传育种研究室/食用豆南方小豆与蚕豆育种岗位任务，岗位科学家陈新研究员（图52），"十二五"期间，岗位名称调整为：南方病虫害防控，"十三五"期间，岗位名称调整为：生物防治与综合防控。通过 10 年的运行，基础设施、创新平台、研究团队等得到了发展壮大。目前岗位有团队成员 16 名（图53），其中，研究员 1 名，副研究员 3 名，助理研究员 4 名，博士后 3 名，博士 1 名，硕士 4 名。拥有食用豆专用分子遗传实验室 100m²，实验设施良好，拥有开展分子生物学研究、组织培养研究等先进仪器设备。如 BECKMAN 低温高速离心机、Kodark 凝胶成像分析系统、PE-2400PCR 仪、REVCO 超低温冰箱、BECKMAN DU600 紫外分光光度计、超净工作台、无菌组培室等硬件设备。六合基地固定试验地 80 亩，专用温室 120m²，盐城中盛豆业有限公司、淮安丁集、南京江宁特色豆类等试验基地 6 个 200 余亩。

图 52　岗位科学家陈新

岗位科学家陈新： 1970 年 4 月生，分别获得南京农业大学和泰国农业大学博士学位，研究员。现任江苏省农业科学院经济作物研究所所长，豆类研究室主任。兼任江苏省农学会特粮特经委员会主任，江苏省园艺学会常务理事，江苏省农技推广协会特粮特经分会主任，江苏省农业科学院科协副主席等职务。任中国农业大学植物保护专业、南京农业大学植物学专业、扬州大学园艺与植物保护专业硕士研究生导师，澳大利亚莫道克大学、泰国农业大学兼职博士生导师。江苏省"333 高层次人才培养工程"第二层次培养对象，江苏省有突出贡献中青年专家，江苏省优秀科技工作者，江苏省农业科学院领军人才（图 53）。

图 53　岗位团队成员

二、主要研发任务和重要进展

（一）主要研发任务

1. 重点任务

（1）多抗专用品种筛选

收集我国南方传统地方品种、现代育成品种和国外引进品种。

（2）豆象综合防控技术研究与示范

在不同生态区开展豆象田间普查，并取样进行室内检测；抗豆象种质资源筛选，建立绿豆象抗性快速鉴定方法；初步建立豆象田间综合防控技术体系；

（3）蚕豆赤斑病综合防控技术

研究病害发生早期预警、生物菌剂筛选、诱导系统抗性、生物多样性等农业防治措施；研究开展不同生态区蚕豆品种对赤斑病抗性的田间鉴定；建立蚕豆抗赤斑病室内鉴定方法，开展防治赤斑病防控药剂的室内筛选。

2. 基础性工作

建立食用豆新品种数据库及遗传育种相关技术发展档案；对种植户、技术人员及科技人员等进行技术培训等；配合首席科学家、其他功能研究室、岗位科学家和综合试验站开展相关工作并提供有关数据信息等。

3. 应急性任务

监测本产业生产和市场变化，关注突发性事件和农业灾害事件，并提出应急预案和技术指导方案，完成农业农村部各相关司局临时交办的任务。

（二）取得的重要进展

1. 对 5 000 多份绿豆和小豆资源开展抗豆象筛选工作

得到苏抗 3 号等 8 个绿豆和 6 个小豆抗豆象资源。开展绿豆、小豆转录组测序，构建抗豆象 RIL 群体并获得 3 个抗豆象分子标记，在世界上首次精细定位绿豆抗豆象基因 $VrBR5$。

2. 通过抗豆象品种选育与田间生物药剂使用

建立了田间绿豆象综合防控技术体系。通过田间防治豆象试验证明，用 40% 辛硫磷乳油 500 倍液浸种 2h+40% 辛硫磷乳油 500 倍液喷雾、种子重量 0.3% 的 45% 马拉硫磷乳油浸种 2h＋种子重量 0.3% 的 45% 马拉硫磷乳油喷雾，相对防效分别达到了 100%、98.04%，防治效果最好。辛硫磷种浸种+喷雾防治田间绿豆象的效果最好。化学药剂不仅能有效地防治田间绿豆象，而且还能提高绿豆的单株结荚数、提高产量；相同药剂不同的施用方法防治效果不同，浸种+喷雾的效果最好，其次喷雾，只浸种的防效最差。绿豆象防治的原则是"以防为主，综合防治"。绿豆象的危害是从大田生产开始的，在绿豆结荚期，绿豆象产卵于幼嫩绿豆荚或豆粒上，幼虫钻入并蛀食豆粒，在豆粒内越冬，因此在大田内杀死豆象，是非常有效和经济的防治策略。另外可尽量选择抗豆象品种。绿豆象成虫具有迁徙性，应群防群治。

3. 获得抗豆象抗叶斑病苏抗 2 号、苏抗 3 号、苏绿 3 号等新品种并进行大面积示范

系列新品种对豆象抗性达到 85% 以上，对叶斑病抗性达到 80% 以上，系列品种的育成解决了以往单纯依靠药剂熏蒸的传统模式，减轻了生产季节与储藏期间豆象危害防控造成的农药残留及环境污染。

4. 成功研制豆象和叶斑病田间绿色防控技术

通过抗性品种的应用与田间仓贮技术相结合等技术的综合应用建立了食用豆绿色防控技术体系。通过在全国 8 个试验站不同绿色防控方法的多点鉴定，豆象田间防控以苦参碱、苏云金芽孢杆菌、印楝素等为最优，绿豆叶斑病生物防控药剂以多抗霉素、枯草芽孢杆菌、宁盾 1 号、丁子香酚等为较好生物防控药剂，平均防效在 70% 左右。通过以上方法研制出抗性品种+田间绿色防控等绿色防控技术体系。

5. 建立蚕豆赤斑病综合防控技术体系

形成了以大生 M-45 代森锰锌 80% 可湿性粉剂为主的化学防控和以枯草芽孢杆菌为主的生物防治技术各 1 套。在 8 个试验站进行大面积示范，防效 80% 以上，增产达 15.6%。示范面积 10 万亩以上，直接经济效益 2 000 万元以上。

三、标志性成果

（一）获奖成果

体系建立以来，作为国内第一申报单位获得国家国际合作奖 1 项，国家友谊奖 1 项，

江苏省国际合作奖 1 项、江苏省友谊奖 1 项，江苏省科学技术三等奖 1 项，江苏省农业科学院科学技术一等奖 1 项。相关奖励介绍如下。

1. 成果名称：食用豆新品种选育及高产高效栽培技术与产业化

获奖情况：江苏省科学技术三等奖。

成果介绍：育成系列食用豆新品种，绿豆品种苏绿 3 号、中绿 4 号等，小豆品种中红2 号、苏红 1 号，蚕豆品种通蚕 3 号、通蚕 5 号，豌豆品种苏豌 1 号。主要技术为绿豆和小豆一次性收获技术、间作套种栽培技术，蚕豆无公害高产高效立体套种栽培技术，豌豆垄作地膜覆盖栽培技术等（图 54）。

在江苏省内外建立繁殖基地 5 个，推广示范基地 19 个，生产基地 12 个，累计在省内外推广各种食用豆新品种近 220 万亩，年种植面积约为江苏省食用豆种植面积的 90% 左右，创经济效益 2.8 亿元，社会效益显著，为江苏省食用豆现代产业技术体系的发展和农民增收创造了一种新途径。

图 54　生物防治与综合防控岗位获奖成果证书

2. 成果名称：豆类及能源作物育种与栽培技术引进及相关产业化开发合作

主要完成单位：江苏省农业科学院，中国农业科学院作物科学研究所，安徽省农业科学院作物研究所等。

获奖情况：2014 年中华人民共和国国际科技合作奖。

成果介绍：从 1984 年至今，本单位与 Peerasak 教授进行了连续近 30 年的不间断合作，取得了显著的成果（图 55）。

联合申报国家自然科学基金、引智计划、海外科学家江苏发展项目等合作项目 22 项，获得批准立项 18 项，其中包括合作申请的国家自然科学基金面上项目、农业农村部 948 项目等。进行合作研究的累积投入经费达 883 万元。

合作促成召开多次国际会议，发表了多篇影响因子高的学术论文，其中不少论文填补了国内甚至是世界上该行业的空白，为双方研究水平的提高和在国际上的学术地位打下坚实基础。

图 55　生物防治与综合防控岗位获奖成果证书

合作建立非常紧密的研发机构，为双方多层次长久深入合作打开了方便之门。

合作引进了世界上绝无仅有的优异种质资源，中方利用以上资源育成了众多综合性状优良的新品种，新品种在综合性状方面非常突出，达到世界领先水平。

合作研究取得的新成果在生产上应用效果明显，取得了巨大的经济效益与社会效益。

利用泰方资源作为育种亲本育成了 20 个通过省级以上鉴定或审定的豆类作物新品种，以上新品种占据了我国绿豆种植面积的 50% 以上。获得的直接经济效益为 80 亿元，为外贸企业创汇近 8 亿美元，为农民增收 40 亿元，合计增收约 120 亿元。为我国食用豆现代产业技术体系的发展和农民增收创造了一种新途径。

（二）育成的新品种

育成通过省级以上鉴定新品种 26 个，包括绿豆 6 个、小豆 5 个、豇豆 7 个、四季豆 4 个，蚕豆、豌豆共 4 个。

（三）形成的技术或标准

制定标准 7 项，包括农业农村部批准发布的国家行业标准一项：植物新品种特异性、一致性和稳定性测试指南 绿豆（NY/T2350—2013）；江苏省地方标准 6 项，分别如下：苏豌 1 号 荷兰豆品种（DB32/T 2565—2013），苏扁 1 号 扁豆品种（DB32/T 2584—2013），苏红 1 号 红小豆品种（DB32/T 2586—2013），苏绿 2 号 绿豆品种（DB32/T 2588—2013），苏绿 5 号 绿豆品种（DB32/T 1492—2009），早豇 1 号 豇豆品种（DB32/T 1488—2009）。

（四）授权专利

获得授权专利 6 项（图 56）。

"一种半野生抗豆象小豆杂交获得抗豆象小豆"发明公开了一种创造抗豆象小豆新种质的方法。利用半野生小豆为媒介，用抗豆象饭豆与半野生小豆进行杂交，获得杂交 F1 代种子后再与常规小豆杂交后与该亲本多次回交，获得抗豆象的栽培小豆新种质。由于抗豆象特性来自于普通饭豆，本身不会引起有关转基因的安全性争论。

图 56 生物防治与综合防控岗位获国家发明专利证书

（五）代表性论文、专著

合计发表论文 54 篇，其中 SCI 论文 5 篇；编写专著 5 部。

其中，在国际期刊《Frontiers in Plant Science》（IF = 3.946）上在线发表了题为《Gene Mapping of a Mutant Mungbean（Vigna radiata L.）Using New Molecular Markers Suggests a Gene Encoding a YUC4-like Protein Regulates the Chasmogamous Flower Trait》的文章，明确绿豆花开张遗传为一对基因控制的隐性遗传，精细定位该基因于第六染色体上

277.1kb 范围内。在定位区间内找到一个与 YUCCA 同源的基因，有研究指出 YUCCA 家族与拟南芥花器官发育有关。通过测序发现，候选基因里存在一个 1bp 的缺失，并造成移码突变，这可能是使该基因功能出现变化并导致花器官变异的关键，并完成了国内第一个包含 73 个标记的绿豆遗传图谱。江苏省农业科学院为该论文的第一作者单位。上述研究成果的发表，是国内首次在自花授粉的作物中阐明花器官突变的原理，为豆科作物的杂交制种奠定理论基础。在国际期刊《Theoretical and Applied Genetics》（IF＝3.79）上发表题为《A gene encoding a polygalacturonase-inhibiting protein （PGIP） is a candidate gene for bruchid （Coleoptera：bruchidae） resistance in mungbean （Vigna radiata） 》的文章，克隆获得绿豆抗豆象基因 VrBR5，发现该基因由一对等位基因控制并为显性遗传，有一个抗豆象的主效QTL，可以解析该群体中 96% 以上的变异。

（六）人才培养

岗位科学家陈新研究员晋升为江苏省农业科学院经济作物研究所所长、二级研究员，获得江苏省 333 人才第二层次培养对象、江苏省优秀科技工作者、江苏省有突出贡献中青年专家称号、江苏省农业科学院领军人才培养对象；团队成员陈华涛、崔晓艳被评为江苏省农业科学院青年拔尖人才培养对象；张红梅、袁星星攻读在职博士学位；联合泰国农业大学、加拿大农业与农业食品部、英国诺丁汉特伦特大学培养博士后 5 名：陈景斌、吴官维、Chutintorn Yundaeng、林云、张晓艳；培养博士研究生 2 名，硕士研究生 16 名。

四、科技服务与技术培训

每年推广 5 万亩相关技术，驻点 200d 以上，技术培训 5~7 次，技术实训 12~16 次，会议观摩 2~4 次，培训农民 300 人次，发放技术资料 800 份。建立高效种植模式示范推广点 3 个，每个点推广规模 500 亩，累计年推广面积超过 1 500亩，亩增效 200 元。通过媒体宣传、农民培训、技术交流等方式推广相对成熟的绿色防控技术，提高技术到位率，转变农户过去依赖化学防治的病虫害防治观念，提升整个产业科学防控水平。

累计推广相关技术 40 万亩，驻点 2 000d 以上，技术培训 60 余次，培训农民 3 000名以上，发放技术资料 8 000 份以上。

五、对本领域或本区域产业发展的支撑作用

通过 10 年来的努力，本岗位在新品种选育、病虫害综合防控等方面成效显著。

通过抗豆象品种选育与田间生物药剂使用，建立了田间绿豆象综合防控技术体系。获得抗豆象抗叶斑病苏抗 2 号、苏抗 3 号、中绿 3 号等新品种并进行大面积示范，系列新品种对豆象抗性达到 85% 以上，对叶斑病抗性达到 80% 以上，系列品种的育成彻底解决了以往单纯依靠药剂熏蒸的传统模式，减轻了生产季节与储藏期间豆象为害防控造成的农药

残留及环境污染。成功研制豆象和叶斑病田间绿色防控技术，通过抗性品种的应用与田间仓贮技术相结合等技术的综合应用建立了食用豆绿色防控技术体系，平均防效在70%左右。

建立蚕豆赤斑病综合防控技术体系，形成了以大生M-45代森锰锌80%可湿性粉剂为主的化学防控和以枯草芽孢杆菌为主的生物防治技术各1套。防效80%以上，增产达15.6%。示范面积10万亩以上，直接经济效益2 000万元以上。

"豆类作物育种与栽培技术引进及相关产业化开发合作"通过与泰国农业大学及国内体系内相关岗站合作，创新绿豆花开张、雄性不育、抗豆象等各类优异资源，联合选育出南方地区第一个抗豆象绿豆品种苏绿2号等10个适合不同生态区的食用豆新品种，新品种亩新增效益200元，累计推广600万亩以上，新增经济效益16亿元，农民增收8亿元。

利用以上研发成果，在江苏省泗阳县国家扶贫区——成子湖扶贫区高渡镇及六塘河扶贫区里仁乡开展相关扶贫工作，扶贫内容为建立一次性收获绿豆苏绿6号及高产绿豆品种中绿5号和桃树套种示范基地，以及春季豌豆鲜食示范基地。免费发送农民225kg苏绿6号和150kg中绿5号种子，中豌6号、苏豌6号、4008种子各500kg，送各类技术资料和书籍1 600份，举办培训班2次。阶段性进展为分别建立了150亩苏绿6号示范基地和110亩中绿5号示范基地，春季豌豆采用中豌6号和苏豌6号及4008（甘肃品种），各建立了50亩示范基地。在所取得成效方面，150亩苏绿6号套种亩产量110kg，110亩中绿5号套种亩产量125kg，亩新增效益1 000元以上，合计新增经济效益26万元。150亩鲜食豌豆亩产鲜荚400kg，亩效益2 000元，合计经济效益30万元，以上两项合计为贫困户新增经济效益56万元，未计算种植豆科作物根瘤菌固氮所带来的生态效益。

机械化研究室

播种与田间管理机械化岗位

一、岗位简介

　　播种与田间管理机械化岗位于 2017 年 6 月正式建立，岗位依托于中国农业大学工学院，岗位科学家为杨丽教授（图 57），团队成员包括 1 名教授、2 名副教授、1 名实验员（图 58），此外还有 4 名博士生和 3 名硕士生参与团队研究工作。拥有精量播种实验室、播种质量检测试验台、高速播种质量检测仪等先进仪器。

图 57　岗位科学家杨丽

　　岗位科学家杨丽：2005 年毕业于中国农业大学，获工学博士学位。现为中国农业大学工学院教授，博士生导师，全国农机化科技创新专家组种植机械化专业组专家，中国农业工程学会副秘书长。长期从事农业机械化及自动化方面的研究工作，主持国家自然科学基金、公益性行业（农业）科研专项、"十二五"科技支撑、"十三五"重点研发计划等课题 10 余项，在作物高速精量播种技术及智能控制方面学术成就突出。相关研究成果发表 SCI/EI 论文 50 余篇，获国家发明专利 30 余项，获高等学校科学研究优秀成果奖科学技术进步奖二等奖 1 项。

图 58　岗位团队成员

二、主要研发任务和重要进展

（一）主要研发任务

1. 新品种机械化生产特性评价

对食用豆新品种机械化适播性能进行评价，筛选出适合机械化精量播种的食用豆品种。

2. 食用豆机械化生产技术研究集成与应用

针对不同豆种以及不同主产区，提出食用豆机械化播种与田间管理作业技术模式，进行机械化精量播种、中耕喷药技术集成与示范。

3. 食用豆精量播种技术研究及机具研制

研究食用豆专用精量排种技术与排种器，筛选、优化和研发适宜不同豆种、不同种植方式的食用豆精量播种机具。

4. 食用豆机械化植保技术研究与机具研制

研究药液精量喷施技术，筛选、优化和研发适宜不同种植方式的食用豆高效喷药机具。

（二）取得的重要进展

1. 积累了主要豆种种子基础数据

收集了绿豆、小豆、蚕豆、豌豆、普通菜豆五大豆种的食用豆种子 103 份，筛选出可供机械化精量播种的食用豆品种 65 份，并对各豆种籽粒的尺寸参数和物料特性进行了研究，积累了较为完善的基础数据。

2. 基于实验室台架试验

筛选出了适宜绿豆、小豆、豌豆、普通菜豆精量播种的排种器 2 种。在此基础上，研发了适宜东北垄作区和华北平作区的豆类精量播种机 2 种。

3. 针对食用豆种类较多、各豆种尺寸差异大导致现有排种器无法通用的问题

开发了适宜小豆、豌豆、普通菜豆三种豆种精量播种的通用型排种器 1 种。

4. 针对蚕豆种子尺寸较大、形状极不规则导致播种难度大的问题

开发了蚕豆精量排种器 1 种。

5. 针对小区播种时需要频繁更换品种的特点

研发了一种小型手推式食用豆小区播种机，能够较快地清种、换种，可以进行绿豆、小豆、豌豆、普通菜豆的小区播种。

三、标志性成果

（一）申请专利

1. 一种适用于不规则种子的排种器（2018 1 0008787.4）

提出采用勺夹机构来托住并夹持种子，避免充种不充分及携种过程中种子易掉落等问题，以提高对形状不规则种子的适应性。

2. 一种新型排种器种夹（2017 2 1706961.X）

提出采用可更换式种夹结构，根据不同豆种的尺寸参数设计一系列种夹，播种时根据需要进行更换，以适应多个豆种，提高通用性。

（二）人才培养

岗位科学家杨丽被推选为中国农业工程学会副秘书长，全国农机化科技创新专家组种植机械化专业组专家。团队成员张春龙晋升为副教授。

四、对本领域或本区域产业发展的支撑作用

目前我国食用豆的田间生产基本上处于人工作业阶段，劳动强度大、生产成本高、种植效益低。据调研，生产中使用的播种机大都在大豆、玉米、小麦等主粮作物播种机的基础上改装而来，或直接采用大豆、玉米、小麦播种机具进行播种，存在播种质量达不到农艺种植要求、良种浪费严重、产量低下等问题；收获机械尚处于空白。因此实现食用豆关键生产环节机械化，对降低生产成本、提高种植收益、促进农业增效、农民增收、助力老少边穷地区脱贫致富具有重要意义。

收获机械化岗位

一、岗位简介

国家食用豆产业技术体系收获机械化岗位于 2017 年正式建立，陈巧敏为岗位科学家（图59），依托单位农业农村部为南京农业机械化研究所特色经济作物生产装备工程技术中心，目前该岗位有团队成员 6 名，其中，研究员 2 名，助理研究员 4 名（博士 2 名，硕士 2 名）（图60）。团队成员长期从事特色经济作物机械化收获技术及装备开发工作，已取得多项科研成果，并得到了广泛推广应用。

岗位科学家陈巧敏：1963 年生，研究员，硕士生导师，现任农业农村部南京农业机械化研究所所长、党委副书记，兼任中国农业机械工业协会副会长、中国农机化协会副会长、江苏省农机工业协会副会长、江苏省农业机械安全协会副理事长、江苏省农业机械服务协会副理事长、中国农业机械工业协会旋耕机分会理事长、《农业开发与装备》主编、《中国农机化学报》主编。曾被评为江苏省青年科技标兵，入选中国农科院跨世纪科技开发与技术推广带头人、入选江苏省"333 高层次人才培养工程"培养对象（第三层次），获"南京市新长征突击手"称号。

图 59　岗位科学家陈巧敏

图 60 岗位团队成员

二、主要研发任务和重要进展

（一）主要研发任务

1. 食用豆机械化生产技术研究集成与应用

对食用豆新品种机械化收获特性进行评价，提出绿豆、小豆、芸豆、蚕豆和豌豆新品种适宜机械化收获的评价标准体系。鉴定筛选适宜于不同产区绿色增产增效生产模式的适宜机械化生产的绿豆、小豆、芸豆、蚕豆、豌豆等食用豆品种，提出不同豆种及不同区域食用豆机械化收获作业技术模式，进行不同豆种的机械化收获技术集成与示范。

2. 食用豆高效低损收获技术研究及机具研发

研究基于食用豆株系—机构交互作用下连续低损伤收获机理；根据不同豆种、不同地域生产模式特性，开发相应的食用豆分段及联合收获机具，研制集成制定我国食用豆机械化生产技术规程。

（二）重要进展

1. 积累基础实验数据

评价了启豆 2 号、通蚕鲜 6 号马牙蚕豆和中绿 5 号绿豆等食用豆的机械化收获特性，并对其籽粒损伤性能进行了研究，积累了较为完善的基础设计数据。

2. 重点针对蚕豆的机械化收获技术进行了研究

提出针对不同地域特征的分段收获及联合收获作业技术模式，并研制出适宜分段收获的蚕豆割晒机、脱粒机（5TC-130A 移动式双驱蚕豆脱粒机）（图 61、图 62）和适宜联合收割的作业机具（4DL-4B 全喂入式食用豆联合收割机）（图 63）。

图 61　5TC-130A 移动式双驱蚕豆脱粒机

图 62　蚕豆割晒机

图 63　4DL-4B 全喂入式食用豆联合收割机

三、标志性成果

（一）申请专利

1. 一种利用发动机余热进行谷物烘干的装置（2018 2 02738659）

提出一种设置在联合收割机上利用发动机余热进行谷物烘干的装置，从而有效提高谷物收获质量以及能源利用率，并有益于谷物收获后的储存和利用。

2. 一种具备二次拨禾功能的割台（2018 2 02398483）

通过结构改进，提出一种具备二次拨禾功能的割台，从而提高收获效率、保证收获质量。

3. 一种豆荚脱粒机（2019 2 1451127. X）

具备双动力输入，既可电机驱动进行脱粒作业，又可挂载拖拉机上利用拖拉机动力进行作业；筛网可根据不同豆种尺寸进行更换，适应不同品种的食用豆脱粒。

4. 一种食用豆联合收割机（2020 2 0034519. 2）

该联合收割机采用防堵低损割台、高效脱粒清选装置和低损输送系统，可有效降低食用豆联合收割中的损失率和破损率。

（二）人才培养

团队成员夏先飞2018年入选农业农村部南京农业机械化研究所"杰出骨干人才"。

团队成员梅松2018年考取东南大学机械工程学院机械工程博士专业。

四、对本领域或本区域产业发展的支撑作用

我国食用豆种类多、地域分散、种植模式多样，当前其机械化生产水平较为低下，与之对应的生产装备缺乏，特别是收获阶段，大都依靠人工割晒、脱粒和清选完成，作业强度大、生产成本高。目前食用豆的机械化收获机具大都为稻麦机具改装而来，适应性低、作业效果欠佳，我国创制的具有完全自主知识产权的食用豆专用收获装备几乎为空白。部分食用豆产区因机械化水平落后而出现了种植面积大幅萎缩的情况，极大地限制了相关产业的健康发展。

食用豆在老少边贫地区分布广泛，对解决老少边贫地区粮食安全和保障农民增收致富具有重要作用。开展食用豆高效机械化收获技术与装备研究，解决相应生产装备的供给侧难题，实现产业发展的提质增效，对实施乡村振兴战略中产业新旺和农业农村现代化具有重大意义。

加工研究室

鲜品加工岗位

一、岗位简介

　　鲜品加工岗位建设依托单位为中国农业大学。2008—2016 年岗位名称为"综合加工"，2017 年更名为"鲜品加工"岗位，岗位科学家为康玉凡教授（图 64），团队成员有中国农业大学食品科学与营养工程学院的薛文通，农学院的王若军、董学会，理学院的潘灿平，以及中国农业科学院农产品加工研究所的江均平等教授与专家（图 65）。本加工室拥有用于食用豆加工研究以及产品功能性分析的 500 余件各类实验仪器，如高效液相色谱仪、微波仪、超声仪、发芽机、人工气候箱等。

图 64　岗位科学家康玉凡

　　2016—2020 年，本团队主要开展食用豆鲜品加工研究工作，主要成员有薛文通、董学会、潘灿平、江均平。

　　岗位科学家康玉凡：1963 年出生，中国农业大学农学与生物技术学院教授、博士生导师；任中国农业大学芽菜研究中心主任、中国农业产业经济发展协会豆类芽菜产业分会副会长兼秘书长。曾先后主持和参加完成国家、省、市级科研项目 9 项，校企合作项目 4

图 65　岗位团队成员

项：承担国家食用豆现代产业技术体系项目，2009—2020 年；主持横向课题"家庭园艺
芽苗菜标准化科技示范课题"，2014—2015 年。

先后获教学成果等奖项 3 项，曾获省级科技进步奖、省科技星火二等奖、《中国核科
技报告》国际原子能机构交流证书、河南省青年自然科学优秀论文二等奖、校巾帼建功
标兵、班主任标兵称号等 9 项。

主编、副主编教材等 7 部，参编教材 2 部，先后发表学术论文 100 余篇，其中 SCI 论
文 12 篇，核心期刊论文约 70 篇。

二、主要研发任务和重要进展

（一）主要研发任务

"十二五"期间，本岗位的研发任务如下。

绿豆蛋白乳饮品精加工工艺技术。

绿豆小豆高效抗氧化品种筛选及活性成分鉴定技术，研制具有抗氧化功能的茶饮品。

绿豆红小豆品种蛋白酶抑制剂检测、纯化技术。

芸豆豆沙馅加工适应性评价技术。

食用豆加工产品的农药残留及安全性评价技术。包括即食用豆农药残留外推研究，豆
芽生产中激素类药剂控制使用技术，芽用原料豆储藏安全性与加工，豆芽加工工艺对农药
残留影响规律研究，豆沙、豆馅、糖化粒豆加工农药残留检测技术研究等。

本岗位"十三五"期间的主要研发任务：①鲜品保鲜与加工技术提升：开展工厂规

模化生产芽苗菜清洁、杀菌生产技术提升研究，芽苗菜、鲜蚕豆货架期延长技术，蚕豆、豌豆等新型芽苗菜加工技术研究；②新型方便营养健康食用豆制品研发：筛选具有特殊营养功能（富含高蛋白、高可溶性糖等）的专用品种，通过特定加工调控，开发包括富硒芽苗菜。

（二）取得的重要进展

1. "十一五"期间

2009 年 9—12 月，康玉凡等人于"郑州新农村豆芽厂"及北京通州建立绿色芽苗菜产品多元化研发基地，合作研发培育技术，初步建立豌豆苗高效生产技术规范 1 项、蚕豆苗高效生产技术利用规范 1 项。

2009 年 1—12 月，康玉凡、张力群等人开展豆芽的烂芽成因与生态防治研究，建立豆芽立枯病综合防治技术 1 项。

2009 年 7 月至 2010 年 7 月，康玉凡分别在江苏苏芽、郑州新农村、宁波五龙潭、北京东升方圆豆芽厂开展水资源循环利用研究，设计组装实验型水处理装置，于北京东升方圆开展豆芽厂循环水处理研究。

2009 年 7 月至 2010 年 7 月，薛文通制订河北廊坊占祥粮油食品有限公司标准《豆沙馅生产工艺通用规程》1 套；并在河北廊坊占祥粮油食品有限公司产品生产管理中应用。

国家发布 GB 22556—2008《豆芽卫生标准》，于 2008 年 12 月 3 日批准，2009—06—01 实施。康玉凡为主要起草人之一。本标准的附录—导则中明确了工厂化豆芽生产加工卫生规则，在北京、宁波、杭州、郑州等大中城市豆芽厂推广。

2. "十二五"期间

2011 年，收集整理绿豆、小豆、芸豆等食用豆品种材料计 105 份，进行豆芽、苗菜、豆沙馅、糖化颗粒豆等加工特性综合分析评价研究，筛选专用芽菜用型品种材料计 19 个；建立芽菜用品种材料试验基地 1 个，建立豆沙型专用小豆绿豆优良品种的生产试验示范基地 1 个；开发产品保健蚕豆芽和抗氧化小豆茶、绿豆茶产品 3 个，建立配套加工技术 2 项。

2012 年，开展乙烯对绿豆幼苗主根伸长及侧根生长中的调控作用研究，开发 6-苄基嘌呤、赤霉酸等的 LC 检测方法，鉴定"豆芽安全生产与质量控制关键技术"和"豆芽行业生产管理规范"2 项；形成"工厂化豆芽安全卫生生产控制技术"1 项，并进行成果转化。研发高抗氧化性多彩豆芽产品 2 个。

2013 年，建立完善"绿豆芽保质耐贮工艺技术"1 项。开展不同豌豆分离蛋白制品的理化特性与蛋白组分研究，筛选出富硒豌豆蛋白加工特性最优产品 1 个；在此基础上作为第一发明人申请发明专利 3 项；开发豌豆蛋白饮料 3 种，并批次生产。开展绿豆、小豆功能饮品及工艺研究，研发豆衣袋泡茶产品 1 个，小豆纳豆产品 1 个。

2014 年，开展不同品种蚕豆蛋白、淀粉的提取及其加工功能特性研究，筛选出适用于提取蛋白的蚕豆品种 3 个，适用于提取淀粉的蚕豆品种 3 个，建立蚕豆蛋白提取及功能特性研究技术 1 项。对不同品种蚕豆中的原花青素含量进行功能特性及生物学效应研究，筛选出适用于提取原花青素的蚕豆品种 3 个，建立原花青素提取技术 1 项。开展不同食用豆类品种材料膳食纤维提取及功能特性评价研究，完善建立食用豆膳食纤维提取及功能特性评价技术 1 项，筛选出功能特性优异品种 4 个，研发蚕豆、小豆、绿豆膳食纤维面包 3 个。开展豌豆氧化淀粉制备工艺研究，建立豌豆氧化淀粉最佳工艺技术 1 项。

2015 年，开展绿豆芽保鲜效应的研究，优化绿豆芽保鲜工艺条件，建立豆芽保质耐贮性评价指标体系，研发乙烯绿豆芽保质耐贮综合新技术 1 项。开展速溶豌豆全粉的产品开发及加工功能特性的研究，建立速溶豌豆全粉最佳加工工艺 1 项。

3. "十三五"期间

2016 年：获得北京市农业技术推广奖 1 项——《家庭园艺芽苗菜标准化生产科技示范》；建立了蚕豆降血压肽的复合酶解法制备技术，获得了蚕豆降血压肽产品，并利用 HPLC-MS 对其进行了成分鉴定；利用蚕豆降血压肽的复合酶解法制备技术，分离纯化了另一种蚕豆活性多肽，抗氧化肽通过酶解和葡聚糖凝胶层析得到了富集；成功试制了食用豆饼干，不需要添加膨松剂，食用安全，酥脆可口；开发了芸豆淀粉、蛋白、淀粉酶抑制剂综合生产技术，食用豆的价值显著提高；建立了豌豆粉的生产技术，通过品质改良和感官评价获得了复配产品的最佳原料配比；建立了蚕豆皮低聚原花青素制备技术，并利用 HPLC 和 UPLC-Qtof 系统对其进行了成分鉴定。

2017 年：筛选食用豆鲜品加工品种云豌 18 号、靖豌 2 号，凤豆 21 号，靖蚕 06-15 品种 4 个；食用豆鲜豆、鲜品豆荚加工产品（萌芽食用豆膨化产品）：筛选出云豌 18 号、靖豌 2 号，凤豆 21 号，靖蚕 06-15 品种的青豆荚，采用冻干、微波、远红外技术进行加工，获得了口感酥脆的青豌豆、青蚕豆、豇豆香酥即食产品；食用豆鲜品加工技术研发：冻干、微波、远红外技术加工即食产品；富硒保健型豆苗菜的生产及保鲜技术：实验室条件下分别筛选出 15mg/kg 喷洒浓度与浸种浓度 30mg/kg 下的绿豆芽生长指标、营养物质以及抗氧化酶活性、抗氧化活性整体表现效果最优。在工厂条件下，分别筛选出 20mg/kg 作为泡豆的最适处理浓度，30mg/kg 作为喷洒的最适浓度。

三、标志性成果

（一）获奖成果

项目名称：蜜渍豆糖液真空恒温浓缩技术

本成果应用领域为蜜渍类食品生产加工领域。基本原理就是利用液体的沸点随着大气压力降低而降低的原理，使糖液在 60℃ 就沸腾蒸发，同时利用双对流技术，增大液体受热面积和液体的表面积，提高液体会发速率，提高生产效率。避免因超过糖熔点而出现的焦化现象，提高产品质量。糖液无焦化可以重复利用，降低生产成本，提高产品品质。本成果通过了河北省技术成果鉴定，共整体技术达到国际先进水平。

家庭园艺芽苗菜标准化生产科技示范：该成果获得 2016 年北京市农业技术推广奖三等奖，是由中国农业大学与北京绿山谷芽菜有限责任公司共同获得。

（二）形成的技术或标准

2011 年，江均平研究得到高效清除自由基的豆茶制作工艺、研发了高抗氧化小豆茶；康玉凡开发了多彩保健豆芽的加工工艺技术、蚕豆花茶及其制备方法。

2012 年，薛文通研究开发了蜜渍豆糖液真空恒温浓缩技术。

2013 年，王若军研究了小白杏全果仁豌豆蛋白饮料及其制作方法、核桃全果仁豌豆蛋白饮料及其制作方法、巴旦姆全果仁豌豆蛋白饮料其制作方法，薛文通研制了红小豆纤维饼干。

2014 年，康玉凡研制了蚕豆膳食纤维面包。

2016 年，江均平开发了无膨松剂鲜绿豆饼干；康玉凡研制了红豆秘制麻花；薛文通研发小豆降血糖产品（固体饮料）、小豆咀嚼片。

2017 年，江均平开发了鲜荚豌豆膨化食品。

（三）授权专利

获准专利有：一种蚕豆花茶及其制备方法（2012 年）、一种小白杏全果仁豌豆蛋白饮料及其制作方法（2013 年）、一种核桃全果仁豌豆蛋白饮料及其制作方法（2013 年）。2012 年公布的专利有：一种制备豆芽食品的方法、一种酸甜糖渍食用豆及其制作方法、一种有助于清除自由基的豆衣益生茶及其制作方法；2013 年公布的专利有：一种种子发芽装置及应用其检测豆类发芽性状的方法、一种巴旦姆全果仁豌豆蛋白饮料机其制作方法、一种豆类淀粉、蛋白及胰蛋白酶抑制剂浓缩物联产技术、一种保持蚕豆花左旋多巴含量的快速干燥和贮存方法（图 66）。

图 66　鲜品加工岗位获国家发明专利证书

（四）代表性论文、专著

主编、副主编教材等 2 部，先后发表学术论文 40 余篇，其中 SCI 论文 9 篇，核心期刊论文约 34 篇。

（五）人才培养

近十年培养人才 39 名，其中博士后 1 名，博士 4 名，硕士 33 名，技术骨干 2 名，毕业研究生就业于全国各省企事业单位，从事教学、科研、农业等领域，为社会进步与发展贡献力量。

四、科技服务与技术培训

2009 年 7 月 8 日于北京中苑宾馆组织展开"中国农业产业经济发展协会豆类芽菜产业分会成立大会"；7 月 9 日于北京东升方圆公司组织召开"国家食用豆现代产业技术体系芽菜产业发展研讨座谈会"；8 月 10 日于中国农业大学组织召开"国家食用豆现代产业技术体系–中加豆类作物研究交流会"；10 月 13 日于通辽新世纪大酒店召开"东北原料基地考察座谈会"。

2010 年 12 月下旬组织体系有关专家赴山东青岛、招远考察淀粉粉丝加工业的发展状况、现代规模化豌豆淀粉粉丝加工工艺等；召开"我国豌豆产业化发展研讨会"。

2011 年 4 月 11 日赴廊坊占祥召开"绿豆豆沙品质的感官评价研讨会"；4 月 24 日于中国农业大学召开"芽菜添加剂规范性使用专题研讨会"；10 月 11 日筹备召开"中国农业产业经济发展协会豆类芽菜产业分会 2011 年第二届年会"，12 月 9 日组织召开"国家食用豆产业技术体系综合加工岗位 2011 年度工作总结暨研讨会"会议。

2011 年综合加工岗位科学家围绕食用豆加工及其产业发展，积极开展技术服务及培训工作，累计培训 843 人次；其中，从培训对象来看，岗位科学家 22 人次、技术人员 733 人次、农民 88 人次。

2012 年针对食用豆三大产品加工企业的技术需求，采用深入生产基地、集中培训及咨询等方式，培养技术骨干 42 人；培训及电讯咨询技术人员 169 人次，培训甘肃酒泉作物种子从业人员 623 人，累计 847 人次。

2013 年开展产业体系对接企业的技术指导与培训，组织并培训食用豆加工技术人员，累计 1 331 人次。具体如下。

4 月，涿州豆沙加工技术及产品研发。

7 月，宁波五龙潭乙烯技术工艺技术指导与服务；洛阳、郑州新农村清水生产豆芽技术咨询与服务；徐州宏建公司豆芽卫生安全生产技术咨询与服务；成都安德豆芽泡菜加工技术指导与咨询。

8 月，健源食品豌豆蛋白功能性改进技术培训；北京大道农业芽菜工艺优化技术指导与咨询。

9月，乙烯生物学效应及应用技术规程培训；新疆红满疆食品有限公司豌豆分离蛋白饮品开发、中试及技术培训。

10月，潍坊科华机生豆芽高效安全生产技术培训。

2014年对国内外芽菜生产企业的咨询与培训，深入基层进行规模化技术管理人员培训，累计626人次。

2015年开展产业体系对接企业的技术指导、咨询与培训，组织并培训食用豆加工技术人员，累计745人次。具体如下。

2015年3月20日，河北清苑小豆加工新技术。

2015年4月27日，南京芽苗菜种植技术培训。

2015年5月3日，北京主食加工技术及标准化。

2015年6月24日，北京家庭园艺芽苗菜种植技术培训。

2015年7月14日，河北保定市食用豆产业加工技术及发展现状。

2015年9月16日，北京怀柔鑫正源豆芽技术及标准研讨会。

2015年10月2日，北京新产品开发与原材料综合利用技术。

2015年10月24日，北京现代规模化豆芽生产技术研究及保鲜发展趋势（184人）。

2015年11月15日，北京家庭园艺芽苗菜种植技术培训。

2016年，协办《全国主食加工示范企业培训会》，累计培训人员200人次。

五、对本领域或本区域产业发展的支撑作用

2008—2017年，岗位致力于调研食用豆加产业动态信息和生产中的突发性问题，共提交调研报告10份，产业发展动态12份。完成农业农村部交办的各类临时性的应急任务，随时开展各种调研活动和信息采集任务，并向相关部门及时提交报告。根据生产中出现的各类突发性问题，及时提出切实可行的建议与措施方案。追踪食用豆加工产业中出现的国内外新情况、新动向，及时提出对策建议。通过与体系内各岗位科学家的联合协作攻关，保证了体系相关研发工作的顺利开展。

依托体系平台和技术优势，鄂尔多斯市东胜区休闲观光农业调研，安排研究生进行暑期社会实践活动，主要针对偏远、贫困落后的地区进行农业生产方面的技术指导以及义务支教。

食用豆加工与综合利用岗位

一、岗位简介

食用豆加工与综合利用岗位建立于 2017 年。岗位入统人数 5 人（1+4）；周素梅（研究员、岗位科学家）（图 67）、佟立涛（副研究员、骨干）、刘丽娅（副研究员、骨干）、王丽丽（助理研究员、骨干）、周闲容（助理研究员、科辅）。另有合同制员工 3 名，博士研究生 5 名（其中留学生 2 名）（图 68），硕士研究生 11 名。本岗位拥有专业实验室面积 220m²，HPLC、GPC、RVA、发酵流变仪、凝胶电泳仪、实验磨粉机等仪器设备 120 余台（套），价值 450 余万元。另依托研究所中试车间面积 1 800m²，拥有制粉、提取、饮料、发酵及干燥等中试生产线 5 条，成果转化示范企业 5 个。

图 67　岗位科学家周素梅

图 68　岗位团队成员

岗位科学家周素梅：1971 年出生，食品科学工学博士，研究员、博士生导师，中国农业科学院国家创新工程"谷物加工与品质调控"团队首席，九三学社北京市农林委委员，农业农村部农产品加工专家委员会成员、农产品加工行业监测预警项目粮食加工领域负责专家，中国粮油学会理事、食品分会副秘书长。长期从事粮食精深加工研究，主持/参与国家、省部级科研项目 20 余项，获省部院及社会科技成果奖励 7 项，授权国家发明专利 20 余项，主持制订农业行业标准 4 项，发表学术论文 130 余篇，与企业合作开发上市产品 20 余种。

二、主要研发任务和重要进展

（一）主要研发任务

1. 重点任务

对豆沙、粉丝、蜜豆、豆粉等传统制品开展以节能、减排为目标的技术装备升级；利用传统食用豆加工副产物（皮、渣、粕等）开展高值化加工相关技术装备研发；筛选具有特殊营养功能（富含抗性淀粉、植物化学物质、膳食纤维等）的专用品种，开发包括低 GI 指数、辅助降血压、降血脂等功能的食用豆特膳主食、方便食品（饮品）等营养健康新产品。

2. 基础性工作

构建食用豆加工技术与标准数据库；对加工企业、技术人员及科技人员等进行技术培训；配合首席科学家、其他功能研究室、岗位科学家和综合试验站开展研究工作并提供相关数据信息等。

3. 应急性任务

监测食用豆产业加工和市场变化，关注突发性事件和农业灾害事件，并提出应急预案和技术指导方案，完成农业农村部各相关司局临时交办的任务。

（二）取得的重要进展

1. 食用豆传统制品加工技术提升

重点改进了传统红小豆豆沙加工技术及装备。在传统豆沙加工煮豆、洗沙、炒沙工艺的基础上，针对产业节水、节能、减排等现实要求，另为提升产品品质、减轻豆皮粗糙感及提高干燥效率，引进两道湿法粉碎（粗—细）、板框压滤、粉体闪蒸干燥等技术装备，最终生产出高膳食纤维、高蛋白、低糖（无糖）、长货架期豆沙粉新产品。

2. 方便营养健康食用豆制品创新

以绿豆、红小豆等食用豆为主要原料，复配了菊花、枸杞、仙草、甜叶菊、老姜以及红糖等药食同源食材，兼顾产品的营养功效与感官风味，创新开发出食用豆系列植物萃取饮料——三豆饮、绿豆百合汁、红豆薏米饮等，相关产品在黑龙江、湖南等地的企业获得转化。另开发出低糖浸渍型甜纳豆（小豆、绿豆、芸豆）休闲产品、纯豆粉（芸豆、绿豆）曲奇产品。

三、获得的标志性成果

（一）获奖成果

近年来，本岗位共获得省部级及行业协会成果奖励4项，其中省科技进步一等奖1项，中国粮油学会二等奖2项、三等奖1项（图69）。其中"食用豆系列新产品研发与产业化应用"（中国粮油学会三等奖，2013，排名第一）针对我国传统食用豆加工技术落后、新产品研发滞后等问题，遵循"天然、健康、方便、无添加、少废弃、全利用"等产品创新研发理念，采用现代先进食品加工技术及科学配方，创新研发出绿豆饮品、绿豆营养粉、红小豆沙全粉以及红小豆浆挂面等四大类产品。其中绿豆饮品、红小豆沙全粉和红小豆浆挂面填补了国内外市场空白。相关研究成果对于促进我国杂粮加工业技术升级改造、满足消费者对营养健康食品的需求，提高杂粮加工企业经济与环境效益具有积极意义。

（二）形成的技术或标准

食用豆制粉绿色减排加工技术：本技术属于农产品加工或绿色制造领域。针对以绿豆为代表的我国粮食传统湿法制粉加工存在的高水耗、能耗及废水排放问题，采用较低水分下的半干法调质—干法粉碎加工技术，有效解决了湿法工艺的废水排放和环境污染问题，同时改善传统干法加工带来的破损淀粉过高，后续加工产品品质低下等问题。

图 69　食用豆加工与综合利用岗位获奖成果证书

（三）授权专利

前期作为主要完成人申请国家发明专利 8 项，已授权 5 项，代表性专利（图 70）如下：一种速溶三豆复合营养粉及其制备方法（ZL 2011 1 0026118.811），排名第一；一种豆衣凉茶及其制备方法（ZL 2011 1 0030142.9），排名第一；一种三豆清凉饮料及其制备方法（ZL 2011 1 0030145.2），排名第二；一种提取抗氧化绿豆多糖的方法（ZL 2011 1 0203090.0），排名第二；冷冻荞麦豆皮及其生产方法（ZL 2013 1 0624411.3），排名第一。

图70 食用豆加工与综合利用岗位获国家发明专利证书

（四）代表性论文、专著

本岗位近年来发表食用豆相关研究论文6篇，其中SCI收录1篇，核心期刊论文5篇。其中论文《Extraction and radicals scavenging activity of polysaccharides with microwave extraction from mung bean hulls》2012年发表在《International Journal of Biological Macromolecules》（IF 3.671），涉及利用绿豆加工副产物（豆皮）提取其中的功能性多糖。

另参与编写著作2本，其中包括负责编写了"食用豆产品加工技术与健康食品开发"（绿豆、红小豆篇）文字材料。

（五）人才培养

近年来本岗位科学家获得了农业农村部创新优秀创新团队奖、中国农业科学院"巾帼建功"标兵、"第三届全国优秀粮油科技工作者"等荣誉称号。团队成员佟立涛博士入选中国农业科学院农产品加工研究所"加工英才"，3名团队成员获得职称晋升。

四、科技服务与技术培训

主要面对本产业内加工企业，开展技术服务、技术培训、成果转化及推广工作。其中形成实质合作的食用豆加工相关企业5家，转化新产品10个，举办培训10余次，培训1 200余人，利用技术产品升级协助企业实现经济效益5 000余万元。

五、对本领域或本区域产业发展所起的支撑作用

在科技创新与促进产业发展方面，主要围绕体系研发任务，遵循现代农业绿色、高质量发展理念，从升级食用豆传统加工产品、技术、装备及新产品研发为突破口，改进传统豆沙、蜜豆加工技术装备，研发出适应现代营养健康消费需求的食用豆方便饮品，提升了我国食用豆加工领域的技术装备与产品创新水平，协助促进了"公司+基地+农户"全产业链生产模式的形成以及"产学研"结合的产业良性发展模式，在促进企业增效、产业增值及生态环保效益方面发挥了科技支撑作用。

质量安全与营养品质评价岗位

一、岗位简介

质量安全与营养品质评价岗位依托于中国农业科学院作物科学研究所，2011—2016年岗位名称为"功能成分及产品研发"，2017年更名为"质量安全与营养品质评价"岗位。岗位科学家为任贵兴研究员（图71），团队成员6人，包括么杨副研究员、秦培友副研究员、杨修仕助理研究员、李燕实验师及研究助理2人（图72）。

实验室位于国家种质库（南库）第二层和第三层，面积超过400m²，包括天平室1个、作物化学室2个、仪器室2个、加工品质及工艺研究室1个、动物细胞培养室可进行免疫、抗氧化、抗癌、减肥、肠代谢、降血糖、降血压、抗菌等活性评价。

图71 岗位科学家任贵兴

岗位科学家任贵兴： 1963年出生，食品学博士、执业药师，现任中国农业科学院作

图 72　岗位团队成员

物科学研究所研究员、博士生导师、中比联合项目博士生导师，中国农业科学院科技创新工程杂粮营养与功能创新团队首席科学家（2016—2019 年），农业农村部小宗粮豆专家指导组成员。长期从事食用豆功能成分提取、分离纯化、鉴定、测定、活性评价及利用等工作。主持国家级科研项目 20 余项，获得国家发明专利 6 项，发表学术论文 100 余篇，培养及联合培养研究生 40 余名。

二、主要研发任务和重要进展

（一）主要研发任务

以功能活性成分（降血糖、清热解暑）为指标完成食用豆的品种筛选。

进行食用豆降血糖功能因子的分离、鉴定并建立相应的检测方法。

收集不同产地的绿豆主栽品种，检测其总蛋白、总淀粉、总脂肪、总黄酮、总多酚、牡荆素和异牡荆素含量，其中以测定总多酚含量作为指标筛选抗氧化专用品种，以牡荆素和异牡荆素含量作为指标筛选清热专用品种。

收集不同产地的小豆主栽品种，检测其总蛋白、总淀粉、总脂肪、总黄酮、总多酚含量以及降血糖活性的差异，其中以测定体外糖苷酶抑制率作为指标从而筛选专用降血糖品种。进行挤压膨化小豆蛋白的分离、纯化、鉴定方法的优化，并确认降血糖功效蛋白的理化性质和结构特征。

收集不同品种红小豆，开展不同品种中淀粉组成和蒸煮品质分析和评价。

进行小豆降血糖蛋白的分离、纯化、鉴定并建立相应的检测方法。

收集不同产地的豌豆和蚕豆主栽品种，检测其总蛋白、总淀粉、总脂肪、总黄酮、总多酚含量，其中以总多酚含量作为指标筛选抗氧化专用品种。

新型速食产品的研发：采用蒸煮、冷冻干燥等技术，研发膳食纤维、淀粉等食用豆功能性速溶营养粉，原味方便食品和风味食品，及豆类配方面条和饼干等。

新型休闲食品的研发：研发酱香蚕豆芽，豌豆、蚕豆等膨化产品。

功能性食品的研发：包括红小豆降血糖产品、绿豆清热解毒产品、鹰嘴豆降糖产品、蚕豆多肽功能性产品等，并与企业合作进行产品中试生产。进一步在协和医院进行红小豆产品辅助降血糖的人体试验，检测服用组的血糖变化，验证功效。

开展食用豆及其制品质量安全与营养品质分析材料 200~300 份，获得质量安全数据 2 000~2 500 条，营养品质数据 1 500~2 000 条。

（二）取得的重要进展

完成了不同品种绿豆蛋白质、总淀粉、抗性淀粉、软脂酸甲酯、亚油酸、硬脂酸甲酯、亚麻酸、总多酚、总黄酮、DPPH 抑制率、ABTS 抗氧化活性、α-糖苷酶活性测定。筛选总多酚含量高的品种为绿豆抗氧化专用品种：冀绿 9 号。

完成了小豆品种蛋白质、总淀粉、抗性淀粉、软脂酸甲酯、亚油酸、硬脂酸甲酯、亚麻酸、总多酚、总黄酮、DPPH 抑制率、ABTS 抗氧化活性、α-糖苷酶活性测定。以 α-糖苷酶抑制率高的品种作为小豆降血糖专用品种：吉红 10 号。小豆通过挤压膨化后提取蛋白的降血糖功效更强，动物实验说明小豆蛋白具有一定降血糖的功效。国家发明专利"一种具有降血糖效果的小豆粉食品的制作方法"获得授权。

完成了绿豆中清热解暑成分含量测定：经过前期动物实验证明，绿豆中牡荆素、异牡荆素是其清热解毒功效的主要成分。

通过动物实验确定了绿豆具有降血脂的功效，并通过测定实验动物的血液、粪便的相关指标，分析生化指标与物质基础的关系，确定降脂功效明显的饲料喂养剂量。

各筛选出了适合于小豆淀粉、豆沙加工的小豆品种，为红小豆育种、栽培单位和生产企业等提供红小豆淀粉品质普查数据 450 条，蒸煮品质数据 200 条。从抗性淀粉的数据中筛选了抗性淀粉含量高的品种作为降血糖专用品种，其品种为 B00795、B00807。

进行小豆降血糖蛋白的分离、纯化、鉴定并建立相应的检测方法。小豆通过挤压膨化后提取蛋白的降血糖功效跟强，为后面对降血糖因子的分析研究提供前期的基础数据。

收集不同产地的豌豆和蚕豆品种，检测其总蛋白、总淀粉、总脂肪、总黄酮、总多酚含量，其中以总多酚含量作为指标筛选出蚕豆抗氧化专用品种：日本大白皮；豌豆抗氧化专用品种：苏豌 1 号。

进行绿豆和小豆新型速食产品的研发，研发出小豆饼干、小豆面条以及绿豆面条新型速食食品 3 个。

研发小豆降血糖功能产品 2 个，分别为红豆粉（固体饮料）和红豆糖果（咀嚼片），这 2 种产品均由山东康美药业完成中试并分别获得企业执行标准：Q/KMYY0001S，生产许可证号：QS3708 0601 9688 和企业执行标准：SB/T10347，生产许可证号：QS3708

1301 1354。

　　小豆降血糖产品红豆粉（固体饮料）和红豆糖果（咀嚼片）经与协和医院合作将共同进行小豆产品降血糖人体试验，从临床上评价红小豆降血糖的功效，此实验目前仍在进行中。

　　收集国内主栽品种、体系新研发品种绿豆、小豆。市售绿豆糕、绿豆饼、小米绿豆锅巴、小豆面包、红豆冰沙糕、红豆馅饼等加工制品。开展了绿豆、小豆质量安全评价工作，包括测定绿豆、小豆样品中二苯基苯酚、乙酰甲胺磷、啶虫脒、涕灭威砜等179项农药残留含量、呕吐毒素脱氧雪腐镰刀菌烯醇含量、重金属（铅、铬、砷）含量，以及绿豆、小豆加工制品微生物（菌落总数、大肠菌群、沙门氏菌、金黄色葡萄球菌、志贺氏菌）指标，获得质量安全数据12 411条。

三、获得的标志性成果

（一）形成的技术或标准

1. 开发小豆改性蛋白降糖产品

　　采用挤压膨化技术对红小豆进行加工处理，通过优化挤压膨化参数，得到改性红小豆粉。体外实验表明，改性红小豆粉的 α-葡萄糖苷酶抑制活性较处理前提高了5.6倍。通过对改性红小豆中的降糖活性物质进行追踪，我们发现其主要降糖活性成分为改性蛋白。体外实验表明，改性红小豆蛋白的 α-葡萄糖苷酶抑制活性较普通红小豆蛋白提高了36.4倍，使降糖作用达到阿卡多糖水平（1/4）。动物试验表明，改性红小豆蛋白的摄入可显著降低糖尿病模型鼠的血糖水平，且能降低其血清甘油三酯和尿素氮水平，改善小鼠肾脏功能。改性红小豆蛋白具有降血糖的作用，且可改善糖尿病并发症，其中主要原因在于经过膨化后，蛋白结构发生改变，造成功能基团外翻，具有更好的降糖作用。

2. 绿豆皮黄酮最佳提取工艺研究

　　为了获得最佳工艺条件，以不同的提取温度、乙醇浓度、提取时间、提取次数和固液比为考察因素，通过单因素实验结果，运用正交设计试验法，考察五因素间的相互影响，选用五因素四水平来确定提取绿豆皮中总黄酮的最佳条件。最终确定绿豆皮总黄酮的最佳工艺为：提取温度80℃，乙醇浓度为50%，提取时间为150min，提取次数为2次，固液比为1∶10。在此工艺下得到的总黄酮提取量为3.879mg/g。

（二）授权专利

　　获得国家发明专利2项（图73）。"一种具有降血糖效果的红小豆粉食品的制作方法"提供了一种具有降血糖效果的红小豆粉食品的制作方法；药理实验结果表明，该方法制得的食品具有降血糖效应。"一种提高红小豆降血糖的物质的确定方法"公开了一种提高红小豆降血糖效果的物质的确定方法，涉及物质的确定方法。

图73 质量安全与营养品质评价岗位获国家发明专利证书

（三）代表性论文、专著

本岗位共发表论文 21 篇，其中，在《Journal of Agricultural and Food Chemistry》《Food & Function》等杂志上发表 SCI 论文 20 篇，核心期刊论文 1 篇。其中，论文《Immunoregulatory activities of polysaccharides from mung bean》发表在 2016 年《Carbohydrate Polymers》，影响因子 4.811。《Antioxidant and immunoregulatory activity of alkali-extractable polysaccharides from mung bean》发表在《International Journal of Biological Macromolecules》，影响因子 3.671。

（四）人才培养（包括岗位人员和团队成员的职务/职称晋升、学位申请、获得专家称号及荣誉等）

团队成员么杨获得博士学位，3 名团队成员晋升职称。培养博士研究生 2 人、硕士研究生 6 人。

四、科技服务与技术培训

本研究团队采用挤压膨化技术开发的红小豆降糖速溶粉及红小豆降糖咀嚼片等具有显著降糖效果的产品。红小豆蛋白改性关键技术已成功应用于工厂化的降糖辅助食品的生产。

五、对本领域或本区域产业发展所起的支撑作用

中国农业科学院作物科学研究所与甘肃省定西市农业科学研究院合作开展"科技对接、党务交流"活动，签订2017—2022年合作协议，成立"中国农业科学院作物科学研究所定西旱作农业联合研究中心"，该中心从科研项目申报、骨干人才培养、科技资源共享等方面入手，充分发挥作科所的先天优势，提升了定西市农业科学研究院的科技创新能力，促进定西区域经济发展。

赴山西大同广灵县参加政府联合举办的"中国·大同杂粮产业暨有机旱作农业发展研讨会"，签订了"科技战略合作框架协议"，"中国农业科学院作物科学研究所大同杂粮创新研究中心"正式挂牌成立。

产业经济研究室

产业经济岗位

一、岗位简介

中国农业科学院农业信息研究所 2011 年加入国家食用豆产业技术体系，张蕙杰（图74）为综合研究室/食用豆产业经济岗位科学家。通过体系调整优化，"十三五"期间本岗位变更为产业经济研究室室主任/岗位科学家。通过 8 年的运行，该岗位创新平台、研究团队等得到了发展与壮大。目前该岗位有团队成员 8 名，其中，研究员 3 名，副研究员 4 名，助理研究员 1 名，培养博士研究生 2 名，硕士研究生 8 名（图75）。

岗位科学家张蕙杰： 1968 年出生，博士/研究员、博士生导师，现为中国农业科学院国际合作局副局长。从 2000 年至今，在农业科技管理与人才政策、食用豆产业经济、农产品国际贸易等领域共主持国家科技计划、国际合作课题等课题 40 余项；在国内外发表论文 30 余篇，出版专业书籍 6 部，主译 FAO 著作 3 部。参加了 2011 年农业农村部组织的农业科技重大问题调研工作，担任农业科技人才支撑和成果转化调研组副组长，研究工作成果应用于 2012 年中央一号文件的制定；很多课题研究成果应用在农业农村部、商务部制定产业发展和国际合作规划，国家和农业农村部制定全国农业农村人才队伍建设规划等行动计划及文件政策中。

图 74　岗位科学家张蕙杰

图75　岗位团队成员

二、主要研发任务和重要进展

（一）主要研发任务

1. 重点任务

开展食用豆生产效益分析。在吉林白城、山西岢岚、江苏南通、云南大理建设绿豆、普通菜豆、蚕豆、豌豆固定观察点，分析各种生产要素的投入及变化趋势，进行成本收益分析；开展食用豆生产贸易形势研究。研究食用豆跟踪国内外市场走势，跟踪监测食用豆国内外产业发展动态，开展产业中长期供求分析，增强农业食用豆生产决策的预见性和应对突发事件的能力；开展食用豆产业发展政策研究。对食用豆现有生产、流通和加工等政策进行调研，分析当前政策对食用豆产业发展的影响，并提出政策建议；通过研究食用豆产业的产业结构、产品布局及其与其他产业的关系，研究食用豆产业发展需求并提出相应政策建议；跟踪和借鉴国外产业政策；通过政策模拟探讨未来产业政策走向。

2. 基础性工作

建立中国食用豆生产与市场价格、世界食用豆进口与出口、我国食用豆固定观察点（白城、南通、大理、岢岚）食用豆种植农户产业经济数据库；配合首席科学家、其他功能研究室、岗位科学家和综合试验站开展相关工作并提供有关数据信息等。

3. 应急性任务

监测本产业生产和市场变化，关注突发性事件和农业灾害事件，并提出应急预案和技术指导方案，完成农业农村部各相关司局临时交办的任务。

（二）重要进展

1. 明确了食用豆产业的重要地位与作用

中国食用豆主要品种有蚕豆、豌豆、绿豆、普通菜豆、小豆等20余种，占全国粮食作物种植面积的 3.3% 左右，占全国粮食作物总产量的 1.1% 左右。其中，蚕豆、豌豆和绿豆合计占食用豆面积和产量的 90% 和 70% 以上。近年来，中国食用豆种植面积和产量基本保持稳定，单产有提高。食用豆与粮食生产呈现此消彼长的结构态势，在食用豆产业技术体系研发的支持下，食用豆主产区建设不断强化。发展中国食用豆产业具有特殊重要意义：一是食用豆产业是中国老少边穷地区粮食安全的重要保障，是老少边穷地区农牧民增收致富的重要手段，大力发展食用豆产业，对于确保这些地区的粮食安全、促进民族团结、维护边疆稳定具有十分重要的意义。二是食用豆种植有利于促进中国特色农产品出口和充分吸纳利用农村弱质劳动力。三是食用豆种植是农民抗御市场风险的重要手段，山西岢岚研究表明，在贫困地区的小农经济经营环境中，红芸豆成为农民规避市场风险的替代品，既保证了农户农业收入的一定稳定性，又可以获得通过承担一定土豆价格风险而带来相应的获益。四是由于食用豆作物大多具有较高的固氮能力、良好的营养价值、较强的适应性等特征，发展食用豆产业对改善居民食物结构、优化农业种植结构、保护生态环境、促进农业可持续发展等方面具有重要意义。

2. 中国食用豆产业具有一定的国际竞争力，但是国际竞争力呈现下降趋势

食用豆是目前我国保持国际贸易顺差的农产品，但是贸易顺差在缩小，从 2011 年的 5.44 亿美元降低到 2014 年的 3.49 亿美元、2015 年约 1.63 亿美元。食用豆主要进口品种是豌豆，其次是绿豆、红小豆、豇豆和普通菜豆等，蚕豆的进口量最小。从出口看，普通菜豆是中国历年来的主要出口豆种，绿豆和红小豆的出口则次之。中国食用豆国际贸易竞争优势在急剧下降。1995 年中国食用豆的 RCA 为 6.19，2000 年为 3.70，2014 年骤降为 1.07。

3. 建立了国内外食用豆市场信息动态变化数据库

世界食用豆生产及贸易形式发展状况看，目前世界食用豆的主要种植区域在亚洲和非洲。亚洲一直是世界食用豆生产的第一大区域。亚洲的食用豆收获面积占世界食用豆总收获面积的 50%，非洲食用豆收获面积占世界食用豆总收获面积的 30%，美洲、欧洲和大洋洲分别占 13%、4%~5%、2%~3%。20 多年来，世界食用豆作物生产总量和播种面积双增长。其中，世界食用豆总产量从 1990 年的 5 915 万 t，上升到 2014 年的 7 400 万 t；世界食用豆作物播种面积由 6 883 万 hm² 增加到 7 800 万 hm² 左右，增加了近 13%。

4. 建立了食用豆主产国的产业经济数据库

世界食用豆总产量小幅增长。亚太地区的印度、缅甸、中国、澳大利亚，非洲的尼日利亚、埃塞俄比亚，美洲的加拿大、巴西、美国等是食用豆的生产大国，其食用豆总产量约占世界总产量的 60%。印度是世界食用豆的最大生产国也是最大的消费国、进口国。印度的食用豆产量占世界食用豆生产总量的 26%，生产量位居第一；缅甸生产量占世界食用豆生产总量的 8%，位居世界第二；中国是世界第三大食用豆生产国，生产量占世界食用豆生产总量的 7%。

5. 建设了 4 个食用豆固定观察点

建设了江苏南通、吉林白城、山西岢岚和云南大理 4 个固定观察点，对食用豆主产区农户进行监测和产业发展分析，弥补了小产业国家统计监测体系建设的不足。

6. 开展了食用豆价格、市场和流通研究

研究发现，食用豆价格与粮食价格走势是大体一致的。作为纯市场化的小品种，食用

豆价格具有年度性和季节性波动的特点，普通菜豆、绿豆、蚕豆、小豆等品种的价格波动周期一般在 3 年左右，由于食用豆供给弹性大于需求弹性，金融化与市场化程度较高，投机性较强，容易出现短期暴涨暴跌。2000 年以来，国家出台了一系列政策措施，不断完善包括食用豆在内的农产品流通体系机制，涌现了大量各类农民合作组织、农村经纪人及农业产业化龙头企业等多种经济成分的农产品流通经济组织。例如，江苏南通形成了蚕豌豆农户+蚕豆种植基地或者龙头企业+合作社+蚕豆产业协会或合作社的生产、销售模式，山西岢岚采用"龙头企业+基地+农户+标准化"的经营模式，以"订单农业"连接国内外市场和普通菜豆种植户、龙头企业建立了种子繁育基地，且采取了育、产、销一体化的种植产业化经营机制，云南大理蚕豆流通中形成了"贸易公司+当地农产品营销部门+商贩"的模式等。但是，食用豆流通中，农民明显还是没有价格的话语权，其价格波动说明，要加强对食用豆市场的监测和调控，减少市场炒作，稳定市场价格。

7. 中国食用豆加工开发前景良好，但是加工业处于起步阶段

食用豆具有丰富的营养物质、独特的营养特性和良好医疗保健功效，决定了食用豆具有良好的加工开发前景和巨大的加工开发潜力，从而为食用豆加工业发展奠定了基础。初加工食用豆直接食用的比重比较大。经特殊工艺精深加工后可生产诸多种类的保健食品，正成为食用豆精深加工的重要发展方向。虽然食用豆加工业发展具有了一定基础和规模，但总体上仍处于刚刚起步阶段，还存在着诸多问题和困难，诸如以初加工、粗加工和一般加工为主，深加工、精深加工产品较少；加工业生产技术和经营方式比较传统落后，品种比较单一，新产品开发缓慢；加工品的质量安全存在隐忧；加工业未能与种植业建立起紧密关系，企业加工原料品质和价格难以保证等。

8. 开展了中国食用豆产业发展战略选择与政策建议的研究

一是综合分析近 20 年来食用豆国内外生产、贸易、消费情况及其变动趋势，考虑食用豆在中国悠久的种植历史、丰富的品种资源、适宜种植条件、独特的营养价值和养护耕地功能，以及食用豆对中国居民营养结构改善和满足多样化需求、促进种植结构调整和保护农业多样性、养护耕地和促进农业可持续发展、解决老少边穷地区居民口粮和增收致富等方面不可替代的重要作用，必须制定和采取主动、积极、扩张性的产业发展战略。即中国食用豆未来较长一段时期内，应当采取"保证自给、扩大出口、优化结构、合理布局、科技支撑、产业升级"的发展战略。二是要推进食用豆产业战略的实施，需要尽快构建现代化的食用豆产业体系，推动食用豆产业发展壮大，必须完善食用豆产业政策体系，要推进食用豆产业结构优化调整、食用豆优势区域布局、食用豆新品种培育创新、大力发展食用豆产业化经营以及完善保险金融等食用豆产业财政支持政策。

三、标志性成果

（一）代表性论文、专著

发表论文 25 篇（其中 CSSCI 论文 8 篇，EI 收录论文 1 篇，核心期刊论文 11 篇，国

际会议论文 2 篇），出版书籍 4 部（《中国农产品生产与市场》，中国农业科学技术出版社，2013；《食用豆产业发展研究》，中国农业科学技术出版社，2015；《荷兰农业》，中国农业出版社，2016；《巴西农业》，中国农业出版社，2017），获得软件著作权登记 1 个（豆类资源管理信息系统，2013 年）。

（二）人才培养

8 年来，本岗位先后培养博士研究生 2 名，硕士研究生 8 名。

四、科技服务与科技培训

应国家新闻出版广电总局的邀请，在食用豆产业技术体系专项的支持下，主编农业科技与经济丛书一套（《我国农产品生产与市场》《新农村建设诗歌·民歌·农谚·春联》《兰花栽培技术百题解答》《食用菌栽培技术》《绿豆栽培百题解答》《蚕豆栽培百题解答》《豌豆栽培技术指南》《中国蜜源植物图册》）服务于农业产业发展和农村经济建设。

五、对本领域或本区域产业发展的支撑作用

在加强食用豆科技创新和农业科技管理方面。2011 年 4—7 月参加农业部应急性重点工作——农业科技重大问题调研，参加第四专题调研组的工作，内容是研究农业科技人才支撑和成果转化专题，是该专题第一子题农业科研人才支撑和成果转化问题研究，并担任副组长。完成了湖北省农业科研人才支撑和成果转化问题调研报告、广东省农业科研人才支撑和成果转化问题调研报告、陕西省的农业科研人才支撑和成果转化问题调研报告三省的调研报告，我国农业科研人才支撑和成果转化问题研究报告，以及参与了农业科技人才支撑和成果转化报告的撰写工作，对国家制定加强农业科技创新政策、促进农业产业发展起到了积极作用。每年都参加农业部科教司的现代农业产业技术体系绩效评估工作、技术交流与引进绩效评价方法研究，农业重大科技需求战略研究、现代农业科技产业园区建设等研究工作，以及牵头开展了科技部、商务部对非农业科技合作与国际科技合作策略的研究工作，为国家加强科技管理与国际科技合作提供决策咨询。

在食用豆产业经济发展政策方面。在食用豆体系首席科学家的带领下，开展了 2010 年底前后的绿豆价格大幅波动进行研究，并将研究成果上报农业部市场与经济司；每年都参加农业部市场与经济司、贸促中心的食用豆产业发展座谈会，提供我国优势特色重点农产品国内外市场竞争分析（食用豆）的研究成果，为农业部市场与经济司、国际合作司制定相关政策提供参考咨询。

在农业农村人才培养政策研究方面。每年都参加农业部国际司、人事司负责组织的新型职业农民队伍建设和外事外经人才队伍建设的相关研究工作，为国家制定人才发展政策提供参考咨询。

综合试验站

保定综合试验站

一、综合试验站简介

国家食用豆产业技术体系保定综合试验站于 2008 年建站，李彩菊任站长（图 76）。目前团队成员 5 人，其中高级职称 4 人，中级职称 1 人；团队成员均为本科及以上学历，其中研究生 1 人，拥有硕士学位 2 人（图 77）。

图 76　站长李彩菊

2008—2015 年试验站在高阳县、蠡县、雄县、清苑和易县建立五个试验示范基地，2016 年根据食用豆产业特点和保定市现状，将示范县向西部山区丘陵地区扩展，将已经有较好食用豆生产基础的雄县和清苑示范基地改到基础薄弱、发展空间巨大的西北部山区县涞水县和唐县，形成高阳县、蠡县、易县、涞水县、唐县等 5 县每个县各 2 个试验示范基地，另外在保定市徐水区建设 1 个试验基地。单个基地规模 30 ~ 60 亩，总规模约400 亩。

站长李彩菊：女，1962 年 10 月出生，本科，研究员，现任保定市农业科学院，豆类研究室主任，河北省"三三三人才工程"第三层次人选；河北农业大学兼职教授；河北省农业科技推广专家委员会薯类杂粮组成员（图 76）。

图77　试验站团队成员

二、主要研发任务和重要进展

（一）主要研发任务

1. 小豆绿豆新品种选育、引进、鉴定和筛选

协助岗位科学家进行种质资源创新和新品种选育工作，引进、鉴定、筛选适宜本区域的小豆、绿豆、豇豆等新品种。

2. 调查调研工作

开展本区域豆象分布及为害等数据调查，示范应用仓储豆象综合防控技术；区域杂草状况调查；绿豆尾孢菌叶斑病发病状况调查；杂粮市场调查等。

3. 绿豆小豆特异种质田间鉴定

按岗位科学家的统一安排，开展抗病虫绿豆、抗病毒病小豆种质材料田间鉴定。

4. 病虫草害防控化学药剂筛选

协助岗位科学家完成高效低毒低残留化学药剂、无公害杀菌剂的筛选等，开展绿豆尾孢菌叶斑病综合防控技术试验示范、除草剂药剂筛选和药效试验等试验。

5. 栽培试验

小豆氮、磷、钾肥效试验，集成本区域内小豆氮、磷、钾肥效技术规范；小豆与玉米间套作模式试验示范；绿豆与棉花间套作模式试验示范和适合棉田套作的绿豆品种筛选试验。

（二）重要进展

1. 新品种鉴定与筛选及配套高产栽培技术的研制和推广工作

鉴定、筛选出适合本地区生产应用的绿豆、小豆高产多抗新品种冀绿 2 号、冀绿 7 号、冀绿 11 号、中绿 10 号、保红 947、保 876-16、冀红 12 号、冀红 352、冀红 9218 等在示范县进行示范展示，生育关键时期组织示范县技术骨干、种植户进行田间观摩培训，讲解新品种特征特性、高产栽培技术，培训种植户及技术骨干。通过该项工作，使小豆、绿豆在本地区种植面积比 10 年前增加 50% 以上，单位产量增加 15%～50%。

2. 种质资源创新和新品种选育工作

每年配制杂交组合，进行产量鉴定试验，提供 24 个品系参加区域试验；提供 10 个品系参加异地鉴定试验；9 个品种通过国家、省级鉴定；2013 年用岗位科学家提供的抗根腐病材料配置杂交组合，根据实验室试验结果，已经连续进行了 4 年田间选择。

3. 完成首席办和岗位科学家交办的各项工作

包括多项市场和田间调查调研，多项栽培试验，多种病虫草害防控技术和药剂筛选等，均按照要求完成任务。

三、标志性成果

（一）获奖成果

1. 2010 年"广适、早熟、高产稳产、优质红小豆新品种保红 947"获河北省科技进步三等奖

保红 947 是以京农 2 号、红小豆 414、冀红 3 号为亲本杂交选育而成。保红 947 丰产性好，直立、抗倒伏。粒大，粒色鲜艳，商品性状好。适合中、高水肥地种植。目前已经在中国北方红小豆产区广泛种植。保红 947 在河北省覆盖率达到红小豆种植总面积的 50% 左右，成为河北省的主栽品种。据不完全统计，2007—2009 年河北、内蒙古两地推广 138.5 万亩，社会效益 13 136.2 万元。

2. 2010 年"早熟、高产、稳产、高适应性绿豆新品种保 942-34 选育"获河北省山区创业三等奖。

保 942-34 是以冀绿 2 号为母本，邓家台绿豆为父本杂交选育而成。保 942-34 株型直立、抗倒，特早熟。春夏播均可，作为救灾作物从 4 月 20 日至 7 月 20 日均可播种，特别适合山区生产。粒色鲜艳、商品性状好，该品种高产、稳产、具有良好的适应性，2007—2009 年在河北省的保定、石家庄、邯郸等地山区和辽宁、内蒙古等地推广 73.95 万亩；创社会效益 8 378.48 万元。

3. 2012 年"适于山区种植的早熟高产优质红小豆新品种保 876-16 及配套栽培技术"获河北省山区创业三等奖

本项目针对河北省及周边山区、半山区、丘陵地区生态特点，有目的的培育出一个适宜山区种植的红小豆新品种保 876-16，并针对山区特点对栽培技术进行研究和优化，形成良种良法配套。通过多年示范、推广，使保 876-16 在华北、西北、东北适宜山区广泛种植，提高了山区土地利用率，优化种植结构，实现了山区农业高效、农民增收。并通过示范、宣传、培训等方式带动该品种的大面积推广。目前保 876-16 已经成为河北省山区半山区和周边适宜生态区小豆主栽品种，种植面积不断扩大。2009—2011 年累计推广51.5 万亩，创社会效益 1.03 亿元（图 78）。

4. 2008—2018 年获保定市科技进步一等奖 5 项，二等奖 2 项

其中"早熟、优质、高产绿豆新品种保 942-34 选育应用"获 2009 年保定市科技进步一等奖；"高产优质绿豆新品种冀绿 11 号选育及应用"获 2014 年保定市科技进步一等奖；"小豆新品种冀红 12 号的选育及应用"获 2016 年保定市科技进步一等奖；"高产、稳产、优质红小豆新品种冀红 13 号选育及应用"获 2017 年保定市科技进步一等奖；"高产早熟直立型绿豆新品种冀绿 14 号选育及应用"获 2018 年保定市科技进步一等奖；"早熟、优质、高产红小豆新品种保 876-16 选育"获 2008 年保定市科技进步二等奖；"广适、特早熟、高产稳产绿豆新品种保绿 942"获 2011 年保定市科技进步二等奖。

图 78 保定综合试验站获奖成果证书

（二）育成的新品种

宝绿 1 号：与宝鸡市农业科学研究所共同选育而成。以冀绿 2 号、绿丰 3 号、保 M887-1 为亲本杂交选育的新品种。2014 年通过陕西省农作物品种委员会审定，审定编号：陕绿登字 2013001 号。

宝绿 2 号：与宝鸡市农业科学研究所共同选育而成。以冀绿 2 号、C225 为亲本杂交选育的新品种。2014 年通过陕西省农作物品种委员会审定，审定编号：陕绿登字 2013002 号。

冀绿 11 号：以冀绿 2 号为母本，郑 90-1 绿豆为父本杂交选育而成。2011 年 11 月通过了河北省科学技术厅组织的专家鉴定，鉴定编号：冀科成转鉴字〔2011〕第 2-052 号。

冀绿 14 号：以保 865-18-9 为母本，冀绿 2 号为父本杂交选育而成。2015 年通过全国小宗粮豆品种鉴定委员会鉴定，鉴定编号：国品鉴杂 2015026。

冀红 12 号：以保 9326-16、保 8824-17 为亲本杂交选育的红小豆新品种，2012 年通过全国小宗粮豆品种鉴定委员会鉴定。鉴定编号：国品鉴杂 2012004。

冀红 13 号：以 876-16、保 9326-16 为亲本杂交选育的红小豆新品种，2015 年通过全国小宗粮豆品种鉴定委员会鉴定。鉴定编号：国品鉴杂 2015030。

冀红 14 号：以保 876-16、白红 3 号为亲本杂交选育的红小豆新品种，2015 年通过全国小宗粮豆品种鉴定委员会鉴定。鉴定编号：国品鉴杂 2015031。

冀绿 16 号：以保绿 200143-10 为母本，保绿 942 为父本配制杂交组合选育而成。2018 年 5 月通过了河北省科学技术厅组织的专家评价鉴定，编号：冀科成转评字〔2018〕第 093 号。

冀红 18 号：以小豆 B1668 为母本，保红 9817-16 为父本，经杂交育种方法选育而成。2018 年 5 月通过了河北省科学技术厅组织的专家评价鉴定，编号：冀科成转评字〔2018〕

第 094 号。

（三）形成的技术或标准

进行了小豆、玉米间套作试验示范，形成保定市地方标准"小豆玉米间作栽培技术规程 DB1306/T139—2015"，2015 年 6 月 1 日保定市质量技术监督局发布实施。

标准的核心内容是：小豆玉米间作带行配制比例为 2：2，即两行小豆两行玉米；选择早熟直立型小豆品种和抗到叶片上冲型玉米品种，小豆行距 50cm，株距 15cm；玉米行距 50cm，株距 22cm；玉米小豆同期播种。及时防治病虫害，及时收获。

（四）代表性论文、专著

《不同氮肥施用方式及硝化抑制剂对小豆生长发育及氮素利用率的影响》发表于《河南农业科学》2016 年第 45 卷第 10 期。

《不同施肥水平对红小豆生长发育及养分利用率的影响》发表于《河北农业大学学报》2016 年第 39 卷第 4 期。

（五）人才培养

2012 年柳术杰被评为河北省"三三三人才工程"第二层次人选；2016 年柳术杰被评为保定市首届市管专家；胡永宏 2012 年晋升高级农艺师；柳术杰、邵秋红分别于 2012 年和 2015 年晋升推广研究员，周洪妹于 2016 年晋升农艺师。

四、科技服务与技术培训

按照体系任务要求，试验站每年进行技术骨干培训两次，举办各种观摩培训会、组织种植户集中咨询培训 1~3 次，发放技术资料 3 000 份左右，电话、短信接受咨询数百次。体系成立十年来，大约培训技术骨干 700 余人次，举办农民培训、咨询会 25 次，培训农户 1 300 余人次，发放技术资料约 3 万份，用电话等方式接受咨询、指导农户 5 000 余次，发放化肥约 15t，农药（包括杀虫剂和除草剂）约 1 000 亩用量。获得了较好的社会效益。

五、对本领域或本区域产业发展的支撑作用

（一）促进食用豆产业发展

首先是促进食用豆生产规模的持续增加。产业体系成立之初正是我市乃至全省的杂粮产业低谷期，小豆绿豆在生产上不被重视，品种陈旧，混杂退化严重，管理粗放，无规范的病虫草害防控技术，造成产量低、费工费力投入大、生产效益低下，严重影响了农民种植积极性，种植规模逐年减少。据保定市小豆主要产区种植情况估算，保定市 2004 年小

豆生产面积比 1994 年（当年因国际小豆价格暴涨而种植面积较大）减少 50% 以上。产业技术体系成立之后，我们结合试验站示范县建设，大力做好新品种和配套栽培技术的研制、筛选、示范、推广工作，在示范县和本院科研基地多次召开示范观摩和技术培训会，让农民、种植户和地方农技推广部门实实在在看到新品种新技术的增产增收效果，从根本上扭转种植户对食用豆低产低效的偏见。配合政府种植结构调整制定食用豆种植方案，请体系内的植保、农机、加工等岗位科学家针对本地生产特点进行技术指导和建议。经过十年的持续工作，目前保定市小豆、绿豆种植面积已经逐步恢复，并超越了 1994 年的水平，产业持续良性发展。

第二是种植效益的增加：小豆绿豆在保定市是传统杂粮作物，种植历史悠久。但农民对这些杂粮作物种植方式粗放，对新品种、新技术的接受少，新品种新技术普及程度较低。通过产业技术体系试验站示范县的持续的工作，我们已经让基地辐射区域的杂粮种植方式产生了非常明显的变化，良种覆盖率已经接近 100%，科学的病虫草害防控、间套种模式等栽培管理技术普及率也有较大提升，小豆、绿豆亩产由 50~80kg 提高到 100kg 左右，增产幅度可达 15%~50%，增产增收效果非常显著。

（二）对产业扶贫有较大的支撑作用

保定市西部地处太行山区，是河北省主要贫困地区之一，贫困人口较多，产业结构单一，脱贫任务艰巨。这些地区经济落后、零散劳动力较多，山地丘陵地较多，不适宜发展大田作物和蔬菜。这些特点恰好适宜发展小豆、绿豆等杂粮产业。小豆绿豆生育期短，可以合理利用山区旱地降雨集中时期；耐旱耐涝耐瘠薄，适合大部分地块种植；种植技术相对简单，容易让贫困地区文化水平较低人群应用；需要投入少，利用贫困地区不方便外出打工而剩余的零散劳动力，产品售价高，有较好的经济效益。

在产业技术体系十年中，我们根据产业特点和体系和当地政府科技扶贫的号召，将示范基地有计划地从东部平原区向西部太行山区转移，2015 年开始将东部的雄县、清苑基地更换至西北部唐县和涞水，形成涞水—易县—唐县的西部山区示范带。结合示范县农技人员和我们课题组科技人员扶贫任务，我们重点是在示范县唐县、易县、涞水及周边的阜平、曲阳、涞源等贫困县发展杂粮产业，为贫困地区提供技术指导，发放部分免费的种子、农药和化肥等农资，既有效增加贫困地区种植户的收入，又促进了食用豆产业发展。以小豆种植为例，每亩纯收入比玉米增加 400 元以上，对当地农民脱贫，增加农业收入提供了较好的支持。

张家口综合试验站

一、综合试验站简介

国家食用豆产业技术体系张家口综合试验站，始建于 2008 年，站长徐东旭（图 79），团队成员分别有：2009—2010 年：姜翠棉，高运青，尚启兵，米连明；2011—2015 年：任红晓，高运青，尚启兵，姜翠棉；2016 年：任红晓，高运青，尚启兵，王芳；2017—2020 年：李姝彤，高运青，尚启兵，姜翠棉（图 80）。

图 79 站长徐东旭

在张家口市农业科学院沙岭子基地、煤矿基地、察南基地拥有基础设施配套的固定试验地 200 亩；分子实验室 128.8m²，购置了离子浓缩仪、冻干机、高速冷冻离心机、凝胶成像系统、电泳仪、超低温冰箱、冠层仪、光合仪、叶绿素测定仪、根系分析系统、水势仪等仪器设备；质检室 100m²，拥有光照培养箱、数控电热恒温鼓风干燥箱、电子天平、种子低温储藏柜、土壤养分速测仪、土壤水分速测仪等 40 多台（套）；加工厂房 91.2m²，拥有种子风选净度仪、种子清选机、种子精选比重机、种子包衣机、小型种子烘干机等 8 台（套）；农机具库 115m²，拥有大型拖拉机、播种机、深耕犁、旋耕机、中耕机、抛肥机、打药机等 20 台（套）；种子常温库 150m²；晒场 1 000m²；温室 5 086m²；网室 3 500m²。

在崇礼区、张北县、沽源县、康保县、阳原县等 5 个示范县共建设了 10 多个示范基地，年均示范面积 1 000 亩以上。

站长徐东旭：男，1972 年出生，硕士学位，研究员。现任张家口市农业科学院豆类作物研究所所长，张家口市农业科学院学术委员会委员，河北省政府特殊津贴专家，河北省"三三三人才工程"第二层次人选，河北农业大学兼职教授，河北省农业科技推广专家，中国共产党张家口市第十一次代表大会代表，张家口"三三三人才工程"评委。10 年来，获奖成果 8 项；主持完成经鉴定达国内同类研究领先水平的 7 项科技成果；审定发布实施 10 项地方标准；发表论文 38 篇（其中 1 篇 SCI）；参编出版专著 5 部。

图 80 试验站团队成员

二、主要研发任务和重要进展

（一）主要研发任务

按照国家食用豆产业技术体系任务，紧紧围绕冀西北食用豆产业发展需求，张家口综合试验站在对"张家口鹦哥绿豆""崇礼蚕豆"等当地传统名优品种进行提纯复壮与试验示范的基础上，在遗传改良、栽培与土肥、病虫害防控、机械化、加工、产业经济等 6 个功能研究室的相关岗位科学家指导下，重点开展了优质、高产绿豆、蚕豆等食用豆类新品种筛选及绿色高效配套生产技术研究与示范。

1. 新品种/系筛选

绿豆、蚕豆、普通菜豆、小豆种质创新与新品种筛选；绿豆、小豆、普通菜豆新品种/系联合鉴定试验；绿豆新品种生产试验；绿豆品种抗晕疫病田间鉴定；抗枯萎病绿豆株系鉴定与新品种筛选；抗枯萎病、抗白粉病豌豆新品种筛选；食用豆种质资源收集、鉴定、评价、入库与新基因挖掘；绿豆、豌豆遗传群体试验。

2. 土肥与栽培

绿豆覆膜抗旱栽培技术研究；绿豆与禾谷类作物高效轮作模式建立与评价；蚕豆精量栽培试验；蚕豆减肥增效技术研究；蚕豆、普通菜豆氮磷钾最佳施肥技术研究；根瘤菌与土壤取样。

3. 病虫害防控

豆象种类鉴定、分布及为害现状调查；种子处理防治绿豆晕疫病田间试验；分期播种防治绿豆晕疫病试验；芸豆普通细菌性疫病综合防控技术研究。

4. 综合

产业调研；技术培训；基地建设与新品种新技术示范；产业扶贫；跨体系合作；应急性技术服务等。

（二）取得的重要进展

1. 新品种/系筛选与应用

筛选与示范了优质、高产、抗病食用豆新品种 5 个，其中绿豆 2 个（品绿 2011-06 和冀绿 0816）、豌豆 2 个（定豌 5 号和定豌 6 号）、小豆 1 个（冀红 9218）。

2. 新品种/系选育与应用

育成优质高产食用豆新品种 7 个，其中绿豆新品种张绿 1 号推广覆盖率达到当地绿豆种植面积的 85% 以上，提纯复壮的蚕豆品种张蚕 1 号推广覆盖率达到当地蚕豆种植面积的 95% 以上。育成不同用途（粒用型和鲜食型）蚕豆新品系 2 个（区域试验进行中）；育成抗枯萎病绿豆新品系 1 个（已完成区域试验）；育成不同生态型（极早熟耐寒、中熟抗旱、晚熟高产）绿豆新品系 3 个（区域试验进行中）；与病害防控岗位科学家朱振东博士团队合作育成抗白粉病豌豆新品系 1 个（区域试验进行中）。

3. 配套技术研究与应用

研究集成与大面积示范了蚕豆简化高效栽培技术、绿豆覆膜抗旱与病虫害防控技术、直立芸豆机械作业与病害防控技术、半无叶豌豆密植栽培技术等。

三、标志性成果

（一）获奖成果

获奖成果 7 项，其中河北省山区创业二等奖 2 项、张家口市科技进步一等奖 2 项、张家口市山区创业一等奖 1 项、张家口市科技进步二等奖 2 项（图 81）。

图 81　张家口综合试验站获奖成果证书

（二）育成的新品种

育成食用豆新品种 7 个（其中通过国家鉴定豌豆品种 1 个），引领了当地食用豆产业发展。

【冀张蚕 2 号】2009 年育成并通过鉴定，成果鉴定证书编号：冀科成转鉴字〔2009〕第 2-036 号；成果登记证书编号：20093065。

【坝豌 1 号】2010 年育成并通过鉴定，鉴定编号：国品鉴杂 2010004。

【冀张豌 2 号】2012 年育成并通过鉴定，成果鉴定证书编号：冀科成转鉴字〔2012〕第 0-003 号；成果登记证书编号：20120786。

【冀张芸 1 号】2012 年育成并通过鉴定，成果鉴定证书编号：冀科成转鉴字〔2012〕第 0-004 号；成果登记证书编号：20120787。

【张红 1 号】2013 年育成并通过鉴定，成果鉴定证书编号：张科鉴字〔2013〕第 086 号；成果登记证书编号：20133149。

【张绿 1 号】2013 年育成并通过鉴定，成果鉴定证书编号：张科鉴字〔2013〕第 088 号；成果登记证书编号 20133148。2019.01.31 获得品种权，品种权号：CNA20150498.8。

【冀张绿 2 号】2016 年育成并通过鉴定，成果鉴定证书编号：张科鉴字〔2016〕第 028 号；成果登记证书编号：20161134。

（三）形成的技术或标准

制定并发布实施了 10 项地方标准，规范了食用豆生产。

（四）代表性论文、专著

核心期刊发表论文 39 篇，参编出版专著 5 部，为食用豆科研与生产提供了理论支撑。

（五）人才培养

2017 年，张家口市农业科学院豆类作物研究所荣获河北省三八红旗集体荣誉称号。

徐东旭，2010 年取得中国农业科学院农业推广硕士学位，2010 年被聘为河北农业大学兼职教授，2010 年被聘为河北省农业科技推广专家，2016 年晋升研究员，2016 年入选河北省"三三三人才工程"第二层次人选，2017 年当选中国共产党张家口市第十一次代表大会代表，2017 年获得河北省政府特殊津贴专家称号，2017 年张家口"三三三人才工程"评委。

尚启兵，2016 年晋升推广研究员，2011 年入选河北省"三三三人才工程"第三层次人选。

高运青，2014 年晋升副研究员，2017 年入选河北省"三三三人才工程"第二层次人选。

姜翠棉，2016 年晋升副研究员（转系列），2008 年河北省三八红旗手，2009 年张家口市十大女杰，2009 年入选河北省"三三三人才工程"第三层次人选。

任红晓，2014 年取得中国农业科学院农业推广硕士学位，2015 年入选河北省"三三三人才工程"第三层次人选。

王芳，2017 年入选河北省"三三三人才工程"第三层次人选，2017 年攻读美国内布拉斯加大学林肯分校博士学位。

四、科技服务与技术培训

在食用豆主产区累计组织各类培训班、现场会、展示会、技术讲座 47 场次，培训农民 3 482 人次，发放技术资料 8 530 份，提供种子 11.22 万 kg，化肥 1 万 kg，地膜 1 000 卷。

五、对本领域或本区域产业发展的支撑作用

（一）张家口食用豆概况

张家口生态类型多样，适宜多种食用豆类生长，是我国食用豆类的优势产区之一，年

种植面积 100 多万亩。其中，蚕豆、豌豆、芸豆等冷季豆类分布在坝上高寒冷凉区，绿豆、小豆、豇豆等热季豆类分布在坝下河川暖区和浅山丘陵区。

（二）技术引领当地食用豆产业发展

依托品种和技术优势，示范效果显著，百亩方以上食用豆新品种示范样本不断涌现：如 2018 年蔚县涌泉庄乡任家堡村 200 亩张绿 1 号、2018 年阳原县要家庄乡王府庄村 110 亩冀绿 0816 和 100 亩英国红、2018 年张北县二台镇王家村 100 亩英国红、2016 年宣化区赵川镇 100 亩张绿 1 号、2015 年蔚县陈家洼乡 400 亩张绿 1 号、2014 年蔚县南岭庄乡 500 亩张绿 1 号；2012 年康保县二号卜子乡千亩张蚕 1 号；2013 年沽源县长梁乡每年倒茬示范的千亩张蚕 1 号示范样本成为靓丽风景，在该乡召开的国家食用豆产业技术体系中期观摩会上，得到了首席科学家程须珍研究员以及来自全国各地 100 多位同行专家的一致好评。

（三）为政府决策提供建议

在程首席的指导下，结合阳原县绿豆生产、加工及销售现状，就如何做大做强阳原县绿豆产业，张家口综合试验站起草并向阳原县人民政府递交了"关于阳原鹦哥绿豆产业发展的建议"，实施"打造品牌、发扬特色、产品升级"计划，得到阳原县人民政府采纳并安排阳原县农牧局组织申报中华人民共和国农产品地理标志和中国芽用绿豆之县。

（四）科企合作助力扶贫

张家口综合试验站与河北泥河湾农业发展股份有限公司合作，采用统一供种、统一管理、统一指导、保护价收购的合作模式在阳原县 10 个乡/镇建立核心基地 5 万亩，其中绿豆 21 464亩、小豆 8 414亩、芸豆 5 349亩，提供种子 90 708kg、地膜 875 卷。张绿 1 号及覆膜抗旱栽培技术、张红 1 号、张芸 2 号比农家种增产 10% 以上，亩增收 100 元以上，实现了农民增收、企业增效、政府扶贫、科研受益的四方共赢格局。新品种、新技术在国家级深度贫困县的科技扶贫工作中发挥了重要作用。

唐山综合试验站

一、综合试验站简介

　　国家食用豆产业技术体系唐山综合试验站，始建于 2011 年，刘振兴为站长（图 82），团队成员 4 名：周桂梅、陈健、龚振平和李建东。试验站下设 6 个核心试验示范基地，其中唐山农业科学研究院试验基地 50 亩，玉田基地 30 亩，乐亭基地 25 亩，迁西基地 55 亩，迁安基地 25 亩，遵化基地 30 亩。2016 年，由于工作需要，团队成员调整为周桂梅、亚秀秀、陈健、孟庆祥，新增核心示范基地 1 个（抚宁示范基地），规模 60 亩。

　　站长刘振兴：1972 年出生，1996 年毕业于西南农业大学农学专业，同年分配到唐山市农业科学研究院工作至今，2012 年获中国农业科学院硕士学位。2002 年晋升助理研究员，2006 年晋升副研究员，2011 年聘为唐山综合试验站站长。近年来获省科技进步二等奖 1 项，市科技进步一等奖 1 项、二等奖 2 项；发表专业论文 30 余篇；获得实用新型专利 1 项；制定地方标准 3 项；2012 年评为河北省优秀科技特派员。

图 82　站长刘振兴

图 83 试验站团队成员

二、主要研发任务和重要进展

（一）主要研发任务

1. 2011—2015 年主要研发内容

主要包括华北区抗病虫及间套种品种筛选与配套技术试验示范、豆象种类鉴定、分布及危害现状调查、抗病出口专用小豆种质创新与新品种选育、小豆氮磷钾施肥技术研究与示范。

2. 2016—2018 年主要研发内容

协助岗位科学家完成小豆、绿豆、豌豆高产多抗适宜机械化生产新品种的鉴定筛选、种质资源的搜集、小豆绿色增产增效关键技术集成与示范、养分的高效利用关键技术、食用豆与不同禾本科作物轮作模式下养分的动态变化跟踪检测；小豆绿豆田间重要病虫草害绿色防控及关键技术研究、小豆精量播种技术的研究与机具研制及机械化植保技术研究与机具研制。

（二）重要进展

1. 获市级科技进步奖 1 项

"红小豆新品种选育" 2011 年获唐山市科技进步二等奖。

2. 形成栽培技术 4 套、仓储绿豆象防控技术 1 套

小豆玉米间作栽培技术、小豆高产栽培技术、绿豆象田间综合防控技术、小豆合理施

肥技术、磷化铝熏蒸仓储绿豆象防控技术。

3. 促进了唐山红小豆地方品种的更新换代

筛选出适宜本地种植的高产小豆新品种（系）保红947、品红2000-47、冀红12、冀红0001，这些品种的示范推广，解决了唐山红小豆生育期长、株型高大、色泽较暗的问题，促进了唐山红地方品种的改良及更新换代。

4. 为发展林下经济提供了品种储备

筛选出的保红947、冀红0001、保绿942-34、冀绿0514适合与果树套作，在不影响果树作业、果实采摘的前提下，增收一茬食用豆，具有良好的经济效益和生态效益。

三、标志性成果

（一）获奖成果

"红小豆新品种选育"由唐山市农业科学研究院主持完成，2011年9月获唐山市科技进步二等奖。该成果在搜集、整理唐山红小豆地方品种的基础上，选育出综合性状突出的唐山红小豆TH37；对唐山红小豆进行了遗传变异研究，为小豆的杂交育种提供依据；对唐山红小豆进行了农艺性状鉴定与评价，明确了唐山红的群体结构及个体间的亲缘关系；研究了播种期与钾肥对红小豆产量及籽粒色泽的影响，唐山红小豆适宜播种期为6月25日，钾肥的施用量为150kg/hm² 氯化钾，播种期对红小豆的产量影响达到极显著水平，钾肥的作用不显著，钾肥有利于改善红小豆的色泽，但过量施用钾肥会对小豆的色泽起副作用。

（二）育成的新品种

高产、优质、大粒红小豆新品种冀红19是唐山市农业科学研究院以唐红28为母本，保M951-12为父本杂交选育而成。该品种具有早熟、高产、稳产、优质、大粒、抗倒等特性。河北省区域试验平均产量141.87kg/亩，生产试验平均产量155.12kg/亩，区域试验最高产量达到180.83kg/亩。百粒重17.1g，籽粒大，粒形整齐，商品性好，适宜在河北、河南、山东、山西、吉林、辽宁、北京等适宜生态区种植。

（三）形成的技术或标准

制定唐山市地方标准3项，小豆玉米间作栽培技术规程于2014年12月发布实施，本标准规定了小豆玉米间作栽培的产地环境、肥料及农药使用准则、种植模式、栽培管理、病虫害防治等，此标准适用于小豆玉米间作栽培。小豆轻简栽培技术规程、绿豆象综合防控技术规程于2015年12月发布实施，其中小豆轻简栽培技术规程规定了小豆轻简栽培的产地环境、农药肥料使用准则、品种选择、播种、田间管理、收获等，本标准适用于小豆轻简栽培；绿豆象综合防控技术规程，规定了绿豆象的防治原则、综合防治技术，本标准适用于小豆、绿豆、豇豆的田间、仓储绿豆象的防治。

（四）申请专利

获得授权实用新型专利：一种豆类精选机，包括精选机主轴、螺旋通道和精选机底座，精选机主轴底部设有精选机底座，精选机主轴顶部设有进料漏斗，进料漏斗一侧连接放料口，进料漏斗有若干闸，螺旋通道末端连接小螺旋分离漏斗，小螺旋分离漏斗一侧设有大螺旋分离漏斗，螺旋通道和大螺旋分离漏斗内部均设有内抛道，内抛道外侧设有外抛道，内抛道和外抛道之间通过隔板隔开，本实用新型所达到的有益效果是：通过设置三种分离口，可以同时分离多种豆类，通过设置减震防滑底座，可以增加设备的使用寿命，通过设置方向调节轴，方便改变设备的朝向，本实用新型操作简单，结构精巧，且不需要电力支持，节省了大量电力资源，大大降低了精选成本。

（五）代表性论文、专著

在《植物遗传资源学报》《植物保护》《河北农业大学学报》等学术期刊上发表论文16篇。

（六）人才培养

刘振兴，2012 年获硕士学位，2012 年获河北省优秀科技特派员荣誉称号，2012 年立三等功；2013 年被评为唐山市直机关优秀共产党员。

陈健，2013 年晋升助理研究员；周桂梅，2009 年晋升助理研究员；亚秀秀，青海大学遗传育种专业硕士生，2018 年 4 月入职本团队。

四、科技服务与技术培训

8 年来，唐山综合试验站始终把科技服务与技术培训放在重要地位，利用农闲及作物生长关键期，组织各类培训班、现场会、展示会、技术讲座 17 场次，调研咨询 54 次，培训基层技术骨干、示范种植户 5 000 多人次，发放培训资料 20 000 余份，提供示范种子超过 30 000kg，农药 50 000kg，化肥 10 万 kg。

五、对本领域或本区域产业发展的支撑作用

（一）扶贫工作

一是为迁西县罗屯镇墙板峪村和东莲花院乡柳沟峪村提供红小豆种子 3 000kg，化肥 15 000kg，农药 1 000kg，同时进行"红小豆节本增效"技术培训与指导，在全生育期进行跟踪服务；二是联合毕节试验站为毕节市七星关区大河乡青杠村提供红小豆种子 300kg。

（二）对产业发展的支撑作用

两项新技术的示范实施，对唐山红小豆产业的提质增效、绿色发展起到了一定的推动作用。

1. 红小豆苗后除草技术

与山东丰禾立建生物科技有限公司合作，配制小豆苗后除草剂"禾阔搭档"，在玉田县粮源农民专业合作社成功示范，在不减产的前提下，亩节约成本150元，实现了节本增效的目的。

2. 红小豆绿色增产增效关键技术

该项技术实现了品种搭配、减肥增密、苗后除草、病虫害绿色防控的有机结合，在玉田县石臼窝镇、林西镇以及迁安市春良蔬菜专业合作社等核心示范区进行典型示范，面积3 000亩，平均亩产185kg，增产14.2%，累计增产6.9万kg，增效55.2万元。

3. 支撑政府决策方面

分别向唐山市农办和农牧局提交了《唐山地区食用豆发展现状及建议》《红小豆生产指导建议》，为当地调整种植布局及制定"农事建议"提供了参考。

太原综合试验站

一、综合试验站简介

国家食用豆产业技术体系太原综合试验站，依托单位是山西省农业科学院农作物品种资源研究所。始建于2008年，站长畅建武（图84）。团队成员：2008—2010年，乔治军，赵建栋，庞金梅；2011—2015年，刘金玉，赵建栋，郜欣，孙贵臣；2016—2018年，郝晓鹏，王燕，赵建栋，穆志新（图85）。

图84　站长畅建武

太原综合试验站现有榆次东阳试验基地、岢岚西会村试验基地和盂县南头村试验基地共计60余亩；在山西岢岚县、河曲县、定襄县、盂县和陵川县拥有示范基地800余亩。

站长畅建武：男，汉族，1963年出生。1984年毕业于山西农业大学，获农学学士学位。参加工作以来，一直从事食用豆种质资源收集、品种选育、栽培技术研发和示范推广工作。截至目前，共引进和选育食用豆品种7个，制定山西省地方标准6项；获得省部级以上奖励7项，其中农业农村部科技进步二等奖1项，山西省科技进步一等奖1项、二等奖3项、三等奖2项；发表论文20余篇，其中SCI论文2篇，撰写专著5部，其中主持编写专著1部；参与授权专利1项，申报专利1项。

图 85　试验站团队成员

二、主要研发任务和重要进展

（一）主要研发任务

1. 遗传改良

食用豆多抗专用品种的筛选；绿豆、小豆、普通菜豆种质创新和新品种选育；小豆、普通菜豆的品种、品系联合鉴定试验；绿豆、小豆和普通菜豆的新品种生产试验；食用豆种质资源收集、保存、鉴定和评价。

2. 土肥与栽培

食用豆精确定量肥水管理技术试验研究；红芸豆抗逆栽培生理与施肥技术研究；红芸豆绿色增产增效关键技术集成与示范；红芸豆、燕麦、马铃薯最佳轮作模式试验研究。

3. 病虫害防控

食用豆主要病虫害的预警及控制技术的试验示范研究；豆象综合防控技术研究与示范；红芸豆普通细菌性疫病和根腐病综合防控技术研究；食用豆重要病虫害绿色防控及关键技术研究。

4. 综合

开展生产调研、技术服务和培训、新品种及配套技术的示范推广、基础数据库的补充完善、产业扶贫、应急性技术服务和跨体系技术合作等。

（二）重要进展

1. 收集、鉴定食用豆种质资源 1 356 份、审（认）定新品种 5 个

2008—2018 年共收集食用豆种质资源 1 356 份，其中普通菜豆（芸豆）471 份、绿豆 24 份、小豆 31 份、豌豆 66、豇豆 121 份、小扁豆 248 份，山黧豆 380 份、利马豆 2 份、饭豆 3 份、藊豆 3 份，蚕豆 7 份。通过辐射诱变、系统选育等方法育成并通过山西省农作物品种审定委员会审（认）定食用豆品种 5 个，其中豌豆 1 个、普通菜豆 3 个和红小豆 1 个。

2. 制定山西省地方标准 6 项

2008-2018 年共制定山西省地方标准 6 项，分别为：《半无叶豌豆栽培技术规程》《旱地红芸豆栽培技术规程》《普通菜豆田间性状描述规范》《普通菜豆抗普通细菌性疫病田间鉴定技术规范》《绿豆田间性状描述规范》《小豆田间性状描述规范》。

3. 无叶豌豆和红芸豆新品种及配套栽培技术得到大面积应用

（1）优质抗倒密植型无叶豌豆品种品协豌 1 号的选育与推广

品协豌 1 号是山西省育成的第一个无叶豌豆品种，填补了山西省没有无叶豌豆品种的空白。该品种直立、防风、抗倒，可密植、一次性收获，使山西省豌豆生产实现机械化作业，减少了生产成本，达到高产高效。2010—2012 年，三年累计示范推广种植 26.13 万亩，净增产豌豆 734.06 万 kg，新增社会经济效益 2 936.24 万元。

2013 年，"优质抗倒密植型无叶豌豆品种品协豌 1 号的选育与推广"获得了山西省科技进步二等奖（图 86）。

图 86　太原综合试验站获科技进步奖成果证书

（2）红芸豆品种品金芸 3 号的选育及高产栽培技术的推广应用

红芸豆是山西粮食出口的特色农产品。由于多年种植，品种退化、病害发生严重，对红芸豆产业发展造成严重影响。为了保持和发展好这一特色产业，我们选育了山西省第一个红芸豆品种"品金芸 3 号"，集成了红芸豆高产栽培技术，实现了红芸豆"良种、良法、良田"的配套，提高了红芸豆的产量和品质，降低了生产成本。2014—2016 年，三年累计推广种植 45.8 万亩，净增产红芸豆 1 041.1 万 kg，新增社会经济效益 6 662.59 万元，有力地促进了山西省红芸豆产业的快速、健康、稳定发展。

2011 年、2013 年和 2015 年分别在山西省岢岚县高家会乡西会村进行了红芸豆高产栽培、病虫害防控示范。其中 2011 年和 2013 年测产结果 5 个样点平均折合亩产 227.51kg 和 223.8kg，较对照增产 80.51kg 和 125.2kg，增幅 54.8% 和 127%，创造了高寒冷凉旱作区红芸豆高产纪录；2015 年，测产结果 5 个样点平均折合亩产 233.4kg，较对照田增产 128.4kg，增幅达 122.3%。

4. 红芸豆防治枯萎病、根腐病种子包衣技术取得进展

针对岢岚县红芸豆面积大、连作多，枯萎病、根腐病发病严重的问题，开展了不同种衣剂筛选试验，用于防治红芸豆枯萎病及根腐病。通过试验结果分析，确定采用 35% 多福克和 3% 苯醚环唑悬浮液进行种子包衣可有效预防根腐病和枯萎病的发生并在我省岢岚县大面积推广。

5. 普通菜豆核心种质和山藜豆转录组测序研究取得重要进展

（1）普通菜豆核心种质构建及多样性分析

本研究利用山西省种质资源库保存的 663 份普通菜豆及已编目数据，采用"地理来源+平方根比例+20% 总体取样量"取样方法，构建了包含 152 份普通菜豆的山西省普通菜豆初级核心种质。对 149 份核心资源进行了品质分析，筛选到 13 份高蛋白、2 份高淀粉、1 份高脂肪和 6 份高纤维资源；通过利用 41 个 SSR 标记对 152 份普通菜豆进行多样性分析，将 152 份普通菜豆划分为 3 个大的类型并筛选到 1 份具有矮生和蔓生型资源共同遗传背景的菜豆种质。

（2）山藜豆转录组测序

2015—2017 年，开展了山藜豆两个品种苗期根茎叶混样的转录组测序。此外，开展了 284 对 SSR 引物和 50 对 KASP 标记的验证及对 43 份不同来源地山藜豆的验证及多样性和遗传进化分析，2017 年发表在《Frontiers in Plant Science》（IF：4.291）。

三、标志性成果

（一）获奖成果

2013 年，"优质抗倒密植型无叶豌豆品种品协豌 1 号的选育与推广"获得了山西省科技进步二等奖。

（二）育成的新品种

截至目前，选育新品种 5 个，其中红芸豆新品种 1 个，促进了山西省食用豆产业发展。

【品金芸 1 号】芸豆新品种，2011 年通过山西省农作物审定委员会认定，审定编号：晋审芸（认）2011001。

【品金芸 3 号】红芸豆新品种，2014 年通过山西省农作物审定委员会认定，审定编号：晋审芸（认）2014001。

【品协豌 1 号】无叶豌豆新品种，2010 年通过山西省农作物品种审定委员会认定，审定编号：晋审豌（认）2010002。

【品金红 3 号】小豆新品种，2010 年通过山西省农作物审定委员会认定，审定编号：晋审小豆（认）2010001。

【品架 1 号】菜豆新品种，2013 年通过山西省农作物审定委员会认定，审定编号：晋审菜（认）2013016。

（三）形成的技术或标准

制定山西省地方标准 6 项。

半无叶豌豆栽培技术规程（DB14/T 776—2013）。

旱地红芸豆栽培技术规程（DB14/T 777—2013）。

普通菜豆田间性状描述规范（DB14/T 1368—2017）。

普通菜豆抗普通细菌性疫病田间鉴定技术规范（DB14/T 1367—2017）。

绿豆田间性状描述规范。

小豆田间性状描述规范。

（四）授权专利

专利名称：一种基于转录组测序开发山黧豆 EST-SSR 引物组及方法和应用（申请号：2017107213799）。该专利提供了一种基于转录组测序开发山黧豆 EST-SSR 引物组及方法和应用。本研究通过两个品种根茎叶混样的转录组测序开发 SSR 标记，基于对 43 份山黧豆种质资源的扩增扫描，建立了 43 份山黧豆的种质指纹图谱，可用于山黧豆种质鉴定。

（五）代表性论文、专著

2008—2018 年共计发表论文 9 篇，其中 SCI 1 篇（IF：4.291），国家级期刊论文 3 篇，其他论文 5 篇。

（六）人才培养

2008—2018 年期间，站长及团队成员共 2 人晋升研究员，2 人晋升副研究员，1 人获硕士学位，1 人考取博士研究生。站长畅建武 2012 年被聘任为岢岚县基层农技推广补助项目省级首席专家，2014 年入选省级高层次人才"忻州"市服务团。

四、科技服务与技术培训

2008—2018 年，太原综合试验站共编写技术资料 6 份，发放技术资料 22 171 份。在产区 10 多个县开展技术培训 55 次，培训人员 3 046 人次。

五、对本领域或本区域产业发展的支撑作用

（一）山西红芸豆产业概况

英国红芸豆是山西省 1989 年引进的普通菜豆品种，曾获山西省首届农博会金奖，为山西粮食出口的特色产品，其颗粒硕大、色泽鲜艳，历来是国际贸易市场上的畅销货。山西省晋西北地区为山西省红芸豆主产区，该区内大多为山地丘陵地貌、气候高寒冷凉、雨热同季，是山西省红芸豆主产区。晋西北地区的岢岚县红芸豆播种面积在 10 万亩以上，平均产销量在 15 000t 左右，约占全国总出口量的 1/4，红芸豆生产已成为当地特色的主导产业，该县被中国粮食行业协会授予"中华红芸豆之乡"称号。

（二）技术引领当地红芸豆产业发展

由于红芸豆连年种植导致品种退化、病害发生严重，影响红芸豆产业在当地的发展。太原综合试验站建立以来，围绕上述问题，开展了红芸豆新品种及高产栽培技术的研发。通过 Co^{60} 对英国红芸豆的辐射诱变，选育了高产、广适性红芸豆品种"品金芸 3 号"。此外，根据该作物特性，结合小区田间及生产试验，集成了红芸豆高产栽培技术，实现了红芸豆"良种、良法、良田"的配套。截至 2017 年，累计推广品金芸 3 号及配套高产栽培技术 52.8 万亩，净增产红芸豆 1 164.5 万 kg，新增社会经济效益 7 358.29 万元。

（三）政府决策提供建议

本试验站围绕当地红芸豆产业需求，积极配合政府部门，提交了十余份红芸豆产业建议书，向山西省政府提交了《山西省红芸豆生产现状与发展战略》的调研报告、向省农业厅提交了《山西省红芸豆全产业链开发存在问题》建议书、向岢岚县科技局提供了《岢岚县红芸豆病害调查报告》的调研报告。上述这些建议书及调研报告为政府决策提供了准确的信息，为山西省红芸豆未来发展提出了明确的方向。

（四）科社合作助力扶贫攻坚

2008—2018 年，太原综合试验站大力开展红芸豆新品种新技术的推广，有力促进行了当地经济社会发展。如与岢岚县"明天好杂粮合作社"合作，开展红芸豆千亩示范；

积极申报示范推广项目，建议政府部门加大资金投入力度。十年来，累计为当地农民和种植户提供优良红芸豆新品种 18 278kg、化肥 22 300kg、农药 5 000余袋。红芸豆"品金芸3 号"及配套栽培技术，亩增产 15%以上。上述工作均为吕梁山区的静乐、神池、五寨和岢岚等深度贫困县的扶贫工作提供了科技支撑。

大同综合试验站

一、综合试验站简介

2008 年农业部建立国家食用豆产业技术体系，设立大同综合试验站，依托建设单位山西省农业科学院高寒区作物研究所，试验站站长冯高研究员（图87）。2015 年年底由于站长退休，2016 年由邢宝龙副研究员接替为站长（图88）。试验站团队先后由 9 位科研骨干，其中包括研究员 1 名，副研究员 6 名，助理研究员 2 名，博士 1 名（图87）。试验站成立以来购置了便携式叶面积测量仪、人工气候培养箱、植物冠层分析仪、小型拖拉机、投影仪、杂粮播种机、小杂粮种子加工车等一批实验设备。

图 87　站长冯高

站长冯高： 1953 年出生，山西省农业科学院高寒区作物研究所党委书记、研究员。多年来一直从事食用豆作物育种、品种资源评价利用、栽培技术推广。主持省部级小豆、绿豆品种改良及产业化示范、晋北特早熟豆类新品种选育及省星火项目多项。征集到各种豆类种质资源 400 余份，先后选育审定农作物新品种 4 个，获得山西省科技进步一等奖 1 项，二等奖 3 项，山西省农村技术承包二等奖 3 项。发表论文 14 篇，主编著作 1 部。为山西省劳动模范、全国科普先进工作者。

站长邢宝龙： 1973 年生，现任山西省农业科学院高寒区作物研究所党委书记、副所长、副研究员。先后主持国家级项目 2 项，省、市、院各级项目 10 项。选育审定农作物新品种 11 个。获山西省科技进步二等奖 2 项，山西省农村技术承包一等奖 1 项，二等奖 4 项。发表论文 30 多篇，主编专著 4 部。为山西省杂粮学会理事，山西省品种审定委员会委员，大同市学术技术带头人，大同市"百佳"优秀共产党员。

图 88　站长邢宝龙

图 89　试验站团队成员

二、主要研发任务和重要进展

（一）主要研发任务

食用豆抗性种质创新与新品种选育。

食用豆抗逆栽培生理与施肥技术研究。

食用豆重要病害综合防控技术研究。

豆象综合防控技术研究与示范。

食用豆绿色增产增效关键技术集成与示范。

（二）重要进展

1. 食用豆抗性种质创新与新品种选育

征集各类食用豆种质资源 514 份，选育出苗头品系 12 个，其中小豆 3 个，绿豆 5 个，豌豆 3 个，芸豆 1 个。通过联合鉴定试验筛选出适合晋北地区生产和加工的食用豆新品种 30 多个；通过田间抗病性鉴定，筛选出了抗白粉病的豌豆种质。晋绿 9 号；晋小豆 6 号、京农 8 号；晋豌 5 号、晋豌 7 号分别通过了省品种审定委员会审定。

2. 食用豆抗逆栽培生理与施肥技术研究

组装集成了晋北地区绿豆地膜覆盖高产栽培技术，其核心内容是：以优质高产抗旱品种晋绿 9 号为基础，以机械化覆膜、播种为手段，以亩留苗 1.0 万~1.2 万株为适宜群体密度，以 5~10cm 地温稳定在 15~20℃ 为播种适期，以 "一优四适、一保五早、三精六把握" 技术措施为配套，通过标准化配套栽培创绿豆高产。共建立地膜覆盖绿豆高产高效示范样板田及展示田 5 240 亩，指导推广辐射面积达 23 万余亩。

3. 豆象综合防控技术研究与示范

试验筛选出 40% 辛硫磷乳油 500 倍液+浸种+喷雾防治绿豆豆象效果最好。在大同县西紫峰村、集仁村，阳高县神泉堡村，怀仁县毛家皂试验基地进行了绿豆豆象综合防控技术大田示范。

4. 食用豆重要病害综合防控技术研究

试验筛选出 25% 嘧菌酯悬浮剂 500 倍液浸种 2h+25% 嘧菌酯悬浮剂 500 倍液喷雾防治绿豆尾孢菌叶斑病的效果最好。在大同县西紫峰村、集仁村，阳高县神泉堡村，怀仁县毛家皂试验基地进行了大田示范，达到了预期的防治目的。

5. 食用豆绿色增产增效关键技术集成与示范

在 "十二五" 研发集成的 "旱地绿豆地膜覆盖农机艺一体化高产栽培技术" 基础上，结合当地生态、气候、耕作特点，集成了 "绿豆膜下滴灌栽培技术"，主要技术措施是：对绿豆起垄覆膜播种机进行了改装，加入膜下滴灌同步铺设装置，使机械化起垄、覆膜、膜下滴灌带铺设、播种及镇压同步进行，为绿豆整个生育期水肥一体化的实施奠定了基础。并在各示范基地（大同县、阳高县、天镇县、右玉县和五寨县）进行配套示范推广，核心示范区增产效果显著。

三、标志性成果

（一）获奖成果

2012 年 "万亩旱地绿豆地膜覆盖丰产栽培技术推广" 获山西省农村技术承包二等奖（图 90）。

该成果针对山西省绿豆品种混杂、退化严重、栽培管理技术落后，产量低而不稳等实际问题，按照绿豆生长的不同阶段进行科学管理，满足和促进绿豆生长发育所需的光、温、水、肥的高效利用，构建适宜山西晋北生态区的高产群体结构，通过标准化栽培实现绿豆高产稳产。承包区 10 700 亩平均亩产绿豆 76.4kg，总产绿豆 81.8 万 kg，创社会经济效益 981.6 万元，总增产 47.58 万 kg，纯增经济效益 210.96 万元，取得了显著的经济、社会和生态效益。

图 90　大同综合试验站获奖成果证书

（二）育成的新品种

育成小豆、绿豆、豌豆新品种 5 个。分别为晋绿豆 9 号、晋豌豆 5 号、晋豌豆 7 号、晋小豆 6 号、京农 8 号。

（三）形成的技术或标准

"旱作区红小豆栽培技术规程"（2016 年 1 月 20 日）和"红芸豆主要病虫害防治技术规程"（2017 年 7 月 30 日）由山西省质量技术监督局颁布实施。"晋西北旱作丘陵区红小豆栽培技术规程"（2014 年 12 月 1 日）、"晋北高寒区豌豆栽培技术规程"（2014 年 12 月 1 日）、"晋北区绿豆抗旱高产栽培技术规程"（2015 年 1 月 15 日）、"绿豆膜下滴灌栽培技术规程"（2017 年 12 月 13 日）及"豌豆品种晋豌豆 7 号"（2017 年 12 月 13 日）由大同市质量技术监督局颁布实施。

（四）授权专利

"种子风干晾晒平台" 2016 年 5 月 11 日获发明专利（图 91）。"一种多功能豆类种植机（2016 年 12 月 7 日）""一种绿豆补水穴播机（2016 年 12 月 7 日）""一种多功能豇豆种植装置（2017 年 6 月 27 日）""一种农用高效喷药车（2017 年 2 月 1 日）""一种中耕除草补肥一体机（2017 年 8 月 15 日）""一种绿豆分选机" 2017 年 1 月 11 日）及"一种绿豆收割机（2017 年 1 月 11 日）"等获实用新型专利。

图 91 大同综合试验站获国家发明专利证书

（五）代表性论文、专著

共发表论文 25 篇，其中，《作物杂志》1 篇，其他期刊 24 篇。另外，作为主编编写专著 2 部，《黄土高原食用豆类》和《几种药食同源豆类作物栽培》。

（六）人才培养

邢宝龙、刘支平、王桂梅 3 人晋升为副研究员，殷丽丽获博士学位，邢宝龙获"大同市学术技术带头人"称号。

四、科技服务与技术培训

十年来，在示范县大同县、阳高县、天镇县、右玉县、五寨县、浑源县举办各类技术培训班共 65 次，举办现场观摩会 12 次，培训基层农技人员、科技示范户、种植大户和农民 5 638 人次，为大同市农委培训县区农委副主任、总工、推广办主任共 300 多人次。发放技术资料 8 万余份，发放种子、地膜、农药、化肥等各类生产资料共计 60 余万元，山西电视台、大同电视台及各示范县电视台多次对我站的工作进行了报道。

五、对本领域或本区域产业发展的支撑作用

大同综合试验站在"十二五"期间研发集成了"绿豆旱地地膜覆盖农机艺一体化高产栽培技术"。"十三五"期间集成了"绿豆膜下滴灌栽培技术"，并申报了山西省地方农业标准和国家发明专利。

为解决大同地区黄花种植产业第 1~2 年度无收入的问题，进行了绿豆套种黄花高产高效示范种植，取得了良好的效果，达到了节本增效的目的。

大同综合试验站依托单位山西省农业科学院高寒区作物研究作为大同市市级扶贫单位，与大同市广灵县望狐乡吕家洼村结对帮扶。2016 年在该村进行了食用豆新品种新技术示范 50 亩，示范田比前 3 年平均亩增产 8% 以上，起到了示范带动作用。

天镇县是大同综合试验站的示范基地县，也是国家级深度贫困县，2017 年大同综合试验站有针对性地把该县的赵家沟乡夭沟村和赵家沟乡舍科村作为示范基地，进行了红芸豆节本增效技术集成应用示范 160 亩，示范户农民每亩增收近 50 元。

2017 年，根据《山西省干部驻村帮扶工作联席会议办公室文件》大同综合试验站在示范县右玉县李达窑乡马堡村开展了精准扶贫活动，试验站团队成员针对马堡村红芸豆、豌豆生产中存在的问题，讲解了旱坡地高产栽培技术，对农民提出的问题做了详细的解答，并发放了相关农资和技术资料 420 余份。

呼和浩特综合试验站

一、综合试验站简介

国家食用豆产业技术体系呼和浩特综合试验站 2008 年建立，内蒙古自治区农牧业科学院为试验站依托单位，孔庆全任站长（图 92）。目前有团队成员 4 名，其中研究员 1 名，副研究员 1 名，助理研究员 2 名（图 93）。在内蒙古农牧业科学院玉泉区基地、托克托县基地拥有基础设施配套的固定试验地 120 亩。在赛罕区、和林格尔县、凉城县、丰镇市、突泉县、阿鲁科尔沁旗、翁牛特旗、松山区、敖汉旗等地建立 10 多个示范基地，年均示范面积 1 000 亩以上。

站长孔庆全：1964 年 8 月出生，大学学历，副研究员，现任内蒙古农牧业科学院植保所食用豆研究室主任。

图 92　站长孔庆全

图 93 试验站团队人员

二、主要研发任务和重要进展

（一）主要研发任务

试验站成立后，团队积极深入内蒙古食用豆主产区进行食用豆生产现状和技术需求为主的调查研究，在全面了解了内蒙古地区食用豆产业现状、存在的主要问题和技术需求基础上，在食用豆体系各功能研究室的指导下，重点开展了优质、高产绿豆、普通菜豆等食用豆类新品种筛选及绿色高效配套生产技术研究与示范。

1. 食用豆新品种（系）筛选

绿豆、普通菜豆、小豆种质创新与新品种筛选；绿豆、小豆、普通菜豆、豇豆新品种/系联合鉴定试验；绿豆新品种生产试验；绿豆品种抗晕疫病田间鉴定；抗枯萎病绿豆株系鉴定与新品种筛选；食用豆种质资源收集、鉴定、评价、入库与新基因挖掘；绿豆高代材料异地鉴定试验。

2. 土肥与栽培

绿豆、普通菜豆地膜覆盖抗旱栽培技术研究；绿豆与禾谷类作物高效轮作模式建立与评价；绿豆、普通菜豆高产栽培试验；绿豆、普通菜豆减肥增效技术研究；绿豆氮磷钾最佳施肥技术研究；根瘤菌与土壤取样。

3. 病虫草害防控

豆象种类鉴定、分布及为害现状调查；种子处理防治绿豆晕疫病田间试验；分期播种防治绿豆晕疫病试验；普通菜豆细菌性疫病综合防控技术研究；绿豆、普通菜豆、蚕豆、豌豆、小豆化学除草试验。

4. 综合

产业调研；生产、市场监测；技术培训；基地建设与新品种新技术示范；产业扶贫；跨体系合作；应急性技术服务等。

（二）重要进展

1. 新品种/系筛选与应用

筛选与示范了优质、高产、抗病食用豆新品种 7 个，其中绿豆 3 个（白绿 8 号、白绿11 号和冀绿 7 号）、普通菜豆 3 个（品芸 2 号、龙芸豆 4 号和龙芸豆 5 号）、小豆 1 个（龙小豆 3 号）。

2. 新品种/系选育与应用

育成优质高产食用豆新品种 2 个，其中科绿 1 号推广覆盖率达到当地绿豆种植面积的70%以上；选育绿豆新品系 3 个（区域试验进行中）；育成菜用芸豆新品种 1 个（区域试验进行中）。

3. 配套技术研究与应用

研究集成与大面积示范推广了普通菜豆、绿豆地膜覆盖抗旱节水栽培技术、绿豆、普通菜豆分段机械收获与病虫害防控技术、绿豆、芸豆化学除草技术等。

三、标志性成果

（一）获奖成果

"绿豆新品种选育及高产栽培技术推广" 2014 年荣获内蒙古自治区农牧业丰收一等奖。主要完成人有孔庆全、赵存虎、贺小勇、席先梅等。

"普通菜豆新品种引进及高产高效栽培技术研究与推广" 2017 年荣获内蒙古自治区农牧业丰收二等奖。主要完成人有孔庆全、赵存虎、贺小勇、陈文晋、田晓燕等。

（二）育成的新品种

体系成立 10 年来，选育认定绿豆新品种科绿 1 号和冀绿 7 号，2012 年 3 月通过内蒙古自治区农作物品种审定委员会的认定，编号分别为蒙认豆 2012001 号和蒙认豆2012002 号。

科绿 1 号是呼和浩特综合试验站系统选育的大粒高产适应性强的绿豆新品种。

冀绿 7 号是呼和浩特综合试验站从河北省农林科学院引进筛选出的适宜内蒙古地区种植的早熟、大粒、结荚集中、高产绿豆新品种。

（三）形成的技术或标准

制定地方标准 3 套，规范了当地食用豆生产。

《绿豆地膜覆盖栽培技术规程》，编号：DB15/T 700—2014。

《英国红芸豆地膜覆盖栽培技术规程》编号：DB15/T 931—2015。

《绿豆新品种—科绿 1 号》编号：DB15/T 930—2015。

（四）代表性论文、专著

发表论文 17 篇，参编出版专著 3 部，为食用豆生产提供了科技指导。

（五）人才培养

10 年来，呼和浩特综合试验站培养博士研究生 1 名，1 人由副研究员晋升为研究员，1 人由助理研究员晋升为副研究员。

四、科技服务与技术培训

在食用豆主产区累计组织各类培训班、现场会、展示会、技术讲座 56 场次，培训农民 3 100 人次，发放技术资料 6 534 份，提供种子 8.63 万 kg，化肥 1.3 万 kg，地膜 2 000 卷。把体系现有的成熟技术和近年来育成的新品种送到农户的手中，提升了农民科学种田水平，有效地解决了食用豆生产中缺乏新品种新技术的问题。

五、对本领域或本区域产业发展的支撑作用

内蒙古食用豆栽培历史悠久，具有独特的地区优势，是我国食用豆主产区之一，播种面积 500 万亩左右，是一些山区、干旱与半干旱地区主栽品种，也是当地农牧民主要经济来源，发展好食用豆产业事关当地农牧民的脱贫致富问题。

体系成立 10 年来，呼和浩特综合试验站在食用豆品种引进选育和综合栽培技术研发方面做了大量工作，取得较好成绩。筛选出一批适宜内蒙古气候条件的食用豆新品种，研发集成多项食用豆高产高效栽培技术和病虫草害防治技术，在示范展示、技术服务、技术培训的基础上，广泛应用到内蒙古主要食用豆产区，有效改善了内蒙古食用豆生产品种混杂退化，栽培技术落后的局面，有力支撑了食用豆产业的健康可持续发展。

科技扶贫方面，呼和浩特综合试验站长期在国家级贫困县内蒙古自治区商都县和突泉县开展技术服务工作。2017 年呼和浩特综合试验站承担了内蒙古蒙萃源食品有限责任公司在商都县屯垦队镇北井子村 1 300 亩绿子叶蚕豆原料基地的技术指导工作。播种前为农户制定了详细的蚕豆高产栽培技术规程，从播种到收获整个生产季节进行全程技术指导，为当地农牧民脱贫致富提供有利的技术支撑。经过呼和浩特综合试验站的技术指导和技术服务，内蒙古蒙萃源食品有限责任公司引进的绿子叶蚕豆在商都县种植基本成功，为当地农民增加了一项新的收入来源，初步形成了"企业+科研+农户"的良性生产模式；收入增加近 200 元/亩。另外，从青海省农林科学院和云南省农业科学院引进 10 个绿子叶蚕豆

品种（系），进行了初步鉴定，筛选出 2 个比较适宜当地气候条件绿子叶蚕豆品种，为进一步做好科技扶贫工作奠定了基础。

　　突泉县是呼和浩特综合试验站示范县之一，是我区重要的绿豆产区。多年来，我们结合体系试验示范工作，引进绿豆新品种（科绿 1 号、白绿 8 号、白绿 11 号等）和高产栽培技术，很受当地农民的欢迎，有效推进了当地科技扶贫工作。

沈阳综合试验站

一、综合试验站简介

辽宁省农业科学院作物研究所 2008 年加入国家食用豆产业技术体系，为沈阳综合试验站依托单位。首届站长孙桂华（图 94）和现任站长葛维德（图 95）。目前，团队成员 10 名，其中研究员 2 名，副研究员 5 名，助理研究员 3 名，博士 2 名，硕士 6 名（图 96）。拥有各类试验仪器 50 余台套，价值 400 余万元，基本可满足分子技术，生理生化等各类试验需求。有固定试验地 50 亩，喷灌设备齐全，考种作业室 2 间，种子库 1 个，晒场 1 500m²。

图 94　站长孙桂华

试验站成员（2008—2010 年）：杨镇、葛维德、赵阳、赵秋。

试验示范基地 6 个：沈阳市 20 亩，阜蒙县 30 亩，彰武县 30 亩，凌源市 30 亩，喀左县 30 亩，康平县 30 亩。

试验站成员（2011 年至今）：薛仁风、陈剑、赵阳、赵秋。

试验示范基地 11 个，其中在辽宁省农业科学院固定试验地 50 亩。阜蒙县、彰武县、凌源市、喀左县、庄河市 5 个示范县共建立示范基地 10 个，示范面积近千亩。

站长孙桂华：1953 年 5 月出生，曾任国家小宗粮豆品种科技示范园首席专家、国家小宗粮豆品种鉴定委员会委员、中国农学会杂粮分会首届理事会理事、辽宁省杂粮品种鉴定委员会委员、被聘为辽宁省电台乡村广播农科专家团专家。

站长葛维德： 1973 年 5 月生，2011 年担任新站长至今。现任农业农村部小宗粮豆专家指导组成员，国家小宗粮豆品种审定委员会委员，辽宁省农作物综合类审定会委员。获农林牧渔丰收二等奖 1 项，辽宁省科学进步三等奖 1 项、辽宁省农业科技贡献二等奖 1 项。发表论文 20 余篇。

图 95　站长葛维德

图 96　试验站团队成员

二、主要研发任务和重要进展

（一）主要研发任务

1. 新品种/系筛选

绿豆、小豆种质创新与新品种筛选；绿豆、小豆、芸豆新品种/系联合鉴定试验；绿豆、小豆新品种生产试验；抗枯萎病绿豆株系鉴定与新品种筛选；食用豆种质资源收集、鉴定、评价、入库与新基因挖掘。

2．土肥与栽培

东北区绿豆、小豆绿色高效机械化生产技术集成研究；东北区小豆绿色节本增效栽培技术研究；绿豆、小豆与禾谷类作物高效轮作模式建立与评价；绿豆根瘤菌肥筛选研究。

3．病虫草害防控

豆象种类鉴定、分布及为害现状调查；小豆、绿豆田间除草剂筛选；绿豆尾孢菌叶斑病综合防控技术研究；豇豆荚螟田间种群动态调研；绿豆病毒病绿色防控技术研究；绿豆豆象、叶斑病生物防控与综合防控技术研究。

4．综合

在辽宁省食用豆主产县建设固定观察点，进行产业调研，提供基础数据；对种植户、技术人员及科技人员等进行技术培训等；应急性技术服务等。

（二）取得的重要进展

1．新品种/系筛选与应用

收集食用豆资源 116 份，野生资源 25 份，筛选优良品种 26 个。按照要求评价食用豆地方种质资源 390 份；将辽宁省鉴定的食用豆品种整理、繁殖入库 34 份，完成了抗枯萎病辽绿 3 号的株系扩繁。

完成了小豆、绿豆、芸豆、豇豆新品种联合鉴定试验，筛选出适宜辽宁省种植的优良品种 36 个（小豆 9 个、绿豆 15 个、芸豆 9 个、豇豆 3 个）；完成了小豆、绿豆新品系异地鉴定试验，筛选出比当地对照增产的优良品系 13 个（小豆 6 个，绿豆 7 个）。

融合常规育种、杂交育种、诱变育种及分子标记辅助育种等技术手段，育成小豆、绿豆、豇豆新品种 12 个。

2．配套栽培技术研究与应用

完成了绿豆密度、绿豆肥料、蔬菜下茬复种绿豆、东北小豆机械化配套技术研究；食用豆田间除草剂筛选研究；高密度抗旱栽培技术研究；"一地三收"南瓜套种豆角、玉米栽培模式；东北区食用豆绿色高效机械化生产技术集成；东北区适应机械化的绿豆与谷子高光效间作模式等高产高效栽培技术模式。

3．病虫害防控技术研究与示范

完成了田间豆象药剂防治技术研究；仓储绿豆象综合防治生产示范；绿豆尾孢菌叶斑病田间药剂防治研究；重要食用豆病害病原菌变异及资源抗性研究；食用豆类病毒病绿色防控关键技术研究；豇豆荚螟绿色防控技术研究，并对辽宁省食用豆病虫害进行了普查调研。

三、标志性成果

（一）获奖成果

1．"特色粮油作物新品种选育、有机生产与加工关键技术研究及应用" 2011 年获全国农牧渔业丰收二等奖

该项目培育高产并具特殊营养和保健功能新品种 9 个，在辽宁省推广面积累计 412.5

万亩，新增效益 10.22 亿元；有机食品加工利润累计 0.67 亿元；农户种植有机原粮亩增收 200 元，累计增收 1.02 亿元；总效益为 11.91 亿元。建设有机生产基地和有机食品加工体系。

2. "特色粮油作物新品种选育、有机生产与加工关键技术研究及应用"2011 年获辽宁省科技进步三等奖

该项目国内率先建立和实施特色粮油作物新品种选育、有机原粮生产和有机食品加工为一体的现代产业化模式，以生产特色作物有机食品为目标，按有机产品标准种植、加工及销售，解决了各环节关键技术难题。

3. "杂粮新品种选育、高产栽培及产业化技术研究与推广"2008 年获辽宁省科技贡献二等奖

该项目采用引种鉴定、筛选、常规育种、辐射育种等手段，选育适宜辽宁省种植的高产优质杂粮新品种 28 个，研究与之相配套的高产优质栽培技术模式三套，进行大面积示范和推广。建立了 5 个杂粮新品种科技示范园和优质小杂粮生产基地，与企业进行合作研究，开发杂粮加工系列产品，加快科技成果的转化。

4. "高产优质'辽红小豆 8 号'和'辽绿 28'新品种选育及推广"2013 年获辽阳市科技进步一等奖

该项目通过杂交育种的方法选育出了"辽红小豆 8 号"和"辽绿 28"食用豆新品种，这两个品种具有高产、优质，抗逆性强、适应性广、株型直立、适宜机械收割，商品性好集于一身的特点。针对两个品种的特点，开展了一系列高产高效栽培关键技术研究与示范推广。

5. "以食用豆为基础的高效复种集成技术研究与应用"2014 年获辽阳市科技进步一等奖

本项目在辽宁省 6 个市县区示范推广了以食用豆为基础的复种模式，兼顾了不同地区的气候特点及种植习惯，创建和集成了 5 种复种模式。解决了辽宁地区农作物能安全生长的季节一熟有余、二熟不充裕的问题，对建设新农村具有重大意义。

（二）育成的新品种

10 年间，共育成食用豆新品种 12 个，具有代表性的新品种 5 个。

1. 辽红小豆 6 号

平均生育期 101d，株高 105.6cm，主茎分枝 3.5 个，单株荚数 35.3 个，荚长 8.9cm，单荚粒数 6.6 粒，单株粒重 27.6g，百粒重 19.90g。区域试验平均亩产 124.40kg。

2. 辽红小豆 8 号

生育期 100d，株高 80.5cm，叶色深绿，亚有限结荚习性，主茎分枝 2~3 个，主茎节数 11 节，单株荚数 25~40 个，荚长 8.5cm，单荚粒数为 5~7 粒，百粒重 26.8g，籽粒红色大而鲜艳均匀。株型紧凑，结荚集中，适宜机械化收获。成熟时荚色为黄白色。区域试验平均亩产 144.1kg。

3. 辽绿 11 号

平均生育期 82d，株高 83cm，主茎分枝 3.6 个，单株荚数 24.5 个，荚长 10.7cm，荚

黑色，单荚粒数 10.9 粒，单株粒重 13.14g，百粒重 5.92g，粒色绿色。区域试验平均亩产 115.14kg。

　　4. 辽绿 29

　　平均生育期 82d，株高 83cm，主茎分枝 3.6 个，单株荚数 24.5 个，荚粒数 10.9 个，荚长 10.7cm，株粒重 13.14g，百粒重 5.92g，粒色绿色。区域试验平均亩产 114.84kg。

　　5. 辽地豇 2 号

　　属于直立型品种，有限结荚习性。生育期春播 80d 左右，夏播 65d 左右。株高 65cm，茎秆粗壮，紫色花，抗倒伏。分枝 2~3 个，株型紧凑，单株荚数 15 个左右，荚粒数 10 个左右，荚长 15cm，百粒重 13g，粒花斑色，皮薄。区域试验平均亩产 167.5kg。

（三）申请专利

　　"嗜线虫致病杆菌（*Xenorhabdus bovienii*）*GroEL* 基因，蛋白及其应用"于 2016 年获得授权国家发明专利（图 97），属于农业生物技术和生物防治领域。本发明提供一种对棉铃虫等鳞翅目害虫具有高毒力的嗜线虫致病杆菌 *GroEL* 基因和杀虫蛋白，以应用于转化微生物和植物，从而克服和延缓害虫对转基因工程菌和植物的抗性的产生，有效地防治农业生产中的重要害虫。

图 97　沈阳综合试验站获国家发明专利

（四）代表性论文、专著

　　十年来，团队成员共发表论文 23 篇，其中 SCI 4 篇。

（五）人才培养

十年间，两名团队成员晋升研究员，4 人晋升副研究员，2 人取得硕士学位，1 人入选辽宁省百千万人才工程万人层次，1 人赴美访问学习。葛维德站长 2017 年聘任为辽宁省农科院作物所副所长，农业农村部小宗粮豆专家指导组成员，辽宁省品种审定综合类委员会委员。薛仁风 2017 年晋升研究室主任。

四、科技服务与技术培训

十年间，每年至少四次到各示范县对科技人员和种植大户进行食用豆新品种、高产栽培技术和抗旱救灾培训，并对农业供给侧改革给杂粮、杂豆带来的机遇、食用豆国内外发展概况进行介绍，同时对农民提出的问题一一进行解答。培训期间共免费发放食用豆栽培书籍 5 000 余本，发放示范种子超过 1.5 万 kg，共培训主产区农技人员和种植大户近4 000 人次，并受到了当地政府和种植户的欢迎。在食用豆主产区的阜蒙县、彰武县、凌源市、喀左县、康平县、庄河市等主产县建立食用豆试验示范基地，累计示范推广 4 000亩，辐射 10 万多亩，加大了食用豆的试验基地的建设，有力地推动了食用豆生产的发展和新品种的推广力度。

五、对本领域或本区域产业发展的支撑作用

（一）加强与示范县的联系，使食用豆试验示范基地建设不断加强

我们除了对新品种、新技术进行示范推广，还针对每个示范县的突出特色，积极联系企业，带动食用豆产业的发展。如阜蒙县具有悠久的食用豆种植历史，食用豆生产在该地区已初具规模，已成为阜蒙县一大特色产业。该县有多家杂粮加工龙头企业如孙六杂粮出口加工厂，每年销售绿豆、小豆超过 2 000t，是北京京日集团与阜蒙县签约的以杂粮精选加工为主的外向型企业。这些企业将带动阜蒙县杂粮生产。因此，我们将继续努力，使阜蒙县食用豆生产水平再上一个新的台阶，成为当地农民增收的支柱产业。

凌源市具有花卉、蔬菜大棚多和玉米 2∶0 种植模式多的特点，我们主要利用大棚下茬的空闲地、玉米间作的空垄等特点，种植食用豆，提高土地利用率，增加经济效益。因此，我们与凌源市农业技术推广中心、凌源市金冠粮业有限公司共同合作，发展当地食用豆产业。凌源市金冠粮业有限公司把他们的 200 多亩基地腾出让我们种植食用豆来推动当地食用豆的生产。

（二）切实解决生产中的问题

2012 年阜蒙县发现了绿豆疮痂病，我们邀请岗位科学家朱振东博士到现场进行调研，

了解绿豆疮痂病发病情况，经过专家指导用药后，近几年发现绿豆疮痂病已经得到控制，发病较轻、较少。

（三）抗旱救灾、科技扶贫

每年针对旱情比较严重的地区，现场指导农民抗旱播种食用豆，发放给农民超过 2 万 kg 绿豆、小豆种子，总行程超过 6 万 km，经过团队成员及示范县的骨干的努力，帮助农民种植 10 多万亩的食用豆，亩产达 100kg 左右，降低了农民大旱之年的损失。

2016 年 7 月中下旬，辽宁省地区持续大雨、暴雨天，当时正值食用豆生长发育的关键时期，持续的降雨给食用豆生长发育带来不利影响。沈阳综合试验站积极组织团队成员和示范县技术骨干及科技人员等深入灾区一线，制定完善分区域、分品种的技术措施，指导灾情应对和恢复生产，切实帮助农民解决生产生活中的实际困难。

长春综合试验站

一、综合试验站简介

国家食用豆体系长春综合试验站建立于 2008 年，站长为郭中校研究员（图 98）。岗位团队先后由 6 位科研人员组成，其中，研究员 2 名、副研究员 3 名、研究实习员 1 名（图 99）；团队中博士 1 人，硕士 2 人，本科 1 人，大专 2 人；现有示范县 5 个，分别为洮南市（30 亩）、通榆县（30 亩）、镇赉县（20 亩）、前郭县（20 亩）、长岭县（20 亩）。

图 98　站长郭中校

2009—2010 年：站长郭中校；团队成员包淑英，品种试验专业；王明海，土肥栽培专业；王桂芳，植保专业；徐宁，综合专业。

2011—2016 年：站长郭中校；团队成员包淑英，品种试验专业；王明海，土肥栽培专业；王桂芳，植保专业；徐宁，综合专业。

2017—2020 年：站长郭中校；团队成员包淑英，品种试验专业；王明海，土肥栽培专业；邓昆鹏，植保专业；徐宁，综合专业。

站长郭中校：男，1964 年 4 月出生，博士，研究员。现任吉林省农业科学院副院长职务，食用豆研究创新团队首席专家。第三批吉林省高级专家、第四批吉林省高级专家，吉林省第十二批有突出贡献的中青年专业技术人才，吉林省第二批拔尖创新人才第三层次人选，吉林省第五批拔尖创新人才第二层次人选。近年来，主要从事食用豆种质资源耐

图 99　试验站团队成员

旱、耐盐碱、抗豆象等鉴评与种质创新及食用豆高产优质新品种选育及栽培技术研究。

二、主要研发任务和重要进展

（一）主要研发任务

1. 优异种质创新

利用杂交等手段，重点创制抗豆象、适宜机械化收获的绿豆新种质。

2. 新品种选育

以常规育种技术，选育高产、直立、结荚集中、适宜机械化生产的绿豆新品种。

3. 新品种筛选

开展绿豆、蚕豆、普通菜豆、小豆种质创新与新品种筛选；绿豆、小豆、普通菜豆、豇豆新品种联合鉴定试验。

（二）重要进展

收集国内直立型绿豆种质资源 56 份，筛选出丰产性好、荚长、大粒、早熟等优异种质 12 份，创制直立型绿豆优异新种质 4 份，其中，一份新种质于 2016 年 3 月被吉林省农作物品种审定委员会认定为绿豆品种"吉绿 13 号"。选育的直立型绿豆品种"吉绿 10 号"顶部结荚，早熟且成熟一致，适合机械化收获，填补了吉林省直立型绿豆品种的空白。

通过杂交及海南加代，获得一批高世代抗豆象绿豆材料。2018 年对绿豆材料抗豆象进行了鉴定，和室内抗豆象鉴定，有望鉴定选育出高产及高抗豆象绿豆新品种。

2011—2012 年，参加了第一轮绿豆、小豆品种联合鉴定试验。筛选出绿豆冀绿 7 号、苏绿 2 号、潍绿 7 号、白绿 8 号适宜本区域种植；小豆筛选出龙小豆 3 号、白红 5 号、京农 6 号适宜本区域种植。

2013—2014 年，参加了第二轮绿豆、小豆品种联合鉴定试验。绿豆筛选出保绿 942-34、潍绿 7 号适宜本区域种植；小豆筛选出白红 6 号、吉红 8 号适宜本区域种植。

2016 年度，吉绿 13 号、吉红 14 号，分别通过吉林省农作物品种审定委员会认定。绿豆、小豆新品种联合鉴定试验筛选出 122-225、保绿 200810-1，唐红 2010-12、JHPX01 分别为适宜在本地区种植的绿豆、小豆品种，产量分别为 1 801.3 kg/hm²、1 747.8kg/hm²、1 792.6kg/hm²、1 734.2kg/hm²。

2017 年度，绿豆、小豆、普通菜豆新品种联合鉴定试验筛选出 142-139、白绿 9 号，龙 11-726、白红 9 号，克芸 1 号、中芸 3 号，品豇 2011-09、中豇 1 号适宜在本区域种植，公顷产量分别为 1 312.0kg、1 149.8kg、2 373.6kg、2 051.2kg、2 452.5kg、2 307.1kg、1 755.3kg、1 644.5kg。创制优异绿豆优异种质 17L5126 和 17L5071，每公顷产量分别为 1 954.2kg、1 669.7kg。

三、标志性成果

（一）获奖成果

获奖成果共 6 项，其中吉林省科技进步二等奖四项、中华农业科技奖三等奖一项、长春市科技进步一等奖一项（图 100）。

图 100　长春综合试验站获奖成果证书

1. "优质、高产、多抗型绿豆新品种选育及配套栽培技术研究与应用"获2010年度吉林省科技进步二等奖

本项目广泛收集绿豆种质资源，通过鉴定与评价，筛选出优异种质13份，通过常规技术与生物技术相结合的方法，创制出抗病种质资源2份。以白925为母本，公绿1号为父本，育成优质、高产、抗病绿豆新品种"吉绿4号"；以大鹦哥绿为母本，绿豆103为父本，育成优质、抗病、综合农艺性状好的绿豆新品种"吉绿5号"。上述2个品种均具有高产、优质、抗病等特点，已经成为生产主推品种。针对吉林省绿豆生产特点及存在的技术问题，率先进行了优质高效栽培技术研究。构建了绿豆优质高效技术模式，制定了《吉林省绿豆节本增效栽培技术操作规范》。在吉林省的松原、白城等绿豆优势产区累计推广绿豆新品种"吉绿4号""吉绿5号"及配套栽培技术180万亩，增产绿豆1 260万kg，增收1.134亿元。

2. "优质、高产小豆新品种吉红7号、吉红8号选育及配套技术研究与应用"获2011年度吉林省科技进步二等奖

本项目通过广泛搜集国内外小豆种质资源，并对重要农艺性状进行鉴定与评价，筛选出优质、抗病种质资源6份，利用红11-3为母本，辽107为父本，选育出高产、多抗小豆新品种"吉红7号"，利用小豆178为母本，小豆5076为父本，选育出优质、多抗小豆新品种"吉红8号"。针对吉林省生态区，从播种期、播种深度、种植密度及施肥技术等方面进行了研究，并将单项技术进行优化与集成，充分发挥小豆新品种增产潜力。最终确定吉林省小豆最适播种期为5月15—20日，播种深度为4~6cm，适宜种植密度为18万株/hm²，氮、磷、钾每公顷适宜施肥量分别为64~72kg、53~57kg和47~51kg。新品种新技术累计推广120万亩，取得了良好的经济效益。

3. "优质、高产绿豆新品种'吉绿7号''吉绿8号'选育与推广"2013年获得吉林省科技进步二等奖

本项目通过广泛收集国内外绿豆种质资源，并对重要农艺性状进行鉴定与评价，筛选出优质、抗病等种质资源13份。利用白925为母本，高阳绿豆为父本，选育出高产、多抗、大粒绿豆新品种"吉绿7号"；从内蒙古收集的绿豆农家品种混合群体中发现并选取变异单株，经过优中选优，连续选优，采用系统选育法在吉林省首次选育出早熟小粒型优质高产绿豆新品种吉绿8号。分别对两个新品种获得高产时的重要栽培因素进行了优化研究：吉绿7号在N、P、K施肥量分别为37.9~62.1kg/hm²、97.7~147.3kg/hm²、70.8~90.8kg/hm²，种植密度为12.8万~14.5万株/hm²时能够获得高产，产量超过1 594kg/hm²；吉绿8号氮、磷、钾施肥量分别为35.2~46.3kg/hm²、94.5~114.8kg/hm²、79.3~95.6kg/hm²，种植密度为13.9万~15.7万株/hm²时能够获得高产，产量超过1 262kg/hm²。新品种新技术累计推广160万亩，取得了良好的经济效益。

4. "食用豆类种质资源收集、鉴定与新品种选育"2016年获得吉林省科技进步二等奖

本项目广泛搜集国内外食用豆种质资源733份（包括野生种及其近缘种），通过对重要农艺性状进行系统的鉴定与评价，筛选出优异绿豆种质14份（优异直立型种质4份、大粒种质3份、抗豆象种质2份、耐旱种质4份、耐盐碱种质1份）、小豆优异种质10份

（大粒种质 3 份、长荚种质 3 份、抗豆象种质 1 份、耐盐碱种质 3 份）。进行了种质创新与新品种选育：利用白绿 522 为母本，T62-2 为父本，经人工有性杂交选育出大粒型优质高产多抗绿豆新品种吉绿 9 号；利用红 11-4 为母本，京农 5 号为父本，经人工有性杂交选育出大粒型优质高产抗逆性强小豆新品种吉红 10 号。2013 年以来，新品种累计在吉林省白城市、松原市等主产区推广 140 万亩（吉绿 9 号示范推广 98 万亩、吉红 10 号示范推广 42 万亩），在内蒙古、河北、山西等省绿豆、小豆春播区推广 83 万亩（吉绿 9 号示范推广 63 万亩、吉红 10 号示范推广 20 万亩），按每亩绿豆、小豆平均分别增产 7kg、9kg，每千克绿豆、小豆平均售价分别为 9.0 元、8.0 元计算，增创效益 14 607.0 万元。

（二）育成的新品种

育成新品种 15 个，均通过吉林省农作物品种审定委员会认定，分别为：吉绿 7 号成果登记证书编号：2010003；吉绿 8 号成果登记证书编号：2011003；吉绿 9 号成果登记证书编号：2013002；吉绿 10 号成果登记证书编号：2014002；吉绿 11 号成果登记证书编号：2014001；吉绿 12 号成果登记证书编号：2015003；吉绿 13 号成果登记证书编号：2016001；吉红 9 号成果登记证书编号：2011001；吉红 10 号成果登记证书编号：2011002；吉红 11 号成果登记证书编号：2012002；吉红 12 号成果登记证书编号：2014002；吉红 13 号成果登记证书编号：2015002；吉红 14 号成果登记证书编号：2016003；吉芸 1 号成果登记证书编号：2010001。其中吉红 8 号由全国农业技术推广服务中心鉴定，国品鉴杂：2015028。

（三）形成的技术或标准

吉林省地方标准：直立型绿豆品种吉绿 10 号（DB22/T 2618—2017）于 2017 年 5 月 8 日发布，2017 年 5 月 8 日实施。

标准规范了直立型绿豆品种吉绿 10 号的特征特性、产量水平等技术指标，完善了绿豆标准体系；该标准的实施，有利于绿豆品种的鉴别，对于调整种植业结构，落实供给侧结构性改革，推进绿豆机械化和标准化生产，提升绿豆产品质量安全水平，培育"吉林绿豆"品牌，促进绿豆产业健康稳步发展，振兴地方经济，加快农业现代化建设，具有十分重要的意义。

（四）代表性论文、专著

在作物学报、植物遗传资源学报等核心期刊上发表论文 17 篇。

（五）人才培养

郭中校站长获得博士学位，获得第三批、第四批吉林省高级专家称号，吉林省第五批拔尖创新人才第二层次人选。团队成员王明海、王桂芳、徐宁先后晋升为副研究员。

四、科技服务与技术培训

长春站大力开展了绿豆、小豆种植技术培训和指导工作，主要采用集中全面系统培训和田间技术指导服务相结合的方式，在绿豆、小豆播种前，讲授绿豆、小豆品种选用，合理施肥等高产栽培技术。在生长期间，以技术培训和田间指导相结合，介绍绿豆、小豆病虫害防治技术等。在收获前，讲授收获注意事项，解决农户生产中存在问题。2008—2018年开展各类培训活动14次。

五、对本领域或本区域产业发展的支撑作用

吉林省是我国绿豆主产省，种植面积、产量均约占全国的1/5，以白城市（洮南、通榆、镇赉）和松原市（前郭、乾安、长岭）等地区种植面积最大。目前，吉林省绿豆品种生长习性主要以半蔓生为主，缺少直立型品种，不抗倒伏，生长后期雨水较大，往往造成豆荚、豆粒发霉，严重影响籽粒品质，减少产量，降低农户种植积极性，阻碍吉林省绿豆产业健康发展。另外，随着绿豆生产与种植规模的不断扩大，对机械化生产的需求日渐显现，直立型品种能够迎合这一发展需求，为绿豆机械化生产奠定基础。针对此现状，长春综合试验站积极申请省科技厅2012年重点科技攻关项目"直立型高产优质绿豆新品种选育"，并予以立项，2014年年底通过验收鉴定。本项目选育出了直立型高产优质绿豆品种吉绿10号、吉绿13号，其中吉绿10号填补了吉林省直立型绿豆品种的空白，丰富了遗传多样性，提升了机械化生产水平，有利于吉林省绿豆产业的健康发展。

齐齐哈尔综合试验站

一、综合试验站简介

　　齐齐哈尔综合试验站于 2008 年建站，依托单位黑龙江省农业科学院齐齐哈尔分院，崔秀辉任站长（图 101），现有团队成员 4 人，其中研究员 1 人，助理研究员 3 人（图 102），下设 5 个示范县，分别为泰来县、龙江县、甘南县、杜尔伯特蒙古族自治县、林甸县，每个示范县技术骨干 3 人。建设依托单位建设试验示范基地 60 亩，同时在 5 个示范县建立 10 个试验、示范区，每年试验、示范面积在 400 亩以上。

　　站长崔秀辉：1963 年出生，研究员，硕士，杂粮育种研究室主任。主持并完成科研项目 16 项，作为第一育种人育成杂粮品种 9 个，发表学术论文 22 篇，编写专著 1 部，获奖成果 11 项。

图 101　站长崔秀辉

图 102　试验站团队成员

二、主要研发任务和重要进展

（一）主要研发任务

重点开展了食用豆优良品种与高产综合配套技术试验与示范；主要病虫害防控技术研究与试验示范及绿豆合理施肥、合理密植技术研究。东北区出口专用及机械化生产品种筛选与配套技术集成；豆象种类鉴定、分布及为害现状调查；抗豆象种质资源筛选；抗病虫绿豆、小豆、普通菜豆创新种质的鉴定筛选；芸豆普通细菌性疫病综合防控技术；芸豆氮磷钾最佳施肥技术；新品种（种质）的稳定性、产量、抗性、品质及适应性等特性的鉴定与评价；优质多抗食用豆新品种鉴定与应用；种质资源鉴定与评价；生态与土壤环境状况调查及土壤质量管理；绿豆豆象、叶斑病生物防控与综合防控试验；绿豆草害防控。

（二）取得的重要进展

将影响产量和品质提高的种植密度、病害、杂草、肥料4个主要栽培因素作为单因子进行整体设计，研究过程中具有系统性、独立性和连续性，最终将4个因子整合，形成绿豆高产高效综合栽培技术模式，建立了黑龙江省绿豆产区高产高效综合栽培技术模式：最佳种植密度为20万株/hm²；采用35%多克福水剂，按药种比1∶40进行种子包衣技术防治根腐病；用噻吩磺隆和异丙甲草胺混合进行化学除草；氮：92.7 kg/hm²，五氧化二磷：

123.0kg/hm^2，氧化钾：54.8 kg/hm^2，氮：五氧化二磷：氧化钾的比例为 1：1.3：0.6。在 5 个示范对来自全国的 22 个绿豆、19 个小豆、9 个芸豆开展品种鉴定筛选。筛选出绿豆品种白绿 9237 和绿丰 2 号株型直立、抗病、高产适宜机械化生产；绿丰 5 号、白绿 9 号粒大、色泽明亮鲜绿，商品品质好，是出口专用型品种。筛选出小豆出口专用品种中红 7、宝清红和吉红 8 号。筛选出普通菜豆出口专用品种龙芸豆 4 号和龙芸豆 5 号。开展绿豆、芸豆机械化生产施肥模式、机械收割方式试验、示范，总结出在现有机械条件下采用分段收获优于人工收获和联合收割机一次收获。连续 4 年对农户、企业、农贸市场开展豆象种类和分布情况调查，明确了黑龙江省主要豆象种类为绿豆象，主要为害绿豆，为害程度极轻。开展 25 个绿豆、25 个小豆、13 个普通菜豆及 9 个豇豆新品种联合鉴定试验，初步鉴定出适宜黑龙江省西部种植的绿豆品种 2 个、小豆品种 3 个、芸豆品种 3 个、豇豆品种 2 个。对 60 个绿豆品种进行抗晕疫病田间鉴定试验，鉴定出抗病品种 5 个（张绿 3、绿丰 2、大同小明绿豆、中绿 7、吉绿 11）。建立玉米—绿豆轮作模式。对黑龙江省西部绿豆种植区域进行杂草种类调查，绿豆田杂草主要有一年生禾本科杂草、一年生阔叶杂草及多年生杂草，自播种开始至 8 月上旬均有发生，一般有 2~3 次萌发高峰，尤以绿豆幼苗期危害较重。近年来，禾本科杂草发生基数呈上升趋势，阔叶杂草对绿豆的生长危害较重。经试验确定绿豆苗前封闭安全有效除草剂为噻吩磺隆+异丙甲草胺，绿豆苗后安全有效除草剂为咪唑乙烟酸。

三、标志性成果

（一）获奖成果 3 项

绿豆新品种"嫩绿 1 号"2008 年获齐齐哈尔市科技进步三等奖。
"绿豆高产高效综合栽培模式研究与应用"2011 年获黑龙江省农委科学技术三等奖。
绿豆新品种"嫩绿 2 号"2015 年获黑龙江省农委科学技术二等奖。

（二）育成的新品种

育成绿豆新品种 1 个：嫩绿 2 号（黑登记 2012004），2012 年 3 月经黑龙江省农作物品种审定委员会登记通过。
发表论文 20 篇。

（三）人才培养

培养硕士研究生 1 名。3 名团队成员晋升为助理研究员。

四、科技服务与技术培训

10年来，齐齐哈尔综合试验站全体成员深入农村、企业、市场，跟踪生产，跟进科技服务，开展多次调研，收集食用豆种质资源及产业相关信息，掌握本区域食用豆发展动向。积极指导基层农技人员和农民，开展形式多样技术培训，培训总计501次，培训农技人员总计13 750人次，累计发放技术手册名称为"绿豆病虫害防治技术手册"及"杂粮栽培技术手册"4 500册，技术明白纸8 000份。

五、对本领域或本区域产业发展的支撑作用

（一）实现品种更新、更换

体系建设10年来，通过体系平台将来自全国食用豆品种在示范县不间断开展适宜当地生产的优良品种筛选，筛选出的品种已经在生产上推广应用，实现品种更新、更换。

（二）抗御自然灾害能力得到加强

在这10年里，发生过虫灾、旱灾、涝灾、冰雹等自然灾害，针对这些灾害试验站全体成员协同示范县技术骨干一同投入抗灾、救灾过程中，分析灾情提出指导性技术方案，并跟踪实施效果，降低灾害损失。

（三）食用豆生产水平明显提高

从体系建设以来，农民真正从传统种植走向科学种植，在品种选择、合理密植、化学除草、病虫害综合防治、田间管理等综合技术的栽培水平有了很大提高，单产大幅度提高，绿豆单产从体系建设前600~1 050kg/hm^2 提高到1 200~1 350kg/hm^2，高产地块达到2 250kg/hm^2 以上。

（四）提升科技服务能力和水平

随着体系建设，经过几年与病虫害、育种、栽培岗位科学家学习、交流，使得试验站全体成员工作能力和水平得到提升，特别是服务生产、指导生产能力尤为明显。与病虫害岗位科学家一同进行多次生产调研，从调研结果看，食用豆病害种类多、发生普遍，特别是每年都有不同程度发生的细菌性病害，以前农民既不防也不治，而我们将其列为防治重点，通过抗病品种、防治技术示范，采取形式多样培训，提高农民认知程度，有效控制病害发生。

南通综合试验站

一、综合试验站简介

　　江苏沿江地区农业科学研究所 2008 年加入国家食用豆产业技术体系，为南通综合试验站，站长为王学军研究员（图 103）。经过 10 年的发展，南通综合试验站拥有团队成员 4 人（图 104），分别为汪凯华研究员，品种试验；缪亚梅副研究员，土肥栽培；顾春燕副研究员，植保；陈满峰副研究员，综合；同时还有技术研究及推广人员葛红副研究员、赵娜硕士及薛冬博士。拥有基础设施配套的固定试验地 50 亩，建有基本设施齐全的实验室、考种室、挂藏室、仓库、冷库；在海门、启东、通州、如皋、如东 5 个示范县建有新品种、新技术、新模式试验示范基地 11 个，面积 1 000 多亩。

　　站长王学军：男，1969 年 1 月出生，现为江苏沿江地区农业科学研究所经作室主任，江苏省农业科学院研究员；工作 28 年来，从事食用豆品种、栽培研究及推广工作 25 年。江苏省"333 高层次人才培养工程"第四期（三层次）、第五期（二层次）培养对象，南通市"226 高层次人才培养工程"第四期（二层次）、第五期（一层次）培养对象。2011年被南通市人民政府授予"南通市先进工作者"荣誉称号，2016 年被江苏省人民政府授予"江苏省有突出贡献的中青年专家"荣誉称号。

图 103　站长王学军

图 104　试验站团队成员

二、主要研发任务和重要进展

（一）主要研发任务

紧紧围绕东南沿海及长江流域鲜食蚕豆、豌豆产业需求，重点开展了"鲜食蚕豆、豌豆全产业链"各个环节技术研究及推广示范工作。

1. 新品种/系筛选

蚕豆、豌豆、小豆种质创新与新品种筛选；蚕豆、豌豆、小豆、绿豆新品种/系联合鉴定试验；蚕豆赤斑病筛选试验；抗白粉病豌豆种质筛选试验；食用豆种质资源收集、鉴定、评价、入库与新基因挖掘；蚕豆遗传群体试验。

2. 土肥与栽培

蚕豆、豌豆扇形密度试验；蚕豆氮肥减量施肥试验；蚕豆—红薯轮作试验；蚕豆氮磷钾精确施肥技术试验；根瘤菌及土壤养分固定点检测试验；鲜食蚕豆品种高效栽培技术试验；鲜食豌豆品种高效栽培技术试验；鲜食蚕豆春化及配套栽培试验；鲜食蚕豆设施栽培技术试验；鲜食蚕豆微肥施用效果试验。

3. 病虫害防控

豆象种类鉴定、分布及为害现状调查；蚕豆除草剂试验；蚕豆赤斑病防治效果试验；蚕豆病毒病防治试验；鲜食蚕豆设施病虫草害综合防控试验。

4. 综合

固定观察点产业调研；技术培训；基地建设与新品种新技术示范；产业扶贫；跨体系合作；应急性技术服务等。

（二）取得的重要进展

筛选出适宜南方秋播区种植的鲜食蚕豆品种4个：通蚕鲜6号、通蚕鲜7号、通蚕鲜8号、日本大白皮；研究集成适宜本区推广利用的鲜食蚕豆高产高效配套栽培技术1套；筛选品种及集成技术在5个示范县进行试验示范。蚕豆象综合防控技术集成与示范；集成鲜食蚕豆绿色高效综合防控技术并大面积示范应用。

三、标志性成果

（一）获奖成果

《广适抗赤斑病鲜食蚕豆品种选育及标准化生产技术研发》《大粒低单宁鲜食蚕豆新品种通蚕鲜7号选育及应用》获江苏省农业科学院科学技术二等奖；《抗赤斑病蚕豆新品种选育及配套技术研究与应用》获重庆市科技进步三等奖。

本成果针对南方地区鲜食蚕豆品种适应范围窄、赤斑病发病重的突出问题，首次育成我国南方跨省审（鉴）定的优质广适抗赤斑病新品种"通蚕鲜6号""通蚕鲜7号""通蚕鲜8号"；《一种鲜食蚕豆春化处理方法》发明专利通过鲜食蚕豆种子春化处理，实现了江浙沪设施种植鲜食蚕豆较露地提早上市40d以上，云南福建等温光条件较好地区露地种植提早上市30d左右；针对生产标准化体系不完备等问题，开展通蚕鲜6号、通蚕鲜7号、通蚕鲜8号优质高效生产技术研究并发布新品种生产技术规程江苏省地方标准，发明了《一种单棚春化处理蚕豆早熟高效种植方法》专利，集成10项鲜食蚕豆高效种植模式，其中《鲜食蚕豆—芋芍高效设施种植方法》获专利授权，构建"鲜食蚕豆+N"优质高效安全标准化生产技术体系。

（二）育成的新品种

育成鲜食蚕豆品种4个：通蚕鲜6号、通蚕鲜7号、通蚕鲜8号、通蚕9号；鲜食豌豆品种4个：苏豌2号、苏豌3号、苏豌4号、苏豌5号；小豆品种3个：通红2号、通红3号、通红4号；绿豆品种1个：通绿1号。

通过国家鉴定定名品种4个，分别为通蚕9号、苏豌2号、苏豌3号、苏豌7号；通过跨省审（鉴）定品种3个，分别为：通蚕鲜6号、通蚕鲜7号、通蚕鲜8号。

通蚕鲜6号、通蚕鲜7号已申请品种权保护，2013年被推选为江苏省主推品种。登记品种5个，分别为通蚕鲜6号GDP（2018）320003、通蚕鲜7号GDP（2018）320004、通蚕鲜8号GDP（2018）320006，日本大白皮GDP（2018）320002，海门大青皮GDP（2018）320005。

（三）形成的技术或标准

制定江苏省农业地方标准40项，其中省级标准17项、市级标准23项。发布标准涵盖了品种、栽培、高效种植模式、加工等产业链各个环节。

（四）专利

申请国家发明专利 7 项，其中 4 项获得授权：《农作物高效种植方法》《鲜食蚕豆春化处理方法》《鲜食蚕豆—芋艿高效设施种植方法》《荷兰豆大棚设施高效栽培方法》（图 105）。

图 105　南通综合试验站获国家发明专利证书

（五）代表性论文、专著

在国内外共发表代表性论文 30 篇。其中《Carbon sequestration and yields with long-term use of inorganic fertilizers and organic manure in a six-crop rotation system》在《Nutrient Cycling in Agroecosystems》上发表。

（六）人才培养

王学军，2009 年被聘为江苏省科技厅"江苏省优良品种培育工程蚕豆、豌豆、赤豆等小杂粮协作攻关组首席专家"，2010 年晋升研究员，2014 年晋升三级研究员，2011 年入选江苏省第四期"333 高层次人才培养工程"三层次培养对象，2016 年入选江苏省第五期"333 高层次人才培养工程"二层次培养对象；2011 年获南通市先进工作者荣誉称号，同年当选南通市党代表，2016 年获"江苏省有突出贡献中青年专家"荣誉称号。

汪凯华，2010 年晋升副研究员，2017 年入选南通市"226 高层次人才培养工程"二层次培养对象，2018 年晋升研究员。

缪亚梅，2011 年晋升副研究员。

陈满峰，2016 年晋升副研究员。

四、科技服务与技术培训

在新品种和新技术研发的同时，组织团队深入产区，适时开展科技服务与技术培训工作。试验站成立以来，组织团队成员深入生产一线或农户家庭进行现场技术指导 200 余次，培训种植大户、农民经纪人 350 多户（次），常年技术咨询 100 亩以上规模种植大户 50 户余次。组织技术观摩活动 20 余次，共举办培训班 140 多次，培训技术人员近千名，培训新型经营主体 100 多次，培训农民 1 万多人次。

五、对本领域或本区域产业发展的支撑作用

"通蚕鲜 6 号""通蚕鲜 7 号""通蚕鲜 8 号"等广适、抗病鲜食蚕豆专用品种的育成与推广，为我国南方鲜食蚕豆产业化发展提供技术支撑，年推广面积在 50 万亩以上，亩产鲜食蚕豆 1 000 kg 以上，亩产值平均在 2 000 元以上。

研究形成品种优质高产安全标准化生产技术。发布新品种生产技术规程江苏省地方标准，建立品种标准化商品基地；集成新品种生产技术规程江苏省地方标准，通过和示范县推广部门及速冻加工企业合作，建立标准化商品生产基地。

发明了《鲜食蚕豆春化处理方法》授权专利，该发明方法实现了鲜食蚕豆提早上市 40 d 以上，填补了早春鲜食蚕豆市场供应空白，产量增加 50% 以上，产值提高 2 倍；该方法简单易操作，更适合于工厂化春化处理，运输及播种方便，减少劳动力投入，节约春化室（冷库）空间及能耗成本，尤其利于气候资源较好地区万亩以上露地规模生产，实用性强。

集成多种高效种植模式，构建了"鲜食蚕豆+N"多元复合高效种植模式标准化技术体系。通过模式创新，研究模式的高效种植技术，发明《鲜食蚕豆—芋艿高效设施种植方法》授权专利，该发明可使鲜食蚕豆上市时间比露地栽培提早 40 d 以上，芋艿提早 20 d 以上，两者产量分别增加 50% 以上，年亩产值突破 10 000 元；集成了适宜不同生态区"鲜食蚕豆+氮"多元复合高效种植系列化模式，研制并发布了《"一年五熟"高效种植模式技术规程》《"粮菜瓜"一年四熟露地高效种植技术规程》《"蚕豆+冬菜/春玉米—鲜食大豆"高效种植技术规程》《"鲜食蚕豆/鲜食玉米/鲜食大豆"高效种植技术规程》《"鲜食蚕豆/鲜食玉米/棉花"高效种植技术规程》《"鲜食蚕豆—鲜食大豆—秋豌豆"高效种植技术规程》《"鲜食蚕豆+榨菜/棉花"高效种植技术规程》《"大棚葡萄园套作鲜食蚕豆"高效种植技术规程》《"鲜食蚕豆/西瓜—西蓝花"一年三熟设施高效种植技术规程》等 9 项鲜食蚕豆高效种植模式地方标准，构建了"鲜食蚕豆+N"多元复合高效种植模式标准技术体系。

合肥综合试验站

一、综合试验站简介

合肥综合试验站于 2008 年建站，依托单位安徽省农业科学院作物研究所。

2009—2015 年张丽亚任站长（图 106）。

2016—2020 年周斌任站长（图 107），团队成员共 7 人（图 108）。

在安徽省农业科学院本部基地、岗集基地拥有基础设施配套的固定试验地 50 亩。在明光、萧县、寿县、金寨、桐城 5 个示范县及蒙城试验站、安徽丰宝种业建设了 12 个试验示范基地。

站长张丽亚：1959 年月出生，高级农艺师。长期从事豆类品种选育、栽培技术研究及试验示范推广工作。主持育成豌豆新品种皖豌 1 号、皖甜豌 1 号，绿豆新品种皖科绿 1 号、皖科绿 2 号、皖科绿 3 号，蚕豆新品种皖蚕 1 号等，主持制定安徽省地方标准 2 项，参与《中国食用豆品种志》《豆类蔬菜生产配套技术手册》《绿豆红豆和黑豆生产配套技术手册》多部著作编写。2011 年以来，获中华农业科技奖一等奖 2 项（排名分别为第三和第八）、安徽省科学技术二等奖 1 项（第三名）、中华人民共和国国际科技合作奖 1 项（第三名）。获安徽省农科院首届"十大女杰"、首届"敬业奉献身边好人"和优秀共产党员称号。

图 106　站长张丽亚

图 107　站长周斌

站长周斌： 1969 年出生。博士，副研究员。2010 年加入合肥综合试验站团队。先后主持国家科技重大专项 1 项，参与国家自然科学基金、国家重点基础研究发展计划（"973"计划）等 20 余项课题研究。发表论文 20 余篇，参与育成品种 8 个。获安徽省科技进步二等奖、黑龙江省科技进步二等奖和中华人民共和国国际科学技术合作奖各 1 次。

图 108　试验站团队成员

二、主要研发任务和重要进展

（一）主要研发任务

绿豆是安徽省传统名优产品，明光绿豆蜚声国内外；鲜食豌豆近年来在皖北地区蓬勃发展，年种植面积 30 万亩，产量超过 20 万 t。合肥站根据安徽省食用豆生产实际，积极与体系相关岗站对接，确定了绿豆和鲜食豌豆为主要工作方向和工作内容。结合当地实际开展试验示范推广工作，积极引进体系成果，先后开展了体系豌豆/绿豆新品种引种、豌豆/绿豆新品种试验示范、绿豆高产栽培、绿豆玉米间套作、豌豆精准施肥、病虫草害绿色防控等研究。

（二）重要进展

10 年来，合肥综合试验站致力于安徽省食用豆产业的发展，在新品种、新技术的试验示范推广方面做出了一些成绩。先后推广示范的中绿 5 号、冀绿 7 号、中豌 6 号等食用豆新品种已成为主产区的主导品种。结合绿豆高产栽培、绿豆玉米间套作、病虫草害综合防控等技术的应用，绿豆单产已由原来的亩均 50kg 提升到 120kg。

三、标志性成果

（一）育成的新品种

合肥综合试验站先后育成食用豆新品种 6 个，获得新品种权 1 项：包括皖科绿 1 号（皖品鉴登字第 1211001）、皖科绿 2 号（皖品鉴登字第 1211002）、皖科绿 3 号（皖品鉴登字第 1211003）、植物新品种权号：CNA20130782.5. 皖豌 1 号（皖品鉴登字第 1014001）、皖甜豌 1 号（皖品鉴登字第 1014003）、皖蚕 1 号（皖品鉴登字第 1311001）。

（二）形成的技术或标准

制定安徽省地方标准 2 项：

《绿豆高产栽培技术规程》，标准编号 DB34/T 2170—2014。

《绿豆玉米间作高产高效栽培技术规程》，标准编号 DB34/T 2781—2016。

（三）代表性论文、专著

发表论文 12 篇。

四、科技服务与技术培训

合肥综合试验站始终把试验示范推广作为核心工作内容，以基层农技人员、种植户为主要对象，大力开展食用豆科技服务和技术培训。根据安徽省食用豆种类和不同地域编撰培训资料，及时开展讲座和现场等形式的技术培训，并邀请相关岗站专家赴主产区进行技术培训和现场指导；同时公布联系电话，以便随时提供技术咨询、解答生产问题。2009—2017 年共计开展培训 133 场次、培训人数 9 451 人次，发放资料 1.7 万份，农资 20.1 万元。

五、对本领域或本区域产业发展的支撑作用

针对安徽省食用豆产区存在的主要问题，与示范县紧密联合，充分发挥示范基地作用，通过集中展示食用豆新品种、新技术，开展形式多样的技术培训、咨询服务和现场观摩活动，辐射带动周边农户种植食用豆的积极性，使食用豆的种植面积和效益不断增加，专业合作社不断壮大，助推了安徽省食用豆产业的蓬勃发展。

（一）发挥体系作用，发展明光绿豆产业

明光绿豆是传统名优产品，但因品种退化、栽培粗放、种植效益低，体系成立前面积已不足千亩。在程首席亲自关怀指导下，合肥站把明光绿豆作为主要抓手和重点任务，在明光开展了绿豆新品种展示示范、病虫害综合防控、配套栽培技术研发等一系列工作，取得显著成效。中绿5号、冀绿7号、苏黑绿1号等绿豆品种已成为明光绿豆生产主导品种，各项配套技术被普遍采用，明光绿豆单产水平显著提高、品质明显改善，生产面积逐年增加。品牌意识增强，目前已注册了无公害"贡绿"品牌，"明光绿豆"获中国农产品区域品牌认证。明光绿豆生产已达到专业化、标准化、规模化。2014年涧溪首届绿豆节在明光市成功举办，表明我们为明光绿豆产业健康、有序、快速发展所做的贡献已凸显出来。

（二）萧县鲜食豌豆产业茁壮成长

20世纪90年代以来，萧县豌豆种植由粮用干籽粒逐渐过渡到菜用鲜豌豆粒。但品种和技术受限，品质差、产量低，仅作为接茬作物和绿肥使用，效益不高。

2011年以来，合肥综合试验站与萧县示范县技术骨干共同努力开展豌豆新品种、豌豆精准施肥等试验示范培训推广工作，豌豆生产水平不断提高，单产年均增幅达11.2%，促进了鲜豌豆荚生产的发展，使豌豆生产由小生产发展为大产业。2015年栽培面积10万亩以上，年产鲜豌豆荚5万t以上，年销售收入6 000万元。

青岛综合试验站

一、综合试验站简介

国家食用豆产业技术体系青岛综合试验站建立于 2011 年，依托单位青岛市农业科学院，站长张晓艳（图 109），团队成员包括负责植保的郝俊杰、土肥栽培的李红卫、育种的曹其聪和综合的王军伟（图 110）。"十三五"随着人才的引进，植保工作由宋凤景博士接替，其余人员保持稳定。在平度、胶州、莱阳、昌乐和临朐 5 个示范县建立 10 个示范基地，总面积 575 亩。

图 109　站长张晓艳

站长张晓艳：博士，副研究员，2011—2017 年六次被评为青岛市农委先进工作者；2012 年被青岛市妇女联合会授予"青岛市三八红旗手"称号；2015 年获"山东省农业系统先进个人二等功"奖励。参与获得国家科技进步二等奖 1 项，国际合作奖 1 项，青岛市科技进步一等奖 1 项，科技进步三等奖 1 项。在辽宁省备案豌豆耐冷品种 1 个；获得国家发明专利 2 项；在 SCI 刊物《Theoretical and Applied Genetics》《Biomed Central》《The Crop Journal》和《Molecular Breeding》等期刊发表论文 9 篇；在国内核心期刊发表论文 5

篇；制定青岛市地方标准 2 项；参编出版著作 3 部，其中 1 部为英文专著。

图 110 试验站团队成员

二、主要研发任务和重要进展

（一）主要研发任务

体系重点任务中，青岛站主要承担了食用豆多抗专用品种筛选及配套技术研究示范、豆象综合防控技术研究与示范、食用豆高产多抗适宜机械化生产新品种选育和绿色增产增效关键技术集成与示范。开展食用豆类资源收集和引进；适宜本地区种植的多抗专用绿豆和豌豆品种筛选；蚕豌豆育成品种耐冷性评价；适合于玉米间作的绿豆品种筛选及配套栽培技术研发；山东省豆象为害调研、适宜本地区种植的抗豆象品种筛选和绿豆象田间防控药剂筛选；节本增效技术集成与应用和绿色防控技术集成与应用。根据试验结果集成适合本地区的各项栽培和病虫害综合防控技术，并在青岛综合试验站辐射的 5 个示范县示范，具体包括：绿豆新品种高产栽培技术，绿豆—果林间作技术，绿豆—棉花间作技术，绿豆病虫草害综合防控技术，绿豆象田间防控技术，绿豆叶斑病防控技术，绿豆轻简栽培技术，豌豆无公害生产技术，越冬豌豆—果林间作技术，豌豆花生轮作，芸豆草莓套种高产栽培技术和芸豆细菌性疫病防治技术。

研究室重点任务中，青岛站主要承担了食用豆类病虫害调查与样本采集、优异新品系联合鉴定评价、绿豆尾孢菌叶斑病无公害试剂筛选试验、南方区病虫草害综合防控试验、绿豆抗枯萎病株系鉴定和扩繁、绿豆病毒病防控技术研发、芸豆细菌性疫病防治示范、芸豆抗旱资源筛选、蚕豌豆耐冷资源筛选、豌豆减施化肥增施根瘤菌技术、豌豆高效施肥技术研发和食用豆类固定观察户调查等工作。同时，配合首席科学家和岗位科学家完成体系应急性任务和数据库建设。

（二）取得的重要进展

青岛综合试验站在首席统筹领导、岗位科学家指导下，圆满完成体系重点任务和研究室重点任务，主要进展如下：搜集引进食用豆资源393份；国审品种绿豆品种1个，省审绿豆品种2个，省备案豌豆品种1个；获得国家发明专利4项；获得潍坊市科技进步二等奖1项，青岛市科技进步三等奖1项；发表论文8篇；制定地方标准2项；集成间作技术2套，病虫害防控技术3套，轻简化栽培技术2套；举办现场观摩及测产会3场次；在10个示范基地进行14个品种和13项技术的示范；绿豆轻简栽培技术、豌豆越冬栽培技术和豌豆轻简栽培技术取得较大进展。

三、标志性成果

（一）获奖成果

食用绿豆新品种选育与开发，2013年10月，潍坊市科技进步二等奖，曹其聪、司玉君、王本明、陈雪、邢利庆等。

我院从中国农业科学院品资所引进亚蔬中心绿豆材料，通过系统选育与杂交育种相结合，选育出潍绿1号、潍绿4号和潍绿5号等新品种，并利用这些育成的新品种和新品系再进行杂交，通过混合选育与系谱法相结合，选育出株型紧凑、植株矮小、高产、优质、抗病、抗倒伏、适应性广的早熟绿豆新品种潍绿7号和潍绿8号，在生产上大面积推广应用，促进了绿豆产业的发展，社会经济效益显著。

豌豆耐冷新品种"科豌8号"选育与高产栽培技术应用，2018年1月，青岛市科技进步三等奖，张晓艳、郝俊杰、赵爱鸿、李红卫、万述伟。

该成果研发了豌豆越冬筛选方法和豌豆EMS诱变育种技术，利用该方法和技术筛选出可以在青岛地区越冬的豌豆新品种"科豌8号"，成功地将中国冬豌豆的种植区域从北纬34°扩大到北纬37°；利用高抗冷豌豆资源和高感冷豌豆资源杂交，借助现代高通量测序方法设计SSR引物，构建了一个豌豆SSR遗传图谱，为豌豆抗冷SSR标记的开发提供依据；同时针对青岛存在大量果林间冬闲地的特点，集成了豌豆—果林套种技术和豌豆—花生轮作技术，进行示范推广，具有较好的生态效益和经济效益。

（二）育成的新品种

潍绿7号（鲁农审2010045号）：植株直立，株型紧凑，有限结荚习性。夏播全生育期62d，株高59cm，单株荚数18.1个，单荚粒数10.8粒，籽粒绿色、无光泽，千粒重59.5g。淀粉含量51.8%，粗蛋白含量26.5%。2010年通过山东省审定。

潍绿 8 号（鲁农审 2010046 号）：植株直立，株型紧凑，有限结荚习性。夏播全生育期 62d，株高 61cm，单株荚数 18.3 个，单荚粒数 10.7 粒，籽粒短圆柱形、绿色、有光泽，千粒重 52.8g。淀粉含量 48.5%，粗蛋白含量 28.4%。2010 年通过山东省审定。

潍绿 9 号（国品鉴杂 2012003 号）：直立生长，株高 50~60cm，主茎分枝 2~3 个；单株荚数 20~25 个，荚长 8~9cm，荚粒数 9~10 粒，千粒重 62~68g，籽粒短圆柱形，绿色有光泽；中早熟品种，生育日数 70~74d，中后期结荚能力强。抗病性好，抗旱性强，抗倒伏。碳水化合物含量 57.2%，蛋白质含量 26.3%。2012 年通过国家鉴定。

科豌 8 号（辽备菜 2015046）：株高 100~120cm，双花序，有限结荚型。单荚粒数 3~5 粒，单株结荚 14~24 个，鲜粒绿色，球形，成熟籽粒绿色，百粒重 19g。中熟品种，春播生育期 105d。干籽粒亩产 210kg 以上。抗白粉病。干籽粒蛋白质含量 26.85%，淀粉 66.9%，脂肪 0.9%。2016 年通过辽宁省非主要农作物品种备案委员会备案。

（三）形成的技术或标准

"绿色食品绿豆生产技术规程"：DB 37/T 1417—2009，2009 年 12 月 14 日。本标准制定了食品绿豆生产的术语和定义，产地环境，生产技术，病虫害防治，收获，分级，贮存以及生产档案要求。本标准适用于山东省食品绿豆生产。

"鲜食豌豆露地越冬生产技术规程"：DB 3702/T 231—2014，2014 年 12 月 10 日。本标准规定了鲜食豌豆露地越冬生产方式的产地环境、栽培季节、品种选择及栽培技术。本标准适用于青岛市鲜食豌豆露地越冬生产。

（四）授权专利

获得国家授权发明专利 4 项（图 111）。

"一种北纬 37° 冬播豌豆资源耐冷筛选方法"（专利号：ZL 2012 1 0222831.4），本发明公开了一种北纬 37° 冬播豌豆资源耐冷筛选方法，并且首次对国家库保存资源进行耐冷筛选，首次对耐冷资源进行分级，达到了将豌豆冬播区域北移。

"一种豌豆 EMS 突变体库构建的方法"（专利号：ZL 2012 1 0222839.0），本发明公开了一种豌豆 EMS 突变体库构建的方法，包括对豌豆 EMS 诱导浓度和时间进行了系统研究，总结归纳出豌豆 EMS 诱导的最佳时间和浓度处理，搭建出豌豆 EMS 诱导的技术平台。为该品种的改良提供了重要的育种材料。

"一种预防田间绿豆变质霉烂的方法"（专利号：ZL 2014 1 0044014.3），本发明涉及一种预防田间绿豆变质霉烂的方法，解决绿豆成熟时遇到大雨或连续降雨，绿豆籽粒发生变色、发芽、霉烂变质等，从而影响绿豆的商品性和经济价值的问题。

"紧凑型绿豆育种方法"（专利号：ZL 2015 1 00278149）。本发明通过大幅度地提高选种圃和绿豆试验的密度，增加选择压力，选育株型紧凑、早熟、高产的绿豆品种，以解决现有育种方法中因为选种圃和绿豆试验密度低，育成品种植株高大、株型松散，种植密度低、较晚熟、产量低的问题。

图 111　青岛综合试验站获得国家发明专利证书

（五）代表性论文、专著

发表论文 8 篇。

（六）人才培养

张晓艳，2015 年聘为副研究员，2012 年获得青岛市"三八红旗手"称号，2015 年获"山东省农业系统先进个人二等功"奖励。

郝俊杰，2015 年聘为副研究员。

李红卫，2018 年晋升为副研究员。

曹其聪，2009 年作物所副所长、高级农艺师，2011 年作物所所长、推广研究员，2017 年豆类作物研究所所长。

四、科技服务与技术培训

服务食用豆生产示范县，积极参与对龙头企业、农民合作社、家庭农场等新型农业经营主体的科技服务，同时积极与基层农技推广体系衔接与配合，组织技术培训和现场观摩 64 次，培训基层农技人员、新型农业经营主体和种植大户等累计 2 818 人次。

五、对本领域或本区域产业发展的支撑作用

（一）紧凑型绿豆品种的育成与推广

为绿豆一次性收获和规模化种植提供了技术支撑。

（二）在绿豆主产区进行了绿豆轻简栽培技术及病虫草害综合防控技术研发与示范，为绿豆产业的发展起到了很好的推动作用

在昌乐火山口进行了 200 亩绿豆轻简栽培技术示范：经测产专家组现场测产，中绿 5 号田间长势整齐，平均株高 76.3cm，平均分枝数 2.9 个，无明显病害，综合农艺性状优良，抗逆耐瘠性表现突出。密度 7 676 株/亩，单株荚数 32.4 个，单荚粒数 11.9 粒，百粒重 7.4g，平均检测产量 184.1kg/亩，对照产量 86.3kg/亩，比对照增产 113%。测产会现场接受了潍坊电视台、昌乐电视台和凤凰山东等多家媒体采访报道。对于万亩杂粮产区的昌乐县杂粮综合开发利用起到了很大的带动作用。

（三）豌豆耐冷品种选育、配套技术研发及示范

在栽培与土肥岗位科学家宗绪晓研究员的设计和指导下，青岛综合试验站针对青岛地区有大量冬闲地资源的特点，从 2009 年开始，连续 6 年在青岛、烟台、滨州和威海进行了豌豆耐冷品种选育与示范工作。完成国内外 6 400 份豌豆资源的越冬筛选评价工作，获得耐−13℃低温的豌豆资源，育成耐冷豌豆高代品系 2 个，在辽宁省种子管理局备案品种 1 个。首次将豌豆的冬播区域北移至北纬 37°附近，并结合山东果树主产区优势，进行越冬豌豆—果园间作栽培模式的集成与示范，越冬豌豆—花生轮作示范和越冬豌豆—烟草轮作试验。该项技术的研发，可充分利用山东省冬季光温资源，在不与大作物争地的前提下，开辟食用豆类种植新模式，将豌豆收获期提早 10~15d，种植效益达 2 000 元左右。这套技术的研发和示范推广，被《山东电视台乡村季风》《青岛新闻》和《青岛日报》等

多家媒体报道。

（四）节本增效技术研究集成与应用

研究集成豌豆节本增效生产技术一套，具体技术参数为：播种时每亩施用 30mL 高巧防治害虫，40mL 适时乐防治害虫，0.06mL 爱密挺促进壮苗。将种子用三种药剂拌种后，用小麦播种机播种，然后每亩喷施 340mL 施田朴进行封闭除草经过改装设置喷施除草剂的喷头，每亩施用 340mL 施田朴进行封闭除草。全生育期田间管理包括：浇水 1 次、喷施阿维菌素防治潜叶蝇 1 次。该技术与农户传统播种方式相比，减少中耕除草 2 次，减少防治潜叶蝇药剂 1 次，减少防治蚜虫药剂 1 次。该项技术的研发集成，可为青岛地区土壤可持续利用、作物轮作提供一种新的模式。

南阳综合试验站

一、综合试验站简介

南阳综合试验站2008年加入国家食用豆产业技术体系。试验站依托南阳市农业科学院，2008—2010年站长刘杰（图112），2011—2020年站长朱旭（图113）。十多年来通过南阳市农业科学院的大力支持和团队成员的不懈努力，试验站基础设施、创新平台、研究团队等得到了发展壮大。目前，团队成员共5名（图114），其中副研究员2名，助理研究员1名，农艺师1名，研究实习员1名。共建试验示范基地7个，分别为南阳市农业科学院海南繁育基地、潦河试验基地；南阳市方城县、新野县、社旗县、宛城区、邓州市五个示范基地，其中南阳市邓州市示范基地为核心示范基地，试验基地总计规模达3 000亩。

图112　站长刘杰

站长刘杰：男，1967年出生。河南农业大学农学硕士，参加工作以来先后在南阳市种子管理站、南阳市种子公司等农业生产一线单位工作。1995年主持河南省绿豆生产试验，2006年任南阳市农业科学院副院长。获得河南省科技进步二等奖3项、三等奖8项、南阳市科技进步一等奖3项；在国家核心期刊发表论文12篇；曾获得"南阳市科技拔尖人才""南阳市科技功臣""南阳市跨世纪学术带头人""河南省优秀青年科技专家"等荣誉称号。2011年后调任方城县副县长。

三、标志性成果

（一）获奖成果

十年来，本试验站主持获得市级成果奖励 3 项，其中市自然科学一等奖 1 项，市科技进步二等奖 1 项，市科技进步三等奖 1 项。与体系相关单位合作获得农业部科技进步一等奖 1 项，湖北省科技进步三等奖 1 项。

（二）形成的技术或标准

《夏玉米绿豆间作循环种植技术规程》，标准编号 DB 4113/T 078—2014。

（三）代表性论文、专著

发表论文 9 篇。

（四）人才培养

朱旭，2014 年晋升副研究员；马吉坡，2014 年入选为第十六批南阳市学术技术带头人；王宏豪，2014 年入选为第十七批南阳市学术技术带头人。

四、科技服务与技术培训

十年来，利用农闲及作物生长关键期，组织各类培训班、现场会、展示会、技术讲座共计 36 场次，调研咨询 28 次，培训基层技术骨干 1 000 余人、示范种植户 2 200 人次，发放培训资料 2.4 万份，提供示范种 2.3 万 kg，农药 2 万 kg，化肥 8.4 万 kg，示范推广新品种 6 个、新技术 13 项。通过培训丰富了推广技术人员的知识，解决了种植大户的难题，有力地支撑了南阳食用豆产业的发展。

五、对本领域或本区域产业发展的支撑作用

南阳试验站十分注重结合本地情况，及时了解南阳食用豆产业发展中的热点难点问题，与体系工作结合，利用体系技术为南阳农业发展提供科技支撑。

（一）利用体系成果助力科技扶贫

扶贫是近几年农村工作的重头戏，南阳试验站也积极利用体系科研优势，参与到扶贫工作中去。南阳市桐柏县程湾乡邓河村自然条件差，丘陵山地面积较大，土壤瘠薄，主产

作物为水稻，种植水稻后由于田间湿度大，劳动力不足，大部分为休闲。根据这一贫困地区的特点，结合食用豆产业体系成型技术，试验站选择引进体系的鲜食蚕豆轻简化栽培技术，和通蚕鲜 6 号、8 号、云豆 8283 等体系新品种，提供化肥，在桐柏县程湾乡邓河村进行示范。经一年的试验示范，效果较好。

（二）支撑南阳绿豆产业发展

在"十一五""十二五"期间，根据南阳绿豆生产过程中品种老化、叶斑病豆象发生严重、栽培技术落后等难点，重点开展了绿豆新品种筛选、玉米绿豆间作技术、烟叶绿豆套种技术、田间绿豆象防控技术、仓储豆象防控技术、绿豆尾孢菌叶斑病综合防控技术等，通过试验、示范、培训普及，绿豆品种实现了大规模的更新换代，中绿 5 号在南阳地区的覆盖率超过 60%，主产县主产乡镇的覆盖率将近 90%，再加上叶斑病、绿豆象综合防控技术等新技术的推广应用，绿豆产量又上一个新台阶，增加了农民收入，促进了产业发展。

南宁综合试验站

一、综合试验站简介

2011 年南宁综合试验站建立，2011—2015 年试验站站长为蔡庆生副研究员（图 115），团队成员 4 人，包括研究员 1 人，助理研究员 3 人；建立固定试验基地 2 个共 50 亩；建立示范基地 9 个，共 2 560 亩。

2016—2018 年，试验站站长为罗高玲副研究员（图 116），团队成员 4 人（图 117），包括博士 1 人，硕士 3 人；建立试验基地 2 个，共 50 亩；建立示范基地 11 个，共 1 500 亩。

站长蔡庆生：1952 年出生，副研究员，广西壮族自治区农业科学院水稻研究所旱作研究室主任，广西作物学会第五届理事。2002 年作为《木豆新品种的引进筛选与示范推广》的主要人员，选育出"桂木 1-6 号"木豆新品种，获自治区人民政府科技进步奖二等奖。

图 115　站长蔡庆生

站长罗高玲：1977 年 8 月出生，硕士学位，副研究员，获科技进步奖 2 项，主持育成作物新品种 2 个授权，制定地方标准 3 项，主编著作 2 部，在各类学术刊物上发表研究论文 20 余篇。

图 116　站长罗高玲

图 117　试验站团队成员

二、主要研发任务和重要进展

（一）主要研发任务

"十二五"主要研发任务：食用豆多抗专用品种筛选及配套技术研究示范；豆象综合防控技术研究与示范；食用豆抗性种质创新与新品种选育；食用豆重要病害综合防控技术研究；食用豆抗逆栽培生理与施肥技术研究；产业基础数据平台建设；应急性技术服务。

"十三五"主要研发任务：食用豆高产多抗适宜机械化生产新品种选育，包括特性评价、适应性评价和新品种试验示范；食用豆绿色增产增效关键技术集成与示范；食用豆育种技术创新与新基因发掘；食用豆可持续生产关键技术研究；食用豆重要病虫害绿色防控及关键技术研究；应急性技术服务；产业基础数据平台建设。

（二）重要进展

"十二五"期间取得如下进展：收集到地方食用豆资源 11 份，育成绿豆新品种 1 个，筛选出适宜广西种植的绿豆、小豆新品种 12 个，集成甘蔗—绿豆间套种、木薯—绿豆间套种、柑橘—绿豆间套种技术各一套，并在示范县示范 2 000 亩以上，辐射推广 30 万亩以上，完成了豆象种类鉴定、分布及为害现状调查，筛选出适宜广西推广应用的田间豆象防治方法 3 套、仓储豆象防治方法 2 套。

2016—2018 年取得如下进展：①对 56 份豌豆资源进行抗病性鉴定；完成绿豆、豇豆、豌豆新品种联合鉴定试验，筛选出了适合广西种植的 3 个绿豆品种（系），2 个直立型豇豆品种，2 个蔓生型豇豆品种和 2 个豌豆品种。②开展 1 000 多亩绿豆间套种技术示范，秋冬季鲜食豌豆新品种等示范。③开展豌豆品种及抗病材料的筛选、绿豆减施化肥、广西豇豆荚螟田间种群动态情况、绿豆抗豆象和叶斑病综合防控试验。④收集到食用豆类资源 31 份。协助岗位科学家，鉴定食用豆资源 463 份，配制绿豆杂交组合获得杂交荚 209 个荚；对 25 个小豆及 27 个豇豆杂交后代进行鉴定筛选。⑤收集到土壤样品 22 份，豌豆、蚕豆等根瘤菌样品 13 份。⑥对 3 个绿豆品系进行扩繁，每个株系筛选 5 个抗枯萎病单株，并利用 2 个抗病株系分别与感病品系杂交。⑦完成广西食用豆田间杂草调查与分析、除草剂对绿豆安全性评价、绿豆化学除草剂筛选试验及广西豇豆荚螟田间普查工作。开展田间抗绿豆枯萎病株系选择、食用豆蚜虫田间普查及主要食用豆类病毒病病害普查工作。

三、标志性成果

（一）获奖成果

"绿豆优异种质创新及高效栽培应用"2016 年 6 月 5 日获广西农业科学院科技进步二等奖。本项目在崇左、合浦等地建立了高产优质栽培示范基地 6 个，进行绿豆新品种及高效间种技术大面积示范与推广应用，亩新增效益 700~1 000 元，有效地提高土地复种指数，培肥地力，增加农民收入，促进了广西甘蔗、木薯、绿豆产业的可持续发展。项目共建立新品种、新技术示范基地 6 个，累计举办培训班 21 期，培训人员达 1 300 多人次，新品种、新技术累计推广应用面积 22.94 万亩，新增产量 5 375.6t，新增产值 5 375.6 万元，节约生产成本 688.16 万元，取得经济效益 6 063.76 万元，经济、社会和生态效益显著。

（二）育成的新品种

"绿豆新品种桂绿豆 L74 号"，2015 年 6 月通过广西农作物品种审定委员会审定。审定编号：桂审豆 2015006 号。

该品种全生育期 60~75d。植株直立、茎秆粗壮、平均株高约 65cm，耐旱、抗倒伏性强，结荚较集中，不裂荚，籽粒绿色有光泽，百粒重 6.8g 左右。广西多年多点试验，产量为 1 375.5~2 115.3kg/hm²，比对照增产 12.6%~48.7%。可在广西各地区种植，春、夏播种植均可。

（三）形成的技术或标准

广西地方标准甘蔗间种绿豆生产技术规程，是结合多年生产经验及科研成果而制定，该标准规定了甘蔗间种绿豆生产的地块选择、栽培技术、病虫害防治、绿豆收获、甘蔗中后期田间管理等技术要求，对推动我区甘蔗间种绿豆技术规范化发展、提高甘蔗产业综合经济效益具有重要意义。该技术于 2015 年成为广西地方标准并颁布实施，标准编号为 DB 45/T 1239—2015。

广西地方标准木薯间种绿豆栽培技术规程，是在调查研究、试验验证的基础上，结合木薯间种绿豆生产经验及科研成果制定，该标准规定了木薯间种绿豆生产的选地整地、木薯栽培、绿豆栽培等技术要求，对木薯间种绿豆生产规范化，提高综合经济效益具有积极意义。该技术于 2018 年成为广西地方标准并颁布实施，标准编号为 DB 45/T 1767—2018。

广西地方标准豇豆早春小拱棚高效栽培技术规程是结合豇豆早春小拱棚生产经验及科研成果制定，该标准规定了桂南地区豇豆早春小拱棚的产地环境、整地、播种、搭棚、棚内管理、拆棚、拆棚后管理，对促进豇豆产业发展具有积极意义。该技术于 2018 年成为广西地方标准并颁布实施，标准编号为 DB 45/T 1770—2018。

（四）代表性论文、专著

共发表论文 28 篇，主要有不同播期对绿豆品种主要农艺性状的影响；甘蔗、柑橘间套种绿豆品种筛选试验；广西南宁市绿豆新品系适应性试验；13 个小豆新品系在广西地区的引种试验；木薯/绿豆间套作模式下绿豆适宜播期研究等。

另外，参加编写著作 3 部。

（五）人才培养

增加团队成员 1 人，团队成员陈燕华获博士学位，2 名团队成员晋升职称。

四、科技服务与技术培训

南宁站 10 年来共开展新品种新技术培训 36 期，培训基层技术员 217 人，农民 2 450 人以上。

五、对本领域或本区域产业发展的支撑作用

南宁综合试验站的成立，稳定了广西食用豆产业技术研发队伍 20 人；技术应用增加农民收入约 2 亿元。

结合广西地方特色，围绕广西食用豆产业特点与发展需求，在甘蔗、木薯优势产区开展食用豆间套种高产高效栽培技术示范，在桂南等地区利用冬闲田开展冷季豆新品种示范与推广，在推动农业提质增效等方面，取得了显著成效，为广西耕地地力提升提供有力的技术支撑。

2016—2017 年，南宁站对滇桂黔石漠化片区涉及的部分区域开展特困连片区调研和产业扶贫工作，在崇左市大新县昌明乡、江州区新和镇、河池市都安瑶族自治县等地开展绿豆、豇豆间套种示范及栽培技术培训，赠送优良食用豆种子 600kg，发放培训资料 200 多份，带动 200 多户村民利用甘蔗地、玉米地等间套种绿豆、豇豆，农户亩增收 700～900 元，食用豆示范起到了以点带面的效果，对农户增收、培肥土壤实现农业可持续性发展意义重大。

重庆综合试验站

一、综合试验站简介

　　2008 年农业部建立国家食用豆产业技术体系，设立重庆综合试验站，其依托单位为重庆市农业科学院，试验站站长为张继君研究员（图 118）。通过 10 年来的运行，目前团队有正高级职称 1 人，副高级职称 2 人，博士 1 人，硕士 2 人（图 119）。在重庆市永川区卫星湖街道南华村基地和五间镇合兴村基地拥有基础设施配套的固定试验地 250 亩。在永川区、合川区、巫山县、潼南区和忠县等 5 个示范县共建设了 10 余个示范基地，年均示范面积 1 000 亩以上。

　　站长张继君：1968 年出生，1992 年毕业于四川农业大学，获农学学士学位，现任重庆市农业科学院特色作物研究所杂粮研究室主任，研究员。曾获省政府技术发明二等奖、三等奖各 1 项，省科技进步二等奖 1 项、三等奖 2 项，获永川区政府一等奖 2 项，二等奖、三等奖各 1 项，获国家技术发明专利 7 项，实用新型专利 2 项，发表研究论文 32 篇。

图 118　站长张继君

图 119　试验站团队成员

二、主要研发任务和重要进展

（一）主要研发任务

按照国家食用豆产业技术体系任务，紧紧围绕重庆食用豆产业发展需求，重点开展了优质、高产蚕豆、绿豆等食用豆类新品种筛选及绿色高效配套生产技术研究与示范。

（二）取得的重要进展

1. 新品种选育

8 个食用豆新品种通过重庆市品种鉴定。完成体系新品种联合鉴定试验和组织实施重庆市蚕豆、绿豆区试，筛选出适合重庆种植的通蚕鲜 8 号、冀绿 7 号、冀黑绿 12 号和中绿 15 号共 4 个新品种通过重庆市鉴定。累计引进鉴定国内外资源 3 188 份，完成 3 495 份蚕豆资源抗赤斑病的田间鉴定，采用杂交和化学诱变等方法开展食用豆抗性种质创新利用，渝绿 1 号、渝绿 2 号、渝红豆 1 号、渝红豆 2 号共 4 个新品种通过重庆市鉴定。提供 7 个食用豆新品系进入体系蚕豆、豌豆、绿豆和小豆联合鉴定试验。

2. 新品种及配套技术的应用

8 个新品种及配套技术示范片经专家测产验收，增产效果显著。先后邀请专家对位于永川区五间镇合兴村、南大街八角寺村、仙龙镇大牌坊村、五间镇新建村和圣水湖现代农业园区及合川区肖家镇圣明村的蚕豆新品种通蚕鲜 8 号及配套技术示范进行测产，鲜荚增产20.5%以上；对潼南区群力镇莫家村和永川区五间镇合兴村的绿豆新品种中绿 5 号、冀绿 7 号和渝绿 2 号示范进行测产，增产在 30.6%以上。

三、标志性成果

（一）获奖成果

获奖成果 4 项，其中获重庆市科技进步三等奖 1 项，中国植物保护学会二等奖 1 项，永川区科技进步一等奖 1 项、二等奖 1 项。

1. "抗赤斑病蚕豆新品种选育及配套技术研究与应用"于 2015 年 3 月获重庆市科技进步三等奖，2014 年 11 月获中国植物保护学会二等奖

成果介绍：抗赤斑病蚕豆新品种"通蚕鲜 8 号"通过重庆市鉴定，并在重庆市大面积示范应用，发明抗赤斑病栽培技术、快速检测农作物最优播种密度方法和蚕豆高效杂交育种技术。获国家技术发明专利 4 项，重庆市科学技术成果登记 6 项，发表相关研究论文 8 篇。成果创新突出，效益显著。

2. 高效蚕豆杂交育种方法的发明与应用，于 2012 年 12 月获永川区科技进步二等奖

成果介绍：在旗瓣与花萼连接处，镊子与花背线的夹角为 30°，将花瓣轻轻夹住并全部一次拔出，解决了蚕豆人工杂交去雄难、授粉慢、杂交结实率低的问题，提高了蚕豆人工杂交育种效率。应用该发明创制一批突破性材料，选育出新品种通过重庆鉴定并在生产上大面积推广应用，效益显著。

3. 珍稀黑绿豆新品种选育及配套技术集成与示范，于 2014 年 10 月获永川区科技进步一等奖（图 120）

图 120　重庆综合试验站获奖成果证书

成果介绍：筛选出适于集中收获、高产、大粒、光亮、早熟的黑绿豆新品种"冀黑绿12号"和"冀绿7号"通过重庆鉴定。集成配套高产栽培模式2个、栽培技术3套。获国家发明专利1项、实用新型专利2项。3项科技成果通过重庆市科学技术成果登记，发表相关研究论文3篇。新品种及配套技术在大面积推广应用，社会经济效益显著。

（二）育成的新品种

筛选和育成食用豆新品种8个通过重庆市鉴定，引领了当地食用豆产业发展。

【通蚕鲜8号】蚕豆新品种，2013年通过重庆市鉴定，鉴定编号：渝品审鉴2013002；成果登记证书编号：渝科成字2014Y168。

【渝红豆1号】小豆新品种，2017年通过重庆市鉴定，鉴定编号：渝品审鉴2017007。

【渝红豆2号】小豆新品种，2017年通过重庆市鉴定，鉴定编号：渝品审鉴2017008。

【冀黑绿12号】绿豆新品种，2013年通过重庆市鉴定，鉴定编号：渝品审鉴2013003；成果登记证书编号：渝科成字2014Y166。

【冀绿7号】绿豆新品种，2013年通过重庆市鉴定，鉴定编号：渝品审鉴2013004；成果登记证书编号：渝科成字2014Y167。

【中绿15】绿豆新品种，2014年通过重庆市鉴定，鉴定编号：渝品审鉴2014009。

【渝绿1号】绿豆新品种，2017年通过重庆市鉴定，鉴定编号：渝品审鉴2017005。

【渝绿2号】绿豆新品种，2017年通过重庆市鉴定，鉴定编号：渝品审鉴2017006。

（三）形成的技术或标准

制定、发布重庆市地方标准1项，为重庆稻茬免耕鲜食蚕豆生产提供了标准化的生产技术。"鲜食蚕豆 通蚕鲜8号稻茬免耕生产技术规程"由重庆市质量技术监督局于2017年12月1日发布，2018年2月1日实施，标准编号：DB 50/T 842—2017。该标准规定了稻茬免耕鲜食蚕豆通蚕鲜8号的产地环境、种植模式、种子选择、生产管理、生产记录等，适用于重庆地区海拔500m以下稻茬免耕鲜食蚕豆通蚕鲜8号的生产。

（四）授权专利

获国家技术发明专利6项（图121）、实用新型专利2项。

证书号第1240634号

发明专利证书

发 明 名 称：稻茬免耕下蚕豆马铃薯多样性种植控制蚕豆赤斑病的方法

发 明 人：杜成章;张继君;王萍;陈红;沈小兰;曾宪琪

专 利 号：ZL 2012 1 0170827.8

专利申请日：2012年05月29日

专 利 权 人：重庆市农业科学院

授权公告日：2013年07月24日

　　本发明经过本局依照中华人民共和国专利法进行审查，决定授予专利权，颁发本证书并在专利登记簿上予以登记。专利权自公告之日起生效。
　　本专利的专利权期限为二十年，自申请日起算。专利权人应当依照专利法及其实施细则规定缴纳年费。本专利的年费应当在每年05月29日前缴纳，未按照规定缴纳年费的，专利权自应当缴纳年费期满之日起终止。
　　专利证书记载专利权登记时的法律状况，专利权的转移、质押、无效、终止、恢复和专利权人的姓名或名称、国籍、地址变更等事项记载在专利登记簿上。

局长 田力普

第1页（共1页）

证书号第988885号

发明专利证书

发 明 名 称：高效蚕豆杂交育种方法

发 明 人：张继君;杜成章;张志良;李泽碧;陈红;曾宪琪;王萍

专 利 号：ZL 2011 1 0080369.4

专利申请日：2011年03月31日

专 利 权 人：重庆市农业科学院

授权公告日：2012年07月04日

　　本发明经过本局依照中华人民共和国专利法进行审查，决定授予专利权，颁发本证书并在专利登记簿上予以登记，专利权自授权公告之日起生效。
　　本专利的专利权期限为二十年，自申请日起算。专利权人应当依照专利法及其实施细则规定缴纳年费。本专利的年费应当在每年03月31日前缴纳，未按照规定缴纳年费的，专利权自应当缴纳年费期满之日起终止。
　　专利证书记载专利权登记时的法律状况，专利权的转移、质押、无效、终止、恢复和专利权人的姓名或名称、国籍、地址变更等事项记载在专利登记簿上。

局长 田力普

第1页（共1页）

证书号第1092928号

发明专利证书

发 明 名 称：一种检测农作物最优播种密度的方法

发 明 人：张继君;宗绪晓;杜成章;杨涛;曾宪琪;李泽碧

专 利 号：ZL 2011 1 0054313.1

专利申请日：2011年03月08日

专 利 权 人：重庆市农业科学院

授权公告日：2012年11月28日

　　本发明经过本局依照中华人民共和国专利法进行审查，决定授予专利权，颁发本证书并在专利登记簿上予以登记，专利权自授权公告之日起生效。
　　本专利的专利权期限为二十年，自申请日起算。专利权人应当依照专利法及其实施细则规定缴纳年费。本专利的年费应当在每年03月08日前缴纳，未按照规定缴纳年费的，专利权自应当缴纳年费期满之日起终止。
　　专利证书记载专利权登记时的法律状况，专利权的转移、质押、无效、终止、恢复和专利权人的姓名或名称、国籍、地址变更等事项记载在专利登记簿上。

局长 田力普

第1页（共1页）

证书号第1092974号

发明专利证书

发 明 名 称：一种蚕豆杂交育种方法

发 明 人：张继君;杜成章;李泽碧;张志良;曾宪琪;陈红;王萍

专 利 号：ZL 2011 1 0080382.X

专利申请日：2011年03月31日

专 利 权 人：重庆市农业科学院

授权公告日：2012年11月28日

　　本发明经过本局依照中华人民共和国专利法进行审查，决定授予专利权，颁发本证书并在专利登记簿上予以登记，专利权自授权公告之日起生效。
　　本专利的专利权期限为二十年，自申请日起算。专利权人应当依照专利法及其实施细则规定缴纳年费。本专利的年费应当在每年03月31日前缴纳，未按照规定缴纳年费的，专利权自应当缴纳年费期满之日起终止。
　　专利证书记载专利权登记时的法律状况，专利权的转移、质押、无效、终止、恢复和专利权人的姓名或名称、国籍、地址变更等事项记载在专利登记簿上。

局长 田力普

第1页（共1页）

图 121　重庆综合试验站获得国家发明专利证书

1. 稻茬免耕下蚕豆马铃薯多样性种植控制蚕豆赤斑病的方法（专利号：2012 1 0170827.8）

将稻闲田划分成行，行距60cm，蚕豆按空两行播种两行的方式播种，当年12月在蚕豆播种后的空行上稻草覆盖种植马铃薯。蚕豆与马铃薯间作使单位面积上蚕豆植株密度降低，减缓赤斑病传播蔓延的过程；使蚕豆与马铃薯之间形成了"通风道"，有效降低田间空气湿度，缩短蚕豆植株、叶片上的露珠滞留时间，减轻发病程度；以马铃薯作为屏障，阻碍赤斑病菌的传播，从而减轻病害，赤斑病的防控效果显著。

2. 高效蚕豆杂交育种方法（专利号：2011 1 0080369.4）

用镊子夹住旗瓣顶端和旗瓣与花萼连接处，镊子与花背线的夹角为30°，将花瓣轻轻夹住并全部一次拔出。该方法去雄速度快，不会损伤柱头，柱头外露，便于授粉；去雄后，母本花朵无花瓣和花药，不诱昆虫，无须采取隔离措施，授粉后不存在采用隔离措施对母本花造成二次损伤等弊端，工作效率和杂交结实成功率均高于传统方法。

3. 一种检测农作物最优播种密度的方法（专利号：2011 1 0054313.1）

先在试验田内以基点向外发射多条发射线；向外画出多个圆环或圆弧，交叉位置为播种基点；再由 $ab/[\pi(nd+0.5d)^2-\pi(nd-0.5d)^2]$ 计算单个圆环或圆弧区域内的播种密度，n 代表第几个圆环或圆弧；a 代表第 n 个圆环或圆弧上的播种基点数；b 代表每个播种基点上播种后留苗的数量；d 代表同一条发射线上相邻播种基点之间的距离；然后对每个圆环或圆弧上的农作物产量进行统计，将单位面积产量最高的作为最优播种密度。本发明将农作物播种在同圆心分布的多个圆环或圆弧上，作物密度分级的水平数量多，各水平间密度梯度差异小，检测作物最佳密度精确。

4. 一种蚕豆杂交育种方法（专利号：2011 1 0080382. X）

用镊子夹住杂交花的背线下方 2~3mm 处，将花瓣轻轻夹住并全部拔出，去雄速度快，不损伤柱头，柱头外露，便于授粉；去雄后，母本花朵无花瓣和花药，不诱昆虫，无须采取隔离措施，授粉后不存在采用隔离措施对母本花造成二次损伤等弊端，工作效率和杂交结实成功率均高于传统方法。

5. 高效豌豆杂交育种方法（专利号：2011 1 0090967. X）

用手轻扶花萼，从旗瓣呈半圆弧形的一侧，用镊子夹住距旗瓣顶端 3.5~4.5mm 处和旗瓣与花萼连接处，镊子与花背线的夹角为 40°，将花瓣夹住并拔出。本发明去雄速度快、彻底，不损伤柱头，工作效率高于传统方法。

6. 一种快速复水蚕豆花的制备方法（专利号：2014 1 0766589. 6）

包括品种筛选、摊放、原料处理、添加复水剂、干燥、复水等步骤，利用本发明将废弃的蚕豆花制成耐贮存、食用方便的干制蚕豆花，可增加蚕豆种植效益。

7. 田间试验小区快速规划装置（专利号：2013 2 0494831. X）

利用该装置进行田间试验小区规划，降低规划操作人数，提高小区规划效率和小区试验精确度。

8. 田间试验小区快速规划工具（专利号：2013 2 0495040. 9）

利用该工具进行田间试验小区规划，降低小区规划操作人数，提高小区规划效率和小区试验精确度。

（五）代表性论文

发表论文 18 篇，为食用豆科研与生产提供了理论支撑。

（六）人才培养

重庆市农业科学院杂粮研发技术创新团队荣获重庆市九龙坡区人民政府授予的 2017 年度"十佳技术创新团队"。

试验站长张继君，2011 年晋升研究员，2015 年晋级为三级研究员；杜成章，2015 年晋升副研究员，2015 年获重庆市永川区第八届"十大杰出青年"荣誉称号，2016 年晋升为研究室副主任；陈红，2010 年晋升高级农艺师；李艳花，2014 年晋升助理研究员；郭安，2015 年晋升助理研究员；龚万灼，2017 年晋升为助理研究员。

四、科技服务与技术培训

在食用豆主产区累计组织各类培训班、现场会、展示会、技术讲座 51 场次，培训技术人员和种植户等共计 4 725 人，发放技术资料 5 754 份。在电视台和报社等新闻媒体宣传报道食用豆新品种及轻简栽培技术等相关成果 11 次。

五、对本领域或本区域产业发展的支撑作用

（一）品种和技术引领当地食用豆产业发展

为重庆食用豆产业发展提供了品种和技术支撑。筛选和育成的蚕豆、绿豆和小豆等食用豆新品种，解决了重庆食用豆生产缺乏新品种、老品种产量低、混杂退化严重和商品性差等问题；研究集成的通蚕鲜 8 号高产栽培技术、稻茬免耕轻简高产生产技术、玉米套作蚕豆、幼果林地间作食用豆等高产栽培技术和高效种植模式，及集成的蚕豆赤斑病综合防控、豆象田间防控和仓储防控技术等病虫害防控技术，解决了生产上栽培技术落后、种植模式单一、病虫害严重影响产量等问题；新品种和新技术的示范推广，满足了重庆食用豆生产对品种和技术的迫切需求，提升了食用豆的产量和品质，提高了种植效益，引领重庆食用豆产业提质增效和绿色发展。

（二）科企合作助推脱贫增收

试验站与"重庆领峰农业开发有限公司"合作，在贫困地区云阳县云安镇三湾村和铜鼓村以"科研+公司+农户"的形式示范种植绿豆新品种冀黑绿 12 号，与"城口县纯忠农业开发有限公司"合作，在贫困县城口县高观镇复兴村和龙田乡仓房村以"科研+公司+农民经济组织+农户"形式示范种植红小豆冀红 16，组织开展绿豆、小豆新品种高产栽培技术培训会，指导实施机械播种、免耕条播、化学除草、豆荚螟综合防控等一系列轻简高效栽培技术，冀黑绿 12 号和冀红 16 分别比农家老品种增产 15% 以上和 20% 以上，实现农户增收、企业增效目标，有力推动了当地脱贫工作。

成都综合试验站

一、综合试验站简介

成都综合试验站于 2008 年加入国家用豆产业技术体系，建设依托单位为四川省农业科学院作物研究所，站长为余东梅（图 122）。经过 10 年的运行，本站基础设施、创新平台、研究团队均得到了发展壮大。目前有团队成员 7 名，其中研究员 1 名、副研究员 1 名，博士 1 名，助理研究员 2 名，科研助理 2 名（图 123）。试验站拥有固定基地 1 个，面积 50 余亩；温室大棚 1 个；示范基地 6 个，面积 3 000 亩左右；成果转化合作企业 2 个。另外，拥有食用豆专用实验室一间，并配置有脂肪测定仪、粗纤维测定仪、凯氏定氮仪、消化炉、分光光度计等仪器设备。

图 122 站长余东梅

站长余东梅：汉族，1963 年出生，大专学历，副研究员，1980 年 9 月参加工作以来一直从事蚕豆、豌豆育种研究工作。曾主持国家及省内多个科研项目，主持选育蚕豆、豌豆品种 15 个，参与选育豌豆品种 6 个，发表论文 15 篇，参编专著 4 部。

图 123　试验站团队成员

二、主要研发任务和重要进展

（一）主要研发任务

1. 重点任务

食用豆高产栽培技术试验示范：主要包括病虫害预警及控制技术，精确定量肥水管理技术等，食用豆种质资源的收集、鉴定，食用豆生产调研与信息采集以及蚕豆干籽粒组鲜食组和联合鉴定（成都点）试验；食用豆多抗专用品种筛选及配套技术研究示范，豆象综合防控技术研究与示范，食用豆抗性种质创新与新品种选育，食用豆重要病害综合防控技术研究，食用豆抗逆栽培生理与施肥技术研究；食用豆高产多抗适宜机械化生产新品种选育，食用豆绿色增产增效关键技术集成与示范，食用豆育种技术创新与新基因发掘，食用豆重要病虫害绿色防控基础与关键技术研究，食用豆可持续生产关键技术研究。

2. 基础性工作

食用豆相关基础数据库建设，产业技术数据平台建设；对种植户、技术人员及科技人员等进行技术培训等；配合岗位科学家和综合试验站开展相关工作并提供有关数据信息等。

（二）重要进展

1. 筛选出优良干籽粒型蚕豆新品种 6 个、优良豌豆新品种 4 个

通过多年的品种筛选试验、联合鉴定试验、主产区多年多点筛选试验，筛选出适宜秋播区种植的早熟、高产、优质、多抗、宜机播专用品种 10 个，其中，蚕豆 6 个（成胡

14、成胡 15 号、成胡 18、成胡 19、云豆 147、成胡 21）；豌豆 4 个（成豌 8 号、成豌 9号、成豌 10 号、成豌 11），并在主产区生产示范，示范效果显著。

2. 参与完成食用豆基础数据库建设

完成 224 份川东北搜集资源、ICARDA（叙利亚）引进资源、地方资源的入库工作，其中蚕豆 155 份、豌豆 69 份；参与食用豆品种数据库建设，完成 22 份四川蚕、豌豆品种数据采集工作，其中蚕豆 11 份、豌豆 11 份；完成 8 份四川蚕豆育成品种的入库工作，参与食用豆土壤肥力数据库建设，完成 77 份主产区土样采集工作；参与食用豆固定观察点数据库建设，完成 20 户简阳农户固定观察点跟踪调查工作，累计提交 80 份调查问卷；参与食用豆农药数据库建设，完成 15 份四川蚕豌豆常用农药的相关信息登记入库工作；配制杂交组合 230 个，收获 88 个组合供后代单株选择；提供 300 余份蚕、豌豆资源作特色资源鉴定，向重庆综合试验站、合肥综合试验站、南通综合试验站、南阳综合试验站、毕节综合试验站、曲靖综合试验站、青岛综合试验站、唐山综合试验站、乌鲁木齐综合试验站等提供特色食用豆资源作引种鉴定、展示。

3. 集成高产高效生产模式，形成四川蚕豌豆精确定量栽培技术

集成"蚕/玉/苕""豌/玉/苕""蚕豆/玉米""果（柑橘、梨等）/蚕豆""稻茬蚕豆免耕"栽培模式，有效提高了蚕豌豆的抗旱性和产量，为农户增收提供了大力支撑。通过多次肥水试验，确定了在干旱条件下，在花荚期灌一次水，大田蚕豌豆较未采取抗旱措施分别增产 60.2% 和 75.9%；采取综合抗旱措施（病虫害防治、灌水两次），蚕豌豆较未采取抗旱措施分别增产 94.1% 和 83.7%，较示范片灌一次水分别增产 11.8% 和 15.0%。在精确施肥栽培试验中，通过不同肥料的配比，确定了蚕豆和豌豆的最适施肥量，同时完成鲜食蚕豆减施氮肥试验，结果表明，减少 40% 施氮量可以提高蚕豆根瘤菌的固氮作用，促进鲜食蚕豆稳产，同时可以有效增加下茬作物玉米产量。

4. 通过抗豆象品种选育和生物药剂使用，形成四川蚕豌豆病虫害防控技术

经过多次田间试验，确定了使用高效氯氟氰菊酯、溴氰菊酯（敌杀死）、吡虫啉防治豆象的方法，在简阳、乐至、南充、内江、达州等地进行核心示范，累计 3 650 亩。高效氯氟氰菊酯防效 76.3%、增产率 10.0%，溴氰菊酯防效 72.7%、增产率 2.9%；鉴定出成豌 8 号、青豌豆相对抗豆象品种；筛选出全关、菌毒毙和大生 M-45 代森锰锌，防治赤斑病效果较好；50% 速克宁可湿性粉剂、50% 多菌灵 +80% 克菌丹处理，对豌豆根病防治效果较好；确定食荚大菜豌 1 号、食荚大菜豌 2 号、食荚甜脆豌 3 号、食荚大菜豌 6 号、成豌 7 号、成豌 8 号对枯萎病抗性最佳；20% 病毒 A 可湿性粉剂和 30% 毒氟磷可湿性粉剂能控制蚕豆病毒病的蔓延；精喹禾灵 +灭草松处理在蚕豆苗后除草效果最佳。

5. 完成四川蚕、豌豆主产区生产调研与信息采集

对四川省 5 个蚕、豌豆主产区（简阳市、内江市、南充市、达州市、乐至县）及蚕豆加工企业集中的成都市郫都区，通过面对面的交流与深入田间地头实地考察，进行了全面调研，走访企业 7 家、乡镇 20 余个、村社 60 个以上，获得了大量珍贵的第一手资料，较为全面地掌握了四川省食用豆产业的发展动态。

6. 组织实施了蚕豆联合鉴定试验

完成蚕豆干籽粒组和鲜食组联合鉴定（成都点）试验，筛选出高产、抗倒伏的优良品

种，其中成胡 14、云豆 147、启豆 2 号三个品种的干籽粒产量最高，苏 03010、成胡 14 两个品种的鲜食豆表现最佳，已在主产区简阳基地进行示范。蚕豆鉴定出成胡 9704-1、成胡 200304-2 和鄂蚕豆 1 号耐赤斑病力强，丰产性较好；豌豆鉴定出成豌 10 号、成豌 11 和青豌 3 号耐白粉病，丰产性较好。

7. 省内外核心示范，辐射推广达万余亩

在主产区简阳蚕豆核心示范 347.7 亩，豌豆核心示范 152.6 亩，辐射带动禾丰镇、草池镇、金马镇、新市镇种植面积 8 000 亩以上；在达州大竹县庙坝镇核心示范 70 亩，辐射带动种植面积 700 亩；在乐至县大佛、凉水等乡镇建立食荚大菜豌系列高产示范片 1 600 亩，在孔雀乡建立蚕豆高产示范片 150 亩，示范带动效果显著；在内江市市中区建立了蚕豌豆品种示范和良种繁殖 22 亩；在南充市嘉陵区大观乡牛郎坝村和何家沟村分别建立了蚕豌豆品种示范和良种繁殖基地共 20 亩。在简阳周家乡进行鲜食蚕豌豆核心示范 50 亩，带动周边地区种植 500 亩以上。在双流新兴镇柏杨村和简阳东溪镇安排鲜食豌豆尖示范 110 亩，示范品种为无须豆尖 1 号、丰优 1 号、朱砂豌。在简阳、乐至、南充、达州和眉山等蚕豌豆新品种核心示范面积 5 920 亩，辐射推广约 45 万亩，增产 665 万 kg，增收 3 345 万元，实现农户增产增收。新品种及配套技术有力地推动了四川蚕豌豆产业快速发展。

8. 开展食用豆育种技术创新与新基因发掘

在仪陇、宣汉、简阳、乐至、南充等蚕、豌豆主产区收集地方资源 21 份，其中蚕豆 12 份、豌豆 9 份，并完成资源数据信息采集。连续 2 年完成蚕豆赤斑病抗性田间鉴定，完成 106 份蚕豆资源赤斑病抗性鉴定及 43 份种质资源评价与鉴定，筛选出 5 个高抗赤斑病、病毒病和锈病的材料（16SCE005、16SCE006、16CCE083、16CCE085、16CCE100 赤斑病群体抗性均为轻），7 个综合农艺性状和产量均表现较好的材料。初步完成 43 份张家口蚕豆资源的田间病害抗性和农艺性状鉴定，通过对病害抗性，生育日数、单株有效分枝数、单株产量、百粒重等性状进行简要分析表明，43 份资源均属于中晚熟类型、籽粒大小均为中、小粒型，其中 3 份表现高产、高抗赤斑病，11 份表现高产、抗赤斑病。

三、标志性成果

（一）获奖成果

育成了聚合多个优良性状的新品种成胡12、成胡 13、成胡 14；育成了聚合早熟、高产、广适等多个优良性状的突破性国鉴品种成胡 15；研究形成了稻茬蚕豆免耕栽培技术；研制了"双三 0"蚕豆/玉米、果/豆高产、高效栽培技术。

（二）育成的新品种

十年来成都综合试验站通过国家鉴定蚕豆品种 1 个，通过四川省审定蚕豆品种 5 个、豌豆品种 4 个。

1. 成胡 15 号

国家鉴定蚕豆品种，该品种品质好，双荚多、产量高，抗病性强，适应性广，较耐旱，是一个粮菜兼用型品种，适宜净作或间套作种植。

2. 成胡 18

该品种干籽粒蛋白质含量高，分枝力强，平均单株分枝 3.1 个；产量高、适应性广，适宜四川省不同台位、不同土质的不同栽培模式种植。

3. 成胡 19

该品种粒大，百粒重 112.5g；品质好，产量高，是一个粮饲、蔬兼用型的品种，可用于净作或间套作种植。

4. 成胡 20

耐赤斑病力强，百粒重 108.1g，品质好。

5. 成胡 21

全生育期 192d，适应性广，是一个粮、菜兼用型品种，适宜秋播地区净作或间套作种植。

6. 食荚甜脆豌 3 号

籽粒大、荚小、短、窄、厚，熟性和脆性较强、香甜脆嫩，味美可口，品质上等。

7. 食荚大菜豌 6 号

籽粒大、荚大、扁、软，熟性和脆性较强，香甜脆嫩，味美可口，品质上等。

8. 成豌 10 号

生育期 160d，比对照早 5~7d。早熟、矮茎、鲜食新品种，适宜秋播区幼龄果园间套作或净作种植。

9. 成豌 11

早熟（较成豌 10 号早 4d、较对照早 6d）、产量高、稳定性好、适应性广，可作鲜食菜用栽培，适宜秋播区净作或与幼龄果树、玉米等间套作种。

（三）形成的技术或标准

《植物新品种特异性、一致性和稳定性测试指南 豌豆》于 2013 年 12 月通过农业农村部审核成为行业标准。

《植物新品种特异性、一致性和稳定性测试指南 豌豆》（GB/T 19557.22—2017）于 2017 年 11 月通过中国国家标准化管理委员会审核成为国家标准。

（四）申请专利

一种蚕豆套种玉米高产栽培方法（申请中），本发明公开了一种蚕豆套玉米高产栽培方法，包括：优化带植、选用良种、适时播种、合理密植、施足底肥、科学田管、打顶（摘心）、适时收获。本发明的实施有助于充分利用四川省山区、丘陵等产区光、热、水资源丰富的优势，提高土地复种指数和利用率，有效减轻病虫害，提高蚕豆、玉米产量，从而增加农民收入并推动四川地区蚕豆、玉米产业发展，最终提高粮食总产。

（五）代表性论文、专著

十年来发表相关论文 11 篇、参编专著 4 部。

（六）人才培养

截至 2018 年，成都综合试验站引进博士 1 名、硕士 2 名，团队成员职称晋升 3 名，培养博士 1 名。

四、科技服务与技术培训

成都综合试验站在首席科学家程须珍研究员和各岗位科学家的指导下，常年与地方农技部门合作，开展技术人员和农户培训，使体系研发的新品种及高产、高效种植技术惠及广大农户，促进了四川食用豆产业的健康发展。

十年间共举办技术培训 55 次、观摩活动 7 次、调研 315 次，总计培训人员 5 691 人次，发放资料 8 635 份、种子 24 768kg、肥料 41 408kg、农药 2 348kg，并通过院所网络平台、媒体发送工作简报 19 份。

五、对本领域或本区域产业发展的支撑作用

（一）新品种及配套技术为四川蚕豌豆产业的发展提供了技术支撑。

截至 2018 年，建立核心试验、示范基地 9 个，根据产区特色，在各个基地开展了新品种及配套技术展示和示范，指导基层农技人员、农户 4 000 余人次，带动效果十分显著。其中最突出的实例如下：

2014 年在简阳周家乡兰家寺开展百亩"果/豆"鲜食豌豆高产创建示范，示范面积 200 亩。经专家组现场测产，"成豌 8 号"亩产鲜荚 1 040.3kg，较地方对照增产 67%；"成豌 10 号"亩产鲜荚 846.7kg，较地方对照增产 36.0%，均超过预期目标（亩产鲜荚 500kg/亩）。按当时当地市场均价 2.0 元/kg 计，亩收益成豌 8 号 2 080.6 元、成豌 10 号 1 693.4 元。据当地农技部门统计，周家乡 2008 年全乡豌豆面积约 800 亩，至 2014 年面积上升到 10 000 亩左右，绝大多数农户自留多抗专用新品种，示范效果十分显著。

2013—2015 年在简阳禾丰镇南山村开展食荚豌豆转型走"高端"干籽粒示范，面积 500 亩以上，食荚大菜豌 1 号、食荚大菜豌 6 号转型成功，深受当地农户喜爱。食荚大菜豌 1 号亩产 176.3kg、食荚大菜豌 6 号亩产 174.2kg、早 288-1 亩产 158.7kg 和早 258-1 亩产 133.5kg，按收购均价 12 元/kg 计，食荚大菜豌 1 号亩收益 2 115.6 元、食荚大菜豌 6 号亩收益 2 090.4 元、早 288-1 亩收益 1 904.4 元和早 258-1 亩收益 1 602.0 元，是当地普通豌豆亩收益的 4 倍以上。

2014 年开始在简阳清风乡小河村探索蚕豆鲜食产销链，截至 2018 年，该村已形成稳定的种植面积 300 亩以上，新品种成胡 15 号、云豆 147 已成功取代地方品种，每年有固定的蔬菜个体经营户、成都、重庆等周边蔬菜运营商上门定点收购，鲜食蚕豆产销链已建立完成。据统计，成胡 15 号平均亩产鲜荚 883.2kg、芸豆 147～544.8kg，按市场均价 1.5 元/kg 计，亩收益成胡 15 号 1 324.8 元、芸豆 147 亩收益 817.2 元，种植户增产、增收效果显著。

（二） 积极配合体系和依托单位开展阿坝县精准扶贫工作

成都综合试验站站长余东梅曾多次深入阿坝县，完成了对阿坝县茸安乡 8 个贫困村蚕豌豆种植情况的调研，根据结果统计，安坝村、蒙古村、夏尔尕村和直尕村有蚕豆种植，面积约 170 亩；豌豆主要种植在蒙古村，全村约 30 亩；阿坝镇五村种植食荚、嫩粒型豌豆，面积约 300 亩。

根据调查结果，提供 243.8kg 蚕、豌豆良种在阿坝镇五村现代农业科技培训中心进行品种筛选试验，包括 4 个蚕豆品种和 10 个豌豆品种。在蚕、豌豆生育期内，本站多次进行现场调研和技术人员培训，并赠送的《蚕豆豌豆病虫害鉴别与控制田间指导手册》和《食用豆类豆象鉴别与防控手册》。

（三） 积极采取应急措施应对突发性和规律性农业灾害事件，降低了损失

针对地震、低温冻害、冬春干旱、涝害等农业灾害事件，深入生产一线调研 200 余次，积极采取应急措施形成技术指导方案发放至受灾区域。通过在农业科技动态"平台上向全川发布"四川蚕、豌豆低温冻害防治措施""关于拌种防病和加强出苗管理的技术措施"，多次到示范县组织抗旱、抢种抢收，将自然灾害对蚕豌豆影响降至最低，提升四川省蚕、豌豆抵御自然灾害的能力。

（四） 积极与玉米、甘薯体系合作，为实现"双减"目标不断努力

2011—2015 年，与玉米产业技术体系栽培与土肥合作，开展了"蚕豆/玉米"栽培模式的研究，探明了蚕豆的最佳播期（10 月中下旬）、最佳密度（1.0 万～1.2 万株/亩）、最适品种（成胡 14 号、成胡 15 号），并在主产区进行了大面积示范推广。

2016—2018 年，联合玉米产业技术体系土肥与栽培岗位、甘薯产业技术体系加工岗位，免费为农户提供蚕豆、玉米、甘薯良种良法，同时进行生产技术培训和指导，从而带动周边农户科学合理种植，亩节约种子成本约 100 元，化肥、农药 10～13 元。

毕节综合试验站

一、综合试验站简介

国家食用豆产业技术体系毕节综合试验站建立于 2008 年，站长张时龙（图 124）。团队成员卢运、余莉、王相、王昭礼、赵彬、杨珊、赵龙、何友勋（图 125）。

在毕节市农业科学研究所朱昌镇基地、海南乐东九所南繁基地拥有基础设施配套的固定试验地 180 亩。在七星关区、威宁县、织金县、大方县、纳雍县 5 个示范县共建设了 10 个示范基地，年均示范面积 1 200 多亩。

站长张时龙：1965 年 7 月出生，研究员。现任毕节市农业科学研究所副所长，毕节市农业科学研究所学术委员会副主任委员、毕节市市管专家、贵州省省管专家、中共毕节市委、市人民政府专家咨询委员会专家委员、贵州省农业工程学会常务副理事、贵州省农业昆虫学会理事、贵州省植物生理与植物分子生物学会理事。主持完成国家级和省部级科研项目 18 项，发表研究论文 40 余篇，主持或参加选育食用豆、水稻等农作物新品种 18 个。获奖成果 11 项。

图 124　站长张时龙

图 125　试验站团队成员

二、主要研发任务和重要进展

（一）主要研发任务

　　紧紧围绕贵州省食用豆产业发展需求，对"毕节奶花芸豆""毕节红芸豆"等当地传统名优品种进行提纯复壮与试验示范，在遗传改良、栽培与土肥、病虫害防控、机械化、加工、产业经济 6 个功能研究室的相关岗位科学家指导下，重点开展了优质、高产普通菜豆、蚕豆、豌豆食用豆类新品种筛选及绿色高效配套生产技术研究与示范。

　　1. 新品种/系筛选

　　芸豆、蚕豆、豌豆、小豆种质创新与新品种筛选；普通菜豆、蚕豆、豌豆、小豆、豇豆新品种/系联合鉴定试验；普通菜豆、小豆新品种生产试验；普通菜豆品种抗细菌性晕疫病田间鉴定；豌豆抗白粉病材料鉴定与新品种筛选；普通菜豆菜豆象抗虫资源筛选；食用豆种质资源收集、鉴定、评价、入库与新基因挖掘。

　　2. 土肥与栽培

　　普通菜豆/间作栽培技术集成与应用；稻田免耕直播蚕豆高效轮作模式建立与评价；普通菜豆减肥增效技术研究；普通菜豆氮磷钾最佳施肥技术研究；根瘤菌与土壤取样。

　　3. 病虫害防控

　　豆象种类鉴定、分布及为害现状调查；豇豆荚螟调查及防治技术试验；普通菜豆普通细菌性疫病综合防控技术研究。

　　4. 综合

　　产业调研；技术培训；基地建设与新品种新技术示范；产业扶贫；跨体系合作；应急性技术服务等。

（二）取得的重要进展

1. 新品种/系筛选与应用

鉴定、筛选并示范优质、高产、抗病食用豆新品种 11 个，其中普通菜豆 7 个（中芸 5 号、龙芸豆 5 号、龙芸豆 6 号、龙芸豆 9 号、龙芸豆 10 号、龙芸豆 13 号、龙芸豆 14 号）、蚕豆 2 个（通蚕鲜 6 号和通蚕鲜 7 号）、豌豆 1 个（成豌 10 号）、小豆 1 个（渝红 2 号）。

2. 新品种/系选育与应用

育成审定了优质高产食用豆新品种 4 个，其中普通菜豆 3 个（毕芸 3 号、毕芸 4 号、毕芸 5 号）、蚕豆 1 个（织金小蚕豆）。育成高产普通菜豆新品系 1 个（BY2015-1）参加生产试验。

3. 配套技术研究与应用

研究集成与大面积示范普通菜豆/玉米间作栽培技术、稻田免耕直播蚕豆高效栽培技术等。

三、标志性成果

（一）获奖成果

食用豆新品种及配套技术示范推广：2017 年获贵州省农业丰收三等奖。

（二）育成的新品种

育成食用豆新品种 4 个：

毕芸 3 号（黔审芸 2016001 号）、毕芸 4 号（黔审芸 2016002 号）、毕芸 5 号（黔审芸 2016003 号）、织金小蚕豆（黔审蚕豆 2016001 号）。

（三）形成的技术或标准

普通菜豆/玉米间套作高产高效栽培技术；稻田免耕直播蚕豆高效栽培技术；茶园套作普通菜豆（小豆）高效栽培技术。

（四）代表性论文、专著

发表论文 15 篇，出版著作 2 部。

（五）人才培养

张时龙，2016 年晋升研究员。2005 年入选贵州省毕节地区地管专家（2009 年、2013 年、2017 年继续纳入管理），2007 年入选贵州省省管专家（2011 年、2015 年继续纳入管理），2015 年被聘为毕节市委、市政府专家咨询委员会专家委员，贵州省第四、五届届农作物品种审定委员会专业委员会委员，2014—2017 年贵州省农业系列高级职称评委。

何友勋，2012 年晋升副研究员。2011 年取得贵州大学农业推广硕士学位，2015 年入选贵州省"百千万人才"千层次人选，2017 年贵州省"甲秀之光"访问学者。

余莉，2010 年晋升高级农艺师，卢运 2014 年晋升高级农艺师，吴宪志 2017 年晋升高级农艺师，余娟 2014 年晋升高级农艺师。杨珊 2011 年晋升农艺师，王昭礼 2012 年晋升农艺师，赵龙 2012 年晋升农艺师。

四、科技服务与技术培训

自 2009 年以来，每年参加省、市有关部门组织的"科技三下乡"活动 2~3 次，推介食用豆新品种、新技术，发放品种简介、宣传手册、技术明白纸、光盘等宣传资料；积极参加科技扶贫，团队成员中，有 2 人到贫困乡镇挂任科技副职，2 人次到贫困村驻村任第一支书，8 人次参加"三区人才"及"万名农业科技人员进万村"等活动。在食用豆主产区累计组织各类培训班、现场会、展示会、技术讲座 151 场次，培训基层技术骨干、合作社成员、示范种植户及贫困户 13 491 人次，发放培训资料 20 120 份。提供种子 5.8 万kg，各类化肥 25.8t，农药超过 1 000kg，农膜超过 2 000kg。

五、对本领域或本区域产业发展的支撑作用

（一）产业发展

通过食用豆新品种鉴定，筛选到适应贵州省的新品种 45 个，在生产上推广应用 33个，优化集成配套栽培技术 3 套，通过技术培训和宣传，加上农业产业结构调整，使新品种、新技术得到大面积推广应用。贵州省食用豆面积从 2010 年的 379.76 万亩发展到 2018年的 482.24 万亩。毕节市食用豆面积从 2010 年的 213.86 万亩发展到 2018 年的 305.69 万亩，面积增加较多的有普通菜豆、蚕豆、小豆，总产量从 20 764.76 万 kg 增加到37 259.08 万 kg。全省食用豆研发人员从 7 人发展到 26 人，加工、销售企业从 20 多家发展到近 200 家，农民专业合作社从零发展到 120 多个。

（二）科技扶贫

毕节综合试验站以贵州省毕节市威宁县、织金县、纳雍县、大方县、黔西县、七星关区为重点，采取多种形式，积极参加脱贫攻坚工作。

通过"同步小康的集团帮扶""科技创新人才团队帮扶""千名科技人员包千村""三区科技人员（科技特派员）"科技副职等扶贫联系点的工作，帮助 459 户贫困户脱贫。

（三）为政府决策提供建议

结合威宁县普通菜豆生产、加工及销售现状，就如何做大做强威宁县普通菜豆产业，向威宁县人民政府提交了"关于威宁县普通菜豆产业发展的建议"，实施"乌蒙山宝·毕节珍好"品牌战略，得到威宁县人民政府采纳并安排威宁县农牧局组织申报中华人民共和国农产品地理标志，2018年"威宁芸豆"获中国地理产品标志。

曲靖综合试验站

一、综合试验站简介

国家食用豆产业技术体系曲靖综合试验站建立于 2011 年 1 月，依托单位为曲靖市农业科学院，唐永生任站长（图 126）综合试验站有团队成员 7 名，其中研究员 1 名，高级农艺师 4 名，农艺师 2 名（图 127）。依托单位有科研用地 73 700m²，温室 13 334m²，科研用房 6 580m²。2017 年新建成曲靖现代农业科技园基地，园区位于沾益区金龙社区轩家村委会，占地 235.3 亩，构建了布局合理、结构优化、功能配套、设施完备的科研试验区。

图 126　站长唐永生

综合试验站"十二五"期间在 5 个示范县建成示范基地 7 个，面积 4 700 亩，主要开展食用豆新品种及配套的蚕豆稻茬免耕栽培技术、旱地蚕豆豌豆规范化种植技术、桑果园标准化套种技术等的研究和示范工作，并打造成食用豆新品种、新技术的示范展示窗口和宣传培训基地。

站长唐永生： 1972 年出生，本科学历，学士学位，推广研究员，现任曲靖市农业科

图 127 试验站团队成员

学院特色作物研究所所长。培育出省级审定（登记）品种 20 余个，获科技成果奖 30 余项，发表论文 35 篇。曾获"云南省有突出贡献的优秀专业技术人才""云南省技术创新人才"等荣誉，是云南省主要农作物审定委员会委员，云南省非主要农作物登记委员会委员，云南省级粮油作物绿色高产高效创建指导专家。

二、主要研发任务和重要进展

（一）主要研发任务

按照国家现代农业产业技术体系任务，紧紧围绕滇东北食用豆产业发展需求，曲靖综合试验站在对"曲靖白花豆""越州小粒豆"等当地传统品种进行提纯复壮与试验示范的基础上，引进筛选了凤豆 6 号、云豆 147、云豆 690、云豌豆 18 号等蚕豆、豌豆品种示范推广成为当前主栽品种。在遗传改良、栽培与土肥、病虫害防控、机械化、产业经济等功能研究室的相关岗位科学家指导下，重点开展了优质、高产蚕豆、豌豆等食用豆类新品种筛选及绿色高效配套生产技术研究与示范。

（二）重要进展

1. 新品种/系筛选与应用

收集曲靖市内传统地方品种、省内外现代育成品种和国外引进品种 2 000 余份；完成品种筛选评价试验 40 余组，栽培试验 8 组，农药、肥料试验 6 组。筛选出优于对照的蚕豆品种 54 个，豌豆品种 15 个，普通菜豆品种 27 个，鹰嘴豆品种 3 个。初步筛选出适合本地种植的食用豆品种 22 个，推广应用云豆 147、云豌 18、龙芸豆 5 号等 9 个品种。

筛选抗性资源示范应用或作为亲本材料开展资源创新工作，组配蚕豆杂交组合 600 余个，豌豆杂交组合 400 余个。

2. 配套栽培技术的研究与应用

研究集成并优化应用曲靖蚕豆稻茬免耕规范化栽培技术、桑园套种鲜食蚕豆高产栽培技术、适宜机械化生产新品种及配套技术、猕猴桃园套种鲜食豌豆标准化栽培技术、高原山地蚕豆新品种及配套技术等，在试验站示范基地和各示范县示基地组织示范应用，取得良好的社会经济生态效益。

3. 抗豆象种质资源的筛选鉴定

开展蚕豆、豌豆品种抗绿豆象和普通菜豆抗菜豆象资源筛选鉴定工作。采集鉴定蚕豆品种 279 个次，豌豆品种 196 个次，初步筛选出抗性品种资源 33 个；鉴定普通菜豆品种资源 1 176 份，初步筛选出抗性品种资源 376 资源份。

4. 病虫草害的调查工作

按岗位科学家要求完成食用豆病虫草害等调查工作，采集病虫害标样 60 多份，土壤样品 50 余份，提供岗位科学家研究。

5. 调研信息

按年度任务书要求开展产业信息调研，反馈本年度相关数据信息。

6. 做好应急性服务工作

一是做好年度抗灾救灾工作；二是指导当地省部级蚕豆万亩高产创建工作；三是按时提交季度培训情况，按时上报各类报告、报表；四是按要求完成示范基地数据，完成基地标牌制作；五是按岗位科学家要求组织和参加体系相关岗位组织的学习培训和活动。

三、标志性成果

（一）获奖成果

1. 作为第一完成单位获得的"桑园套种鲜食蚕豆种植技术推广"获云南省农业推广奖二等奖

成果简介：该研究成果一是实现冬闲桑园的合理利用，提高复种指数；二是利用蚕豆生产上市淡季的季节差，早春鲜食蚕豆在春节前后提早上市，比正常节令种植的价格提高 1 倍多，实现高效益生产；三是充分利用农忙空闲、劳动成本低的有利时机转化农村剩余劳动力；四是通过冬闲桑园行间耕作，疏松土壤，改善土壤理化性状；五是利用蚕豆与其共生根瘤菌的固氮作用，提高土壤肥力；六是鲜食蚕豆收获后，利用秸秆加工青贮饲料或晒干作糠，饲养牲畜；七是通过冬季蚕豆作物的冬季绿化、蚕豆采收等活动促进高原观光农业、休闲农业的发展。该模式的推广应用，走出了一条节能、节地、节肥、节材的生态环保型高效立体套种模式，达到了农业生产中粮—经—饲—肥的协调开发的目的，实现蚕桑产业与蚕豆产业的协调发展和持续发展。

该技术成果在曲靖市推广应用 209 073 亩，新增总产 13 138.07 万 kg，新增总产值 65 690.35 万元，新增纯收益 51 807.9 万元，劳动力就业转移创收 12 126.23 万元，社会经济效益和生态效益显著。

2. 作为参加单位获得的成果

早熟高效蚕豆新品种"云豆早 7"选育与应用，2013 年获云南省科技进步一等奖。

广适、优质蚕豆品种"云豆 690"选育，2014 年获云南省科技进步三等奖。

高产、高蛋白半无叶豌豆品种"云豌 8 号"选育，2015 年获云南省科技进步三等奖。

豆类产品加工技术创新与应用，2016 年获曲靖市科技进步三等奖。

豌豆种质资源收集评价创新与新品种选育及应用，2018 年获云南省科技进步二等奖。

（二）育成的新品种

云豌 17 号通过云南省品种登记，2014 年 11 月，编号：滇登记豌豆 2014003 号，完成单位：曲靖市农业科学院、云南省农业科学院。

靖豌 2 号通过云南省品种鉴定，2015 年 12 月，编号：云种鉴 2015031 号，完成单位：曲靖市农业科学院。

（三）形成的技术或标准

1. 标准编号

DG 5303/T 10—2015，标准名称：桑园套种鲜食蚕豆种植技术规程，类型：地方标准，发布日期：2015-06-10，实施日期：2015-08-01，批准单位：云南省质量技术监督局，备案号：N349-2015。

2. 标准编号

DG 5303/T 16—2017，标准名称：猕猴桃园套种鲜食豌豆栽培技术规程，类型：地方标准，发布日期：2017-12-01，实施日期：2018-03-01，批准单位：曲靖市质量技术监督局。

3. 标准编号

DG 5303/T 17—2017，标准名称：鲜食豌豆云豌 18 号技术规程，类型：地方标准，发布日期：2017-12-01，实施日期：2018-03-01，批准单位：曲靖市质量技术监督局。

（四）代表性论文、专著

发表论文 10 篇。

（五）人才培养

唐永生，2012 年被曲靖市委确定为市委联系专家，2014 年 12 月晋升为研究员，2015 年 3 月担任曲靖市农业科学院特种作物研究所所长，2017 年被云南省人民政府授予"云南省技术创新人才"、被曲靖人才工作领导小组授予"珠源产业领军人才",曲靖市总工会授予"五一劳动奖章";2011年至今任云南省主要农作物审定委员会委员,云南省非主要农作物登记委员会委员。

团队成员刘宾照,2014年12月晋升为研究员;郑云昆,2013年9月晋升为高级农艺师;邹建华,2013年9月晋升为高级农艺师;朱玉芬,2014年9月晋升为高级农艺师;张菊香2017年9月晋升为高级农艺师;蒋彦华,2014年7月晋升为农艺师;王勤方,2017年9月晋升为农艺师。

四、科技服务与技术培训

试验站根据各示范县食用豆生产的实际情况,在关键农时、关键季节、关键环节,围绕各县示范基地,辐射带动周边区域,积极开展培训活动。组织技术培训53场次,培训科技人员和农民7 691人次,发放技术资料8 615份;提供技术咨询545次,实地调研、咨询指导293次。提供示范种子7.95万kg,农药42kg,蚜虫、潜叶蝇防治黄板5 000张。

五、对本领域或本区域产业发展的支撑作用

(一) 技术支撑

1. 间套种技术模式的应用,促进了蚕豆、豌豆发展空间的拓展。

以桑园套种鲜食蚕豆种植技术的推广应用和猕猴桃园套种鲜食豌豆栽培技术示范为主。

食用豆间套种技术模式种植技术的推广应用,发挥了本区域所处的区位优势和温光水热充足的气候条件,提高了复种指数及土地的利用率,增加了农民收入,鲜食豆淡季上市改善了居民生活水平,解决冬春剩余劳动力的就业问题,减轻社会就业压力;通过技术宣传培训和推广应用提高了农民素质,扶持了营销大户,培育了农村经济合作组织和龙头企业,有效促进农业增效、农民增收,推动农业产业转型升级;有效减少了化肥、农药的施用量,培肥了地力,改良了土壤,提升了耕地质量;引进和培育营销大户参与发展食用豆产业;通过示范观摩和省内外领导专家的共同参与提高了曲靖食用鲜食蚕豆产业的知名度和政策、技术支撑力度,有利用于曲靖市蚕豆产业的可持续性发展。

2. 山地蚕豆的发展

引导其他县市区蚕豆生产上山,在适宜通过品种筛选应用和技术配套逐步替代种植效益低、生态效益差的大麦、小麦等作物,取得良好的社会经济生态效益。

3. 地方产业支撑

在5个示范县建设了4 700亩示范基地,组建了一支食用豆科研推广团队,即市、县、乡、村四级共建的食用豆工作体系平台。技术支撑有关县市区开展食用豆项目申报,示范

基地的规划，实施方案的制定等工作；二是提供品种和组织引进优质高产高效品种用于推广应用，满足各类加工企业需求；三是因地制宜制定了蚕豆稻茬免耕技术、旱地鲜食蚕豆生产技术、小粒蚕豆种植技术、蚕豆桑园、葡萄园套种技术、蚕豆机械化种植等技术规程，通过进村入户技术宣传培训，种植区域规划布局，现场技术指导等多种形式落实到千家万户；四是加强与加工企业的沟通与协调，围绕企业产品原料需求强化生产基地建设。

（二）政府部门提供决策建议

一是在土地休耕专家咨询工作中，为主管部门土地休耕工作中提出发展豆类种植和绿肥种植，养地与增收两不误的建议；二是在当地"气象部门要服务'三农'和高原特色农业"专家咨询工作中提出了建议；三是完成主管部门安排的有关食用豆生产发展方面的人大建议和政协提案的办理工作；四是向政府有关部门提交了《推进食用豆标准化生产，助推现代农业发展》报告；五是参与省市制定、修改粮油产业发展规划；六是指导当地食用豆产业绿色高产高效创建工作；七是为畜牧部门提供蚕豆饲料化养猪和蚕豆豌豆青贮养牛等技术咨询和品种建议等。

（三）扶贫工作中发挥的支撑作用

根据云南省"三区"人才支持计划项目和精准扶贫工作安排，先后选派团队成员4人到富源县围绕示范基地建设开展山地蚕豆新品种筛选和试验示范。协调政府扶持资金100多万元，通过蚕豆新品种及配套技术的集成与应用，在当地发展山地蚕豆2.3万亩，促进蚕豆产业及生猪（大河乌猪）养殖业的共同发展。

安排团队成员8名，先后到扶贫挂钩点会泽县火红乡的6个村委会和帮扶对象户（43户，157人），通过深入基层搞调研、调整产业谋发展、抓住节令调物资、生产季节做指导、流通环节传信息等多种方式开展扶贫工作。

大理综合试验站

一、综合试验站简介

国家食用豆现代农业产业技术体系大理综合试验站建立于 2008 年，站长陈国琛（图128）。示范县 5 个，2008—2015 年示范县为祥云县、弥渡县、大理市、洱源县、嵩明县，2016 年至今示范县为祥云县、弥渡县、大理市、洱源县、巍山县。2008—2016 年团队成员 5 人，年龄为 30~54 岁；2017 年至今，团队成员 4 人（图129）。

图 128　站长陈国琛

大理综合试验站在 5 个示范县设有试验示范基地 10 个，每个基地的规模都是 100 亩，总计 1 000 亩。

站长陈国琛： 研究员，主要从事蚕豆新品种选育、蚕豆栽培技术研究、蚕豆病虫害防控和蚕豆产业加工及市场研发。长期工作在科研生产第一线，承担主持了多项国家、省、自治州蚕豆科研项目。通过多年的研发，打造了大理四季鲜食蚕豆产业，现在年种植四季鲜食蚕豆 30 多万亩，产值 12 亿元左右，四季鲜食蚕豆产业已成为大理州的主要支柱产业。育成通过云南省级审定的蚕豆品种 19 个，凤豆品种在大理白族自治州（以下简称大理州）种植覆盖率达 98% 左右。研究提出蚕豆高产栽培技术措施 5 套，制定高产栽培技

图 129　试验站团队成员

术规程 1 项。获各类科技成果奖 30 项，其中省部级二等奖 4 项、三等奖 13 项，地厅级奖 13 项；获国务院特殊津贴奖，评为云南省技术创新型人才，云南省委联系专家，大理州第二、第三、第四届优秀高层次人才，多次评为大理州科技入户先进工作者；政协大理州第十一届委员，政协大理州第十二届、第十三届常委。

二、主要研发任务和重要进展

（一）主要研发任务

1. 2008—2015 年主要研究内容

重点研究内容：食用豆多抗专用品种筛选及配套技术研究；豆象综合防控技术研究与示范。

研究室研究内容：食用豆抗性种质创新与新品种选育；食用豆重要病害综合防控技术研究；食用豆抗逆栽培生理与施肥技术研究；食用豆产业发展与政策研究。

2. 2016—2018 年主要研究内容

重点研究内容：食用豆高产多抗适宜机械化生产新品种选育；食用豆绿色增产增效关键技术集成与示范。

研究室研究内容：食用豆育种技术创新与新基因发掘；食用豆可持续生产关键技术研究；食用豆重要病虫害绿色防控及关键技术研究；食用豆产业发展形势研判与政策建议。

（二）取得的重要进展

打造了大理州四季鲜食蚕豆产业，解决了四季鲜食蚕豆产业中品种、栽培技术、病虫害防控、产品加工和市场开发等一系列的技术难题，现在大理州四季鲜食蚕豆已达 30 多万亩/年，年产值 12 亿元，是大理州的主要支柱产业之一。

育成蚕豆品种 12 个，其中凤豆 15~22 号 8 个品种抗锈病、中抗赤斑病和褐斑病，凤豆十八号是优质多抗高产的大荚大粒蔬菜专用型蚕豆新品种，凤豆 13 号蛋白质含量达 30.4%，是高蛋白品种。

研究提出了多套蚕豆栽培技术措施，有效地指导了大理州蚕豆产业的发展。《蚕豆稻茬免耕高产栽培技术》被农业农村部和中国农业出版社制成轻简实用技术挂图在中国西南各省推广应用。

获云南省科技进步三等奖 6 项，地厅级科技奖 3 项，获首届云南省创新创业大赛暨第四届中国创新创业大赛创业团队组"优秀奖"，研发团队被大理州总工会命名为"工人先锋号"。

十年在大理州、昆明、丽江等地区累计推广干籽粒和四季鲜食蚕豆 466.17 万亩，新增产值 13.78 亿元，经济社会效益显著，有力地推动了云南高原特色农业的发展，社会经济生态效益显著。

三、标志性成果

（一）获奖成果

2008 年至今获云南省科技进步三等奖 7 项（图 130）。

蚕豆粮菜型新良种凤豆八号（8879-2）选育。

蚕豆高产新良种凤豆九号（8842-8）选育。

优质大粒高蛋白蚕豆新良种凤豆十号（9829）选育及应用。

蚕豆高产新良种凤豆十一号选育及推广应用。

蚕豆优质大粒高蛋白高产新品种凤豆 13 号选育及推广应用。

优质高产蚕豆新良种凤豆十二号选育及推广应用。

优质抗冻耐旱蚕豆新品种凤豆十四号选育及推广应用。

图 130　大理综合试验站获奖成果证书

（二）育成品种

育成通过云南省审定品种 10 个，分别为：

凤豆 13 号（滇审蚕豆 2011001 号），并于 2014 年 11 月荣获云南省科技进步奖三等奖。

凤豆十四号（滇审蚕豆 2009001 号）、凤豆 15 号（滇审蚕豆 2011002 号）、凤豆十六号（滇审蚕豆 2012002 号）、凤豆十七号（滇审蚕豆 2014001 号）、凤豆十八号（滇审蚕豆 2015001 号）、凤豆 19 号（滇审蚕豆 2016002 号）、凤豆 20 号（滇审蚕豆 2016003 号）、凤豆 21 号（滇审蚕豆 2016004 号）及凤豆 22 号（滇审蚕豆 2016005 号）。

（三）形成的技术或标准

《蚕豆稻茬免耕高产栽培技术》被农业农村部和中国农业出版社采纳制成轻简实用技术挂图在中国西南各省推广应用。

主要技术要点是：

开沟分墒：一般田块 2～2.5m 开墒，埂头较高的田块 2.5～3.5m 开墒，沟深 18～

20cm，宽 30cm。

播种期：蚕豆播种期应以盛花结荚期能够避过重霜冻的出现时间为依据，确定不同生态地区蚕豆最佳播种节令。根据海拔高度的不同，从低（1 550m）到高（2 200m）播种时间为 10 月 5—25 日。

合理密植，规范条点播种：亩播种基本苗 1.8 万~2.2 万株，株行距为 13cm×26cm 或 16cm×20cm，播种方式采用条点明豆。

合理施肥：播种后亩盖优质厩肥 1 500~2 000kg 或盖适量稻草；在豆苗 2.5~3 薹叶期亩施普钙 30kg，硫酸钾 10~15kg。

灌水：在整个生育期间应及时灌好现蕾开花水、盛花结荚水、灌浆鼓粒水等 3~4 次。

病虫害防治：做好病虫害的预测预报工作，亩用 100~150g 的粉锈宁防治锈病；用 10% 吡虫啉可湿性粉剂 2 500 倍液防治蚜虫和潜叶蝇；在杂草一叶一心时亩用 15% 的精稳杀得 60mL 防除田间杂草。

适时收获：以多数豆荚变黄，少数变成黑褐色，下部叶片枯死，上部叶片呈黄绿色为最佳收获期。

（四）代表性论文、专著

在全国农业核心期刊上发表论文 10 篇，省级刊物上发表 7 篇。

（五）人才培养

1 人评为云南省技术创新人才，1 人评为云南省委联系专家，1 人评为大理州第二、第三、第四届大理州优秀高层次人才，1 人评为云南省推进种子产业先进工作者，2 人评为大理州科技入户先进个人，1 人评为大理州粮食生产突出贡献农业科技人员，1 人晋升为二级研究员，4 人晋升为高级农艺师，2 人晋升为农艺师，1 人当选为政协大理州第十一届委员，1 人当选为政协大理州第十二届、十三届常务委员会委员。示范县技术骨干中有 3 人晋升为研究员，有 11 人晋升为高级农艺师。

四、科技服务与技术培训

开展科技培训和科技服务 140 场次，累计培训技术人员和农民 13 327人次，发放技术资料 50 000多份；提供优良种子 5.6 万 kg，农药 101.2kg，化肥 7.63 万 kg。

五、对本领域或本区域产业发展的支撑作用

（一）对大理州蚕豆产业发展的支撑作用

大理州蚕豆种植历史悠久，是国内蚕豆优势产区，是大理州的传统优势特色农作物。

大理州蚕豆原来以收干籽粒为主，平均亩产干籽粒 200～250kg，亩产值 1 000～1 250 元，产值较低。随着种植业结构的调整，国内外市场对大理州四季鲜食蚕豆需求量的不断增加，蚕豆产业结构的转型升级，大理综合试验站根据大理州高原特色农业发展的需要，及时调整蚕豆科研研究方向，使大理州蚕豆产业实现了从以收干籽粒为主的产业向以收鲜食豆荚为主的产业转变，实现了春、夏、秋、冬一年四季有鲜食蚕豆上市的目标，形成了大理州四季鲜食蚕豆产业有良种、有栽培技术、有产品、有市场、产品供不应求、效益好的良好局面。对大理州蚕豆产业发展支撑作用如下。

一是品种支撑，大理州四季鲜食蚕豆生产中种植的品种主要为凤豆 6 号，凤豆 11～22 号，凤豆品种覆盖率 98% 以上；二是技术支撑，大理州四季鲜食蚕豆生产中使用的栽培技术是大理综合实验站和大理州农业科学推广研究院研究提出的夏秋播鲜食蚕豆、冬早鲜食蚕豆、正季鲜食蚕豆、稻茬免耕高产栽培技术、垄作高密度高产栽培技术、蚕豆在水分管理 6 套高产栽培技术措施；三是市场支撑，通过多年的市场研究开发，大理州四季鲜食蚕豆产品已销往国内的很多大中城市的超市和高级酒店，在国内具有很大的市场需求量，产品供不应求；四是加工企业支撑，大理州境内有多家企业进行鲜食蚕豆产品的加工销售。保证了大理州鲜食蚕豆产业健康有序地发展。

（二）对大理州扶贫的作用

为帮助大理州宾川县杨柳村、乌龙坝，弥渡县牛街乡保邑村等海拔 2 500～3 000m 的高寒贫困山区农民脱贫，大理综合试验站通过多年的科学实验、试验示范，找准了该地区通过种植夏秋播鲜食蚕豆产业，替代该地区原来种植的产值较低的白芸豆、荞麦、马铃薯等作物（在海拔 2 500～3 000m 的高寒山区，白芸豆、荞麦、马铃薯等作物亩产值 1 000～1 500 元），大幅度提高农民经济收入。

通过鲜食蚕豆产业项目的形式开展扶贫，为高寒山区贫困户提供品种、技术服务，并帮助其进行产品和市场开发，提高产值、增加贫困农民的收入，使贫困户达到永久性脱贫。指导贫困农户发展种植"高寒山区夏秋播鲜食蚕豆"，最大限度提高亩产值，为贫困山区选育的优质、抗病、高产、抗逆性强优良品种为凤豆 6 号、凤豆 11 号、凤豆十八号、凤豆 19 号、凤豆 21 号，提供农药和肥料补助，进行技术培训和田间技术指导，与加工销售企业一起进行鲜食蚕豆产品加工和市场开发研究。

2015—2018 年杨柳村、乌龙坝种植夏秋播鲜食蚕豆 22.39 万亩，平均亩产鲜豆荚1 173.19kg，比对照亩增产 193.75kg，增产 19.78%，平均亩产值 3 519.57 元，总产值78 803.17 万元；与对照比较，亩增产值 580.71 元，新增总产值 13 002.10 万元；与种植白芸豆、荞麦、马铃薯等作物比较，种植鲜食蚕豆亩增产值 2 019.57～2 519.57 元，新增总产值 45 218.17 万～56 413.17 万元；22.39 万亩夏秋播鲜食蚕豆，平均亩产鲜豆荚1 173.19kg，干茎、叶亩产 286.78kg，蚕豆茎叶是优质的高蛋白、低脂肪饲料，亩产值458.85 元，其亩产值可够鲜食蚕豆种子、农药、肥料及播种用工费，可节约成本10 273.65 万元，同时收购商到村头村尾、田间地头就地收购鲜食蚕豆，与农民自己到集市卖相比每亩节约卖工 200 元，可节约工费 4 478.0 万元，每亩总计节约成本费 658.85元，总计节约成本费 14 751.65 万元；夏秋播鲜食蚕豆从播种到采收集中于 6 月中下旬到

11月底，蚕豆整个生长期间处于雨季，靠降雨就满足其生长发育需水要求，不需人工灌水，能节约大量用水；每亩鲜食蚕豆遗留在地里的蚕豆根、根瘤、茎叶等相当于亩施1 500~2 000kg的优质农家肥，对改善土壤结构、培肥地力、减少农药化肥使用量、减少农田面源污染效果极显著，对保护山地生态环境，保持山长青、水常绿具有重要意义。通过项目的实施大幅度增加了农民收入，节约了成本，节约用水，保护了生态环境，使广大农民脱贫致富。

榆林综合试验站

一、综合试验站简介

　　榆林综合试验站建立时间为 2008 年，王斌任站长（图 131）。试验站现有团队成员 5 名，其中研究员 1 名，高级农艺师 3 名，博士 1 名（图 132）。试验站建设示范县 5 个，分别是神木、府谷县、横山、佳县、米脂县。"十三五"期间通过调整优化，将府谷县调整为绥德县；在榆林市农业科学研究院榆卜界实验区拥有基础设施齐全的试验基地 100 亩，在 5 个示范县建立了稳定示范基地 11 个，面积 1 700 多亩。

图 131　站长王斌

　　站长王斌：1965 年出生。长期从事小宗粮豆研究与综合开发工作，推广研究员。先后有 10 项科研成果分获农业农村部和省、市科技奖励；获得国家发明专利 1 项，实用新型专利 2 项。现为陕西省豆类产业技术体系首席科学家，陕西省农作物品种审定委员会委员，榆林市有突出贡献专家。

图 132　试验站团队成员

二、主要研发任务和重要进展

（一）主要研发任务

"十一五"期间，主要承担了优良品种筛选、高产综合配套技术试验与示范、主要病虫害防控技术试验与示范、收集和筛选审鉴定食用豆新品种、食用豆产业调研等研发任务。开展了绿豆、小豆育种试验，绿豆、小豆、普通菜豆新品种的引进比较试验，绿豆、小豆、芸豆播期、密度（露地、地膜覆盖）、肥效、水分高效利用及生理生态效应试验，以及小豆覆膜栽培试验，同时，在主要示范县开展了绿豆高产示范"百亩方"建设，以及绿豆病虫害统一防控技术示范基地建设。

"十二五"期间，主要承担了食用豆多抗专用品种筛选及配套技术研究示范，豆象综合防控技术研究示范，食用豆抗性种质创新与新品种选育，国内外抗性优异种质资源搜集与评价，食用豆重要病害综合防控技术研究，食用豆抗逆栽培生理与施肥技术研究等研发任务。开展了食用豆品种联合鉴定试验，优异抗性种质资源搜集评价，豆象种类、分布及危害状况调查，田间豆象防控技术试验，绿豆尾胞菌叶斑病综合防控技术试验，西北旱区绿豆地膜覆盖、补水播种、垄沟种植、适度增密、化学除草等技术试验，旱区高产群体结构与功能优化试验，绿豆氮磷钾最佳施肥技术试验，绿豆细菌性晕疫病综合防控技术试验，新品种高产示范，田间豆象防控技术示范，仓储豆象综合防控技术示范，晕疫病综合防控技术示范，氮磷钾最佳施肥技术示范，绿豆双沟覆膜技术示范等试验研究与示范工作。

"十三五"期间，主要承担了食用豆高产多抗适宜机械化生产新品种选育，食用豆绿色增产增效关键技术集成与示范，食用豆育种技术创新与新基因发掘，食用豆可持续生产关键技术研究，食用豆重要病虫害绿色防控及关键技术研究，食用豆生产全程机械化相关机械与技术研究等研发任务。开展了食用豆种质创新、新品种选育、生产试验，适应性与抗逆性鉴定评价试验，绿豆品种晕疫病抗性田间鉴定与评价，杀菌剂处理绿豆种子防除晕疫病菌效果评价，叶斑病与豆象生物防治与综合防控技术试验，抗旱节水关键技术试验研究，食用豆草害绿色防控关键技术试验研究，菌肥筛选试验，不同肥料用量对绿豆产量和品质影响的研究，绿豆不同覆膜栽培方式试验，绿豆机械化栽培技术研究，分期播种防治绿豆晕疫病试验，绿豆—马铃薯套种试验，食用豆新品种展示示范，绿豆机械化栽培技术试验示范与技术集成，地膜覆盖旱作栽培技术示范等试验研究与示范工作。

（二）重要进展

选育了榆绿 1 号大明绿豆新品种，推广应用面积达 30 万亩以上。

通过联合鉴定，筛选出适于本区种植的一批食用豆良种，其中，绿豆良种白绿 11 号、潍绿 9 号、冀绿 11 号、中绿 8 号；小豆良种吉红 11 号、冀红 12 号、中红 10、品红 2000-107、中红 11 号、龙小豆 3 号、冀红 9218；芸豆良种品芸 2 号、龙芸豆 4 号、龙芸豆 5 号、吉芸 1 号、张芸 4 号。在生产中大面积推广应用，提高了良种覆盖率，实现了主栽品种的更新换代。

在示范县建立了新品种与实用新技术核心示范基地 1 700 多亩，带动全市 12 个市县区均建立了不少于 100 亩的示范园，辐射全市 60 万亩食用豆生产，显现出有力的示范引导作用。

研究集成了双沟覆膜栽培技术、膜侧栽培技术，在旱区推广应用达 30 万亩以上，极大提高了绿豆产量、质量和种植效益。

示范推广了体系研发成果"绿豆细菌性晕疫病防控技术"，使本产区绿豆主要病害有效防控面积达 70% 以上。

根据本区农业生产条件，试制研发了小型覆膜、播种机具，实现了梯田、台地、缓坡地等田块的耕翻覆膜播种一次性完成，节本增效显著。

三、标志性成果

（一）育成的新品种

榆绿 1 号：筛选出的"HX04065"绿豆新品系在省级生产试验中平均亩产 138.6kg，比对照品种神木绿豆增产 11.2%。2012 年 11 月通过陕西农作物品种审定委员会鉴定。

该品种直立型，无限结荚习性。植株高 50~60cm，茎粗 0.7~1cm，主茎 12~14 节，主茎分枝 3~4 个；叶色浓绿，叶片阔卵形；成熟豆荚呈黑褐色，圆筒形稍弯，平均荚长

12.1cm，最长 16cm；平均荚粗 0.5cm，成熟不炸荚；籽粒圆柱形，深绿色有光泽，百粒重 7.5~8.5g；单株结荚 30~40 个，最多可达 180 个；平均荚粒数 12.5 粒，最多 19 粒；生育期 90~100d，耐旱耐瘠，抗病毒病，较抗叶斑病、白粉病。

优点：籽粒光泽好，粒大均匀，色泽一致，单株产量高，抗逆性强，高产稳产。

缺点：成熟不整齐，需人工 2~3 次采收；不耐密植。

（二）形成的技术或标准

陕西省地方标准《旱地绿豆双沟覆膜高产栽培技术规程》，规定了旱地绿豆双沟覆膜栽培技术在产地环境、整地施肥、种子处理、播种、田间管理、收获及残膜回收等技术要求，适用于陕北旱地（降水量 400mm）绿豆生产。该技术标准由陕西省质量技术监督局于 2014 年 3 月发布实施。

"旱地普通菜豆优质栽培技术""旱地小豆优质栽培技术""旱地豇豆优质栽培技术""绿豆主要病虫害防治技术""绿豆细菌性晕疫病测报调查规范"申报了榆林市地方标准。

（三）授权专利

已获批专利 2 项。

1. 起垄覆膜播种机

发明人：王斌；王孟；吴艳莉等，授权日：2017 年 5 月 3 日。

本实用新型公开了一种起垄覆膜播种机，能够在整地的时候开沟起垄，且能够同时对垄沟进行覆膜、压膜、播种。

2. 双沟覆膜绿豆播种机

发明人：王孟；王斌；王彩兰等，授权日：2017 年 5 月 3 日。

本实用新型公开了一种双沟覆膜绿豆播种机，在铺膜的同时能够对地膜进行覆土压盖，解决了地膜铺设后容易被风吹走的问题，且能够同时完成垄沟播种。

现正在申报专利三项：适用于地膜上播种的播种器、小型开沟溜籽播种器、小型绿豆收割机。

（四）代表性论文、专著

发表论文 5 篇，参编专著 3 部。

（五）人才培养

先后有 5 人晋升了职称，3 人提拔了职务，4 人获评榆林市有突出贡献专家。接收博士生 1 人。王孟获评榆林市青年科技奖。

四、科技服务与技术培训

利用科技赶大集、农资下乡、科技宣传月、科技三下乡等形式，深入生产一线，在备耕生产、关键农时、农闲季节等，积极开展科技服务活动，同时，通过多种渠道多种形式开展技术培训。累计举办中大型集中培训班 50 场次，现场观摩 8 次，现场咨询和实地指导多次，培训基层技术人员、种植大户、贫困户共计 5 100 多人次，发放技术资料 33 000余份。

为了配合科技培训，编印了《特色杂粮产业技术问答（豆类篇）》《绿豆栽培技术》《旱地作物栽培技术》培训手册，以及"榆林旱区豆类双沟覆膜高产栽培技术挂图"和"榆林适宜豆类品种、关键栽培技术要点"等技术宣传单，满足了基层农技人员和豆农的技术需求，极大提高了培训效果。

五、对本领域或本区域产业发展的支撑作用

一是体系的工作扩大了各级政府和企业对食用豆的认识和支持；二是稳定了一支从事绿豆、小豆等食用豆科研和成果转化队伍，为生产发展奠定了基础；三是由试验站、示范县、试验示范基地相结合的科研与示范网络，加强了新品种新技术的示范应用，为解决产业关键问题、关键技术提供了支撑；四是开展多种形式的科技服务和技术培训，提高了基层农技人员和广大豆农的科技水平；五是积极开展产学研合作，与省内市内农业科研院所、加工销售和进出口贸易企业，以及新型农业生产经营主体合作，开展食用豆优质化栽培技术研究与示范推广，绿色产地认证，建立专业合作社，为食用豆产业健康发展增添了发展后劲，为产业扶贫提供了增收新渠道。

定西综合试验站

一、综合试验站简介

定西综合试验站于 2008 年加入国家食用豆产业技术体系，依托单位为市农业科学研究院，站长王梅春（图 133）。目前该综合试验站有团队成员 4 人（图 134），其中，研究员 1 名，高级农艺师 1 名，助理研究员 1 名，研究实习员 1 名。有旱作农业试验地 500 亩，基础设施配套齐全；在安定区、通渭县、陇西县、临洮县、漳县和白银市的会宁县等 5 个示范县共建设 10 多个示范基地，每个基地面积为 50~200 亩。进入"十三五"，5 个示范县分别为安定区、通渭县、陇西县、临洮县和漳县，每个示范县分别有 2 个示范基地，面积为 50~200 亩，年均示范面积 1 000 亩以上。定西综合试验站在六县（区）建立的试验示范基地，覆盖甘肃中部的东（通渭县）、西（临洮县）、南（陇西县、漳县）、北（会宁县）、中（安定区 2 个），是甘肃中部自然环境及气候特点等最具代表性的典型旱作农业区，也是干籽粒豌豆、蚕豆的主产区。

图 133　站长王梅春

站长王梅春：汉族，1961 年出生于吉林长春，研究员，1982 年毕业于甘肃农业大学，一直在定西市农业科学研究院（原定西地区农业科学研究所/定西地区旱作农业科研推广中心）从事农业科研及推广工作。曾任甘肃省第七届品种审定委员会经济作物委员会委员，国家第四届小宗粮豆品种鉴定委员会委员，2004 年享受国务院政府特殊津贴，先后参加、主持完成国家、省市科研项目 20 多项，获省、市科技进步奖 21 项，其中省级一、二等奖 5 项，发表论文 60 余篇，审定发布实施地方标准 2 项。

图 134　试验站团队成员

二、主要研发任务和重要进展

（一）主要研发任务

国家现代农业产业技术体系启动以来，定西综合试验站围绕服务农业生产的基本定位，根据试验站任务书，结合甘肃中部干旱半干旱地区食用豆产业存在的问题、生产实际及广大农民群众的实际需求，在开展良种良法配套技术试验示范推广的基础上，在遗传改良、栽培与土肥、病虫害防控、机械化、加工、产业经济 6 个功能研究室的相关岗位科学家指导下，重点开展了优质、高产豌豆、蚕豆等食用豆类新品种筛选及绿色高效配套生产技术研究与示范，有力地支撑和助推了当地食用豆产业的发展。

1. 新品种/系筛选

豌豆种质创新与新品种筛选；豌豆、蚕豆新品种/系联合鉴定试验；豌豆新品种生产试验；抗枯萎病豌豆株系鉴定与新品种筛选；抗枯萎病、抗白粉病豌豆新品种筛选；豌豆穿梭育种试验等。

2. 土肥与栽培

豌豆、蚕豆覆膜抗旱栽培技术研究；地膜双垄沟马铃薯套种豌豆试验示范；蚕豆精量栽培试验；蚕豆减肥增效技术研究；豌豆氮磷钾最佳施肥技术研究；根瘤菌与土壤取样等。

3. 病虫草害防控

蚕、豌豆豆象种类分布及危害现状调查；蚕豆、豌豆主要病害、草害调查；豌豆播前土壤处理除草剂筛选试验、豌豆农田茎叶处理除草剂筛选试验研究，基本了解了当地蚕、豌豆主要病虫草害的种类、为害情况及防控措施。

4. 综合

产业调研；技术培训；基地建设与新品种新技术示范；产业扶贫；跨体系合作；应急性技术服务等。

（二）重要进展

1. 新品种/系筛选与应用

筛选与示范了优质、高产、抗病食用豆新品种 6 个，其中豌豆 3 个（定豌 6 号、定豌 7 号和陇豌 1 号）、蚕豆 3 个（青海 13 号、青蚕 14 号和临蚕 8 号），均增产 20% 以上。

2. 新品种/系选育与应用

育成抗旱、耐根腐病、优质高产豌豆新品种 3 个，2 个豌豆新品系已完成区试，适宜旱地种植的半无叶豌豆新品系已进入品种（系）鉴定阶段。

3. 配套技术研究与应用

研究集成并大面积示范了地膜双垄沟马铃薯套种豌豆技术、蚕豆地膜覆盖栽培技术、蚕豌豆病虫害防控技术等。

4. 建立健全了技术培训、咨询及服务机制

初步形成了以试验站为中心、县乡农技人员为线条、重点示范村农民技术员为节点，辐射县区、乡镇、村社直至农户的联动式农业技术咨询服务网络，从而使各种应急、突发事件得到早发现、早决策、早处理。

5. 稳定了一批基层科研单位的技术人员

提高了他们对当地各种突发性及应急性事件的应对能力，扩大了体系的社会影响力，也赢得了当地群众的好评。

三、标志性成果

（一）获奖成果

获奖成果 5 项，其中甘肃省科技进步三等奖 2 项，定西市科技进步一等奖 1 项，二等奖 1 项三等奖 1 项（图 135）。

图 135　定西综合试验站获奖成果证书

"抗旱、高蛋白、耐根腐病豌豆新品种定豌 6 号"获 2012 年度甘肃省科技进步三等奖。

"旱地豌豆新品种定豌 8 号"获 2015 年度甘肃省科技进步三等奖。

"淀粉专用型豌豆新品种定豌 7 号"获 2012 年度定西市科技进步一等奖。

"定西市食用豆病虫害调查研究与防治技术示范"，与定西市植保植检站合作完成，2014 年获定西市科技进步二等奖。

"旱地豌豆新品种定豌 5 号"获 2008 年度定西市科技进步三等奖。

（二）育成的新品种

育成食用豆新品种 3 个。

【定豌 6 号】以 81-5-12-4-7-9 作母本、天山白豌豆作父本杂交选育而成，2009 年通过甘肃省农作物品种审定委员会认定定名，同年通过宁夏农作物品种审定委员会审定（宁审豆 2009006）。该品种抗旱、耐根腐病，高蛋白适宜于鲜食或青豆加工等。

【定豌 7 号】原代号 9431-1，是定西市农业科学研究院通过有性杂交选育而成的旱地豌豆新品种，2010 年通过甘肃省农作物品种审定委员会认定定名（甘认豆 2010003）。该品种淀粉含量高，适宜淀粉加工及芽苗菜生产等。

【定豌 8 号】原品系代号 9323-2，是定西市农业科学研究院以 A909 作母本、7345 作父本杂交选育而成的旱地豌豆新品种，2014 年通过甘肃省农作物品种审定委员会认定定名（甘认豆 2014001），同年通过甘肃省科技厅科技成果登记（登记号 2014Y0122）。该品种抗病性强，综合性状好，蛋白质、淀粉含量均较高，适宜淀粉加工及芽苗菜生产。

（三）形成的技术或标准

制定、审定发布食用豆地方标准 2 项。

《豌豆品种 定豌 7 号》，标准编号 DB 62/T 2512—2014。

《豌豆品种 定豌 8 号》，标准编号 DB 62/T 2789—2017。

（四）代表性论文、专著

发表论文 18 篇，参编出版专著 5 部。其中"十一五"发表 6 篇，"十二五"发表 9 篇，"十三五"前两年发表 3 篇；其中代表性论文有《豌豆种质资源抗旱性鉴选与利用价值研究》《豌豆种质资源抗根腐病鉴定及利用价值》《旱地粒用豌豆新品种定豌 6 号选育及特征特性》；作为第三主编出版《黄土高原食用豆类》专著 1 部；为《中国食用豆类品种志》、中国食用豆类生产技术丛书《豌豆生产技术》《饭豆、小扁豆等生产技术》《定西市品种志》提供相关材料。

（五）人才培养

试验站长王梅春同志在 2009 年和 2013 年两次被选为市管拔尖人才；2012 年获定西市十大杰出女性人物提名奖；2018 年被定西妇联评为"扶贫先进个人"等。

连荣芳 2010 年晋升为副研究员、2015 年晋升为研究员，2018 年进入甘肃省特色作物产业技术体系豆类岗位团队成员。

李鹏程 2010 年晋升为研究员，2009 年被定西市委组织部授予全市"双百四联"活动先进个人；2011 年入选甘肃省委组织部陇原青年创新人才扶持人。

墨金萍 2011 年晋升为高级农艺师。

肖贵 2016 年晋升为助理研究员。

王梅春作为第二指导老师参与了 2012 年甘肃农业大学农学硕士研究生史丽萍的培养。

四、科技服务与技术培训

在各示范县累计组织各类培训班、现场会、展示会、技术讲座 38 场次，培训农业技术人员、专业技术合作社的种植大户及农民 1.2 万多人（次）；发放《农业实用技术》《优质蚕豆高产安全生产技术》《旱地豌豆栽培技术》及《豌豆品种简介》等各类技术资料 2 万多份，无偿提供蚕豆、豌豆优良品种 40 多吨，示范推广新品种新技术上万亩。

在开展集中培训的同时，团队成员在作物生长的关键时节，深入田间地头，采用入户走访、现场指导等不同形式，现场解决农民在生产中遇到的实际问题。

五、对本领域或本区域产业发展的支撑作用

定西市地处甘肃省中部，是典型的半干旱区，是我国蚕、豌豆干籽粒的主产区和优势产区之一，各种豆类年种植面积 100 多万亩。定西综合试验站依托品种和技术优势，以示范基地为平台和纽带，开展新品种、综合技术的试验示范、现场观摩和培训等。在各示范基地，将岗位科学家及试验站培育的优良品种展示推广，集成的病虫害防控技术、丰产栽培技术进行应用，较典型的有定豌 6 号、定豌 7 号、定豌 8 号豌豆品种，青海 13、青蚕 14 号和临蚕 8 号等蚕豆品种及根腐病、豆象防控技术等都在示范基地取得了良好的示范辐射效果。目前蚕豆已成为当地轮作倒茬的首选作物，农业增产增效的主要作物，农民脱贫致富的重要经济来源，试验站育成的豌豆品种，引进、示范、推广的青蚕、临蚕系列蚕豆品种在产业发展、科技扶贫中起到了重要的支撑作用。

临夏综合试验站

一、综合试验站简介

临夏综合试验站于 2011 年加入国家食用豆产业技术体系，建设依托单位为甘肃省临夏回族自治州农业科学院，位于甘肃省高寒阴湿区临夏市，是甘肃省唯一一家长期从事蚕豆新品种选育、技术推广等工作的科研单位，也是"甘肃省蚕豆工程技术研究中心""甘肃省农科院高寒阴湿区创新基地"依托单位。试验站团队成员 4 名，郭延平任站长（图 136），邵扬、张芸、李龙、杨生华分别负责土肥栽培、综合、疾病防控、育种。其中高级职称 3 人，中级职称 2 人，研究生学历 2 名，本科 1 名，大专 1 名，临夏州专业技术拔尖人才 1 名（图 137）。试验站在甘肃省内蚕豆主产县设立渭源、和政、康乐、积石山、临夏五个示范县，蚕豆种植面积分别为 6 万亩、5 万亩、6 万亩、4.5 万亩、5 万亩。目前临夏综合试验站有固定办公场所 50m²，试验基地 50 亩，在 5 个示范县建立了示范基地 10 个，面积均为 100 亩。具有功能设备完善的分子标记辅助育种实验室、种子加工车间、种质资源库等基础设施。

图 136 站长郭延平

站长郭延平：男，1964 年出生，副研究员，大专学历，临夏回族自治州（以下简称临夏州）专业技术拔尖人才，甘肃省农作物品种审定委员会经济作物委员会委员，临夏州农业科学院蚕豆研究中心主任，主持"甘肃省蚕豆工程技术研究中心"工作。获甘肃省科技进步二等奖 1 项、三等奖 4 项，甘肃省农牧渔业丰收二等奖 2 项，临夏州科技进步一等奖 3 项、二等奖 4 项、三等奖 1 项。参与、主持选育出临蚕系列新品种 12 个，累计推广 1 300 万亩。发表科技论文 10 余篇。

图 137　试验站团队成员

二、主要研发任务和重要进展

（一）主要研发任务

"十二五"期间主要开展了西北区蚕豆抗旱耐瘠品种筛选与配套技术、豆象综合防控技术研究与示范、抗旱高产春播蚕豆种质创新与新品种选育、蚕豆赤斑病综合防控技术示范、春蚕豆氮磷钾最佳施肥技术等研究内容；"十三五"期间主要开展食用豆高产多抗适宜机械化生产新品种选育、食用豆绿色增产增效关键技术集成与示范、食用豆育种技术创新与新基因发掘、食用豆可持续生产关键技术研究、食用豆重要病虫害绿色防控及关键技术研究等内容。

（二）重要进展

培育通过甘肃省品种审定委员会认定蚕豆品种 7 个，筛选出适宜临夏地区种植的抗旱耐脊春蚕豆品种 2 个，蚕豆象田间防治药剂 1 个；研究集成新技术 3 个，建立示范基地 10 个、示范点 1 个；编写技术手册 1 本，明白纸 2 种，举办各类技术培训班 52 次，参加展销会 1 次，直接培训地方农技人员和农民 23 568 人次。研究制定技术规程 3 项，地方标准 3 项，发表论文 8 篇；获得甘肃省科技进步三等奖 1 项、农牧渔业丰收二等奖 3 项，临夏州科技进步一等奖 2 项、二等奖 3 项。示范推广新品种 4 个，面积 40.8 万亩。

三、标志性成果

（一）获奖成果

获奖成果 9 项，其中甘肃省科技进步三等奖 1 项、农牧渔业丰收二等奖 3 项，临夏州科技进步一等奖 2 项、二等奖 3 项。"高产优质春蚕豆新品种–临蚕 7 号选育" 2009 年获临夏州科技进步奖一等奖；"旱地高蛋白春蚕豆新品系 9232–1（临蚕 8 号）" 2010 年获临夏州科技进步奖二等奖；"优质春蚕豆新品种——临蚕 9 号" 2011 年获临夏州科技进步奖二等奖；"专用型蚕豆选育及产业技术开发研究" 2012 年获甘肃省科技进步奖三等奖；"高产优质春蚕豆新品种选育" 2013 年获甘肃省农牧渔业丰收奖二等奖；"高寒阴湿区优质蚕豆选育及繁种体系建设" 2013 年获临夏州科技进步奖一等奖；"蚕豆新品种临蚕 8 号标准化种植技术研究和示范" 2014 年获甘肃省农牧渔业丰收奖二等奖；"高产优质春蚕豆新品种临蚕 10 号选育" 2014 年获临夏州科技进步奖二等奖；"多元化春蚕豆新品种选育" 2015 年获甘肃省农牧渔业丰收奖二等奖（图 138）。

图 138 临夏综合试验站获奖成果证书

（二）育成的新品种

育成春蚕豆新品种 7 个，解决了甘肃春蚕豆品种单一，产量不稳定、专用型品种缺乏的问题，有效促进了甘肃蚕豆产业发展。其中临蚕 6 号、临蚕 7 号作为旱地高产型品种，临蚕 8 号、临蚕 9 号、临蚕 10 号、临蚕 12 号为优质高蛋白，粮、菜、饲兼用型品种，临蚕 11 号为绿子叶菜用蚕豆新品种。

（三）形成的技术或标准

制定甘肃省地方标准 6 项，其中《春蚕豆地膜覆盖栽培技术规程》提出了春蚕豆地膜、废旧农膜栽培技术要点，减轻了土壤白色污染，减少了农业投入，促进了农膜利用效率，解决了旱区蚕豆产量低而不稳的问题，《春蚕豆良种繁育技术规程》提出了春蚕豆良种繁育技术标准，解决了蚕豆良种生产不规范的问题，《无公害鲜食型春蚕豆标准化栽培技术规程》为临夏地区鲜食蚕豆产业化生产提供了技术支撑。

（四）申请专利

获"腐植酸型春蚕豆专用复混肥料"国家发明专利 1 项（图 139），发明涉及一种腐植酸型春蚕豆专用复混肥料，该复混肥料由下述重量百分比的原料组成：生物碳质有机肥料基质 60%~80%，尿素 2%~6%，磷酸一铵 12%~25%，硫酸钾 3%~5%，过磷酸钙 2.5%~4.5%，微量元素 0.005%~0.015%。本发明既可为春蚕豆全生育期所需的营养元素，又可为土壤提供充足的腐殖质，改善土壤结构。

图 139　临夏综合试验站获国家发明专利证书

（五）代表性论文、专著

临夏综合试验站共发表论文 8 篇，其中 "粮菜兼用型春蚕豆新品种临蚕 10 号" 发表于《中国蔬菜》2013 年第 11 期，"不同化学药剂对田间蚕豆象的防治效果" 发表于《中国蔬菜》2012 年第 11 期，"种植模式与施磷深度对蚕豆群体冠层结构及其产量的影响" 发表于《干旱地区农业研究》2017 年第 3 期，"蚕豆种质资源种子表型性状精准评价" 发表于《中国蔬菜》2016 年第 10 期。

（六）人才培养

团队成员杨生华 2015 年获得 "西部之光" 访问学者称号。

四、科技服务与技术培训

（一）科技服务

临夏综合试验站紧紧围绕体系建设目标，以健全农业现代化服务、补齐短板为主要服务内容，逐渐形成了多元化、专业化的科技服务体系。一是针对甘肃省蚕豆主产区主要集中在民族地区，农民文化素质较低，小农思想浓厚的问题，临夏综合试验站积极与县、乡（镇）农技部门衔接，大力宣讲国家土地流转政策，鼓励种粮大户、农民专业合作社流转土地，实现了蚕豆规模化生产；二是实现了技术服务的规模化，结合区域产业特点，培育了以农民合作社为中心的重点服务主体，通过服务中心的带动作用，达到了服务内容的平衡，使得农民的接受程度有了长足发展；三是服务内容丰富，形成了以农业信息服务、农产品流通服务、农业技术推广服务、农业生产服务等为主要服务内容、乡—县—州三级科技人员联动为主的服务形式，以乡、县农技站（中心）对接农户，试验站指导农技人员与农户的方式实现了技术服务无盲区。

（二）技术培训

通过现场培训、室内讲解、临夏回族自治州农业科学院网站、电话咨询等形式共举办以新品种介绍、病害防治、栽培技术、产品流通等为主要内容的技术培训 52 场次，直接培训农技人员、农民 23 568人次，为蚕豆产业化生产奠定了智力基础。

五、对本领域或本区域产业发展的支撑作用

（一）改善了基础条件，提升了研究水平

借助国家食用豆产业技术体系临夏综合试验站建设平台，由甘肃省科技厅挂牌成立了

"甘肃省蚕豆工程技术研究中心"，建立了保存 2 000 份种质资源的种质资源库，组建了功能设备完善的蚕豆分子标记辅助育种实验室，新建了 20 栋防虫隔离网棚。在传统育种基础上开展蚕豆分子标记辅助育种、重离子辐照诱变新品种选育研究，研究水平得到了大幅提升。创新了一批种质资源，贮备了一批基础材料。近年来先后选育出临蚕 9 号、临蚕 10 号、临蚕 11 号、临蚕 12 号 4 个优质高产新品种。

（二）蚕豆产业化生产服务体系逐步健全，示范推广效果显著

试验站针蚕豆产业化生产服务体系缺失、不规范的问题，在五个示范县建立 100 亩示范基地 10 处，在此基础上，引导成立农民专业合作社 2 个，授权支持"和政县华丰农资公司""康乐县进忠粮油进出口有限责任公司"办理了蚕豆种子经营许可证，建立蚕豆良种繁育基地及规范化生产的繁育体系。试验站对接体系岗位科学家，研究集成了蚕豆象综合防治技术、蚕豆病毒病综合防治技术、蚕豆蚜虫综合防治技术等限制产业化生产的关键技术。试验站紧密联系县、乡农技推广部门，以示范基地（合作社）为中心，辐射带动周边农户开展产业化生产。逐步建立健全了蚕豆产业化生产服务体系，蚕豆象为害得到了有效控制，甘肃省蚕豆种植面积从 60 万亩提高到了 100 万亩左右，蚕豆单产由 122.5kg/亩提高到 138kg/亩，示范推广效果显著。

（三）农民专业合作社发展健康有序，规模化程度进一步提升

试验站建设以来，注重蚕豆产业化、规模化生产，引导支持种粮大户先后成立了"临夏县掌子沟乡欣农蚕豆种植农民专业合作社""临夏县阳春豌豆种植农民专业合作社"两家以种植业为主的农民专业合作社。"临夏县掌子沟乡欣农蚕豆种植农民专业合作社"是以少数民族为主要成员的蚕豆种植农民合作社，从一开始的社员 10 人、土地 50 亩发展到目前的社员 100 人、土地 500 亩的规模，从简单的蚕豆种植到目前的蚕豆生产、良种繁育、集中销售为主要形式的多样化生产方式，达到了年营利 50 万元以上。合作社带动周边 4 个乡镇农民开展产销一体化生产，实现了临夏县蚕豆主产区小范围的规模化生产。"临夏县阳春豌豆种植农民专业合作社"主要开展蚕豆、豌豆青荚生产，产品主要销往成都，通过合作社的带动发展，蚕豆生产规模化程度得到进一步提升。

（四）企业带动明显，农民收益得到有效保障

试验站十分注重龙头企业的建设与发展，为了解决农民增产不增收的现状，一直与蚕豆加工企业保持着长期的合作关系，积极协调引导农民专业合作社、种粮大户发展成为企业优质原料的生产基地。目前有以产品加工为主的"临夏县莲花湖食品有限责任公司""福源豆业工贸有限责任公司"两家食品加工公司及以干籽粒加工出口为主的"康乐县进忠粮油进出口有限责任公司"。其中"临夏县莲花湖食品有限责任公司"生产的蚕豆罐头销往日本、中东、马来西亚等地，年出口额 500 万美元，内销蚕豆 5 000t；"福源豆业工贸有限责任公司"立足兰州、西宁等西北城市，生产蚕豆粉条等产品，年需蚕豆 1 000t；"康乐县进忠粮油进出口有限责任公司"主要以蚕豆仁、干籽粒出口为主，销往泰国、美国等地，年需蚕豆 2 000t。企业与种粮大户、农民合作社对接，在建立生产基地的同时，

直接消化蚕豆干籽粒，且高于市场价 0.2~0.6 元/kg，在增加农民收入的基础上，激发了农民的种豆积极性，使得蚕豆种植面积逐年提升。

（五）鲜食蚕豆生产的发展，为蚕豆产业化生产注入了新的活力

试验站为了解决川源灌区蚕豆象为害严重、蚕豆品质下降、商品性差的问题，引导开展鲜食蚕豆生产。经过近几年的引导和示范，以临夏县、临洮县、渭源县川源灌区为主的鲜食蚕豆产业雏形基本形成，面积已达万亩。主要以鲜豆荚和鲜豆仁为主，每亩可增加纯收益 2 000 元左右。发展鲜食蚕豆产业还能有效利用老弱劳动力就地打工，增加农民收入的同时，降低了蚕豆象的繁殖率。

（六）示范带动效果显著，脱贫步伐进一步加快

在依托单位临夏州农科院扶贫点康乐县附城镇刘家庙村、胭脂镇晏家村，景谷镇牟家沟村、八字沟村、安龙村，临夏县掌子沟乡孕巴山村等村开展科技扶贫同时，积极参与示范县的科技帮扶工作。试验站每年提供蚕豆良种 15 500kg，蚕豆专用肥 24.8t，示范面积 600 亩。以建档立卡贫困户为示范户，开展蚕豆生产、市场信息、病害防治等技术培训，每亩减少农资投入 320 元，收入 1 500 元。特别近几年鲜食蚕豆产业的发展，为贫困户带来了显著的收入，亩增加纯收益 2 000 元左右的同时，还能增加 1 000 元的打工收入，为加快脱贫步伐奠定了坚实的基础。

（七）跨体系、跨行业合作，促进研发升级

积极寻求跨体系、跨行业合作，经过几年的努力，与临夏州对口帮扶单位福建省厦门市亚洲植物研究所达成协议，指导开展分子标记实验室工作；与中国科学院近代物理研究所开展重离子辐照育种工作；成功加入了甘肃省特色作物产业技术体系研发团队；与甘肃省农业科学院作物科学研究所"小杂粮"创新团队对接，开展蚕豆种质资源创新与开发研究。通过合作交流加快了试验站建设，促进了研究水平的升级与蚕豆产业化可持续健康发展。

乌鲁木齐综合试验站

一、综合试验站简介

　　乌鲁木齐综合试验站建立于 2008 年，季良任站长（图 140），团队有 5 位专业技术人员所组成（图 141），其中高级专业技术人员 3 人，中级专业技术人员 2 人；有 5 个示范县，25 位专业技术人员；在乌鲁木齐市达坂城区西沟乡建立 2 个示范基地，面积 150 亩，以蚕豆的示范为主；在木垒县照壁山乡和东城镇建立 2 个示范基地，面积 150 亩，以豌豆的示范为主；在奇台县坎尔孜乡建立 1 个试验示范基地，面积 100 亩，以食用豆的试验示范为主，试验示范基地建有 1 000m² 晒场，500m² 办公、考种用房及 100m² 种子库房，试验基地四周采用围栏建设，配套高压输电线至田间，滴灌及配套设施铺设完毕；在阿勒泰市红墩镇建立 2 个示范基地，面积 150 亩，以普通菜豆的示范为主；在富蕴县喀拉布勒根乡和吐尔洪乡建立 2 个示范基地，面积 150 亩，以普通菜豆和豌豆的示范为主；在布尔津县也格孜托别乡和农业科技园建立 2 个示范基地，面积 150 亩，以普通菜豆、豌豆和绿豆的示范为主。

图 140　站长季良

　　站长季良：男，1963 年出生，新疆农业科学院粮食作物研究所研究员，豆类研究室主任，新疆农业大学硕士研究生导师。1985 年毕业于石河子大学农学院，获农学学士学位；1988 年毕业于石河子大学农学院，获农学硕士学位。主要从事食用豆育种、栽培和示范推广工作，获新疆科技进步二等奖 1 项，新疆生产建设兵团科技进步二等奖 1 项，全国农牧渔业丰收二等奖 1 项，参编出版专著 7 部，发表论文 51 篇，培育豆类作物新品种 18 个。

图 141　试验站团队成员

二、主要研发任务和重要进展

（一）主要研发任务

1. 食用豆多抗专用品种筛选及配套技术研究示范

承担绿豆品种联合鉴定试验、普通菜豆品种联合鉴定试验和豌豆品种联合鉴定试验。

2. 豆象综合防控技术研究与示范

承担新疆区豆象种类鉴定、分布和危害调查及豆象防控技术示范。

3. 食用豆重要病害综合防控技术研究

承担普通菜豆普通细菌性疫病综合防控技术研究与示范。

4. 食用豆抗逆栽培生理与施肥技术研究

承担普通菜豆品种抗旱鉴定试验、绿豆品种抗旱鉴定试验，普通菜豆高产群体研究，普通菜豆氮、磷、钾最佳施肥技术研究，普通菜豆密度试验研究。

（二）重要进展

绿豆品种联合鉴定筛选出中绿 5 号、保绿 942-34、白绿 11 号、冀绿 0816、JLPX02

等绿豆品种。

普通菜豆品种联合鉴定筛选出龙芸豆 4 号、龙芸豆 5 号、龙 25-1、中芸 5 号、中芸 3 号等普通菜豆品种。

豌豆品种试验筛选出云豌 18 号、苏豌 2 号、苏豌 3 号、陇豌 1 号等豌豆品种。

蚕豆品种试验筛选出青海 12 号、青海 13 号等蚕豆品种。

初步摸清了新疆豆象的种类和分布情况，提出了田间防控和室内熏蒸相结合的防治策略以及防止其他省区种子带入的问题。

普通菜豆普通细菌性疫病的防治方法：采用多克福种衣剂对种子进行包衣，于田间发病初期，采用农用链霉素与福美双混配，喷雾防治 2 次，并采用炔螨特叶背喷施 2 次，以防止红蜘蛛的侵染干扰。

绿豆全生育期抗旱鉴定试验结果表明，中绿 5 号、晋绿豆 4 号、晋绿豆 6 号、白绿 9 号、白绿 11 号、冀绿 7 号、保绿 942-34、科绿 1 号、潍绿 9 号等品种具有较强的抗旱性。

中绿 5 号绿豆品种在奇台试验示范基地种植，经专家鉴定，平均单产达到 241.74kg/亩。

三、标志性成果

（一）育成的新品种

1. 新芸 6 号

2009 年通过新疆非主要农作物品种登记办公室登记，新登芸豆 2009 年 06 号，原品系代号 LS-126-2。由阿勒泰市农家品种系选而成，植株半直立，顶部茎具缠绕特性，生育期 111.25d，叶片绿色中等，株高 60.33cm，底荚高 15.7cm，有效分枝数 2.19，单株荚数 14.85，单株粒数 44.70，百粒重 62.86g，花紫色，荚直而扁平或略弯曲，绿色荚上有红斑，成熟荚为黄白色，籽粒卵圆形，大而饱满，表皮光滑，乳白底上镶嵌有红斑，脐白色，有褐色脐环。

2. 新芸 7 号

2010 年通过新疆非主要农作物品种登记办公室登记，新登芸豆 2010 年 28 号，原品系代号 LS-141-1。由哈巴河县农家品种系选而成，植株半直立，顶部茎具缠绕特性，生育期 108.70d，叶片绿色中等，株高 73.40cm，有效分枝数 3.25，单株荚数 18.95，荚长 7.6cm，每荚粒数 3.20，百粒重 61.50g，每百克粒数 163 粒，花紫色，荚直而扁平或略弯曲，绿色荚上有红斑，成熟荚为黄白色，籽粒卵圆形，大而饱满，表皮光滑，乳白底上镶嵌有红斑，脐白色，有褐色脐环。

（二）形成的技术

1. 绿豆地膜栽培技术

播前二甲戊灵除草剂土壤封闭，用棉花播种机机械点播，穴距 10cm，40~50cm 宽窄行，保苗密度 1.5 万株/亩，种肥 15kg 磷酸二铵，追肥 12kg/亩尿素，中耕除草 2 次，灌水 3 次。

2. 鲜食豌豆栽培技术

播前二甲戊灵除草剂土壤封闭，用点播机点播，40~50cm 宽窄行，保苗密度 3.2 万~3.5 万株/亩，种肥 15kg/亩磷酸二铵，追肥 12kg/亩尿素，中耕除草 2 次，灌水 2 次。

3. 芸豆细菌性疫病防治技术

采用多克福种衣剂进行种子包衣，田间于病害发生初期，采用农用链霉素和福美双混配叶面喷雾 2 次，并用炔螨特叶背喷施 2 次防虫害。

4. 豌豆象与绿豆象田间防治技术

于豌豆和绿豆开花期和结荚期喷施辛硫磷和高效氟氯氰菊酯的混合液，可以有效防治豌豆象和绿豆象的侵染和为害，避免室内剧毒农药熏蒸的环节。

（三）代表性论文、专著

代表性论文：新疆杂粮杂豆产业发展与市场分析，2016 年发表于《新疆农业科技》。

参编著作有《中国食用豆类品种志》《绿豆生产技术》《普通菜豆生产技术》，主编著作《几种药食同源豆类作物栽培》。

（四）人才培养

团队成员彭琳晋升为副研究员，郝敬喆晋升为副研究员，郝敬喆获得博士学位，王仙、聂石辉与唐钱虎、高阳、赵云（参加部分工作）获得硕士学位。

四、科技服务与技术培训

10 年间，为达坂城区、木垒县、奇台县、阿勒泰市、富蕴县、布尔津县等县市培训技术人员和农民 5 610 人次，为新疆食用豆生产提供了全方位的技术服务与技术咨询。

五、对本领域或本区域产业发展的支撑作用

（一）对新疆奶花芸豆产业的支撑作用

新疆奶花芸豆是我国圆形奶花芸豆出口的一个知名品牌，但病害的日益加重严重影响新疆奶花芸豆的出口质量与出口信誉。通过药剂筛选与试验示范，确定了以多克福种衣剂进行种子包衣为基础，以农用链霉素和福美双田间防控为手段的普通菜豆普通细菌性疫病防控方法，辅之以炔螨特防范红蜘蛛扰动，防病效果显著，新疆奶花芸豆的产量与质量得到提升，出口保持良好态势。

（二）对新疆鲜食豌豆产业的支撑作用

新疆鲜食豌豆产业随着城郊农业的发展逐步显现出来，但所用品种多为收购商提供的商品豌豆，以中豌 6 号为主，多个品种混杂其中，严重影响着产业的进一步发展。在体系豌豆育种岗位科学家的支持下，引进云豌 18 号等鲜食豌豆进行筛选试验与示范，确定了云豌 18 号作为鲜食豌豆品种的主要示范推广品种，其以较高的产量，细腻香甜的口感，迅速得到市场的认可，为产业的进一步发展奠定了良好的基础。

（三）对新疆蚕豆产业的支撑作用

在体系成立之前，新疆大田生产上应用的蚕豆品种有青海 2 号、青海 9 号等老蚕豆品种，品种应用时间较长，已严重退化。体系成立后，在体系蚕豆育种岗位科学家的支持下，首先从青海引进青海 12 号和青海 13 号两个不同用途的蚕豆品种进行试验。在确立了大粒型青海 12 号和小粒型青海 13 号的基础上，通过示范，青海 12 号逐步取代了青海 9 号等老品种，成为新疆蚕豆的主推品种和主要加工商品类型；青海 13 号作为搭配品种，主要用于炒货市场，这两个蚕豆品种对新疆蚕豆产业的发展起到很好的支撑作用。

（四）对新疆绿豆产业的支撑作用

在体系成立之前，新疆南疆大田生产上应用的绿豆品种多为新疆当地的农家绿豆品种，产量低，品质差；栽培方式多采用小麦的种植方式，即 30cm 的等行距，田间管理十分不便，产量难以提高。体系成立后，在体系绿豆岗位科学家的支持下，从吉林白城引进白绿 9 号绿豆品种，经试验试种后，大量调入新疆南疆喀什疏勒县进行麦后复播种植，采用棉花 30~50cm 宽窄行播种方式，并大胆采用棉花播种机进行绿豆播种，播前喷洒二甲戊灵除草剂，播后灌水 3 次，750 亩绿豆平均单产由 70kg/亩提高到 110kg/亩，对当地少数民族的脱贫致富起到良好的示范作用。

附表 1 获奖成果汇总（主持完成）

一、国家奖

序号	岗位编号	获奖单位名称	主要完成人名称	获奖成果名称	获奖类别	获奖种类	获奖等级	获奖日期（年.月.日）	组织评审单位
1	G15	江苏省农业科学院、中国农业科学院作物科学研究所、安徽省农业科学院作物研究所	Peerasak Srinives、陈新、程须珍、张丽亚、朱旭、袁星星、崔晓艳、陈华涛、张红梅、刘晓庆、王丽侠、陈红霖、王素华、周斌、马吉坡、顾和平	豆类及能源作物育种与栽培技术引进及相关产业化开发合作	国家级奖	国际合作奖		2014.12.12	中华人民共和国国务院
2	G15	江苏省农业科学院、中国农业科学院作物科学研究所、安徽省农业科学院作物研究所	Peerasak Srinives、陈新、程须珍、张丽亚、朱旭、袁星星、崔晓艳、陈华涛、张红梅、刘晓庆、王丽侠、陈红霖、王素华、周斌、马吉坡、顾和平	豆类作物育种与栽培技术引进及相关产业化开发合作	国家级	国家友谊奖		2015.09	国家外国专家局

二、省部级奖

序号	岗位编号	获奖单位名称	主要完成人名称	获奖成果名称	获奖类别	获奖种类	获奖等级	获奖日期（年.月.日）	组织评审单位
3	G01	中国农业科学院作物科学研究所、河北省农林科学院粮油作物研究所等	程须珍、王素华、王丽侠、田静、张耀文、陈新、陈红霖、张丽亚、刘长友、朱旭、蔡庆生、孙蕾、梅丽、徐宁、刘振兴、李彩菊、王海霞	绿豆优异基因资源挖掘与创新利用	省部级奖	农业科技奖	一等奖	2015.09.18	中华人民共和国农业部、神农中华农业科技奖奖励委员会
4	G07	云南省农业科学院粮食作物研究所	包世英、王丽萍、吕梅媛、何玉华、杨峰、孙永海、和一花、唐永生、杨和团、陈清华、李聪焕	早熟高效蚕豆鲜销型品种"云豆早7"选育与应用	省部级奖	科技进步奖	一等奖	2013.03.22	云南省科技厅
5	G03	河北省农林科学院粮油作物研究所	田静、范保杰、刘长友、程须珍、曹志敏、关中波、刘振兴、崔瑞秀、孙凤昌、王丽丽	高产广适绿豆新品种冀绿7号、冀绿8号选育与应用	省部级奖	科技进步奖	二等奖	2012.12.11	河北省人民政府
6	G06	青海省农林科学院	刘玉皎、刘洋、熊国富、袁名宜、杨有来、张启芳、袁翠梅	粮饲兼用型蚕豆新品种青海11号选育、试验示范与推广	省部级奖	科技进步奖	二等奖	2010.05.17	青海省人民政府

（续表）

序号	岗位编号	获奖单位名称	主要完成人名称	获奖成果名称	获奖类别	获奖种类	获奖等级	获奖日期（年.月.日）	组织评审单位
7	G06	青海省农林科学院	刘玉皎、刘洋、熊国富、张启芳、郭兴莲、马俊义、侯万伟、张成梅	广适大粒蚕豆新品种青海12号选育与推广应用	省部级奖	科技进步奖	二等奖	2014.03.26	青海省人民政府
8	G07	云南省农业科学院粮食作物研究所	何玉华、包世英、吕梅媛、宗绪晓、朱振东、王丽萍、杨峰、于海天、孙素丽、牛文武、唐永生	豌豆种质资源收集评价创新与新品种选育及应用	省部级奖	科技进步奖	二等奖	2018.06.03	云南省科技厅
9	G10	山西省农业科学院作物科学研究所	赵雪英、张耀文、张春明、高伟、张东玲、朱慧珺、闫虎斌、李秀亲	抗豆象绿豆新品种晋绿豆3号、7号的选育与应用	省部级奖	科技进步奖	二等奖	2015.11	山西省科学技术委员会
10	G14	甘肃省农业科学院作物研究所	杨晓明、杨发荣、王梅春、任瑞玉、陆建英、王翠玲、王昶、连荣芳、杨峰礼、李掌	豌豆新品种陇豌1号选育及高产栽培技术示范推广	省部级奖	科技进步奖	二等奖	2012.2.10	甘肃省人民政府
11	Z04	山西省农业科学院农作物品种资源研究所	乔治军、畅建武、元新娣、宗绪晓、赵建栋、张志平、李培文、苗建英	优质抗倒密植型无叶豌豆品种品协豌1号的选育与推广	省部级奖	科技进步奖	二等奖	2013.08	山西省科技厅
12	Z08	吉林省农业科学院	郭中校、王明海、曲祥春、包淑英、徐宁、王桂芳、谢利、韩丹、栾天浩、檀辉、郝文媛、王佰众、谷田	优质、高产、多抗型绿豆新品种选育及配套栽培技术研究与应用	省部级奖	科技进步奖	二等奖	2010.12.30	吉林省科技厅
13	Z08	吉林省农业科学院	王明海、郭中校、曲祥春、徐宁、包淑英、苏颖、王桂芳、陈冰嫣、梁栋、栾丽、刘红欣、石贵山、李海青	优质、高产小豆新品种吉红7号、吉红8号选育及配套技术研究与应用	省部级奖	科技进步奖	二等奖	2011.12.31	吉林省科技厅
14	Z08	吉林省农业科学院	郭中校、徐宁、包淑英、王明海、于维、陈宝光、王桂芳、林志、梁晓斐、孙昕、王佰众、杨永志、赵磊	优质、高产绿豆新品种吉绿7号、吉绿8号选育与推广	省部级奖	科技进步奖	二等奖	2013.12.16	吉林省科技厅

（续表）

序号	岗位编号	获奖单位名称	主要完成人名称	获奖成果名称	获奖类别	获奖种类	获奖等级	获奖日期（年.月.日）	组织评审单位
15	Z08	吉林省农业科学院	郭中校、包淑英、王明海、陈宝光、徐宁、李莉、王桂芳、刘洪霞、王江红、石贵山、金澜、李娜、窦忠玉	食用豆类种质资源收集、鉴定与新品种选育	省部级奖	科技进步奖	二等奖	2016.11.01	吉林省科技厅
16	G01	中国农业科学院作物科学研究所	程须珍、王素华、王丽侠、张连平、田静、陈新	高产多抗广适绿豆新品种选育及应用	省部级奖	科学技术奖	三等奖	2014.12	北京市人民政府
17	G03	河北省农林科学院粮油作物研究所	田静、范保杰、程须珍、刘玉欣、霍艳爽、李辉、刘玉平、和剑涵、刘长友、祝云英	高产早熟绿豆冀绿 9239、冀绿 9309 的选育与应用	省部级奖	科技进步奖	三等奖	2009.03.23	河北省人民政府
18	G04	吉林省白城市农业科学院	尹凤祥、梁杰、尹智超、王英杰、郝曦煜、肖焕玉、冷庭瑞、葛维德	绿豆新品种白绿 8 号与机械化生产技术	省部级奖	科技进步奖	三等奖	2016.11.01	吉林省科技厅
19	G06	青海省农林科学院	刘玉皎、侯万伟、郭兴莲、李萍、马俊义、韩生录、王生	早熟高产小粒蚕豆新品种青海13号选育及配套技术集成与示范	省部级奖	科技进步奖	三等奖	2017.02.26	青海省人民政府
20	G07	云南省农业科学院粮食作物研究所	何玉华、包世英、王丽萍、吕梅媛、杨峰、王芳荣、唐永生	广适、优质蚕豆品种"云豆690"选育	省部级奖	科技进步奖	三等奖	2014.04.01	云南省科技厅
21	G07	云南省农业科学院粮食作物研究所	包世英、何玉华、宗绪晓、王丽萍、吕梅媛、杨峰、王芳荣	高产、高蛋白半无叶豌豆品种"云豌 8 号"选育	省部级奖	科技进步奖	三等奖	2016.02.06	云南省科技厅
22	G13	湖北省农业科学院粮食作物研究所	万正煌、程须珍、刘昌燕、朱振东、李莉、朱旭、鲁玉杰	仓储绿豆象综合防控技术集成与示范	省部级奖	科技进步奖	三等奖	2016.12	湖北省人民政府
23	G15	江苏省农业科学院	陈新、王学军、程须珍、杨加银、仇贵才	食用豆新品种选育及高产高效栽培技术与产业化	省部级奖	科技进步奖	三等奖	2010.01.04	江苏省人民政府

（续表）

序号	岗位编号	获奖单位名称	主要完成人名称	获奖成果名称	获奖类别	获奖种类	获奖等级	获奖日期(年.月.日)	组织评审单位
24	Z01	保定市农业科学院	李彩菊、刘传斌、柳术杰、高义平、赵国顺、胡家安、李保佳	广适、早熟、高产稳产、优质红小豆新品种保红947	省部级奖	科技进步奖	三等奖	2010.12	河北省人民政府
25	Z04	山西省农业科学院农作物品种资源研究所	畅建武、郝晓鹏、王燕、曹利萍、张丽君、刘龙龙、陈凌、关现民、赵建栋	红芸豆品种品金芸3号的选育及高产栽培技术的推广应用	省部级奖	科技进步奖	三等奖	2018.09.03	山西省科技厅
26	Z07	辽宁省农业科学院作物研究所	葛维德、李韬、薛仁风、陈剑、赵阳、王英述、庄艳	杂粮新品种选育及丰产配套栽培技术研究与应用	省部级奖	科技进步奖	三等奖	2019.02	辽宁省人民政府
27	Z07	辽宁省农业科学院作物研究所	杨镇、孙桂华、杨立国、葛维德、崔天鸣、孟令文、石太渊、李茉莉	特色粮油作物新品种选育、有机生产与加工关键技术研究及应用	省部级奖	科技进步奖	三等奖	2011.12	辽宁省科技厅
28	Z08	吉林省农业科学院	郭中校、王明海、曲祥春、包淑英、徐宁、王桂芳、叶青江、窦忠玉、王佰众、栾天浩	优质、高产小豆新品种吉红7号、吉红8号选育及配套技术研究与示范	省部级奖	科技进步奖	三等奖	2011.10.09	中华人民共和国农业部、中国农学会
29	Z15	重庆市农业科学院	张继君、杜成章、张晓春、王学军、张颖韬、宗绪晓、陈红	抗赤斑病蚕豆新品种选育及配套技术研究与应用	省部级奖	科技进步奖	三等奖	2015.03	重庆市人民政府
30	Z19	大理白族自治州农业科学研究所	陈国琛、陈爱娜、尹雪芬、李秀培、段杰珠、董开居	优质大粒高产蚕豆新品种凤豆十号选育	省部级	科技进步奖	三等奖	2010.04.14	云南省人民政府
31	Z19	大理白族自治州农业科学研究所	陈国琛、陈爱娜、尹雪芬、董开居、李秀培、段杰珠、李玉泉	蚕豆高产新良种凤豆十一号选育及推广应用	省部级奖	科技进步奖	三等奖	2012.01.19	云南省人民政府
32	Z19	大理白族自治州农业科学研究院粮食作物研究所	陈国琛、陈爱娜、尹雪芬、王桂平、温宪勤、马玉云、董开居	蚕豆优质大粒高蛋白高产新品种凤豆13号选育及推广应用	省部级奖	科技进步奖	三等奖	2015.02.12	云南省人民政府

（续表）

序号	岗位编号	获奖单位名称	主要完成人名称	获奖成果名称	获奖类别	获奖种类	获奖等级	获奖日期（年.月.日）	组织评审单位
33	Z19	大理白族自治州农业科学推广研究院粮食作物研究所	陈国琛、陈爱娜、尹雪芬、马玉云、董开居、王艳、江鸿	优质高产蚕豆新良种凤豆十二号选育及推广应用	省部级奖	科技进步奖	三等奖	2016.02.06	云南省人民政府
34	Z19	大理白族自治州农业科学推广研究院粮食作物研究所	陈国琛、陈爱娜、尹雪芬、王桂平、马玉云、董开居、段银妹	优质抗冻耐旱蚕豆新品种凤豆十四号选育及推广应用	省部级奖	科技进步奖	三等奖	2017.03.08	云南省人民政府
35	Z19	大理白族自治州农业科学推广研究院	陈国琛、尹雪芬、段银妹、李江、陈爱娜、马玉云、杨和团	优质抗锈抗褐斑病高产蚕豆新品种凤豆15号选育及应用	省部级奖	科技进步奖	三等奖	2019.05.13	云南省人民政府
36	Z21	定西市农业科学研究院（原定西市旱作农业科研推广中心）	王梅春、连荣芳、杨晓明、墨金萍、马丽荣、李鹏程、韩徹仁、肖贵、景彩艳	抗旱、高蛋白、耐根腐病豌豆新品种定豌6号选育和示范推广	省部级奖	科技进步奖	三等奖	2013.01	甘肃省科技厅
37	Z21	定西市农业科学研究院	王梅春、连荣芳、景彩艳、墨金萍、李鹏程、肖贵、史丽萍	旱地豌豆新品种定豌8号选育及示范推广	省部级奖	科技进步奖	三等奖	2016.01	甘肃省科技厅
38	Z22	临夏回族自治州农业科学研究院	王林成、郭青范、赵万千、郭延平、李龙	专用型蚕豆选育及产业技术开发研究	省部级奖	科技进步奖	三等奖	2013.01.18	甘肃省科技厅
39	G14	甘肃省农业科学院	杨发荣、汤瑛芳、杨晓明、柳燕兰、胡梅、孙建好、张绪成、左心平、王昶、李珂璟、陆建英、马一凡、郭振斌	陇豌1号选育及高产高效栽培技术研究与示范	行业协会	科技进步奖	一等奖	2012.12	中国商业联合会
40	Z15	重庆市农业科学院	张晓春、张继君、杜成章、王学军、宗绪晓、张颖韬、李艳花、陈红、王萍	蚕豆抗赤斑病育种与应用	行业学会	科技成果奖	二等奖	2014.11	中国植物保护学会
41	G19	中国农业科学院农产品加工研究所	周素梅、钟葵、李凤城、李旋、林伟静、赵东林	食用豆系列新产品研发与产业化应用	行业学会	科技进步	三等奖	2013.01	中国粮油学会

（续表）

序号	岗位编号	获奖单位名称	主要完成人名称	获奖成果名称	获奖类别	获奖种类	获奖等级	获奖日期(年.月.日)	组织评审单位
42	G04	吉林省白城市农业科学院	尹凤祥、梁杰、王英杰、冯旭滨、肖焕玉、张立友、宋立东、张波、王庆革、刘东亮、高峰、毕长海、李世伟、陈彪、王西郎、常忠海、陈秀丽、周杰、李海庆、高晓焕、姚春涛、李雪梅、关长彤、尹智超、郝曦煜、赵兵、于勇、贾云峰、梁秀雪、程威娜	绿豆新品白绿9号高产栽培技术推广	省部级奖	农业技术推广奖	一等奖	2016.01.04	吉林省人民政府
43	Z06	内蒙古农牧业科学院	孔庆全、白全江、赵存虎、贺小勇、席先梅、车璐、银虎威、夏国祥、叶俊、史明等35人	绿豆新品种选育及高产栽培技术推广	省部级奖	农牧业丰收奖	一等奖	2014.12	内蒙古自治区农牧业丰收奖评审奖励委员会
44	G10	山西省农业科学院作物科学研究所	李霞、岳利文、张春明、赵雪英、张海全、张璐、何真、王全亮、洪艳霞、李小丽	红芸豆高产高效栽培技术	省部级奖	农村技术承包奖	一等奖	2015.06	山西省科学技术厅
45	G10	山西省农业科学院作物科学研究所	张耀文、齐恒山、王峰、张春明、赵雪英、朱慧珺、闫虎斌、张泽燕、夏希珍、卢成达	旱地绿豆高产栽培技术	省部级奖	农村技术承包奖	二等奖	2016.08	山西省科学技术厅
46	Z05	山西省农业科学院高寒区作物研究所	刘支平、冯高、张婧、牛宇、师仓、赵凤命、刘飞、杨芳、李占成、陈仁昌	万亩旱地绿豆地膜覆盖丰产栽培技术推广	省部级奖	农村技术承包奖	二等奖	2012.10	山西省科学技术厅
47	Z06	内蒙古农牧业科学院	孔庆全、赵存虎、贺小勇、田晓燕、陈文晋、银虎威、郭利明、叶俊、杨海明、韩胜利等35人	芸豆新品引进及高产栽培技术研究与推广	省部级奖	农牧业丰收奖	二等奖	2017.12	内蒙古自治区农牧业丰收奖评审奖励委员会

（续表）

序号	岗位编号	获奖单位名称	主要完成人名称	获奖成果名称	获奖类别	获奖种类	获奖等级	获奖日期（年.月.日）	组织评审单位
48	Z07	辽宁省农业科学院作物研究所	杨镇、葛维德、孟令文、李茉莉、赵阳、陈剑、王英杰、张庆芳、李韬、田长发、张淑辉、庄艳、石太渊、林立艳、李真、马树田、张丽莉、王秀英、李国、张达新、孔繁梅、王咨峰、杨广宽、欧阳文、李雪松	特色粮油作物新品种选育、有机生产与加工关键技术研究及应用	省部级奖	农牧渔业丰收奖	二等奖	2013.12	农业部科教司
49	Z02	张家口市农业科学院	徐东旭、尚启兵、高运青、姜翠棉、任红晓、杨万军、刘建平、李强、蔺玉军、杨素梅	优质高产蚕豆新品种冀张蚕2号选育及应用	省部级奖	山区创业奖	二等奖	2014.09.09	河北省山区创业奖评审委员会
50	Z02	张家口市农业科学院	徐东旭、高运青、黄文胜、尚启兵、任红晓、赵雪峰、姜翠棉、杨帆、赵子维、张耀辉	优质高产绿豆新品种张绿1号选育及高效栽培技术研究与应用	省部级奖	山区创业奖	二等奖	2016.12.05	河北省山区创业奖评审委员会
51	Z01	保定市农业科学院	李彩菊、柳术杰、高义平、刘佳斌、赵国顺、胡家宏	早熟、高产、稳产、高适应性绿豆新品种保942-34选育	省部级奖	山区创业	三等奖	2010.09	河北省山区创业评审委员会
52	Z01	保定市农业科学院	柳术杰、李彩菊、高义平、胡家宏、梁春英	适于山区种植的早熟高产优质红小豆新品种保876-16及配套栽培技术	省部级奖	山区创业	三等奖	2012.08	河北省山区创业评审委员会
53	G03	河北省农林科学院粮油作物研究所	范保杰、刘长友、曹志敏、封树平、王双跃、张志肖、苏秋竹、王彦、武玉华、田静	山区高产优质绿豆小豆品种筛选与示范应用	省部级奖	山区创业奖	三等奖	2013.08.19	河北省山区创业奖评审委员会

（续表）

序号	岗位编号	获奖单位名称	主要完成人名称	获奖成果名称	获奖类别	获奖种类	获奖等级	获奖日期(年.月.日)	组织评审单位
54	G04	吉林省白城市农业科学院	尹凤祥、梁杰、张维琴、肖焕玉、潘颖慧、夏立军、高新梅、毕长海、李建波、赵吉春、黄再发、韩桂荣、常忠海、洪源、谢少锋、李学军、刘英华、曹海萍	绿豆新品种大鹦哥绿935与标准化栽培技术推广	省部级奖	农业技术推广奖	三等奖	2012.01.14	吉林省人民政府

三、地市级奖

序号	岗位编号	获奖单位名称	主要完成人名称	获奖成果名称	获奖类别	获奖种类	获奖等级	获奖日期(年.月.日)	组织评审单位
55	G04	吉林省白城市农业科学院	尹凤祥、梁杰、王英杰、肖焕玉、冷廷瑞、王立群、张维琴	优质绿豆白绿9号选育及推广	地市级奖	科技进步奖	一等奖	2012.12.08	白城市科技局
56	G04	吉林省白城市农业科学院	尹凤祥、梁杰、郝曦煜、王英杰、肖焕玉、冷庭瑞	绿豆新品白绿11号选育及推广	地市级奖	科技进步奖	一等奖	2015.12.31	白城市科技局
57	G05	黑龙江省农业科学院作物育种研究所	张亚芝、魏淑红、孟宪欣、王强、杨广东、李曼、蒋本福、鞠文焕、张威、王海民、彭继锋、刘文林、杜朝霞、孟凡志、徐延东、孙琰、孟令辉、曲福君	优良芸豆新品种龙芸豆5号的选育与推广	地市级奖	科技进步奖	一等奖	2011.04.30	黑龙江省农业委员会
58	G05	黑龙江省农业科学院作物育种研究所	张亚芝、魏淑红、孟宪欣、王强、杨广东、李曼、杨万春、鞠文焕、李维臣、柳继三、左辛、张威、蒋希峰、于晓春、孟凡志	优良芸豆系列新品种的选育与推广	地市级奖	科技进步奖	一等奖	2012.03.25	黑龙江省农业委员会

（续表）

序号	岗位编号	获奖单位名称	主要完成人名称	获奖成果名称	获奖类别	获奖种类	获奖等级	获奖日期（年.月.日）	组织评审单位
59	G05	黑龙江省农业科学院作物育种研究所	魏淑红、王兰芬、王强、刘士勇、武晶、孟宪欣、李岑、郭怡璠、杨广东、孔庆全、王述民、张亚芝、洪宝坤、王海民、张威、李曼、耿宏伟、左辛、马启友、佟国繁、段滨秋、包强、刘业丽、李伟忠、桂翰林、于洪利、史峰、林婷婷、王洪刚	芸豆种质资源评价与出口型新品种选育	地市级奖	科技进步奖	一等奖	2018.03.05	黑龙江省农业委员会
60	G14	甘肃省农业科学院作物研究所	杨晓明、杨发荣、王梅春、任瑞玉、陆建英、王翠玲、王昶、连荣芳、杨峰礼、李掌、郭振斌	豌豆新品种陇豌1号选育及高产栽培技术示范推广	地市级奖	科技进步奖	一等奖	2012.03.16	兰州市人民政府
61	G15	江苏省农业科学院	陈新、程须珍、万正煌、袁星星、崔晓艳、王丽侠、陈红霖、王素华、俞春涛、季春梅、陈华涛	抗病虫广适绿豆新品种选育及配套栽培技术推广利用	地市级奖	科学技术奖	一等奖	2017.03	江苏省农业科学院
62	Z01	保定市农业科学院	李彩菊、高义平、柳术杰、赵国顺、胡家宏、梁春英	早熟、优质、高产绿豆新品种保942-34选育应用	地市级奖	科技进步奖	一等奖	2009.07	保定市科学技术局
63	Z01	保定市农业科学院	李彩菊、柳术杰	高产优质绿豆新品种冀绿11号选育及应用	地市级奖	科技进步奖	一等奖	2014.06	保定市科学技术局
64	Z01	保定市农业科学院	柳术杰、李彩菊、和平、胡家宏、邵秋红、周洪妹	小豆新品种冀红12号的选育与应用	地市级奖	科技进步奖	一等奖	2016.08	保定市科学技术和知识产权局
65	Z01	保定市农业科学院	李彩菊、柳术杰、李保佳、邵秋红、周洪妹、胡家宏	高产、稳产、优质红小豆新品种冀红13号选育及应用	地市级奖	科技进步奖	一等奖	2017.06	保定市科学技术和知识产权局
66	Z01	保定市农业科学院	李彩菊、柳术杰、周洪妹、邵秋红、胡家宏	高产早熟直立型绿豆新品种冀绿14号选育及应用	地市级奖	科技进步奖	一等奖	2018.05	保定市科学技术和知识产权局
67	Z02	临夏回族自治州农业科学研究所	杨生华、曾建兵、李龙、石小平、何正龙、郭延平	高产优质春蚕豆新品种-临蚕7号	地市级奖	科技进步奖	一等奖	2010.03	临夏州科技局

（续表）

序号	岗位编号	获奖单位名称	主要完成人名称	获奖成果名称	获奖类别	获奖种类	获奖等级	获奖日期（年.月.日）	组织评审单位
68	Z02	张家口市农业科学院	徐东旭、高运青、赵雪峰、尚启兵、姜翠棉、任红晓、高韶斌、石俊春、常玉霞、赵海洋、宋进库、李金有、刘明、张玉荣	优质高产绿豆新品种张绿1号选育与应用	地市级奖	科技进步奖	一等奖	2014.09.05	张家口市科学技术和地震局
69	Z02	张家口市农业科学院	徐东旭、尚启兵、杨万军、高运青、姜翠棉、任红晓、李强、许寅生、赵海洋、高忠仁、刘雅祯、马东名、贾志军、李中华	优质高产芸豆新品种冀张芸1号选育及应用	地市级奖	山区创业奖	一等奖	2014.09.30	张家口市山区创业奖评审委员会
70	Z02	张家口市农业科学院	高运青、姜翠棉、王玉祥、张耀辉、王芳、高韶斌、张蒲修、张宝英、刘怡、渠延峰、顾永革、李中华、张守兵	优质高产小豆新品种张红1号选育及配套栽培技术研究与应用	地市级奖	科技进步奖	一等奖	2017.06.13	张家口市科学技术和地震局
71	Z07	辽宁省经济作物研究所	赵秋、李玲、徐敏、阮芳、何伟锋、程洪森、沈宝宇、王洪皓、邵文玲、吴媛媛、魏亚红	高产优质辽红小豆8号和辽绿28新品种选育及推广	地市级奖	科技进步奖	一等奖	2013.07.21	辽阳市科技局
72	Z07	辽宁省经济作物研究所	赵秋、何伟锋、程洪森、沈宝宇、朱鹤、魏亚红、曾浩、孙敏杰、李玲、李瑞春、王洪皓	以食用豆为基础的高效复种集成技术研究与应用	地市级奖	科技进步奖	一等奖	2014.06.23	辽阳市科技局
73	Z08	吉林省农业科学院	包淑英、郭中校、王明海、徐宁、林志、于维、王杨、王恩广、王桂芳、庞凤仙、王佰众、赵伟、谭辉、石贵山	优质绿豆新品种吉绿6号、小豆新品种吉红9号选育与推广	地市级奖	科技进步奖	一等奖	2013.12.17	长春市科技厅
74	Z15	重庆市农业科学院特色作物研究所	张继君、杜成章、陈红、曾宪琪、王萍、张志良、李泽碧、贾兰	珍稀黑绿豆新品种选育及配套技术集成与示范	地市级奖	科技进步奖	一等奖	2014.10	重庆市永川区人民政府
75	Z18	曲靖市农业科学院	唐永生、王勤方、蒋彦华、张菊香、王云华、郑云昆、胡家权、郑红英、许志娟	桑园套种鲜食蚕豆标准化生产技术研究与应用	地市级奖	科技进步奖	一等奖	2018.11	曲靖市科技局

（续表）

序号	岗位编号	获奖单位名称	主要完成人名称	获奖成果名称	获奖类别	获奖种类	获奖等级	获奖日期（年.月.日）	组织评审单位
76	Z21	定西市农业科学研究院（原定西市旱作农业科研推广中心）	王梅春、连荣芳、墨金萍、李鹏程、肖贵、史丽萍、韩敏仁、魏玉琴、毛正荣	淀粉专用型豌豆新品种定豌7号选育与示范	地市级奖	科技进步奖	一等奖	2012.09	定西市科技局
77	Z22	临夏回族自治州农业科学研究院	杨志谟、郭青范、王林成、郭延平、李龙	高寒阴湿区优质蚕豆选育及繁种体系建设研究	地市级奖	科技进步奖	一等奖	2013.12	临夏州科技局
78	Z13	南阳市农业科学院	王宏豪、张家奇、马吉坡、朱旭、袁延乐	南阳地区绿豆象的发生规律及防治策略	地市级奖	自然科学奖	一等奖	2018.03.27	南阳市人民政府
79	Z01	保定市农业科学院	李彩菊、柳术杰、高义平、赵国顺、胡家宏	广适、特早熟、高产稳产绿豆新品种保绿942	地市级奖	科技进步	二等奖	2011.06	保定市科学技术局
80	Z02	张家口市农业科学院	徐东旭、尚启兵、李秀明、高运青、杨素梅、米连明、姜翠棉、高韶斌、武少元、李云霞、赵祥、蔺玉军、王玉祥	高产优质抗病蚕豆豌豆新品种选育与推广应用	地市级奖	科技进步奖	二等奖	2010.07.21	张家口市科学技术和地震局
81	Z02	张家口市农业科学院	徐东旭、高运青、尚启兵、姜翠棉、任红晓、张宝英、李金有、张利俊、杨万军	高寒区主要食用豆新品种选育与应用	地市级奖	科技进步奖	二等奖	2013.07.10	张家口市科学技术和地震局
82	Z03	唐山市农业科学研究院	刘振兴、周桂梅、龚振平、侯奎华、苏胜宇	红小豆新品种选育	地市级奖	科技进步奖	二等奖	2011.09	唐山市人民政府
83	Z09	黑龙江省农业科学院齐齐哈尔分院	崔秀辉、李清泉、刘峰、王成、曾玲玲、闫锋	绿豆新品种嫩绿2号	地市级奖	科学进步奖	二等奖	2015.02.25	黑龙江省农业委员会
84	Z10	江苏沿江地区农业科学研究所	汪凯华、王学军、陈新、缪亚梅、陈满峰、顾国华、葛红	大粒低单宁鲜食蚕豆新品种通蚕鲜7号选育及应用	地市级奖	科学技术奖	二等奖	2016.03	江苏省农业科学院
85	Z10	江苏沿江地区农业科学研究所	缪亚梅、王学军、汪凯华、袁星星、陈满峰、顾国华、葛红	广适抗赤斑病鲜食蚕豆品种选育及标准化生产技术研发	地市级奖	科学技术奖	二等奖	2017.03	江苏省农业科学院

（续表）

序号	岗位编号	获奖单位名称	主要完成人名称	获奖成果名称	获奖类别	获奖种类	获奖等级	获奖日期(年.月.日)	组织评审单位
86	Z13	南阳市农业科学院	李金榜、李金秀、刘炎、朱旭、杨厚勇、王继鸽、吴保东、陈柳娟、徐毅、杨小霞、张磊、许阳、王飞雪、谢富欣、余海宝	绿豆新品种引进、筛选与示范	地市级奖	科技进步奖	二等奖	2011.08.08	南阳市人民政府
87	Z14	广西壮族自治区农业科学院水稻研究所	罗高玲、李经成、蔡庆生、陈燕华、程须珍、陈梅、黄艳红、王素华、王丽侠、黄治焕、陈家秀、陈季红、陈桂忠、程越、潘彩芳、黄和漂	绿豆优异种质创新及高效栽培应用	地市级奖	科技进步奖	二等奖	2016.06.05	广西农业科学院
88	Z15	重庆市农业科学院特色作物研究所	杜成章、李艳花、张继君、陈红、王萍、王虹、张晓春、胡志刚、龙定碧	高效蚕豆杂交育种方法的发明与应用	地市级奖	科技进步奖	二等奖	2012.12	重庆市永川区人民政府
89	Z18	曲靖市农业科学院	唐永生、蒋彦华、王勤方、王云华、郑云昆、陈建林、张菊香、胡家权、郑红英、资月娥、周林红、廖召发、武燕飞、李红斌、李林东、邹建华、朱玉芬、王月英、刘振坤、崔兴红	桑园套种鲜食蚕豆种植技术推广	地市级奖	科技成果奖	二等奖	2017.05	云南省农业厅
90	Z22	临夏回族自治州农业科学研究所	曾建兵、杨生华、李龙、石小平、王兰芳、李生伟、郭延平	旱地高蛋白春蚕豆新品系9321-1(临蚕8号)	地市级奖	科技进步奖	二等奖	2011.08	临夏州科技局
91	Z22	临夏回族自治州农业科学研究院	郭延平、杨生华、李龙、石小平、汪学英、曾建兵、贾西灵	高产优质春蚕豆新品种-临蚕9号	地市级奖	科技进步奖	二等奖	2012.06	临夏州科技局
92	Z22	临夏回族自治州农业科学研究院	郭延平、杨生华、李龙、石小平、贾西灵	高产优质春蚕豆新品种的选育	地市级奖	农牧渔业丰收奖	二等奖	2013.06.18	甘肃省农牧厅
93	Z22	临夏回族自治州农业科学研究院	郭青范、赵万千、郭延平	蚕豆新品种临蚕8号标准化种植技术研究和示范	地市级奖	农牧渔业丰收奖	二等奖	2014.08.05	甘肃省农牧厅
94	Z22	临夏回族自治州农业科学研究院	郭延平、杨生华、李龙、石小平、贾西灵	高产优质春蚕豆临蚕10号选育及应用	地市级奖	科技进步奖	二等奖	2014.12.25	临夏州科技局

（续表）

序号	岗位编号	获奖单位名称	主要完成人名称	获奖成果名称	获奖类别	获奖种类	获奖等级	获奖日期（年.月.日）	组织评审单位
95	Z22	临夏回族自治州农业科学研究院	郭延平、贾西灵	多元化优质春蚕豆选育研究	地市级奖	农牧渔业丰收奖	二等奖	2015.08.17	甘肃省农牧厅
96	G05	黑龙江省农业科学院作物育种研究所	张亚芝、魏淑红、孟宪欣、王强、刘忠云、吴晓云、王海民、包强、张大勇、于晓春	出口芸豆新品种恩威的选育推广	地市级奖	科技进步奖	三等奖	2013.09	黑龙江省农垦科学技术局
97	Z10	江苏沿江地区农业科学研究所	缪亚梅、汪凯华、潘国云、朱明华、黄陆飞、王志进、严军	日本大白皮鲜食蚕豆高效种植技术研究与推广	地市级奖	农业科学技术推广奖	三等奖	2011.12	南通市人民政府
98	Z10	江苏沿江地区农业科学研究所	顾国华、王学军、周宇、郝德荣、陆惠康、邱启程、陈惠	蚕豆/西瓜/早夏玉米/夏玉米—秋大豆等高效种植模式推广应用	地市级奖	农业科学技术推广奖	三等奖	2013.07	南通市人民政府
99	Z10	江苏沿江地区农业科学研究所	汪凯华、陈满峰、缪亚梅、袁星星、黄琴、葛红、王学军	优质鲜食蚕豆新品种通蚕鲜7号选育及高效生产技术集成应用	地市级奖	科学技术进步奖	三等奖	2015.12	南通市人民政府
100	Z10	江苏沿江地区农业科学研究所	陈满峰、王学军、许嘉元、汪凯华、王奎山、缪亚梅、刘萍	通蚕鲜6号及其高效种植模式集成与推广	地市级奖	农业科学技术推广奖	三等奖	2018.01	南通市人民政府
101	Z09	黑龙江省农业科学院齐齐哈尔分院	王成、曾玲玲、闫锋、刘峰、崔秀辉、李清泉	绿豆高产高效综合栽培模式研究与应用	地市级奖	科学进步奖	三等奖	2011.03.29	黑龙江省农业委员会
102	Z12	青岛市农业科学研究院	张晓艳、郝俊杰、赵爱鸿、李红卫、万述伟	豌豆耐冷新品种"科豌8号"选育与高产栽培技术应用	地市级奖	科技进步奖	三等奖	2018.01.05	青岛市人民政府
103	Z13	南阳市农业科学院	朱旭、马吉坡、李金榜、高贞、杨辉、丁伟、何岩、李峰、宁成献、范培旭、王宏豪、崔丽君、郑敏军、鲁丰阳、季兆哲	南阳盆地绿豆高产栽培技术研究与示范	地市级奖	科技进步奖	三等奖	2012.03.26	南阳市人民政府
104	Z17	毕节市农业科学研究所	余莉、赵龙、潘正康、卢运	食用豆新品种及配套技术示范推广	地市级奖	科技成果	三等奖	2017.12	贵州省农业委员会

附表2 审（鉴）定品种汇总

序号	岗位编号	品种名称	作物种类	审定时间 （年.月.日）	审批号	审定部门	完成单位	完成人
1	G01	中绿6号	绿豆	2009.12.16	京品鉴杂2009001	北京市种子管理站	中国农业科学院作物科学研究所	程须珍、王素华、王丽侠
2	G01	中绿11	绿豆	2010.01.22	黑登记2010004	黑龙江省农作物品种审定委员会	中国农业科学院作物科学研究所	程须珍、王素华、王丽侠
3	G01	中绿12	绿豆	2010.12.14	京品鉴杂2010022	北京市种子管理站	中国农业科学院作物科学研究所	程须珍、王素华、王丽侠
4	G01	中绿13	绿豆	2010.12.14	京品鉴杂2010023	北京市种子管理站	中国农业科学院作物科学研究所	程须珍、王素华、王丽侠
5	G01	中绿8号	绿豆	2011.12.30	京品鉴杂2011027	北京市种子管理站	中国农业科学院作物科学研究所	程须珍、王素华、王丽侠
6	G01	中绿9号	绿豆	2011.12.30	京品鉴杂2011028	北京市种子管理站	中国农业科学院作物科学研究所	程须珍、王素华、王丽侠
7	G01	中绿10号	绿豆	2012.05.10、 2009.12.16	豫品鉴绿2012002、 京品鉴杂2009002	河南省种子管理站，北京市种子管理站	中国农业科学院作物科学研究所	程须珍、王素华、王丽侠
8	G01	中绿14	绿豆	2012.12.20	京品鉴杂2012032	北京市种子管理站	中国农业科学院作物科学研究所	程须珍、王素华、王丽侠
9	G01	中绿7号	绿豆	2013.12.20	京品鉴杂2013020	北京市种子管理站	中国农业科学院作物科学研究所	程须珍、王素华、王丽侠
10	G01	中绿15	绿豆	2014.05.30	渝品审鉴2014009	重庆市农作物品种审定委员会	中国农业科学院作物科学研究所	程须珍、王素华、王丽侠、陈红霖
11	G01	中绿16	绿豆	2014.12.26	京品鉴杂2014026	北京市种子管理站	中国农业科学院作物科学研究所	程须珍、王素华、王丽侠、陈红霖
12	G01	中绿17	绿豆	2014.12.26	京品鉴杂2014027	北京市种子管理站	中国农业科学院作物科学研究所	程须珍、王素华、王丽侠、陈红霖
13	G01	中绿18	绿豆	2014.12.26	京品鉴杂2014028	北京市种子管理站	中国农业科学院作物科学研究所	程须珍、王素华、王丽侠、陈红霖
14	G01	中绿19	绿豆	2014.12.26	京品鉴杂2014029	北京市种子管理站	中国农业科学院作物科学研究所	程须珍、王素华、王丽侠、陈红霖
15	G01	中绿20	绿豆	2016.12.06	京品鉴杂2016076	北京市种子管理站	中国农业科学院作物科学研究所	程须珍、王素华、王丽侠、陈红霖
16	G01	中绿21	绿豆	2016.12.06	京品鉴杂2016077	北京市种子管理站	中国农业科学院作物科学研究所	程须珍、王素华、王丽侠、陈红霖
17	G01	中绿22	绿豆	2016.12.06	京品鉴杂2016078	北京市种子管理站	中国农业科学院作物科学研究所	王素华、程须珍、王丽侠、陈红霖

（续表）

序号	岗位编号	品种名称	作物种类	审定时间（年.月.日）	审批号	审定部门	完成单位	完成人
18	G03	冀绿10号	绿豆	2012.09.29	国品鉴杂2012002；20112986	全国农业技术推广服务中心；河北省科学技术厅	河北省农林科学院粮油作物研究所	田静、范保杰、刘长友、曹志敏、张志肖、苏秋竹、王彦
19	G03	冀绿7号	绿豆	2013.04.13；2012.05.30；2013.05.20	新农登字（2013）第30号；蒙认豆2012002号；渝品审鉴2013004	新疆维吾尔自治区非主要农作物品种登记办公室；内蒙古自治区农作物品种审定委员会；重庆市农作物品种审定委员会	河北省农林科学院粮油作物研究所	田静、范保杰、刘长友、曹志敏、张志肖、苏秋竹、王彦
20	G03	冀绿9号	绿豆	2013.04.13	新农登字（2013）第31号	河北省科学技术厅；新疆维吾尔自治区非主要农作物品种登记办公室	河北省农林科学院粮油作物研究所	田静、范保杰、刘长友、曹志敏、张志肖、苏秋竹、王彦
21	G03	冀黑绿12号	绿豆	2013.05.20	渝品审鉴2013003	重庆市农作物品种审定委员会	重庆市农业科学院、河北省农林科学院粮油作物研究所	田静、杜成章、范保杰、张继君、刘长友、陈红、曹志敏
22	G03	冀绿13号	绿豆	2015.06.18	国品鉴杂2015032	全国农业技术推广服务中心	河北省农林科学院粮油作物研究所	田静、范保杰、刘长友、曹志敏、张志肖、苏秋竹、王彦
23	G03	冀绿15号	绿豆	2018.01.10	20180062	河北省科学技术厅	河北省农林科学院粮油作物研究所	田静、范保杰、刘长友、曹志敏、张志肖、苏秋竹、王彦
24	G04	大鹦哥绿985	绿豆	2009.01.14	吉登绿豆2009001	吉林省农作物品种审定委员会	吉林省白城市农业科学院	尹凤祥、梁杰、王立群、张维琴、王英杰、肖焕玉、冷廷瑞
25	G04	白绿10号	绿豆	2010.01.07	吉登绿豆2010001	吉林省农作物品种审定委员会	吉林省白城市农业科学院	尹凤祥、梁杰、王立群、王英杰、张维琴、肖焕玉、冷庭瑞、吕晓光、张明义、郑中标
26	G04	白绿11号	绿豆	2011.02.16	吉登绿豆2011001	吉林省农作物品种审定委员会	吉林省白城市农业科学院	尹凤祥、梁杰、王立群、王英杰、张维琴、肖焕玉、王海辉、王丽荣、马玺

（续表）

序号	岗位编号	品种名称	作物种类	审定时间（年.月.日）	审批号	审定部门	完成单位	完成人
27	G04	白绿12	绿豆	2012.03.23	吉登绿豆2012001	吉林省农作物品种审定委员会	吉林省白城市农业科学院	尹凤祥、梁杰、王英杰、张维琴、肖焕玉、王立群、马玺
28	G04	白绿13	绿豆	2013.01.22	吉登绿豆2013001	吉林省农作物品种审定委员会	吉林省白城市农业科学院	尹凤祥、梁杰、王英杰、肖焕玉、尹智超、王海辉、马玺、冷廷瑞
29	G04	白绿8号	绿豆	2013.08.01	国品鉴杂2013005	全国农业技术推广服务中心	吉林省白城市农业科学院	尹凤祥、梁杰、王英杰、肖焕玉、尹智超、王海辉、马玺、冷廷瑞
30	G04	白绿14	绿豆	2015.02.14	吉登绿豆2015001	吉林省农作物品种审定委员会	吉林省白城市农业科学院	尹凤祥、梁杰、王英杰、郝曦煜、肖焕玉、宋立冬、陈秀丽、刘忠春、陈丹
31	G04	白绿15号	绿豆	2016.03.08	吉登绿豆2016002	吉林省农作物新品种审定委员会	吉林省白城市农业科学院	尹凤祥、梁杰、郝曦煜、王英杰、肖焕玉、尹智超、宋立冬、陈秀丽
32	G10	晋绿豆7号	绿豆	2011.05.23	晋审绿（认）2011001	山西省农作物品种审定委员会	山西省农业科学院小杂粮研究中心	赵雪英、张耀文、张春明、高伟、朱慧珺、程须珍、闫虎斌
33	G10	晋绿豆8号	绿豆	2014.05.19	晋审绿（认）2014001	山西省农作物品种审定委员会	山西省农业科学院作物科学研究所	赵雪英、张耀文、张春明、朱慧珺、闫虎斌、高伟、马国栋
34	G13	鄂绿4号	绿豆	2009.06.05	鄂审杂2009001	湖北省农作物品种审定委员会	湖北省农业科学院粮食作物研究所	万正煌、黄金鹏、黄益勤、张再君、杨金松、贺正华
35	G13	鄂绿5号	绿豆	2014.12.12	鄂审杂2014001	湖北省农作物品种审定委员会	湖北省农业科学院粮食作物研究所	李莉、万正煌、黄益勤、刘昌燕、陈宏伟
36	G15	苏绿2号	绿豆	2011.03.23	苏鉴绿豆201101	江苏省农作物品种审定委员会	江苏省农业科学院蔬菜研究所	顾和平、袁星星、崔晓艳、陈新、陈华涛、张红梅
37	G15	苏绿3号	绿豆	2011.03.23	苏鉴绿豆201102	江苏省农作物品种审定委员会	江苏省农业科学院蔬菜研究所	袁星星、崔晓艳、陈新、顾和平、张红梅、陈华涛

（续表）

序号	岗位编号	品种名称	作物种类	审定时间（年.月.日）	审批号	审定部门	完成单位	完成人
38	G15	苏绿4号	绿豆	2015.05.08	苏鉴绿豆201501	江苏省农作物品种审定委员会	江苏省农业科学院蔬菜研究所	崔晓艳、陈新、袁星星、陈华涛、张红梅、刘晓庆
39	G15	苏绿6号	绿豆	2015.05.08	苏鉴绿豆201502	江苏省农作物品种审定委员会	江苏省农业科学院蔬菜研究所	陈华涛、陈新、张红梅、袁星星、崔晓艳、刘晓庆、顾和平
40	G15	苏绿7号	绿豆	2015.12.30	苏鉴绿豆201503	江苏省农作物品种审定委员会	江苏省农业科学院蔬菜研究所	袁星星、陈新、崔晓艳、陈华涛、张红梅、刘晓庆
41	Z01	冀绿11号	绿豆	2011.12.15	省级登记号：20113041	河北省科学技术厅	保定市农业科学院	李彩菊、柳术杰
42	Z01	宝绿1号	绿豆	2014.02.24	陕绿登字2013001号	陕西省农作物品种审定委员会	保定市农业科学院	王可珍、李彩菊、康军科、景炜明、柳术杰
43	Z01	宝绿2号	绿豆	2014.02.24	陕绿登字2013002号	陕西省农作物品种审定委员会	保定市农业科学院	王可珍、李彩菊、康军科、景炜明、柳术杰
44	Z01	冀绿14号	绿豆	2015.06.18	国品鉴杂2015026	全国农业技术推广服务中心	保定市农业科学院	李彩菊、柳术杰
45	Z01	冀绿16号	绿豆	2018.06.06	省级登记号20180817	河北省科技成果转化服务中心	保定市农业科学院	柳术杰、李彩菊、周洪妹
46	Z02	冀张绿2号	绿豆	2016.07.19	张科鉴字〔2016〕第028号	张家口市科学技术和地震局	张家口市农业科学院	徐东旭、高运青、任红晓、黄文胜、尚启兵、赵子维、王芳、姜翠棉、杨帆、李爱红、张蒲修、刘雅祯、渠延峰、石俊春、姜素丽、常玉霞
47	Z02	张绿1号	绿豆	2013.12.04	张科鉴字〔2013〕第088号	张家口市科学技术和地震局	张家口市农业科学院	徐东旭、高运青、任红晓、尚启兵、赵雪峰、姜翠棉、高韶斌、任文义、常玉霞、石俊春、赵海洋、蔺玉军、米连明
48	Z05	晋绿豆9号	绿豆	2015.09.07	晋审绿（认）2015001	山西省农作物品种审定委员会	山西省农业科学院高寒区作物研究所	刘支平、冯高、邢宝龙、张耀文、晋凡生、杨芳、刘飞、冯钰、张旭丽、王桂梅

（续表）

序号	岗位编号	品种名称	作物种类	审定时间（年.月.日）	审批号	审定部门	完成单位	完成人
49	Z06	科绿1号	绿豆	2012.05.30	蒙认豆2012001号	内蒙古自治区农作物审定委员会	内蒙古自治区农牧业科学院	孔庆全、赵存虎、贺小勇、席先梅
50	Z07	辽绿9号	绿豆	2012.03.13	辽备杂粮〔2011〕67号	辽宁省非主要农作物品种备案办公室	辽宁省农业科学院	赵阳、庄艳、葛维德、王英杰、陈剑
51	Z07	辽绿10号	绿豆	2012.03.13	辽备杂粮〔2011〕68号	辽宁省非主要农作物品种备案办公室	辽宁省农业科学院	赵阳、庄艳、葛维德、王英杰、陈剑
52	Z07	辽绿11号	绿豆	2014.03.13	辽备杂粮〔2013〕002	辽宁省非主要农作物品种备案办公室	辽宁省农业科学院	赵阳、薛仁风、陈剑、王英杰、葛维德
53	Z07	辽绿29	绿豆	2014.03.13	辽备杂粮2013003号	辽宁省非主要农作物品种备案委员会	辽宁省农业科学院	赵秋、吴媛媛、沈宝宇、李宁、孙会杰、王洪皓、何伟峰
54	Z08	吉绿5号	绿豆	2009.01.14	吉登绿2009003	吉林省农作物品种审定委员会	吉林省农业科学院	郭中校、王明海、包淑英、王桂芳、徐宁、刘红欣、谢利、韩丹、李杰、高中
55	Z08	吉绿6号	绿豆	2010.01.07	吉登绿豆2010002	吉林省农作物品种审定委员会	吉林省农业科学院	包淑英、郭中校、王明海、王佰众、徐宁、王桂芳
56	Z08	吉绿7号	绿豆	2010.01.07	吉登绿豆2010003	吉林省农作物品种审定委员会	吉林省农业科学院	郭中校、王明海、徐宁、包淑英、王桂芳、刘洪新
57	Z08	吉绿8号	绿豆	2011.02.16	吉登绿豆2011003	吉林省农作物品种审定委员会	吉林省农业科学院	郭中校、包淑英、王明海、徐宁、王桂芳、王佰众、赵伟、高忠、石贵山
58	Z08	吉绿9号	绿豆	2013.01.22	吉登绿豆2013002	吉林省农作物品种审定委员会	吉林省农业科学院	郭中校、包淑英、王明海、徐宁、王佰众、王桂芳、李翠丽、赵伟、高忠、石贵山
59	Z08	吉绿10号	绿豆	2014.01.17	吉登绿豆2014002	吉林省农作物品种审定委员会	吉林省农业科学院	徐宁、郭中校、王明海、包淑英、王桂芳、窦忠玉、石贵山、赵伟、杨永志、高忠、李翠丽

（续表）

序号	岗位编号	品种名称	作物种类	审定时间（年.月.日）	审批号	审定部门	完成单位	完成人
60	Z08	吉绿11号	绿豆	2014.01.17	吉登绿豆2014001	吉林省农作物品种审定委员会	吉林省农业科学院	郭中校、王明海、包淑英、徐宁、王佰众、王桂芳、李翠丽、赵伟、高忠
61	Z08	吉绿12号	绿豆	2015.02.14	吉登绿豆2015003	吉林省农作物品种审定委员会	吉林省农业科学院	徐宁、包淑英、郭中校、王明海、王桂芳、林志、王佰众、马英慧、李翠丽、李光华、张妤、张伟、石贵山
62	Z08	吉绿13号	绿豆	2016.03.08	吉登绿豆2016001	吉林省农作物品种审定委员会	吉林省农业科学院	郭中校、王明海、包淑英、徐宁、王桂芳、林志、王佰众、张伟、马英慧、石贵山、李光华、王江红、李翠丽、王秋华、栾丽
63	Z09	嫩绿2号	绿豆	2012.03.21	黑登记2012004	黑龙江省农作物品种审定委员会	黑龙江省农业科学院齐齐哈尔分院	崔秀辉、李清泉、刘峰、王成、曾玲玲、闫锋、季生栋、肖礼君、鞠文换、王廷生、王玉发、孙凤霞
64	Z10	通绿1号	绿豆	2011.03.23	苏鉴绿豆301103	江苏省农作物品种审定委员会	江苏沿江地区农业科学研究所	缪亚梅、汪凯华、陈满峰、王学军
65	Z11	皖科绿1号	绿豆	2013.05.20	皖品鉴登字第1211001	安徽省非主要农作物品种鉴定委员会	安徽省农业科学院作物研究所	张丽亚、张磊、刘成江、胡业功、刘廷府
66	Z11	皖科绿2号	绿豆	2013.05.20	皖品鉴登字第1211002	安徽省非主要农作物品种鉴定委员会	安徽省农业科学院作物研究所	张丽亚、周斌、陈培、胡国玉、黄晓荣
67	Z11	皖科绿3号	绿豆	2013.05.20	皖品鉴登字第1211003	安徽省非主要农作物品种鉴定委员会	安徽省农业科学院作物研究所	张丽亚、陈培、周斌、姚莉
68	Z12	潍绿9号	绿豆	2012.09.29	国品鉴杂2012003	全国农业技术推广服务中心	山东省潍坊市农业科学院	曹其聪、司玉君、陈雪、刘全贵、李翠云
69	Z14	桂绿豆L74号	绿豆	2015.06.26	桂审豆2015006号	广西壮族自治区农作物品种审定委员会	广西壮族自治区农业科学院水稻研究所	罗高玲、李经成、陈燕华、蔡庆生

（续表）

序号	岗位编号	品种名称	作物种类	审定时间（年.月.日）	审批号	审定部门	完成单位	完成人
70	Z15	渝绿1号	绿豆	2017.05.16	渝品审鉴2017005	重庆市农作物品种审定委员会	重庆市农业科学院、北京农学院	张继君、杜成章、陈红、龚万灼、龙珏臣、王萍、王强
71	Z15	渝绿2号	绿豆	2017.05.16	渝品审鉴2017006	重庆市农作物品种审定委员会	重庆市农业科学院、北京农学院	张继君、杜成章、陈红、龚万灼、龙珏臣、王萍、王强
72	G01	中红4号	小豆	2009.12.16	京品鉴杂2009003	北京市种子管理站	中国农业科学院作物科学研究所	程须珍、王素华、王丽侠
73	G01	中红5号	小豆	2009.12.16	京品鉴杂2009004	北京市种子管理站	中国农业科学院作物科学研究所	程须珍、王素华、王丽侠
74	G01	中红6号	小豆	2010.12.14	京品鉴杂2010021	北京市种子管理站	中国农业科学院作物科学研究所	程须珍、王素华、王丽侠
75	G01	中红7号	小豆	2011.05.04	黑登记 2011007	黑龙江省农作物品种审定委员会	中国农业科学院作物科学研究所	程须珍、王素华、王丽侠
76	G01	中红8号	小豆	2011.12.30	京品鉴杂2011029	北京市种子管理站	中国农业科学院作物科学研究所	程须珍、王素华、王丽侠
77	G01	中红9号	小豆	2011.12.30	京品鉴杂2011030	北京市种子管理站	中国农业科学院作物科学研究所	程须珍、王素华、王丽侠
78	G01	中红10号	小豆	2012.12.20	京品鉴杂2012033	北京市种子管理站	中国农业科学院作物科学研究所	程须珍、王素华、王丽侠
79	G01	中红11	小豆	2012.12.20	京品鉴杂2012034	北京市种子管理站	中国农业科学院作物科学研究所	程须珍、王素华、王丽侠
80	G01	中红12	小豆	2013.12.20、2015.12.30	京品鉴杂2013021 苏鉴小豆201506	北京市种子管理站，江苏省农作物品种审定委员会	中国农业科学院作物科学研究所	程须珍、王素华、王丽侠、陈红霖
81	G01	中红13	小豆	2013.12.20	京品鉴杂2013022	北京市种子管理站	中国农业科学院作物科学研究所	程须珍、王素华、王丽侠
82	G01	中红14	小豆	2016.12.06	京品鉴杂2016073	北京市种子管理站	中国农业科学院作物科学研究所	程须珍、王素华、王丽侠、陈红霖
83	G01	中红15	小豆	2016.12.06	京品鉴杂2016074	北京市种子管理站	中国农业科学院作物科学研究所	程须珍、王素华、王丽侠、陈红霖
84	G01	中红16	小豆	2016.12.06	京品鉴杂2016075	北京市种子管理站	中国农业科学院作物科学研究所	程须珍、王素华、王丽侠、陈红霖
85	G01	中农白小豆1号	小豆	2015.12.08	京品鉴杂2015040	北京市种子管理站	中国农业科学院作物科学研究所	程须珍、王素华、王丽侠、陈红霖
86	G01	中农黑小豆1号	小豆	2015.12.08	京品鉴杂2015041	北京市种子管理站	中国农业科学院作物科学研究所	程须珍、王素华、王丽侠、陈红霖

（续表）

序号	岗位编号	品种名称	作物种类	审定时间（年.月.日）	审批号	审定部门	完成单位	完成人
87	G01	中农黄小豆1号	小豆	2015.12.08	京品鉴杂2015042	北京市种子管理站	中国农业科学院作物科学研究所	程须珍、王素华、王丽侠、陈红霖
88	G01	中农绿小豆1号	小豆	2015.12.08	京品鉴杂2015043	北京市种子管理站	中国农业科学院作物科学研究所	程须珍、王素华、王丽侠、陈红霖
89	G03	冀红16号	小豆	2015.06.18	国品鉴杂2015033	全国农业技术推广服务中心	河北省农林科学院粮油作物研究所	田静、范保杰、刘长友、曹志敏、张志肖、苏秋竹、王彦
90	G03	冀红15号	小豆	2015.06.18	国品鉴杂2015032	全国农业技术推广服务中心	河北省农林科学院粮油作物研究所	田静、范保杰、刘长友、曹志敏、张志肖、苏秋竹、王彦
91	G03	冀红17号	小豆	2018.01.08	20180063	河北省科学技术厅	河北省农林科学院粮油作物研究所	田静、范保杰、刘长友、曹志敏、张志肖、苏秋竹、王彦
92	G04	白红7号	小豆	2010.01.07	吉登小豆2010001	吉林省农作物品种审定委员会	吉林省白城市农业科学院	尹凤祥、梁杰、王立群、王英杰、张维琴、肖焕玉、冷庭瑞、吕晓光、张明义、郑中标
93	G04	白红8号	小豆	2012.03.23	吉登小豆2012001	吉林省农作物品种审定委员会	吉林省白城市农业科学院	尹凤祥、梁杰、肖焕玉、王立群、马玺
94	G04	白红9号	小豆	2013.01.22	吉登小豆2013001	吉林省农作物品种审定委员会	吉林省白城市农业科学院	尹凤祥、梁杰、王英杰、肖焕玉、尹智超、王海辉、马玺、冷廷瑞
95	G04	白红10号	小豆	2014.01.17	吉登小豆2014001	吉林省农作物品种审定委员会	吉林省白城市农业科学院	尹凤祥、梁杰、王英杰、郝曦煜、肖焕玉、尹智超、王海辉、冷廷瑞
96	G04	白红11号	小豆	2015.02.14	吉登小豆2015001	吉林省农作物品种审定委员会	吉林省白城市农业科学院	尹凤祥、梁杰、王英杰、郝曦煜、肖焕玉、尹智超、刘忠春、宋立冬、陈秀丽、陈丹
97	G04	白红7号	小豆	2015.06.18	国品鉴杂2015029	全国农业技术推广服务中心	吉林省白城市农业科学院	尹凤祥、梁杰、王立群、王英杰、张维琴、肖焕玉、冷庭瑞、吕晓光、张明义、郑中标

（续表）

序号	岗位编号	品种名称	作物种类	审定时间（年.月.日）	审批号	审定部门	完成单位	完成人
98	G04	白红12号	小豆	2016.03.08	吉登小豆2016002	吉林省农作物新品种审定委员会	吉林省白城市农业科学院	尹凤祥、梁杰、郝曦煜、王英杰、肖焕玉、尹智超、宋立冬、陈秀丽
99	G05	龙小豆3号	小豆	2009.04.18	黑登记2009012	黑龙江省农作物品种审定委员会	黑龙江省农业科学院作物育种研究所	张亚芝、魏淑红、孟宪欣、王强、宋德敏、吴晓云、包强、王海民、王国栋、于晓春、于继红
100	G05	龙小豆4号	小豆	2015.05.08	黑登记2015016	黑龙江省农作物品种审定委员会	黑龙江省农业科学院作物育种研究所	魏淑红、王强、孟宪欣、张亚芝、祝安军、杨广东、王海民、张威、左辛、李曼、李维臣、栾海、明月、段滨秋、宫丽娟、杜朝霞、任传军、姜伟、申晓慧
101	G05	龙小豆5号	小豆	2016.05.16	黑登记2016014	黑龙江省农作物品种审定委员会	黑龙江省农业科学院作物育种研究所	魏淑红、王强、孟宪欣、张亚芝、祝安军、杨广东、张威、左辛
102	G10	晋小豆5号	小豆	2012.05.03	晋审小豆（认）2012001	山西省农作物品种审定委员会	山西省农业科学院作物科学研究所	张春明、赵雪英、张耀文、高伟、朱慧珺、闫虎斌
103	G15	苏红5号	小豆	2015.12.30	苏鉴小豆201502	江苏省农作物品种审定委员会	江苏省农业科学院蔬菜研究所	崔晓艳、陈新、袁星星、陈华涛、张红梅、刘晓庆
104	G15	苏红4号	小豆	2015.05.08	苏鉴小豆201502	江苏省农作物品种审定委员会	江苏省农业科学院蔬菜研究所	刘晓庆、陈新、袁星星、张红梅、陈华涛、崔晓艳
105	G15	苏红3号	小豆	2015.05.08	苏鉴小豆201501	江苏省农作物品种审定委员会	江苏省农业科学院蔬菜研究所	张红梅、袁星星、陈新、崔晓艳、陈华涛、刘晓庆
106	G15	苏红2号	小豆	2011.03.23	苏鉴小豆201102	江苏省农作物品种审定委员会	江苏省农业科学院蔬菜研究所	崔晓艳、张红梅、陈华涛、陈新、袁星星、顾和平
107	G15	苏红1号	小豆	2011.03.23	苏鉴小豆201101	江苏省农作物品种审定委员会	江苏省农业科学院蔬菜研究所	陈华涛、顾和平、陈新、崔晓艳、袁星星、张红梅
108	Z01	冀红18号	小豆	2018.06.06	省级登记号20180818	河北省科技成果转化服务中心	保定市农业科学院	柳术杰、李彩菊、周洪妹

（续表）

序号	岗位编号	品种名称	作物种类	审定时间（年.月.日）	审批号	审定部门	完成单位	完成人
109	Z01	冀红 14 号	小豆	2015.06.18	国品鉴杂 2015031	全国农业技术推广服务中心	保定市农业科学院	柳术杰、李彩菊
110	Z01	冀红 13 号	小豆	2015.06.18	国品鉴杂 2015030	全国农业技术推广服务中心	保定市农业科学院	柳术杰、李彩菊
111	Z01	冀红 12 号	小豆	2012.09.29	国品鉴杂 2012004	全国农业技术推广服务中心	保定市农业科学院	李彩菊、柳术杰、葛苗青、温海龙
112	Z02	张红 1 号	小豆	2013.12.04	张科鉴字〔2013〕第 086 号	张家口市科学技术和地震局	张家口市农业科学院	徐东旭、高运青、任红晓、尚启兵、姜翠棉、王玉祥、常玉霞、石俊春、赵海洋、谢将强、蔺玉军、李金有、米连明
113	Z03	冀红 19	小豆	2018.04.28	省级登记号 20180596	河北省科技厅	唐山市农业科学研究院	刘振兴、周桂梅、陈健、马志、赵晖
114	Z04	品金红 3 号	小豆	2010.05.28	晋审小豆（认）2010001	山西省农作物品种审定委员会	山西省农业科学院农作物品种资源研究所	畅建武、乔治军、赵建栋、鹿正萍、刘瑞东
115	Z05	晋小豆 6 号	小豆	2013.07.02	晋审小豆（认）2013002	山西省农作物品种审定委员会	山西省农业科学院高寒区作物研究所	刘支平、冯高、邢宝龙、杨芳、刘飞、冯钰、杨富
116	Z05	京农 8 号	小豆	2013.07.02	晋审小豆（认）2013001	山西省农作物品种审定委员会	山西省农业科学院高寒区作物研究所	刘支平、冯高、邢宝龙、杨芳、刘飞、冯钰、韩彦龙
117	Z07	辽引红小豆 4 号	小豆	2009.03.16	辽备杂粮〔2008〕41 号	辽宁省非主要农作物品种备案办公室	辽宁省农业科学院	陈剑、孙桂华、赵阳、葛维德、王英杰
118	Z07	辽红小豆 5 号	小豆	2012.03.13	辽备杂粮〔2011〕64 号	辽宁省非主要农作物品种备案办公室	辽宁省农业科学院	陈剑、葛维德、赵阳、王英杰、李韬、庄艳
119	Z07	辽红小豆 6 号	小豆	2012.03.13	辽备杂粮〔2011〕65 号	辽宁省非主要农作物品种备案办公室	辽宁省农业科学院	葛维德、陈剑、赵阳、王英杰、李韬、庄艳
120	Z07	辽红小豆 7 号	小豆	2014.03.13	辽备杂粮〔2013〕006	辽宁省非主要农作物品种备案办公室	辽宁省农业科学院	陈剑、薛仁风、赵阳、王英杰、葛维德
121	Z07	辽红小豆 8 号	小豆	2011.03.28	辽备杂粮〔2010〕62 号	辽宁省非主要农作物品种备案办公室	辽宁省农业科学院	赵秋、何伟峰、李连波、闫敏、孙会杰

（续表）

序号	岗位编号	品种名称	作物种类	审定时间（年.月.日）	审批号	审定部门	完成单位	完成人
122	Z08	吉红8号	小豆	2009.01.14	吉登小豆2009001	吉林省农作物品种审定委员会	吉林省农业科学院	郭中校、王明海、王桂芳
123	Z08	吉红8号	小豆	2015.06.18	国品鉴杂2015028	全国农业技术推广服务中心	吉林省农业科学院	郭中校、王明海、王桂芳
124	Z08	吉红9号	小豆	2011.02.16	吉登小豆2011001	吉林省农作物品种审定委员会	吉林省农业科学院	包淑英、郭中校、王明海、徐宁、王桂芳、王佰众、高忠、赵伟、石贵山
125	Z08	吉红10号	小豆	2011.02.16	吉登小豆2011002	吉林省农作物品种审定委员会	吉林省农业科学院	王明海、郭中校、徐宁、包淑英、王桂芳、刘红欣、栾天浩、石贵山、王佰众、檀辉、谢利、韩丹
126	Z08	吉红11号	小豆	2012.03.23	吉登小豆2012002	吉林省农作物品种审定委员会	吉林省农业科学院	包淑英、王明海、郭中校、徐宁、王桂芳、王佰众、赵伟、高忠、石贵山
127	Z08	吉红12号	小豆	2014.01.17	吉登小豆2014002	吉林省农作物品种审定委员会	吉林省农业科学院	郭中校、包淑英、王明海、徐宁、王佰众、王桂芳、李翠丽、赵伟、高忠、石贵山
128	Z08	吉红13号	小豆	2015.02.14	吉审红豆2015002	吉林省农作物品种审定委员会	吉林省农业科学院	郭中校、王明海、包淑英、徐宁、王桂芳、林志、王佰众、马英慧、李翠丽、李光华、王江红、张妤、张伟、石贵山
129	Z08	吉红14号	小豆	2016.03.08	吉登小豆2016003	吉林省农作物品种审定委员会	吉林省农业科学院	郭中校、包淑英、徐宁、王明海、王桂芳、林志、王佰众、张伟、马英慧、李翠丽、李光华、王江红、张妤、石贵山
130	Z10	通红2号	小豆	2011.03.23	苏鉴小豆201103	江苏省农作物品种审定委员会	江苏沿江地区农业科学研究所	缪亚梅、汪凯华、陈满峰、王学军

（续表）

序号	岗位编号	品种名称	作物种类	审定时间（年.月.日）	审批号	审定部门	完成单位	完成人
131	Z10	通红3号	小豆	2015.12.30	苏鉴小豆201504	江苏省农作物品种审定委员会	江苏沿江地区农业科学研究所	陈满峰、汪凯华、王学军、缪亚梅、顾春燕、葛红、赵娜
132	Z10	通红4号	小豆	2015.12.30	苏鉴小豆201505	江苏省农作物品种审定委员会	江苏沿江地区农业科学研究所	葛红、缪亚梅、汪凯华、王学军、顾春燕、陈满峰、赵娜
133	Z15	渝红豆1号	小豆	2017.05.16	渝品审鉴2017007	重庆市农作物品种审定委员会	重庆市农业科学院	张继君、杜成章、陈红、龚万灼、龙珏臣、王萍、王强
134	Z15	渝红豆2号	小豆	2017.05.16	渝品审鉴2017008	重庆市农作物品种审定委员会	重庆市农业科学院	张继君、杜成章、陈红、龚万灼、龙珏臣、王萍、王强
135	G01	中豇1号	豇豆	2010.08.23	国品鉴杂2010001	全国农业技术推广服务中心	中国农业科学院作物科学研究所	程须珍、王素华、王佩芝
136	G01	中豇2号	豇豆	2010.08.23	国品鉴杂2010002	全国农业技术推广服务中心	中国农业科学院作物科学研究所	程须珍、王素华、王佩芝
137	G01	中豇3号	豇豆	2012.09.29	国品鉴杂2012006	全国农业技术推广服务中心	中国农业科学院作物科学研究所	程须珍、王素华
138	G01	中豇4号	豇豆	2012.12.20	京品鉴杂2012031	北京市种子管理站	中国农业科学院作物科学研究所	程须珍、王素华、王丽侠
139	G01	中豇5号	豇豆	2016.12.06	京品鉴杂2016079	北京市种子管理站	中国农业科学院作物科学研究所	程须珍、王素华、王丽侠、陈红霖
140	G01	中豇6号	豇豆	2016.12.06	京品鉴杂2016080	北京市种子管理站	中国农业科学院作物科学研究所	程须珍、王素华、王丽侠、陈红霖
141	G01	中豇7号	豇豆	2016.12.06	京品鉴杂2016081	北京市种子管理站	中国农业科学院作物科学研究所	程须珍、王素华、王丽侠、陈红霖
142	G04	吉豇1号	豇豆	2009.01.14	吉登豇2009001	吉林省农作物品种审定委员会	吉林省白城市农业科学院	尹凤祥、梁杰、王立群、张维琴、王英杰、肖焕玉、冷廷瑞
143	G15	苏豇1号	豇豆	2009.09.20	苏鉴豇豆200901	江苏省农作物品种审定委员会	江苏省农业科学院	陈新、陈华涛、顾和平、张红梅、袁星星
144	G15	早豇4号	豇豆	2009.09.20	苏鉴豇豆200902	江苏省农作物品种审定委员会	江苏省农业科学院	陈新、张红梅、顾和平、袁星星、陈华涛

（续表）

序号	岗位编号	品种名称	作物种类	审定时间（年.月.日）	审批号	审定部门	完成单位	完成人
145	G15	早豇5号	豇豆	2012.08.07	苏鉴豇201201	江苏省农作物品种审定委员会	江苏省农业科学院	张红梅、袁星星、顾和平、陈华涛、崔晓艳
146	G15	苏豇8号	豇豆	2012.09.29	国品鉴杂2012005	国家小宗粮豆品种鉴定委员会	江苏省农业科学院	陈新、袁星星、顾和平、陈华涛、崔晓艳、张红梅
147	G15	苏豇2号	豇豆	2012.08.07	苏鉴豇201203	江苏省农作物品种审定委员会	江苏省农业科学院	陈华涛、袁星星、崔晓艳、张红梅
148	G15	苏豇3号	豇豆	2015.05.08	苏鉴豇豆201501	江苏省农作物品种审定委员会	江苏省农业科学院	张红梅、袁星星、陈新、崔晓艳、陈华涛、刘晓庆
149	G15	苏豇5号	豇豆	2015.05.08	苏鉴豇豆201502	江苏省农作物品种审定委员会	江苏省农业科学院	袁星星、张红梅、陈新、崔晓艳、陈华涛、刘晓庆
150	Z07	辽地豇2号	豇豆	2011.03.28	辽备杂粮〔2010〕60号	辽宁省非主要农作物品种备案委员会	辽宁省农业科学院	赵秋、杨兆兵、何伟峰
151	G01	中芸3号	普通菜豆	2009	宁审豆2009001	宁夏自治区农作物品种审定委员会	中国农业科学院作物科学研究所	程须珍、王素华、王述民
152	G04	白芸1号	普通菜豆	2011.02.16	吉登芸豆2011001	吉林省农作物品种审定委员会	吉林省白城市农业科学院	尹凤祥、梁杰、王立群、王英杰、张维琴、肖焕玉、高新梅、王丽荣、马玺
153	G05	恩威	普通菜豆	2009.04.18	黑登记2009011	黑龙江省农作物品种审定委员会	黑龙江省农业科学院作物育种研究所	张亚芝、魏淑红、孟宪欣、王强、刘忠云、吴晓云、王海民、包强、张大勇、于晓春
154	G05	品芸2号	普通菜豆	2010.08.23	国品鉴杂2010007	全国农业技术推广服务中心	黑龙江省农业科学院作物育种研究所	张亚芝、魏淑红、孟宪欣、王强
155	G05	龙芸豆6号	普通菜豆	2011.03.31	黑登记2011009	黑龙江省农作物品种审定委员会	黑龙江省农业科学院作物育种研究所	张亚芝、魏淑红、孟宪欣、王强、蒋本福、鞠文焕、王海民、彭继锋、杜朝霞、张威、杨广东

序号	岗位编号	品种名称	作物种类	审定时间（年.月.日）	审批号	审定部门	完成单位	完成人
156	G05	龙芸豆7号	普通菜豆	2012.03.19	黑登记2012011	黑龙江省农作物品种审定委员会	黑龙江省农业科学院作物育种研究所	张亚芝、魏淑红、孟宪欣、王强、杨广东、鞠文焕、柳继三、杨万春、左辛、张威、李维臣、王海民、蒋希峰、丁晓春、孟凡志、陈万春
157	G05	龙芸豆8号	普通菜豆	2012.03.19	黑登记2012012	黑龙江省农作物品种审定委员会	黑龙江省农业科学院作物育种研究所	张亚芝、魏淑红、孟宪欣、王强、杨广东、鞠文焕、柳继三、杨万春、左辛、张威、李维臣、王海民、蒋希峰、丁晓春、孟凡志、陈万春
158	G05	海鹰豆	普通菜豆	2013.03.27	黑登记2013011	黑龙江省农作物品种审定委员会	黑龙江省农业科学院作物育种研究所	张亚芝、魏淑红、孟宪欣、王强、杨广东、张威、李维臣、王功伟、鞠文焕、左辛、梁启全、包强、蒋希峰、王海民、陈万春、于晓春、孟凡志
159	G05	龙芸豆9号	普通菜豆	2014.02.20	黑登记2014018	黑龙江省农作物品种审定委员会	黑龙江省农业科学院作物育种研究所	张亚芝、魏淑红、孟宪欣、王强、杨广东、左辛、李松竹、王功伟、鞠文焕、张威、梁启全、林凤、李维臣、王海民、陈万春、包强、申晓慧、明月
160	G05	龙芸豆10	普通菜豆	2014.02.20	黑登记2014017	黑龙江省农作物品种审定委员会	黑龙江省农业科学院作物育种研究所	张亚芝、魏淑红、孟宪欣、王强、杨广东、张威、左辛、王海民、李松竹、李维臣、李曼、申晓慧、林凤、栾海、明月、包强
161	G05	龙芸豆11	普通菜豆	2015.05.08	黑登记2015019	黑龙江省农作物品种审定委员会	黑龙江省农业科学院作物育种研究所	魏淑红、王强、孟宪欣、张亚芝、祝安军、杨广东、王海民、张威、左辛、李曼、李维臣、栾海、明月、段滨秋、宫丽娟、杜朝霞、任传军、姜伟、申晓慧

（续表）

序号	岗位编号	品种名称	作物种类	审定时间（年.月.日）	审批号	审定部门	完成单位	完成人
162	G05	龙芸豆12	普通菜豆	2015.05.08	黑登记2015018	黑龙江省农作物品种审定委员会	黑龙江省农业科学院作物育种研究所	魏淑红、王强、孟宪欣、张亚芝、祝安军、杨广东、王海民、张威、左辛、李曼、李维臣、栾海、明月、段滨秋、宫丽娟、杜朝霞、任传军、姜伟、申晓慧
163	G05	龙芸豆13	普通菜豆	2015.05.08	黑登记2015017	黑龙江省农作物品种审定委员会	黑龙江省农业科学院作物育种研究所	魏淑红、王强、孟宪欣、张亚芝、祝安军、杨广东、王海民、张威、左辛、李曼、李维臣、栾海、明月、段滨秋、宫丽娟、杜朝霞、任传军、姜伟、申晓慧
164	G05	龙芸豆14	普通菜豆	2016.05.16	黑登记2016015	黑龙江省农作物品种审定委员会	黑龙江省农业科学院作物育种研究所	魏淑红、王强、孟宪欣、张亚芝、祝安军、杨广东、张威、左辛、李曼、宫丽娟、杜朝霞、段滨秋、姜伟、任传军、卢绯绯
165	G05	龙芸豆15	普通菜豆	2015.06.18	国品鉴杂2015022	全国农业技术推广服务中心	黑龙江省农业科学院作物育种研究所	魏淑红、王强、孟宪欣、张亚芝
166	G05	龙芸豆16	普通菜豆	2016.05.16	黑登记2016016	黑龙江省农作物品种审定委员会	黑龙江省农业科学院作物育种研究所	魏淑红、王强、孟宪欣、张亚芝、祝安军、杨广东、张威、左辛、李曼、宫丽娟、段滨秋、申晓慧、姜伟、杜朝霞、任传军、卢绯绯
167	Z02	冀张芸1号	普通菜豆	2012.03.22	冀科成转鉴字〔2012〕第0-004号	河北省科技成果转化服务中心	张家口市农业科学院	徐东旭、尚启兵、杨素梅、高运青、任红晓、姜翠棉、宋晋辉、王玉祥、高韶斌、蔺玉军
168	Z04	品金芸1号	普通菜豆	2011.05.23	晋审芸（认）2011001	山西省农作物品种审定委员会	山西省农业科学院农作物品种资源研究所	畅建武、乔治军

（续表）

序号	岗位编号	品种名称	作物种类	审定时间（年.月.日）	审批号	审定部门	完成单位	完成人
169	Z04	品金芸3号	普通菜豆	2014.05.19	晋审芸（认）2014001	山西省农作物品种审定委员会	山西省农业科学院农作物品种资源研究所	畅建武、郝晓鹏、王燕、曹丽萍、关现民
170	Z08	吉芸1号	普通菜豆	2010.01.07	吉登芸豆2010001	吉林省农作物品种审定委员会	吉林省农业科学院	郭中校、包淑英、王明海、王佰众、徐宁、王桂芳
171	G15	苏菜豆1号	普通菜豆	2009.09.20	苏鉴菜豆200901	江苏省农作物品种审定委员会	江苏省农业科学院蔬菜研究所	张红梅、袁星星、顾和平、陈新、陈华涛
172	G15	苏菜豆2号	普通菜豆	2012.08.07	苏鉴菜豆201201	江苏省农作物品种审定委员会	江苏省农业科学院蔬菜研究所	陈新、袁星星、顾和平、崔晓艳、张红梅、陈华涛
173	G15	苏菜豆3号	普通菜豆	2015.05.08	苏鉴菜豆201501	江苏省农作物品种审定委员会	江苏省农业科学院蔬菜研究3所	陈新、崔晓艳、张红梅、袁星星、陈华涛、刘晓庆
174	G15	苏菜豆4号	普通菜豆	2015.12.30	苏鉴菜豆201504	江苏省农作物品种审定委员会	江苏省农业科学院蔬菜研究所	张红梅、刘晓庆、袁星星、陈华涛、崔晓艳、陈新
175	Z04	品架1号	普通菜豆	2013.07.02	晋审菜（认）2013016	山西省农作物品种审定委员会	山西省农业科学院农作物品种资源研究所	畅建武、尚艳红、师颖、郝晓鹏、任丽娜、王燕、郜欣
176	Z17	毕芸3号	普通菜豆	2016.06.21	黔审芸2016001号	贵州省农作物品种审定委员会	毕节市农业科学研究所	王昭礼、张时龙、赵龙、卢运、吴宪志
177	Z17	毕芸4号	普通菜豆	2016.06.21	黔审芸2016002号	贵州省农作物品种审定委员会	毕节市农业科学研究所	张时龙、赵龙、王昭礼、余莉、卢运、何友勋
178	Z17	毕芸5号	普通菜豆	2016.06.21	黔审芸2016003号	贵州省农作物品种审定委员会	毕节市农业科学研究所	余莉、吴宪志、杨珊、张时龙、赵龙
179	Z23	新芸6号	普通菜豆	2009.06.17	新登芸豆2009年06号	新疆维吾尔自治区非主要农作物登记办公室	新疆农业科学院粮食作物研究所	季良、彭琳、唐钱虎
180	Z23	新芸7号	普通菜豆	2010.10.29	新登芸豆2010年28号	新疆维吾尔自治区非主要农作物登记办公室	新疆农业科学院粮食作物研究所	季良、彭琳、王仙

（续表）

序号	岗位编号	品种名称	作物种类	审定时间（年.月.日）	审批号	审定部门	完成单位	完成人
181	G06	青海13号	蚕豆	2009.12.10	青审豆2009001	青海省农作物品种审定委员会	青海省农林科学院、青海鑫农科技有限公司	刘玉皎、张小田、马俊义、李萍、侯万伟、车永喜、耿贵工、刘洋、相文德、梁朝鹏、郭兴莲、白迎春、辛元风、韩有福
182	G06	青蚕14号	蚕豆	2011.11.22	青审豆2011001	青海省农作物品种审定委员会	青海省农林科学院、青海鑫农科技有限公司	刘玉皎、侯万伟、李萍、张小田、白迎春、郭兴莲、刘洋、张启芳、韩晓明、马俊义、耿贵工、杨希娟
183	G06	青蚕15号	蚕豆	2014.02.07	青审豆2013001	青海省农作物品种审定委员会	青海省农林科学院、青海鑫农科技有限公司	刘玉皎、侯万伟、严清彪、李萍、郭兴莲、张永春、马俊义、车永喜、丁宝军、马占青、光辉
184	G07	云豆825	蚕豆	2009.01.16	滇审蚕豆2008001号	云南省农作物品种审定委员会	云南省农业科学院粮食作物研究所	包世英、王丽萍、吕梅媛、何玉华、杨峰
185	G07	云豆853	蚕豆	2009.12.16	滇审蚕豆2009002号	云南省农作物品种审定委员会	云南省农业科学院粮食作物研究所	包世英、王丽萍、吕梅媛、何玉华、杨峰
186	G07	云豆690	蚕豆	2012.09.29	国品鉴杂2012010	全国农业技术推广服务中心	云南省农业科学院粮食作物研究所	包世英、王丽萍、吕梅媛、何玉华、杨峰
187	G07	云豆95	蚕豆	2012.08.27	滇审蚕豆2012001号	云南省农作物品种审定委员会	云南省农业科学院粮食作物研究所	包世英、王丽萍、吕梅媛、何玉华、杨峰
188	G07	云豆470	蚕豆	2014.06.09	滇审蚕豆2014002号	云南省农作物品种审定委员会	云南省农业科学院粮食作物研究所	包世英、王丽萍、吕梅媛、何玉华、杨峰
189	G07	云豆06	蚕豆	2016.01.18	滇审蚕豆2015002号	云南省农作物品种审定委员会	云南省农业科学院粮食作物研究所	包世英、王丽萍、吕梅媛、何玉华、杨峰
190	G07	云豆459	蚕豆	2016.12.15	滇审蚕豆2016006号	云南省农作物品种审定委员会	云南省农业科学院粮食作物研究所	包世英、王丽萍、吕梅媛、何玉华、杨峰

（续表）

序号	岗位编号	品种名称	作物种类	审定时间（年.月.日）	审批号	审定部门	完成单位	完成人
191	G13	鄂蚕豆1号	蚕豆	2015.10.26	鄂审杂2015002	湖北省农作物品种审定委员会	湖北省农业科学院粮食作物研究所	李莉、万正煌、刘昌燕、陈宏伟、陈定国、邱小林、童少华
192	G15	苏蚕1号	蚕豆	2012.08.07	苏鉴蚕豆201201	江苏省农作物品种审定委员会	江苏省农业科学院	袁星星、崔晓艳、陈新、顾和平、张红梅、陈华涛
193	G15	苏蚕2号	蚕豆	2012.08.07	苏鉴蚕豆201202	江苏省农作物品种审定委员会	江苏省农业科学院	崔晓艳、袁星星、陈新、顾和平、张红梅、陈华涛
194	Z02	冀张蚕2号	蚕豆	2009.12.29	冀科成转鉴字〔2009〕第2-036号	河北省科技成果转化服务中心	张家口市农业科学院	徐东旭、尚启兵、李秀明、高运青、杨素梅、米连明、姜翠棉、王志刚、李云霞、蔺玉军、王玉祥、高韶斌、闫静敏
195	Z10	通蚕鲜6号	蚕豆	2016.06.07	黔审蚕豆2016002	贵州省农作物品种审定委员会	江苏沿江地区农业科学研究所、毕节市农业科学研究所	缪亚梅、王学军、汪凯华等
196	Z10	通蚕鲜7号	蚕豆	2012.08.07；2016.06.07	苏鉴蚕豆201205；黔审蚕豆2016003	江苏省农作物品种审定委员会；贵州省农作物品种审定委员会	江苏沿江地区农业科学研究所	汪凯华、缪亚梅、陈满峰、王学军
197	Z10	通蚕鲜8号	蚕豆	2012.08.07；2013.05.20	苏鉴蚕豆201206；渝品审鉴2013002	江苏省农作物品种审定委员会；重庆市农作物品种审定委员会	江苏沿江地区农业科学研究所	缪亚梅、汪凯华、陈满峰、王学军
198	Z10	通蚕9号	蚕豆	2012.09.29	国品杂鉴2012011	全国农业技术推广服务中心	江苏沿江地区农业科学研究所	汪凯华、缪亚梅、陈满峰、王学军
199	Z11	皖蚕1号	蚕豆	2015.07.20	皖品鉴登字第1311001	安徽省非主要农作物品种鉴定委员会	安徽省农业科学院作物研究所	张丽亚、周斌、陈培、胡国玉、杨勇
200	Z16	成胡15号	蚕豆	2013.08.01	国品鉴杂2013008	全国农业技术推广服务中心	四川省农业科学院作物研究所	余东梅、唐海涛
201	Z16	成胡18	蚕豆	2009.07.01	川审豆2009-004	四川省农作物品种审定委员会	四川省农业科学院作物研究所	余东梅、吴正基、巫超莲、熊良明、周季清、唐建、李俊

（续表）

序号	岗位编号	品种名称	作物种类	审定时间（年.月.日）	审批号	审定部门	完成单位	完成人
202	Z16	成胡19	蚕豆	2010.06.18	川审豆2010-008	四川省农作物品种审定委员会	四川省农业科学院作物研究所	余东梅、张浙峰、李洋、吴国勋、谢正伟、熊良明、邓喜、钟林、唐建、吴正基
203	Z16	成胡20	蚕豆	2014.07.31	川审豆2014-004	四川省农作物品种审定委员会	四川省农业科学院作物研究所	余东梅、杨梅、张含根、付建彬、徐华、欧阳裕元、龚江洪、宋锐、梅碧蓉
204	Z16	成胡21	蚕豆	2016.07.20	川审豆2016-004	四川省农作物品种审定委员会	四川省农业科学院作物研究所	余东梅、徐华、杨梅、欧阳裕元、郑良莉、周继清、龚江洪、宋锐、陈俊英
205	Z19	凤豆十四号	蚕豆	2009.12.16	滇审蚕豆2009001号	云南省农作物品种审定委员会	大理白族自治州农业科学研究所	陈国琛、陈爱娜、尹雪芬、董开居、马玉云、李秀培、段杰珠
206	Z19	凤豆13号	蚕豆	2011.03.15	滇审蚕豆2011001号	云南省农作物品种审定委员会	大理白族自治州农业科学研究所	陈国琛、陈爱娜、尹雪芬、董开居、马玉云、李秀培、段杰珠
207	Z19	凤豆15号	蚕豆	2011.11.09	滇审蚕豆2011002号	云南省农作物品种审定委员会	大理白族自治州农业科学研究所	陈国琛、陈爱娜、尹雪芬、董开居、马玉云
208	Z19	凤豆十六号	蚕豆	2012.08.27	滇审蚕豆2012002号	云南省农作物品种审定委员会	大理州农科所	陈国琛、陈爱娜、尹雪芬、董开居、马玉云
209	Z19	凤豆十七号	蚕豆	2014.06.09	滇审蚕豆2014001号	云南省农作物品种审定委员会	大理州农业科学推广研究院粮作所	陈国琛、陈爱娜、尹雪芬、董开居、马玉云
210	Z19	凤豆十八号	蚕豆	2016.01.18	滇审蚕豆2015001号	云南省农作物品种审定委员会	大理州农业科学推广研究院粮作所	陈国琛、陈爱娜、尹雪芬、董开居、马玉云、段银妹
211	Z19	凤豆19号	蚕豆	2016.09.06	滇审蚕豆2016002号	云南省农作物品种审定委员会	大理白族自治州农业科学推广研究院	陈国琛、陈爱娜、尹雪芬、董开居、马玉云、段银妹、杨成武

（续表）

序号	岗位编号	品种名称	作物种类	审定时间（年.月.日）	审批号	审定部门	完成单位	完成人
212	Z19	凤豆 20 号	蚕豆	2016.09.06	滇审蚕豆 2016003 号	云南省农作物品种审定委员会	大理白族自治州农业科学推广研究院	陈国琛、陈爱娜、尹雪芬、董开居、马玉云、段银妹、杨成武
213	Z19	凤豆 21 号	蚕豆	2016.12.15	滇审蚕豆 2016004 号	云南省农作物品种审定委员会	大理白族自治州农业科学推广研究院	陈国琛、陈爱娜、尹雪芬、段银妹
214	Z19	凤豆 22 号	蚕豆	2016.12.15	滇审蚕豆 2016005 号	云南省农作物品种审定委员会	大理白族自治州农业科学推广研究院	陈国琛、陈爱娜、尹雪芬、段银妹
215	Z17	织金小蚕豆	蚕豆	2016.06.21	黔审蚕豆 2016001 号	贵州省农作物品种审定委员会	毕节市乌蒙杂粮科技有限公司、毕节市农业科学研究所	余莉、王昭礼、张时龙、卢运、吴宪志、杨珊
216	Z22	临蚕 7 号	蚕豆	2009.03.27	甘认豆 2009001	甘肃省农作物品种审定委员会	临夏回族自治州农业科学研究所	杨生华、曾建兵、李龙、石小平、何正龙、郭延平
217	Z22	临蚕 8 号	蚕豆	2009.03.27	甘认豆 2009002	甘肃省农作物品种审定委员会	临夏回族自治州农业科学研究所	曾建兵、杨生华、李龙、石小平、王兰芳、李生伟、郭延平
218	Z22	临蚕 9 号	蚕豆	2011.03.04	甘认豆 2011001	甘肃省农作物品种审定委员会	临夏回族自治州农业科学研究所	郭延平、杨生华、李龙、石小平、汪学英、曾建兵、贾西灵
219	Z22	临蚕 10 号	蚕豆	2013.03.26	甘认豆 2013002	甘肃省农作物品种审定委员会	临夏回族自治州农业科学院	郭延平、杨生华、李龙、石小平、贾西灵
220	Z22	临蚕 11 号	蚕豆	2015.04.13	甘认豆 2015004	甘肃省农作物品种审定委员会	临夏回族自治州农业科学院	郭延平、贾西灵
221	Z22	临蚕 12 号	蚕豆	2015.04.13	甘认豆 2015005	甘肃省农作物品种审定委员会	临夏回族自治州农业科学院	郭延平、李龙、石小平、贾西灵、杨生华
222	G06	草原 28 号	豌豆	2011.11.22	青审豆 2011002	青海省农作物品种审定委员会	青海省农林科学院、青海鑫农科技有限公司	贺晨邦、王敏、马进福、严清彪、张志斌、程明发、郭兴莲、辛无风
223	G06	青豌 29 号	豌豆	2012.09.29	国品鉴杂 2012009	全国农业技术推广服务中心	青海省农林科学院	贺晨邦、王敏、马进福

（续表）

序号	岗位编号	品种名称	作物种类	审定时间（年.月.日）	审批号	审定部门	完成单位	完成人
224	G07	云豌8号	豌豆	2013.04.07	滇登记豌豆2012002号	云南省非主要农作物品种审定委员会	云南省农业科学院粮食作物研究所	包世英、王丽萍、吕梅媛、何玉华、杨峰
225	G07	云豌1号	豌豆	2014.11.07	滇登记豌豆2014001号	云南省非主要农作物品种审定委员会	云南省农业科学院粮食作物研究所	包世英、王丽萍、吕梅媛、何玉华、杨峰
226	G07	云豌18号	豌豆	2014.11.07	滇登记豌豆2014011号	云南省非主要农作物品种审定委员会	云南省农业科学院粮食作物研究所	包世英、王丽萍、吕梅媛、何玉华、杨峰
227	G07	云豌20号	豌豆	2014.11.07	滇登记豌豆2014012号	云南省非主要农作物品种审定委员会	云南省农业科学院粮食作物研究所	包世英、王丽萍、吕梅媛、何玉华、杨峰
228	G07	云豌23号	豌豆	2014.11.07	滇登记豌豆2014002号	云南省非主要农作物品种审定委员会	云南省农业科学院粮食作物研究所	包世英、王丽萍、吕梅媛、何玉华、杨峰
229	G07	云豌33号	豌豆	2014.11.07	滇登记豌豆2014013号	云南省非主要农作物品种审定委员会	云南省农业科学院粮食作物研究所	包世英、王丽萍、吕梅媛、何玉华、杨峰
230	G07	云豌4号	豌豆	2013.04.07	滇登记豌豆2012001号	云南省非主要农作物品种审定委员会	云南省农业科学院粮食作物研究所	包世英、王丽萍、吕梅媛、何玉华、杨峰
231	G07	云豌21号	豌豆	2015.06.18	国品鉴杂2015036	全国农业技术推广服务中心	云南省农业科学院粮食作物研究所	包世英、王丽萍、吕梅媛、何玉华、杨峰
232	G07	云豌35号	豌豆	2015.12.18	云种鉴定20150032号	云南省种子管理站	云南省农业科学院粮食作物研究所	包世英、王丽萍、吕梅媛、何玉华、杨峰
233	G07	云豌36号	豌豆	2015.12.18	云种鉴定20150033号	云南省种子管理站	云南省农业科学院粮食作物研究所	包世英、王丽萍、吕梅媛、何玉华、杨峰
234	G07	云豌37号	豌豆	2015.12.18	云种鉴定2015029号	云南省种子管理站	云南省农业科学院粮食作物研究所	包世英、王丽萍、吕梅媛、何玉华、杨峰
235	G07	云豌38号	豌豆	2015.12.18	云种鉴定20150030号	云南省种子管理站	云南省农业科学院粮食作物研究所	包世英、王丽萍、吕梅媛、何玉华、杨峰
236	G11	科豌嫩荚3号	豌豆	2010.04.29	辽备菜〔2009〕375号	辽宁省非主要农作物备案办公室	辽宁省经济作物研究所	宗绪晓、李玲、关建平

（续表）

序号	岗位编号	品种名称	作物种类	审定时间（年.月.日）	审批号	审定部门	完成单位	完成人
237	G11	科豌4号	豌豆	2010.04.29	辽备菜〔2009〕376号	辽宁省非主要农作物备案办公室	辽宁省经济作物研究所	李玲、宗绪晓、关建平
238	G11	科豌5号	豌豆	2014.03.13	辽备菜2013041	辽宁省非主要农作物备案委员会	辽宁省经济作物研究所	李玲、孙文松、宗绪晓
239	G11	科豌6号	豌豆	2014.03.13	辽备菜2013042	辽宁省非主要农作物备案委员会	辽宁省经济作物研究所	李玲、孙文松、宗绪晓
240	G11	科豌7号	豌豆	2016.04.21	辽备菜2015045	辽宁省非主要农作物备案委员会	辽宁省经济作物研究所	宗绪晓、李玲、杨涛、孙敏杰、孙文松、何伟锋、张天静、李成俊、杨正书、沈宝宇、李瑞春
241	G13	鄂豌1号	豌豆	2015.10.26	鄂审杂2015001	湖北省农作物品种审定委员会	湖北省农业科学院粮食作物研究所	万正煌、李莉、黄益勤、刘昌燕、陈宏伟、贺正华、伍广兴、郭西陵
242	G14	陇豌1号	豌豆	2009.03.27	甘认豆2009004	甘肃省农作物品种审定委员会	甘肃省农业科学院作物研究所	杨晓明、杨发荣、王梅春、任瑞玉、陆建英、王翠玲、王昶、杨峰礼
243	G14	陇豌3号	豌豆	2012.02.14	甘认豆2012002	甘肃省农作物品种审定委员会	甘肃省农业科学院作物研究所	杨晓明、陆建英、王昶、杨发荣、张幸福
244	G14	陇豌4号	豌豆	2014.03.14	甘认豆2014002	甘肃省农作物品种审定委员会	甘肃省农业科学院作物研究所	杨晓明、王昶、陆建英、张丽娟、闵庚梅
245	G14	陇豌5号	豌豆	2015.04.13	甘认豆2015003	甘肃省农作物品种审定委员会	甘肃省农业科学院作物研究所	杨晓明、王昶、陆建英、张丽娟、闵庚梅
246	G14	陇豌6号	豌豆	2015.06.18	国品鉴杂2015035	全国农业技术推广服务中心	甘肃省农业科学院作物研究所	杨晓明、朱振东、陆建英、张丽娟、闵庚梅
247	G15	苏豌6号	豌豆	2012.08.07	苏鉴豌201204	江苏省农作物品种审定委员会	江苏省农业科学院蔬菜研究所	陈新、袁星星、崔晓艳、张红梅、陈华涛
248	Z02	坝豌1号	豌豆	2010.08.23	国品鉴杂2010004	全国农业技术推广服务中心	张家口市农业科学院	徐东旭、王志刚、尚启兵、李云霞

（续表）

序号	岗位编号	品种名称	作物种类	审定时间（年.月.日）	审批号	审定部门	完成单位	完成人
249	Z02	冀张豌2号	豌豆	2012.03.22	冀科成转鉴字〔2012〕第0-003号	河北省科技成果转化服务中心	张家口市农业科学院	徐东旭、尚启兵、杨素梅、高运青、任红晓、姜翠棉、宋晋辉、蔺玉军、王玉祥、高韶斌
250	Z04	品协豌1号	豌豆	2010.05.28	晋审豌（认）2010002	山西省农作物品种审定委员会	山西省农科院农作物品种资源研究所	乔治军、畅建武、宗绪晓
251	Z05	晋豌豆5号	豌豆	2011.05.23	晋审豌（认）2011001	山西省农作物品种审定委员会	山西省农业科学院高寒区作物研究所	冯高、刘支平、郭新文、刘飞、张旭丽、杨芳
252	Z05	晋豌豆7号	豌豆	2015.12.30	晋审豌（认）2015002	山西省农作物品种审定委员会	山西省农业科学院高寒区作物研究所	刘飞、冯高、邢宝龙、刘支平、陈燕妮、杨芳、冯钰、王桂梅、张旭丽、殷丽丽
253	Z10	苏豌3号	豌豆	2010.08.23；2009.03.30	国品杂鉴2010003；宁审豆2009004	全国农业技术推广服务中心；宁夏回族自治区农作物品种审定委员会	江苏沿江地区农业科学研究所	汪凯华、缪亚梅、陈满峰、王学军
254	Z10	苏豌2号	豌豆	2012.09.29；2012.08.07	国品杂鉴2012008；江苏省农业委苏鉴豌201201	全国农业技术推广服务中心；江苏省农作物品种审定委员会	江苏沿江地区农业科学研究所	汪凯华、缪亚梅、陈满峰、王学军
255	Z10	苏豌4号	豌豆	2012.08.07	苏鉴豌201202	江苏省农作物品种审定委员会	江苏沿江地区农业科学研究所	汪凯华、缪亚梅、陈满峰、王学军
256	Z10	苏豌5号	豌豆	2012.08.07	苏鉴豌201203	江苏省农作物品种审定委员会	江苏沿江地区农业科学研究所	汪凯华、缪亚梅、陈满峰、王学军
257	Z11	皖甜豌1号	豌豆	2012.03.26	皖品鉴登字第1014003	安徽省非主要农作物品种鉴定委员会	安徽省农业科学院作物研究所	张丽亚、张磊、王友东、周斌、胡国玉
258	Z11	皖豌1号	豌豆	2012.03.26	皖品鉴登字第1014001	安徽省非主要农作物品种鉴定委员会	安徽省农业科学院作物研究所	张丽亚、张磊、王友东、周斌、胡国玉

（续表）

序号	岗位编号	品种名称	作物种类	审定时间（年.月.日）	审批号	审定部门	完成单位	完成人
259	Z12	科豌 8 号	豌豆	2016.04.21	辽备菜 2015046	辽宁省非主要农作物品种备案委员会	青岛市农业科学研究院/辽宁省经济作物研究所	张晓艳、郝俊杰、李玲、万述伟、宗绪晓、杨涛、崔潇、孙吉禄、赵爱鸿、仇世佐
260	Z16	食荚甜脆豌 3 号	豌豆	2009.06.29	川审蔬 2009016	四川省农作物品种审定委员会	四川省农业科学院作物研究所	余东梅、梅绍富、吴正基、周继清、熊良明、唐建、李俊
261	Z16	成豌 10 号	豌豆	2015.08.28	川审豆 2015007	四川省农作物品种审定委员会	四川省农业科学院作物研究所	余东梅、杨梅、欧阳裕元、徐华、郑良莉、林熊、龚江洪
262	Z16	成豌 11	豌豆	2016.07.20	川审豆 2016005	四川省农作物品种审定委员会	四川省农业科学院作物研究所	余东梅、杨梅、欧阳裕元、徐华、郑良莉、林熊、龚江洪、周继清、陈俊英、李成勇
263	Z18	云豌 17 号	豌豆	2014.11	滇登记豌豆2014003 号	云南省非主要农作物品种登记委员会	曲靖市农业科学院、云南省农业科学院	包世英、王丽萍、唐永生、吕良媛、杨峰、何玉华
264	Z18	靖豌 2 号	豌豆	2015.12	云种鉴定 2015031 号	云南省种子管理站	曲靖市农业科学院	唐永生、蒋彦华、张菊香、郑云昆、邹建华、朱玉芬
265	Z21	定豌 6 号	豌豆	2009.03.27	甘认豆：2009003	甘肃省农作物品种审定委员会	定西市农业科学研究院（原定西市旱作农业科研推广中心）	王梅春、连荣芳、杨晓明、墨金萍
266	Z21	定豌 7 号	豌豆	2010.04.21	甘认豆：2010003	甘肃省农作物品种审定委员会	定西市农业科学研究院（原定西市旱作农业科研推广中心）	王梅春、连荣芳、墨金萍、李鹏程、肖贵等
267	Z21	定豌 8 号	豌豆	2014.03.14	甘认豆：2014001	甘肃省农作物品种审定委员会	定西市农业科学研究院	王梅春、连荣芳、景彩艳、墨金萍、李鹏程、肖贵

附表 3　培养人才汇总

序号	岗位编号	年份	姓名	人才类型
1	G01	2016	程须珍	风鹏行动·种业功臣
2	G01	2018	王素华	副研究员

（续表）

序号	岗位编号	年份	姓名	人才类型
3	G01	2018	陈红霖	副研究员
4	G02	2015	武晶	副研究员
5	G03	2009	田静	全国"三八"红旗手
6	G03	2009	田静	第五届"河北省十大女杰"
7	G03	2011	田静	河北省"十一五"山区经济技术开发先进个人
8	G03	2015	范保杰	河北省"三三三人才工程"第二层次人选
9	G03	2016	刘长友	河北省"三三三人才工程"第三层次人选
10	G04	2015	尹凤祥	吉林省人才资金资助
11	G04	2017	尹凤祥	二级研究员
12	G06	2014	刘玉皎	青海省优秀专家
13	G06	2015	刘玉皎	国家百千万人才工程
14	G06	2016	刘玉皎	青海省高端创新人才千人计划
15	G06	2016	刘玉皎	全国优秀科技工作者
16	G06	2016	刘玉皎	享受国务院政府特殊津贴专家
17	G07	2014	何玉华	副研究员
18	G07	2014	杨峰	副研究员
19	G07	2016	吕梅媛	研究员
20	G09	2017	王瑞刚	天津市"131"第一层次人选
21	G10	2011	赵雪英	副研究员
22	G10	2014	张春明	副研究员
23	G10	2018	赵雪英	研究员
24	G11	2015	杨涛	副研究员
25	G14	2015	杨晓明	甘肃省第二层次领军人才
26	G15	2011	陈新	江苏省"333高层次人才培养工程"第三层次培养对象
27	G15	2016	陈新	江苏省"333高层次人才培养工程"第二层次培养对象
28	G15	2016	陈新	江苏省有突出贡献中青年专家
29	G15	2016	陈新	江苏省优秀科技工作者
30	G15	2016	陈新	江苏省农业科学院三级人才计划领军人才
31	G15	2016	陈华涛	江苏省农业科学院三级人才计划"青年拔尖人才"
32	G15	2017	崔晓艳	江苏省农业科学院青年拔尖人才
33	G16	2018	杨丽	中国农业工程学会副秘书长

（续表）

序号	岗位编号	年份	姓名	人才类型
34	G16	2017	杨丽	中国农业工程学会教育委员会委员
35	G17	2018	夏先飞	农业农村部南京农业机械化研究所"杰出青年人才"
36	G19	2017	刘兴训	中国科协青年人才托举工程（2017—2019）
37	G19	2017	佟立涛	中国农业科学院所级培育英才
38	Z01	2012	柳术杰	河北省"三三三人才工程"第二层次人选
39	Z02	2017	徐东旭	河北省政府特殊津贴专家
40	Z02	2016	徐东旭	河北省"三三三人才工程"第二层次人选
41	Z02	2010	徐东旭	河北省农业科技推广专家
42	Z02	2017	高运青	河北省"三三三人才工程"第二层次人选
			尚启兵、姜翠棉、任红晓	"三三三人才工程"第三层次入选
43	Z02	2017	王芳	河北省"三三三人才工程"第三层次人选
44	Z05	2013	邢宝龙	副研究员
45	Z05	2016	刘支平	副研究员
46	Z05	2017	王桂梅	副研究员
47	Z05	2015	邢宝龙	大同市学术技术带头人
48	Z07	2015	薛仁风	辽宁省"百千万"人才工程万人层次
49	Z08	2011	郭中校	第三批吉林省高级专家
50	Z08	2014	郭中校	第四批吉林省高级专家
51	Z10	2012	王学军	江苏省"333高层次人才培养工程"
52	Z10	2012	王学军	南通市"226高层次人才培养工程"
53	Z10	2016	王学军	江苏省"333高层次人才培养工程"
54	Z10	2016	王学军	江苏省有突出贡献中青年专家
55	Z14	2017	罗高玲	副研究员
56	Z17	2016	何友勋	贵州省"十、百、千"创新型人才"千"层次人选
57	Z17	2015	张时龙	贵州省"省管专家"
58	Z18	2017	唐永生	省部级 云南省技术创新人才
59	Z18	2017	唐永生	珠源产业技术领军人才
60	Z18	2017	唐永生	曲靖市"五一"劳动奖章
61	Z19	2010	陈国琛	云南省技术创新人才
62	Z19	2011	陈国琛	云南省委联系专家

（续表）

序号	岗位编号	年份	姓名	人才类型
63	Z19	2010	陈国琛	大理州第二届优秀高层次人才
64	Z19	2014	陈国琛	大理州第三届优秀高层次人才
65	Z19	2017	陈国琛	大理州第四届优秀高层次人才
66	Z21	2009	王梅春	市管拔尖人才
67	Z21	2010	李鹏程	研究员
68	Z21	2010	连荣芳	副研究员
69	Z21	2011	墨金萍	高级农艺师
70	Z21	2012	王梅春	定西市十大杰出女性人物
71	Z21	2013	王梅春	市管拔尖人才
72	Z21	2016	连荣芳	研究员
73	Z22	2016	王斌	榆林市有突出贡献专家
74	Z22	2014	王孟	榆林市有突出贡献专家
75	Z22	2013	张芳	榆林市有突出贡献专家

附表4 发布标准及技术规范汇总

序号	岗位编号	标准编号	标准名称	类型	发布日期（年.月.日）	实施日期（年.月.日）	起草单位	起草人	批准单位
1	G18	GB 22556—2008	豆芽卫生标准	国家标准	2008.12.03	2009.06.01	中国农业大学	蒋经伟、李小平、陶礼明、金培刚、康玉凡、黄锦生、屠哲西、范成万、李新庆	中华人民共和国卫生部
2	Z16	GB/T 19557.22—2017	植物品种特异性、一致性和稳定性测试指南 豌豆	国家标准	2017.11.01	2018.05.01	四川农业科学院作物研究所	张浙峰、余东梅、赖运平、王丽容、杨梅、余毅、徐岩、欧阳裕元、熊国富、杨武云、堵苑苑	中国国家标准化管理委员会
3	G01	NY/T 2423—2013?	植物新品种特异性、一致性和稳定性测试指南 小豆	行业标准	2013.09.10	2014.01.01	中国农业科学院作物科学研究所	程须珍、刘平、王丽侠、王素华、刘长友、徐宁	中华人民共和国农业部
4	G15	NY/T 2350—2013	植物新品种特异性、一致性和稳定性测试指南 绿豆	行业标准	2013.05.20	2013.08.01	江苏省农业科学院、农业部科技发展中心、中国农业科学院作物科学研究所	陈新、程须珍、沈齐、堵苑苑、顾和平、张红梅、王素华、王丽侠、陈华涛、袁星星、崔晓艳、王显生	中华人民共和国农业部

（续表）

序号	岗位编号	标准编号	标准名称	类型	发布日期(年.月.日)	实施日期(年.月.日)	起草单位	起草人	批准单位
5	G03	DB13/T 2267—2015	丘陵山区春播绿豆地膜覆盖生产栽培技术规程	地方标准	2015.11.06	2016.01.01	河北省农林科学院粮油作物研究所	田静、范保杰、刘长友、曹志敏、张志肖、苏秋竹	河北省质量技术监督局
6	G03	DB13/T 1206—2010	棉田套种绿豆生产栽培技术规程	地方标准	2010.04.09	2010.05.04	河北省农林科学院粮油作物研究所	田静、范保杰、刘长友、曹志敏、张志肖、苏秋竹	河北省质量技术监督局
7	G04	DB 22/977—2011	绿豆种子质量	地方标准	2011.11.25	2012.12.25	吉林省白城市农业科学院	尹凤祥、梁杰、肖焕玉、王英杰、王立群、张维琴、冷廷瑞	吉林省技术监督局
8	G04	DB 22/978—2011	绿豆品种522	地方标准	2011.11.25	2012.12.25	吉林省白城市农业科学院	尹凤祥、梁杰、肖焕玉、王英杰、王立群、张维琴、冷廷瑞	吉林省技术监督局
9	G04	DB 22/979—2011	绿豆品种白绿6号	地方标准	2011.11.25	2012.12.25	吉林省白城市农业科学院	尹凤祥、梁杰、肖焕玉、王英杰、王立群、张维琴、冷廷瑞	吉林省技术监督局
10	G04	DB 22/980—2011	绿豆品种大鹦哥绿935	地方标准	2011.11.25	2012.12.25	吉林省白城市农业科学院	尹凤祥、梁杰、肖焕玉、王英杰、王立群、张维琴、冷廷瑞	吉林省技术监督局
11	G04	DB22/T 2353—2015	绿豆机械化生产技术规程	地方标准	2015.11.25	2015.12.25	吉林省白城市农业科学院	尹凤祥、梁杰、尹智超、郝曦煜、肖焕玉、王英杰、冷廷瑞、陈丹、马云红、韩长军	吉林省质量技术监督局
12	G04	DB22T 981—2018	白城绿豆生产技术规程	地方标准	2018.05.24	2018.06.22	吉林省白城市农业科学院	尹凤祥、梁杰、郝曦煜、郭文云、肖焕玉、王英杰、冷廷瑞、刘英华、陈洪波、陈丹、吴淑慧、贾云峰、付宝义	吉林省质量技术监督局
13	G05	DB23/T 1404—2010	芸豆高台大垄密植栽培技术规程	地方标准	2010.12.24	2011.01.03	黑龙江省垦区质量技术监督局北安分局、黑龙江省引龙河农场、黑龙江省农业科学院作物育种研究所	彭继锋、岳振江、文东风、吕显龙、刘晓梅、张亚芝、魏淑红、曹栋阳、崔晓微、王海民	黑龙江省质量技术监督局

（续表）

序号	岗位编号	标准编号	标准名称	类型	发布日期 (年.月.日)	实施日期 (年.月.日)	起草单位	起草人	批准单位
14	G06	DB63/T 873—2010	蚕豆青海13号蚕豆丰产栽培技术规范	地方标准	2010.05.04	2010.05.15	青海省农林科学院	张小田、刘玉皎、李萍、侯兴伟、郭兴莲、马俊义、刘洋、方志芬	青海省质量技术监督局
15	G06	DB63/T 1154—2012	蚕豆青海13号高效生产技术规范	地方标准	2012.12.04	2013.01.01	青海省农林科学院	刘玉皎、侯万伟、李萍、郭兴莲、严清彪、张小田、谢洪福、丁宝军、张宪、周生坛	青海省质量技术监督局
16	G06	DB63/T 1291—2014	蚕豆覆膜栽培技术规范	地方标准	2014.06.09	2014.07.01	青海省农林科学院	李萍、郭兴莲、侯万伟、严清彪、刘玉皎、韩梅、郭贤忠、韩生录、吉占甲、丁宝军、冯桂秀	青海省质量技术监督局
17	G06	DB63/T 1519—2016	蚕豆机械化播种操作技术规程	地方标准	2016.10.09	2016.12.20	青海省农林科学院	李萍、张永春、王建忠、侯万伟、严清彪、史瑞琪、田文庆	青海省质量监督局
18	G10	DB14/T 693—2012	高寒区旱地绿豆地膜覆盖栽培技术规程	地方标准	2012.12.20	2013.01.20	山西省农业科学院作物科学研究所、山西省农业科学院高寒地区作物研究所、山西省计量科学研究院	张耀文、赵雪英、裴海琴、闫虎斌、张春明、冯高、朱慧珺、张丽娜、高伟	山西省质量技术监督局
19	G10	DB14/T 942—2014	棉花-绿豆间作技术规程	地方标准	2014.12.30	2015.01.30	山西省农业科学院作物科学研究所、山西四合农业科技有限公司	张耀文、赵雪英、闫虎斌、张春明、朱慧珺、张泽燕、陈宁	山西省质量技术监督局
20	G10	DB14/T 1179—2016	复播绿豆硬茬直播栽培技术规程	地方标准	2016.03.30	2016.05.30	山西省农业科学院作物科学研究所	张耀文、赵雪英、朱慧珺、张春明、闫虎斌、张泽燕、王彩萍、郑海泽	山西省质量技术监督局
21	G14	DB62/T 2119—2011	豌豆品种陇豌1号	地方标准	2011.06.29	2011.07.30	甘肃省农业科学院作物研究所	杨晓明、程须珍、陆剑英、王昶、杨峰礼	甘肃省质量技术监督局
22	G14	DB62/T 2120—2011	陇豌1号原种生产技术规程	地方标准	2011.06.29	2011.07.30	甘肃省农业科学院作物研究所	王昶、杨晓明、陆剑英、杨峰礼	甘肃省质量技术监督局

（续表）

序号	岗位编号	标准编号	标准名称	类型	发布日期(年.月.日)	实施日期(年.月.日)	起草单位	起草人	批准单位
23	G14	DB62/T 2121—2011	陇豌1号栽培技术规程	地方标准	2011.06.29	2011.07.30	甘肃省农业科学院作物研究所	杨晓明、程须珍、王昶、陆剑英、杨峰礼	甘肃省质量技术监督局
24	G14	DB62/T 2122—2011	玉米套种陇豌1号栽培技术规程	地方标准	2011.06.29	2011.07.30	甘肃省农业科学院作物研究所	杨晓明、程须珍、陆剑英、王昶、杨峰礼	甘肃省质量技术监督局
25	G15	DB32/T 2565—2013	荷兰豆品种苏豌1号	地方标准	2013.12.20	2014.01.20	江苏省农业科学院	陈新、张红梅、崔晓艳、袁星星、陈华涛、顾和平	江苏省质量技术监督局
26	G15	DB32/T 2584—2013	苏扁1号扁豆品种	地方标准	2013.12.20	2014.01.20	江苏省农业科学院	陈新、袁星星、陈华涛、崔晓艳、张红梅、顾和平	江苏省质量技术监督局
27	G15	DB32/T 2586—2013	苏红1号红小豆品种	地方标准	2013.12.20	2014.01.20	江苏省农业科学院	顾和平、陈新、崔晓艳、袁星星、张红梅、陈华涛	江苏省质量技术监督局
28	G15	DB32/T 2588—2013	苏绿2号绿豆品种	地方标准	2013.12.20	2014.01.20	江苏省农业科学院	陈新、袁星星、崔晓艳、陈华涛、张红梅、顾和平	江苏省质量技术监督局
29	G15	DB32/T 1492—2009	苏绿5号绿豆品种	地方标准	2009.09.16	2009.12.16	江苏省农业科学院	陈新、顾和平、张红梅、易金鑫	江苏省质量技术监督局
30	G15	DB32/T 1488—2009	早豇1号豇豆	地方标准	2009.09.16	2009.12.16	江苏省农业科学院	张红梅、易金鑫、陈新、顾和平	江苏省质量技术监督局
31	Z04	DB14/T 776—2013	半无叶豌豆栽培技术规程	地方标准	2013.11.20	2013.11.20	山西省农业科学院农作物品种资源研究所	畅建武、郝晓鹏、王燕、杨伟、郜欣	山西省质量技术监督局
32	Z04	DB14/T 777—2013	旱地红芸豆栽培技术规程	地方标准	2013.11.20	2013.11.20	山西省农科院农作物品种资源研究所	畅建武、王述民、郝晓鹏、王燕、杨伟、郜欣	山西省质量技术监督局
33	Z04	DB14/T 1367—2017	普通菜豆抗普通细菌性疫病田间鉴定技术规范	地方标准	2017.05.30	2017.07.30	山西省农业科学院农作物品种资源研究所	王燕、郝晓鹏、畅建武、朱振东、赵建栋	山西省质量技术监督局
34	Z04	DB14/T 1368—2017	普通菜豆田间性状描述规范	地方标准	2017.05.30	2017.07.30	山西省农业科学院农作物品种资源研究所	穆志新、王燕、郝晓鹏、畅建武、赵建栋	山西省质量技术监督局

（续表）

序号	岗位编号	标准编号	标准名称	类型	发布日期(年.月.日)	实施日期(年.月.日)	起草单位	起草人	批准单位
35	Z05	DB14/T 1120—2015	旱作区红小豆栽培技术规程	地方标准	2015.12.20	2016.01.20	山西省农业科学院高寒区作物研究所	刘支平、冯高、邢宝龙、张耀文、晋凡生、张旭丽、杨芳、刘飞、王桂梅、冯钰、殷丽丽	山西省质量技术监督局
36	Z05	DB14/T 1390—2017	红芸豆主要病虫害防治技术规程	地方标准	2017.05.30	2017.07.30	山西省农业科学院高寒区作物研究所	邢宝龙、王桂梅、晋凡生、冯高、张耀文、刘飞、刘支平、殷丽丽、冯钰、杨芳、张旭丽	山西省质量技术监督局
37	Z06	BD 15/T 700—2014	绿豆地膜覆盖高产栽培技术规程	地方标准	2014.07.20	2014.10.20	内蒙古自治区农牧业科学院植物保护研究所	孔庆全、赵存虎、贺小勇、席先梅、银虎威、丁忠忠、张俊俊、张利俊、郑治云、尚海霞	内蒙古自治区质量技术监督局
38	Z06	DB15/T 931—2015	英国红芸豆地膜覆盖栽培技术规程	地方标准	2015.12.15	2016.03.15	内蒙古自治区农牧业科学院植物保护研究所	孔庆全、赵存虎、贺小勇、席先梅、张立华、银虎威、丁忠忠、叶俊、张志良、史明、姚敏	内蒙古自治区质量技术监督局
39	Z06	DB15/T 930—2015	绿豆新品种-科绿1号	地方标准	2015.12.15	2016.03.15	内蒙古自治区农牧业科学院植物保护研究所	孔庆全、赵存虎、贺小勇、席先梅、张立华、银虎威	内蒙古自治区质量技术监督局
40	Z08	DB22/T 2618—2017	直立型绿豆品种 吉绿10号	地方标准	2017.05.08	2017.06.08	吉林省农业科学院	徐宁、郭中校、王明海、包淑英、王桂芳、陈冰嫣	吉林省质量技术监督局
41	Z10	DB32/T 1520—2009	鲜食蚕豆 通蚕（鲜）6号品种	地方标准	2009.10.16	2009.12.16	江苏沿江地区农业科学研究所	王学军、汪凯华、姜永平、马祥建、缪亚梅、陈满峰	江苏省质量技术监督局
42	Z10	DB32/T 1521—2009	鲜食蚕豆 通蚕（鲜）6号生产技术规程	地方标准	2009.10.16	2009.12.16	江苏沿江地区农业科学研究所	汪凯华、王学军、缪亚梅、陈满峰、马祥建、葛红	江苏省质量技术监督局
43	Z10	DB32/T 1517—2009	鲜食豌豆 苏豌1号原种生产技术规程	地方标准	2009.10.16	2009.12.16	江苏沿江地区农业科学研究所	汪凯华、王学军、郝德荣、缪亚梅、葛红	江苏省质量技术监督局

（续表）

序号	岗位编号	标准编号	标准名称	类型	发布日期(年.月.日)	实施日期(年.月.日)	起草单位	起草人	批准单位
44	Z10	DB32/T 1516—2009	鲜食豌豆 苏豌1号生产技术规程	地方标准	2009.10.16	2009.12.16	江苏沿江地区农业科学研究所	缪亚梅、王学军、汪凯华、葛红、顾国华	江苏省质量技术监督局
45	Z10	DB32/T 1905—2011	食粒豌豆 苏豌3号品种	地方标准	2011.09.25	2011.12.25	江苏沿江地区农业科学研究所	汪凯华、王学军、缪亚梅、葛红、马祥建、陈满峰、唐明霞	江苏省质量技术监督局
46	Z10	DB32/T 1906—2011	食粒豌豆 苏豌3号生产技术规程	地方标准	2011.09.25	2011.12.25	江苏沿江地区农业科学研究所	王学军、冒宇翔、陈满峰、汪凯华、缪亚梅、葛红、唐明霞	江苏省质量技术监督局
47	Z10	DB32/T 1907—2011	鲜食蚕豆 通蚕鲜7号品种	地方标准	2011.09.25	2011.12.25	江苏沿江地区农业科学研究所	汪凯华、王学军、缪亚梅、马祥建、葛红、陈满峰、季张娟、冒宇翔	江苏省质量技术监督局
48	Z10	DB32/T 1908—2011	鲜食蚕豆 通蚕鲜7号生产技术规程	地方标准	2011.09.25	2011.12.25	江苏沿江地区农业科学研究所	王学军、徐建平、陈满峰、汪凯华、缪亚梅、葛红、马祥建、季张娟、冒宇翔	江苏省质量技术监督局
49	Z10	DB32/T 2135—2012	小豆 通红2号品种	地方标准	2012.06.28	2012.07.28	江苏沿江地区农业科学研究所	王学军、缪亚梅、汪凯华、陈满峰、万玉玲、顾春燕、葛红	江苏省质量技术监督局
50	Z10	DB32/T 2136—2012	小豆 通红2号栽培技术规程	地方标准	2012.06.28	2012.07.28	江苏沿江地区农业科学研究所	汪凯华、陈满峰、缪亚梅、王学军、万玉玲、顾春燕、葛红	江苏省质量技术监督局
51	Z10	DB32/T 2296—2013	鲜食蚕豆 通蚕9号品种	地方标准	2013.04.10	2013.06.10	江苏沿江地区农业科学研究所	汪凯华、王学军、缪亚梅、陈满峰、季张娟、葛红、顾春燕、徐建华	江苏省质量技术监督局
52	Z10	DB32/T 2297—2013	鲜食蚕豆通蚕9号生产技术规程	地方标准	2013.04.10	2013.06.10	江苏沿江地区农业科学研究所	王学军、汪凯华、陈满峰、缪亚梅、顾春燕、葛红、季张娟、卢玉兵	江苏省质量技术监督局
53	Z10	DB32/T 2298—2013	食粒豌豆 苏豌2号品种	地方标准	2013.04.10	2013.06.10	江苏沿江地区农业科学研究所	汪凯华、王学军、缪亚梅、陈满峰、葛红、顾春燕、季张娟、唐明霞、徐建华	江苏省质量技术监督局

（续表）

序号	岗位编号	标准编号	标准名称	类型	发布日期 (年.月.日)	实施日期 (年.月.日)	起草单位	起草人	批准单位
54	Z10	DB32/T 2299—2013	食粒豌豆 苏豌2号生产技术规程	地方标准	2013.04.10	2013.06.10	江苏沿江地区农业科学研究所	王学军、陈满峰、汪凯华、缪亚梅、葛红、唐明霞、季张娟、顾春燕、卢玉兵	江苏省质量技术监督局
55	Z10	DB32/T 2300—2013	绿豆 通绿1号品种	地方标准	2013.04.10	2013.06.10	江苏沿江地区农业科学研究所	陈满峰、王学军、缪亚梅、汪凯华、顾春燕、葛红、任秦国	江苏省质量技术监督局
56	Z10	DB32/T 2301—2013	绿豆 通绿1号生产技术规程	地方标准	2013.04.10	2013.06.10	江苏沿江地区农业科学研究所	缪亚梅、汪凯华、陈满峰、王学军、顾春燕、葛红、金建华	江苏省质量技术监督局
57	Z10	DB32/T 2805—2015	鲜食蚕豆 通蚕鲜8号品种	地方标准	2017.09.10	2015.11.10	江苏沿江地区农业科学研究所	汪凯华、王学军、缪亚梅、陈满峰、葛红、顾春燕、赵娜	江苏省质量技术监督局
58	Z11	DB34/T 2170—2014	绿豆高产栽培技术规程	地方标准	2014.09.23	2014.10.23	安徽省农业科学院作物研究所、安徽省明光市农业委员会、安徽省亳州市农业科学院	张丽亚、周斌、陈培、刘成江、胡业功、刘廷府、姚莉	安徽省质量技术监督局
59	Z11	DB34/T 2781—2016	绿豆玉米间作高产高效栽培技术规程	地方标准	2016.12.30	2017.01.30	安徽省农业科学院作物研究所	张丽亚、周斌、杨勇、刘成江、胡业功、刘廷府、姚莉、叶卫军、张磊	安徽省质量技术监督局
60	Z14	DB45/T 1239—2015	甘蔗间种绿豆生产技术规程	地方标准	2015.12.01	2015.12.30	广西壮族自治区农业科学院水稻研究所	罗高玲、李经成、蔡庆生、陈燕华	广西壮族自治区质量技术监督局
61	Z14	DB45/T 1767—2018	木薯间种绿豆栽培技术规程	地方标准	2018.5.10	2018.6.10	广西壮族自治区农业科学院水稻研究所	罗高玲、李经成、陈燕华	广西壮族自治区质量技术监督局
62	Z14	DB45/T 1770—2018	豇豆早春小拱棚高效栽培技术规程	地方标准	2018.5.10	2018.6.10	广西壮族自治区农业科学院水稻研究所、合浦县农业技术推广中心。	罗高玲、周作高、李经成、陈燕华、陈梅、程越、陈荣云	广西壮族自治区质量技术监督局
63	Z15	DB50/T 842—2017	鲜食蚕豆 通蚕鲜8号稻茬免耕生产技术规程	地方标准	2017.12.01	2018.02.01	重庆市农业科学院	张继君、杜成章、陈红、龚万灼、龙珏臣、王学军、宗绪晓、何玉华、杨涛、张晓春	重庆市质量技术监督局

（续表）

序号	岗位编号	标准编号	标准名称	类型	发布日期（年.月.日）	实施日期（年.月.日）	起草单位	起草人	批准单位
64	Z18	DG5303/T 10—2015	桑园套种鲜食蚕豆种植技术规程	地方标准	2015.06.10	2015.08.01	曲靖市农业科学院	唐永生、钱成明、王学军、丁云双、刘兵照、郑云昆、等	云南省质量技术监督局
65	Z21	DB62/T 2789—2017	豌豆品种 定豌8号	地方标准	2017.09.11	2017.09.30	定西市农业科学研究院	王梅春、连荣芳、墨金萍、肖贵	甘肃省质量技术监督局
66	Z21	DB62/T 2512—2014	豌豆品种 定豌7号	地方标准	2014.11.10	2014.12.05	定西市农业科学研究院	王梅春、连荣芳、墨金萍、肖贵	甘肃省质量技术监督局
67	Z22	DB62/T 2429—2014	春蚕豆地膜覆盖栽培技术规程	地方标准	2014.03.04	2014.04.01	临夏回族自治州农业科学院	王林成、郭青范、郭延平、赵万千	甘肃省质量技术监督局
68	Z22	DB62/T 2430—2014	春蚕豆良种繁育技术规程	地方标准	2014.03.04	2014.04.01	临夏回族自治州农业科学院	郭青范、郭延平、王林成、赵万千	甘肃省质量技术监督局
69	Z22	DB62/T 2439—2014	无公害鲜食春蚕豆标准化栽培技术规程	地方标准	2014.03.04	2014.04.01	临夏回族自治州农业科学院	王林成、郭青范、赵万千、郭延平	甘肃省质量技术监督局
70	Z22	DB62/T 2434—2014	临蚕8号品种地方标准	地方标准	2014.03.04	2014.04.01	临夏回族自治州农业科学院	郭延平、杨生华、李龙、石小平、杨生利、朱红学、李宴林	甘肃省质量技术监督局
71	Z22	DB62/T 2435—2014	临蚕9号品种地方标准	地方标准	2014.03.04	2014.04.01	临夏回族自治州农业科学院	杨生华、郭延平、汪学英、张林森、长生发、郝玉红、常爱玲	甘肃省质量技术监督局
72	Z22	DB62/T 2436—2014	临蚕10号品种地方标准	地方标准	2014.03.04	2014.04.01	临夏回族自治州农业科学院	李龙、贾西灵、郭延平、杨生华、李萍、何文旭、常海燕	甘肃省质量技术监督局
73	Z02	DB1307/T 203—2016	绿豆品种 冀张绿2号	地方标准	2016.07.11	2016.07.11	张家口市农业科学院	徐东旭、高运青、任红晓、尚启兵、王芳、赵子维、杨万军、姜翠棉、渠延峰、杨帆、石俊春、刘雅祯、刘建成、张玉荣、刘明、张蒲修、常玉霞、姜素丽	张家口市质量技术监督局

（续表）

序号	岗位编号	标准编号	标准名称	类型	发布日期 (年.月.日)	实施日期 (年.月.日)	起草单位	起草人	批准单位
74	Z02	DB1307/T 202—2016	绿豆有机栽培技术规程	地方标准	2016.07.11	2016.07.11	张家口市农业科学院	高运青、徐东旭、任红晓、尚启兵、王芳、赵子维、杨万军、姜翠棉、渠延峰、杨帆、张蒲修、常玉霞、石俊春、姜素丽、蔺玉军、赵永贵、刘雅祯、刘明	张家口市质量技术监督局
75	Z02	DB1307/T 175—2014	旱地绿豆地膜覆盖高产栽培技术规程	地方标准	2014.03.05	2014.03.10	张家口市农业科学院	徐东旭、高运青、任红晓、尚启兵、姜翠棉、王金、王云超、赵雪峰、杨万军、蔺玉军、石俊春、常玉霞、赵海洋	张家口市质量技术监督局
76	Z02	DB1307/T 174—2013	蚕豆有机栽培技术规程	地方标准	2013.12.02	2013.12.07	张家口市农业科学院	徐东旭、高运青、任红晓、尚启兵、姜翠棉、王金、杨万军、王玉祥、高韶斌、蔺玉军、刘建平	张家口市质量技术监督局
77	Z02	DB1307/T 173—2013	绿豆品种　张绿1号	地方标准	2013.12.02	2013.12.17	张家口市农业科学院	高运青、徐东旭、任红晓、尚启兵、姜翠棉、杨万军、常玉霞、石俊春	张家口市质量技术监督局
78	Z02	DB1307/T 172—2013	小豆品种　张红1号	地方标准	2013.12.02	2013.12.17	张家口市农业科学院	任红晓、徐东旭、高运青、尚启兵、姜翠棉、杨万军、常玉霞、赵海洋	张家口市质量技术监督局
79	Z02	DB1307/T 154—2012	芸豆品种　冀张芸1号	地方标准	2012.03.19	2012.03.19	张家口市农业科学院	徐东旭、尚启兵、高运青、任红晓、姜翠棉、杨万军、王玉祥、蔺玉军	张家口市质量技术监督局
80	Z02	DB1307/T 153—2012	蚕豆品种　冀张蚕2号	地方标准	2012.03.19	2012.03.19	张家口市农业科学院	任红晓、徐东旭、尚启兵、高运青、姜翠棉、杨万军、高韶斌、王玉祥	张家口市质量技术监督局

序号	岗位编号	标准编号	标准名称	类型	发布日期 (年.月.日)	实施日期 (年.月.日)	起草单位	起草人	批准单位
81	Z02	DB1307/T 152—2012	豌豆品种 冀张豌2号	地方标准	2012.03.19	2012.03.19	张家口市农业科学院	徐东旭、尚启兵、高运青、任红晓、姜翠棉、王玉祥、杨万军、蔺玉军	张家口市质量技术监督局
82	Z02	DB1307/T 151—2012	豌豆品种 坝豌1号	地方标准	2012.03.19	2012.03.19	张家口市农业科学院	高运青、徐东旭、尚启兵、任红晓、姜翠棉、高韶斌、王玉祥、杨万军	张家口市质量技术监督局
83	Z03	DB1302/T 386—2014	小豆玉米间作栽培技术规程	地方标准	2014.11.25	2014.12.25	唐山市农业科学研究院	刘振兴、周桂梅、陈健等	唐山市质量技术监督局
84	Z03	DB1302/T 414—2015	小豆轻简栽培技术规程	地方标准	2015.11.25	2015.12.25	唐山市农业科学研究院	刘振兴、周桂梅、陈健等	唐山市质量技术监督局
85	Z03	DB1302/T 412—2015	绿豆象防治技术规程	地方标准	2015.11.25	2015.12.25	唐山市农业科学研究院	周桂梅、刘振兴、陈健等	唐山市质量技术监督局
86	Z05	DB140200/T 025—2014	晋北区绿豆抗旱高产栽培技术规程	地方标准	2014.12.01	2015.01.15	山西省农业科学院高寒区作物研究所	冯高、邢宝龙、王桂梅、刘飞、刘支平、张旭丽	大同市质量技术监督局
87	Z05	DB140200/T 024—2014	晋西北旱作丘陵区红小豆栽培技术规程	地方标准	2014.11.07	2014.12.01	山西省农业科学院高寒区作物研究所	刘支平、冯高、邢宝龙、张旭丽、杨芳、刘飞、王桂梅、冯钰、殷丽丽	大同市质量技术监督局
88	Z05	DB140200/T 023—2014	晋北高寒区豌豆栽培技术规程	地方标准	2014.11.07	2014.12.01	山西省农业科学院高寒区作物研究所	刘支平、冯高、邢宝龙、张旭丽、杨芳、刘飞、王桂梅、冯钰、殷丽丽	大同市质量技术监督局
89	Z05	DB 140200/T 063—2017	绿豆膜下滴灌栽培技术规程	地方标准	2017.12.13	2017.12.25	山西省农业科学院高寒区作物研究所	王桂梅、邢宝龙、刘飞、殷丽丽、刘支平、张旭丽、冯钰、杨芳、李霄峰、马涛	大同市质量技术监督局
90	Z05	DB 140200/T 064—2017	豌豆品种 晋豌7号	地方标准	2017.12.13	2017.12.25	山西省农业科学院高寒区作物研究所	刘飞、邢宝龙、王桂梅、陈燕妮、刘冠男、马涛	大同市质量技术监督局
91	Z10	DB3206/T 136—2010	"粮菜瓜"一年四熟露地高效种植技术规程	地方标准	2010.10.22	2010.10.22	江苏沿江地区农业科学研究所	汪凯华、冯新民、潘国云、缪亚梅、冒宇祥、陶建新、戴彩英、陈满峰、王学军	江苏省南通质量技术监督局

（续表）

序号	岗位编号	标准编号	标准名称	类型	发布日期(年.月.日)	实施日期(年.月.日)	起草单位	起草人	批准单位
92	Z10	DB3206/T 135—2010	奇珍76食荚豌豆生产技术规程	地方标准	2010.10.22	2010.10.22	江苏沿江地区农业科学研究所	缪亚梅、冯新民、汪凯华、冒宇祥、戴彩英、严军、王高勤、陈满峰、王学军	江苏省南通质量技术监督局
93	Z10	DB3206/T 202—2012	"蚕豆+冬菜/春玉米—鲜食大豆"高效种植技术规程	地方标准	2012.06.18	2012.06.18	江苏沿江地区农业科学研究所	王学军、顾国华、陆虎华、顾拥建、冒宇翔、朱惠明、施磊华	江苏省南通质量技术监督局
94	Z10	DB3206/T 245—2013	"鲜食蚕豆—鲜食大豆—秋豌豆"高效种植技术规程	地方标准	2013.09.16	2013.09.16	江苏沿江地区农业科学研究所	缪亚梅、汪凯华、王学军、陆益平、葛红、顾春燕、陈满峰、朱明华	江苏省南通质量技术监督局
95	Z10	DB3206/T 246—2013	"鲜食蚕豆—鲜食玉米—鲜食大豆"高效种植技术规程	地方标准	2013.09.16	2013.09.16	江苏沿江地区农业科学研究所	王学军、汪凯华、缪亚梅、朱明华、顾春燕、葛红、陆益平、陈满峰	江苏省南通质量技术监督局
96	Z10	DB3206/T 247—2013	"鲜食蚕豆—鲜食玉米—棉花"高效种植技术规程	地方标准	2013.09.16	2013.09.16	江苏沿江地区农业科学研究所	汪凯华、王学军、朱明华、缪亚梅、顾春燕、葛红、陆益平、陈满峰	江苏省南通质量技术监督局
97	Z10	DB3206/T 307—2014	"大棚葡萄园套作鲜食蚕豆"高效种植技术规程	地方标准	2014.11.18	2014.11.18	江苏沿江地区农业科学研究所	缪亚梅、王学军、汪凯华、顾春燕、葛红、陈满峰、赵娜	江苏省南通质量技术监督局
98	Z10	DB3206/T 306—2014	"鲜食蚕豆+榨菜/棉花"高效种植技术规程	地方标准	2014.11.18	2014.11.18	江苏沿江地区农业科学研究所	陈满峰、缪亚梅、王学军、汪凯华、葛红、顾春燕、赵娜	江苏省南通质量技术监督局
99	Z10	DB3206/ 357—2015	特色蚕豆营养粉丝加工技术规范	地方标准	2015.05.08	2015.05.08	江苏沿江地区农业科学研究所	宋居易、陈惠、唐明霞、王学军	江苏省南通质量技术监督局
100	Z10	DB3206/ 355—2015	纯蚕豆粉丝加工技术规范	地方标准	2015.05.08	2015.05.08	江苏沿江地区农业科学研究所	陈惠、宋居易、王学军、唐明霞	江苏省南通质量技术监督局
101	Z10	DB3206/ 353—2015	蚕豆、螺旋藻营养粉丝加工技术规范	地方标准	2015.05.08	2015.05.08	江苏沿江地区农业科学研究所	唐明霞、陈惠、宋居易、王学军	江苏省南通质量技术监督局
102	Z10	DB3206/ 356—2015	多元营养粉丝加工技术规范	地方标准	2015.05.08	2015.05.08	江苏沿江地区农业科学研究所	陈惠、宋居易、王学军、唐明霞	江苏省南通质量技术监督局
103	Z10	DB3206/ 352—2015	蚕豆鲜籽冷藏保鲜技术规范	地方标准	2015.05.08	2015.05.08	江苏沿江地区农业科学研究所	陈惠、吴春芳、宋居易、王学军	江苏省南通质量技术监督局

（续表）

序号	岗位编号	标准编号	标准名称	类型	发布日期(年.月.日)	实施日期(年.月.日)	起草单位	起草人	批准单位
104	Z10	DB3206/354—2015	蚕豆、马铃薯粉丝加工技术规范	地方标准	2015.05.08	2015.05.08	江苏沿江地区农业科学研究所	陈惠、宋居易、王学军、唐明霞	江苏省南通质量技术监督局
105	Z10	DB3206/T503—2017	抗绿豆象小豆资源室内鉴定规程	地方标准	2017.04.26	2017.05.16	江苏沿江地区农业科学研究所	葛红、顾春燕、陈满峰、汪凯华、缪亚梅、赵娜、王学军	江苏省南通质量技术监督局
106	Z10	DB3206/T504—2017	鲜食蚕豆 通蚕鲜6号设施生产技术规程	地方标准	2017.04.26	2017.05.16	江苏沿江地区农业科学研究所	陈满峰、王学军、汪凯华、缪亚梅、顾春燕、葛红、赵娜	江苏省南通质量技术监督局
107	Z10	DB3206/T505—2017	食粒豌豆'苏豌7号'生产技术规程	地方标准	2017.04.26	2017.05.16	江苏沿江地区农业科学研究所	汪凯华、顾春燕、陈满峰、王学军、缪亚梅、葛红、赵娜	江苏省南通质量技术监督局
108	Z10	DB3206/T506—2017	红小豆 通红3号生产技术规程	地方标准	2017.04.26	2017.05.16	江苏沿江地区农业科学研究所	缪亚梅、陈满峰、汪凯华、顾春燕、葛红、赵娜、王学军	江苏省南通质量技术监督局
109	Z10	DB3206/T507—2017	红小豆 通红4号生产技术规程	地方标准	2017.04.26	2017.05.16	江苏沿江地区农业科学研究所	顾春燕、葛红、汪凯华、陈满峰、赵娜、缪亚梅、王学军	江苏省南通质量技术监督局
110	Z10	DB3206/T369—2015	"鲜食蚕豆/西瓜/西兰花"一年三熟设施高效种植技术规程	地方标准	2015.06.28	2015.07.08	江苏沿江地区农业科学研究所	缪亚梅 陈满峰 葛红 汪凯华 顾春燕 赵娜 王学军 徐剑	江苏省南通质量技术监督局
111	Z10	DB3206/T368—2015	通蚕（鲜）6号'设施快繁技术规程	地方标准	2015.07.08	2015.07.08	江苏沿江地区农业科学研究所	陈满峰、王学军、汪凯华、缪亚梅、顾春燕、葛红、赵娜	江苏省南通质量技术监督局
112	Z10	DB3206/375—2015	蚕豆、胡萝卜粉丝加工技术规范	地方标准	2015.07.08	2015.07.08	江苏沿江地区农业科学研究所	陈惠、唐明霞、陈满峰、宋居易	江苏省南通质量技术监督局
113	Z10	DB3206/374—2015	蚕豆、紫薯粉丝加工技术规范	地方标准	2015.07.08	2015.07.08	江苏沿江地区农业科学研究所	陈惠、宋居易、王学军、唐明霞	江苏省南通质量技术监督局
114	Z12	DB 3702/T231—2014	鲜食豌豆露地越冬生产技术规程	地方标准	2014.12.10	2015.01.01	青岛市农业科学研究院	张晓艳、郝俊杰、万述伟、李红卫、赵爱鸿、孙吉禄、邵阳、展恩军	青岛市质量技术监督局

（续表）

序号	岗位编号	标准编号	标准名称	类型	发布日期（年.月.日）	实施日期（年.月.日）	起草单位	起草人	批准单位
115	Z13	DB4113/T 078—2014	夏玉米绿豆间作循环种植技术规程	地方标准	2014.07.17	2014.08.10	南阳市农业科学院	朱旭、马吉坡、王宏豪、王建玉、宋江春、高贞、张雪云、张金贵、张清波、贾璐、曲良梅、张明璐	南阳市质量技术监督局
116	Z18	DG5303/T 16—2017	猕猴桃园套种鲜食豌豆栽培技术规程	地方标准	2017.12.01	2018.03.01	曲靖市农业科学院，云南省农业科学院	唐永生、何玉华、吕梅媛、王勤方、蒋彦华、郑云昆、张菊香等	曲靖市质量技术监督局
117	Z18	DG5303/T 17—2017	鲜食豌豆云豌18号技术规程	地方标准	2017.12.01	2018.03.01	曲靖市农业科学院	唐永生、何玉华、王丽萍、王勤方、蒋彦华、郑云昆、张菊香等	曲靖市质量技术监督局
118	G18	Q/TZFYP 0001—2014	北京方圆平安豆芽制品有限公司企业标准	企业标准	2014.11.30	2014.11.30	中国农业大学、北京东升方圆豆芽制品有限公司	刘保全、康玉凡、刘海涛	企业内实施

附表5　获准专利汇总

序号	岗位编号	专利名称	类别	申请日期（年.月.日）	申请号	授权公告日（年.月.日）	专利号	发明单位	发明人（设计人）
1	G01	基于转录组测序开发绿豆SSR引物的方法	国家发明专利	2013.11.29	201310629710.6	2015.03.18	ZL 2013 1 0629710.6	中国农业科学院作物科学研究所	陈红霖、程须珍、王素华、王丽侠
2	G01	一种分子标记辅助选育绿豆抗豆象品种的方法	国家发明专利	2014.10.22	201410566900.2	2017.12.08	ZL 2014 1 0566900.2	中国农业科学院作物科学研究所	陈红霖、程须珍、王丽侠、王素华
3	G01	植物耐逆性相关蛋白VrDREB2A及其编码基因与应用	国家发明专利	2015.02.06	201510064674.2	2017.11.14	ZL 2015 1 0064674.2	中国农业科学院作物科学研究所	陈红霖、程须珍、王丽侠、王素华
4	G01	绿豆抗豆象基因VrPGIP、其功能性分子标记及应用	国家发明专利	2016.04.12	201610224823.1	2019.02.12	ZL 2016 1 0224823.1	中国农业科学院作物科学研究所	陈红霖、程须珍、王丽侠、王素华

（续表）

序号	岗位编号	专利名称	类别	申请日期（年.月.日）	申请号	授权公告日（年.月.日）	专利号	发明单位	发明人（设计人）
5	G01	绿豆抗豆象基因 VrPGIP 等位基因 VrPGIP1-2 及其应用	国家发明专利	2017.07.03	201710534645.7	2019.11.29	ZL 2017 1 0534645.7	中国农业科学院作物科学研究所	陈红霖、程须珍、王丽侠、王素华
6	G01	与绿豆抗豆象基因 VrPGIP 共分离的分子标记及其应用	国家发明专利	2016.05.26	201610362607.3	2020.06.09	ZL 2016 1 0362607.3	中国农业科学院作物科学研究所	陈红霖、程须珍、王丽侠、王素华
7	G02	辅助鉴定尖镰孢菌菜豆专化型的引物及其应用	国家发明专利	2012.02.14	201210033056.8	2013.09.04	ZL 2012 1 0033056.8	中国农业科学院作物科学研究所	王述民、薛仁风、朱振林、王兰芬、王晓鸣
8	G02	一个与普通菜豆抗炭疽病基因位点紧密连锁的分子标记及其检测方法	国家发明专利	2014.10.16	201410549437.0	2016.04.20	ZL 2014 1 0549437.0	中国农业科学院作物科学研究所	王述民、陈明丽、武晶、王兰芬、朱振东
9	G03	一种利用幼胚拯救实现小豆和饭豆远缘杂交的方法	国家发明专利	2014.09.05	201410451976.0	2016.01.20	ZL 2014 1 0451976.0	河北省农林科学院粮油作物研究所	刘长友、田静、范保杰、曹志敏、苏秋竹、张志肖、王彦
10	G03	一种用于绿豆抗豆象新基因 Br3 辅助选择的分子标记及其应用	国家发明专利	2015.10.09	201510919626.7	2019.01.08	ZL 2015 1 0919626.7	河北省农林科学院粮油作物研究所	刘长友、田静、范保杰、曹志敏、苏秋竹、张志肖、王彦
11	G03	一套适于栽培绿豆品种鉴定的 SSR 引物组合及其应用	国家发明专利	2016.11.23	201611046993.1	2019.06.28	ZL 2016 1 1046993.1	河北省农林科学院粮油作物研究所	刘长友、田静、范保杰、曹志敏、苏秋竹、张志肖、王彦
12	G08	一种红小豆抗寒鉴定与评价方法	国家发明专利	2017.02.28	201710262023.3	2020.02.21	ZL 2017 1 0262023.3	黑龙江省农业科学院耕作栽培研究所	何宁、冷春旭、曹大为、王雪杨、曹良子、孟英、洛育、孙世臣、唐晓东、李一丹、崔秀辉、卢环、李柱刚、王立志、唐傲
13	G11	一种蚕豆 SSR 指纹图谱的构建方法	国家发明专利	2016.11.28	201611062135.6	2020.02.11	ZL 2016 1 1062135.6	中国农业科学院作物科学研究所	宗绪晓、张红岩、杨涛、刘荣
14	G11	一种豌豆 SSR 指纹图谱的构建方法	国家发明专利	2017.03.09	201611247537.3	2020.02.11	ZL 2016 1 1247537.3	中国农业科学院作物科学研究所	宗绪晓、张红岩、杨涛、刘荣

（续表）

序号	岗位编号	专利名称	类别	申请日期（年.月.日）	申请号	授权公告日（年.月.日）	专利号	发明单位	发明人（设计人）
15	G11	豌豆耐寒相关SSR引物组合及其应用	国家发明专利	2017.06.02	201611266919.0	2020.02.11	ZL 2016 1 1266919.0	中国农业科学院作物科学研究所	宗绪晓、刘荣、杨涛、方俐
16	G11	用于鉴定豌豆品种和纯度的核心SSR引物及试剂盒	国家发明专利	2018.01.24	201710831156.8	2020.04.24	ZL 2017 1 0831156.8	中国农业科学院作物科学研究所	宗绪晓、张红岩、杨涛、刘荣
17	G12	蚕豆对绿豆象抗性鉴定的方法	国家发明专利	2014.01.27	201410041111.7	2015.07.15	ZL 2014 1 0041111.7	中国农业科学院作物科学研究所	段灿星；朱振东；王晓鸣；孙素丽；武小菲；李洪杰
18	G13	一种利用低温防治仓储绿豆象的方法	国家发明专利	2012.12.12	201210534307.0	2013.10.23	ZL 2012 1 0534307.0	湖北省农业科学院粮食作物研究所	万正煌、仲建锋、李莉、刘良军、陈宏伟、伍广洪
19	G13	绿豆尾孢菌叶斑病的抗病性快速鉴定方法	国家发明专利	2014.06.20	201410276784.0	2016.08.17	ZL 2014 1 0276784.0	湖北省农业科学院粮食作物研究所	刘昌燕、焦春海、肖炎农、吴小微、万正煌、仲建锋、李莉
20	G13	鉴定或辅助鉴定仓储豆象的引物对及其试剂盒	国家发明专利	2014.12.01	201410717232.9	2016.08.24	ZL 2014 1 0717232.9	湖北省农业科学院粮食作物研究所	刘昌燕、万正煌、焦春海、李莉、陈宏伟、刘良军、伍广洪
21	G13	绿豆抗蚜性快速鉴定的方法	国家发明专利	2017.01.23	201710058965.X	2020.09.04	ZL 2017 1 0058965.X	湖北省农业科学院粮食作物研究所	刘昌燕、万正煌、李阳、焦春海、李莉、陈宏伟、刘良军、伍广洪、王兴敏
22	G13	蚕豆对豌豆蚜抗性的快速鉴定方法	国家发明专利	2017.01.23	201710058972.X	2020.10.27	ZL 2017 1 0058972.X	湖北省农业科学院粮食作物研究所	刘昌燕、万正煌、李阳、焦春海、李莉、陈宏伟、刘良军、伍广洪、王兴敏
23	G15	一种半野生抗豆象小豆杂交获得抗豆象小豆的方法	国家发明专利	2013.02.28	201310062684.3	2015.04.08	ZL 2013 1 0062684.3	江苏省农业科学院	袁星星、陈新、崔晓艳、顾和平、陈华涛、张红梅、唐于银
24	G18	一种蚕豆花茶及其制备方法	国家发明专利	2012.11.13	2012104531424	2014.12.24	ZL 2012 1 0453142.4	福建省农业科学院作物研究所	郑开斌、李爱萍、康玉凡、郑金贵
25	G19	一种速溶三豆复合营养粉及其制备方法	国家发明专利	2011.01.24	201110026118.8	2012.05.09	ZL 2011 1 0026118.8	中国农业科学院农产品加工研究所、湖南省浏阳河生态农业科技开发有限公司	周素梅、罗可大、李日翔、李春红、杨娜、林伟静、段玉权、李树华、王燕、袁兵

（续表）

序号	岗位编号	专利名称	类别	申请日期（年.月.日）	申请号	授权公告日（年.月.日）	专利号	发明单位	发明人（设计人）
26	G19	一种豆衣凉茶及其制备方法	国家发明专利	2011.01.27	201110030142.9	2012.05.09	ZL 2011 1 0030142.9	中国农业科学院农产品加工研究所、湖南省浏阳河生态农业科技开发有限公司	周素梅、罗可大、李日翔、林伟静、杨娜、段玉权、李树华、袁兵、王燕
27	G20	一种具有降血糖效果的红小豆粉食品的制作方法	国家发明专利	2013.09.26	201310444788.0	2015.06.03	ZL 2013 1 0444788.0	中国农业科学院作物科学研究所	任贵兴、幺杨
28	G20	一种提高红小豆降血糖效果的物质的确定方法	国家发明专利	2014.01.08	20141008568.8	2015.08.12	ZL 2014 1 0008568.8	中国农业科学院作物科学研究所	任贵兴、幺杨
29	Z04	一种基于转录组测序开发山黧豆EST-SSR引物组及方法和应用	国家发明专利	2017.08.22	2017107213799	2020.04.24	ZL 2017 1 0831156.8	山西省农业科学院农作物品种资源研究所、中国农业科学院作物科学研究所	郝晓鹏、王燕、杨涛、刘荣、畅建武、宗绪晓、赵建栋
30	Z05	种子风干晾晒平台	国家发明专利	2014.12.30	CN 2014 10839403.5	2016.05.11	ZL 2014 1 0839403.5	山西省农业科学院高寒区作物研究所	李刚、邢宝龙、杨忠、任月梅、杨富
31	Z07	嗜线虫致病杆菌GroEL基因、蛋白及其应用	国家发明专利	2013.09.14	201310318943.4	2016.04.13	ZL 2013 1 0318943.4	辽宁省农业科学院	薛仁风、葛维德、赵阳、陈剑、王英杰、李韬、庄艳、金晓梅、张庆、黄艳、孟黎歌
32	Z10	农作物高效种植方法	国家发明专利	2008.08.18	2008 1 0021865.0	2010.11.17	ZL 2008 1 0021865.0	江苏沿江地区农业科学研究所	王学军、顾国华、郝德荣、汪凯华、缪亚梅、陈满峰
33	Z10	鲜食蚕豆春化处理方法	国家发明专利	2012.05.29	2008 1 0021865.0	2013.11.06	ZL 2012 1 0169306.0	江苏沿江地区农业科学研究所	顾国华、王学军、万玉玲、陈满峰、徐莉
34	Z10	鲜食蚕豆—芋艿高效设施种植方法	国家发明专利	2013.08.22	2008 1 0021865.0	2014.09.24	ZL 2013 1 0368012.7	江苏沿江地区农业科学研究所	顾国华、王学军、顾黄辉、刘水东、葛红、陈惠
35	Z10	荷兰豆大棚设施高效栽培方法	国家发明专利	2014.02.25	2014 1 0063026.0	2015.06.10	ZL 2014 1 0063026.0	江苏沿江地区农业科学研究所	缪亚梅、王学军、汪凯华、顾春燕、葛红、陈满峰

（续表）

序号	岗位编号	专利名称	类别	申请日期（年.月.日）	申请号	授权公告日（年.月.日）	专利号	发明单位	发明人（设计人）
36	Z12	一种豌豆 EMS 突变体库构建的方法	国家发明专利	2012.07.02	201210222839.0	2016.02.24	ZL 2012 1 0222839.0	青岛市农业科学研究院	万述伟、郝俊杰、张晓艳、崔潇、李红卫、杨涛、宗绪晓、仇世佐、王军伟、王珍青、孙吉禄
37	Z12	一种北纬 37° 冬播豌豆资源耐冷筛选方法	国家发明专利	2012.07.02	201210222831.4	2016.11.16	ZL 2012 1 0222831.4	青岛市农业科学研究院	张晓艳、郝俊杰、李红卫、杨涛、宗绪晓、仇世佐、王军伟、王珍青
38	Z12	紧凑型绿豆育种方法	国家发明专利	2015.01.17	201510027814.9	2018.06.26	ZL 2015 1 0027814.9	山东省潍坊市农业科学院	曹其聪、司玉君、姜孟东、陈雪、于海涛、魏秀华、鲁成凯、刘兆丽、王同琴、韩凤舟、初文红、刘英
39	Z15	高效蚕豆杂交育种方法	国家发明专利	2011.03.31	201110080369.4	2012.07.04	ZL 2011 1 0080369.4	重庆市农业科学院	张继君、杜成章、张志良、李泽碧、陈红、曾宪琪、王萍
40	Z15	一种检测农作物最优播种密度的方法	国家发明专利	2011.03.08	201110054313.1	2012.11.28	ZL 2011 1 0054313.1	重庆市农业科学院	张继君、宗绪晓、杜成章、杨涛、曾宪琪、李泽碧
41	Z15	一种蚕豆杂交育种方法	国家发明专利	2011.03.31	201110080382.X	2012.11.28	ZL 2011 1 0080382.X	重庆市农业科学院	张继君、杜成章、李泽碧、张志良、曾宪琪、陈红、王萍
42	Z15	高效豌豆杂交育种方法	国家发明专利	2011.04.12	201110090967.X	2012.12.26	ZL 2011 1 0090967.X	重庆市农业科学院	张继君、杜成章、曾宪琪、陈红、王萍、张志良、李泽碧
43	Z15	稻茬免耕下蚕豆马铃薯多样性种植控制蚕豆赤斑病的方法	国家发明专利	2012.05.29	201210170827.8	2013.07.24	ZL 2012 1 0170827.8	重庆市农业科学院	杜成章、张继君、王萍、陈红、沈小兰、曾宪琪
44	Z15	一种快速复水蚕豆花的制备方法专利证书	国家发明专利	2014.12.12	201410766589.6	2016.06.29	ZL 2014 1 0766589.6	重庆市农业科学院	张玲、高飞虎、杜成章、张晓春、张雪梅、唐偲雨、李雪、李艳花、张继君

（续表）

序号	岗位编号	专利名称	类别	申请日期（年.月.日）	申请号	授权公告日（年.月.日）	专利号	发明单位	发明人（设计人）
45	Z22	腐植酸型春蚕豆专用复混肥料	国家发明专利	2014.10	201410030224	2016.06.08	ZL 2014 1 0030224.7	临夏州农业科学院、甘肃田野有机生态肥料科技开发有限公司	王平生、王林成、郭延平
46	G05	一种便携式食用豆类播种装置	国家实用新型专利	2016.12.15	201621379339.8	2017.06.20	ZL 2016 2 1379339.8	黑龙江省农业科学院作物育种研究所	魏淑红、申晓慧、王强、孟宪新、郭怡璠、姜成、祝安军
47	G05	一种适合石蜡切片的简易二甲苯洗槽装置	国家实用新型专利	2017.03.10	201720281334.X	2017.10.13	ZL 2017 2 0281334.X	黑龙江省农业科学院作物育种研究所	魏淑红、申晓慧、王强、孟宪新、郭怡璠、姜成、祝安军
48	G10	绿豆分选装置	国家实用新型专利	2015.04.22	2015 2 0244367.8	2015.08.05	ZL 2015 2 0244367.8	山西省农业科学院作物科学研究所	赵雪英、张耀文、张丽娜、卢成达
49	G10	具有株距调节功能的食用豆点播装置	国家实用新型专利	2017.05.03	2017 2 0479204.7	2017.12.15	ZL 2017 2 0479204.7	山西省农业科学院作物科学研究所	朱慧珺、张耀文、赵雪英、闫虎斌、张春明、张泽燕、杨婷婷
50	G10	一种预防绿豆根腐病的种子播种预处理	国家实用新型专利	2017.05.03	2017 2 0479205.1	2017.12.15	ZL 2017 2 0479205.1	山西省农业科学院作物科学研究所	朱慧珺、张耀文、赵雪英、闫虎斌、张春明、张泽燕、杨婷婷
51	G15	一种基于氯气消毒的种子灭菌器	国家实用新型专利	2010.11.02	201020587475.2	2011.07.27	ZL 2010 2 0587475.2	江苏省农业科学院	陈华涛、陈新、顾和平、张红梅、袁星星、崔晓艳
52	G15	一种20个磁头的磁力搅拌器	国家实用新型专利	2013.01.17	201320025038.5	2013.07.24	ZL 2013 2 0025038.5	江苏省农业科学院	张红梅、陈新、顾和平、陈华涛、袁星星、崔晓艳
53	G15	一种新型多层可移动家庭用豆类芽苗菜培育装置	国家实用新型专利	2014.07.14	201420387747.2	2015.06.20	ZL 2014 2 0387747.2	江苏省农业科学院	陈华涛、陈新、顾和平、张红梅、袁星星、崔晓艳
54	G15	一种抗豆象种质资源筛选装置	国家实用新型专利	2016.02.02	201620107649.8	2016.08.03	ZL 2016 2 0107649.8	江苏省农业科学院	袁星星、陈新、崔晓艳、陈华涛、张红梅、刘晓庆
55	G15	一种蚕豆春化处理装置	国家实用新型专利	2016.03.16	201620201376.3	2016.08.10	ZL 2016 2 0201376.3	江苏省农业科学院	邵奇、袁星星、陈新、崔晓艳、陈华涛、张红梅、刘晓庆

（续表）

序号	岗位编号	专利名称	类别	申请日期（年.月.日）	申请号	授权公告日（年.月.日）	专利号	发明单位	发明人（设计人）
56	G16	新型排种器种夹	国家实用新型专利	2017.12.11	2017 2 1706961.X	2018.06.29	ZL 2017 2 1706961.X	中国农业大学	杨丽、虞异茗、张东兴、崔涛、颜丙新、荆慧荣、王云霞
57	G17	一种利用发动机余热进行谷物烘干的装置	国家实用新型专利	2018.02.27	201820273865.9	2018.11.02	ZL2018 2 0273865.9	农业部南京农业机械化研究所	肖宏儒、陈巧敏、夏先飞、宋志禹、梅松、丁文芹、韩余、杨光、赵映、金月
58	G17	一种具备二次拨禾功能的割台	国家实用新型专利	2018.02.07	201820239848.3	2018.12.11	ZL2018 2 0239848.3	农业部南京农业机械化研究所	陈巧敏、夏先飞、肖宏儒、梅松、宋志禹、赵映、金月、杨光、丁文芹、韩余
59	Z03	一种豆类精选机	国家实用新型专利	2017.10.27	201721401148.1	2018.06.01	ZL 2017 2 1401148.1	唐山市农业科学研究院	刘振兴、周桂梅、陈健等
60	Z05	一种多功能豆类种植机	国家实用新型专利	2016.05.27	201620524537.2	2016.12.07	ZL 2016 2 0524537.2	山西省农业科学院高寒区作物研究所	邢宝龙、刘支平、冯高、晋凡生、张耀文、刘建霞、韩彦龙、张旭丽、杨芳、冯钰、刘飞、王桂梅、殷丽丽、马涛、李霄峰、刘冠男、牛宇、蒙秋霞
61	Z05	一种绿豆补水穴播机	国家实用新型专利	2016.05.27	201620524479.3	2016.12.07	ZL 2016 2 0524479.3	山西省农业科学院高寒区作物研究所	刘支平、邢宝龙、冯高、晋凡生、张耀文、刘建霞、韩彦龙、张旭丽、杨芳、冯钰、刘飞、王桂梅、殷丽丽、马涛、李霄峰、刘冠男、牛宇、蒙秋霞
62	Z05	一种多功能豇豆种植装置	国家实用新型专利	2016.12.16	201621383115.4	2017.06.27	ZL 2016 2 1383115.4	山西省农业科学院高寒区作物研究所	王桂梅、邢宝龙、徐惠云、刘支平、张旭丽、冯钰、刘飞、殷丽丽、杨芳、刘冠男

（续表）

序号	岗位编号	专利名称	类别	申请日期（年.月.日）	申请号	授权公告日（年.月.日）	专利号	发明单位	发明人（设计人）
63	Z05	一种农用高效喷药车	国家实用新型专利	2016.08.25	201620936303.9	2017.02.01	ZL 2016 2 0936303.9	山西省农业科学院高寒区作物研究所	刘支平、邢宝龙、张耀文、晋凡生、冯高、牛宇、蒙秋霞、杨芳、王桂梅、张旭丽、马涛、刘飞、冯钰、李霄峰、刘冠男、左敏
64	Z05	一种中耕除草补肥一体机	国家实用新型专利	2017.01.21	201720074392.5	2017.08.15	ZL 2017 2 0074392.5	山西省农业科学院高寒区作物研究所	刘支平、邢宝龙、张耀文、晋凡生、冯高、牛宇、蒙秋霞、杨芳、王桂梅、张旭丽、马涛、刘飞、冯钰、李霄峰、刘冠男、左敏
65	Z05	一种绿豆分选机	国家实用新型专利	2016.08.02	201620827758.7	2017.01.11	ZL 2016 2 0827758.7	山西省农业科学院高寒区作物研究所	刘支平、邢宝龙、张耀文、晋凡生、冯高、牛宇、蒙秋霞、刘建霞、韩彦龙、张旭丽、杨芳、冯钰、刘飞、王桂梅、殷丽丽、马涛、李霄峰、刘冠男、帅媛媛
66	Z05	一种绿豆收割机	国家实用新型专利	2016.08.02	201620827675.8	2017.01.11	ZL 2016 2 0827675.8	山西省农业科学院高寒区作物研究所	刘支平、邢宝龙、张耀文、晋凡生、冯高、牛宇、蒙秋霞、刘建霞、韩彦龙、张旭丽、杨芳、冯钰、刘飞、王桂梅、殷丽丽、马涛、李霄峰、刘冠男、帅媛媛
67	Z15	田间试验小区快速规划装置	国家实用新型专利	2013.08.09	201320494831.X	2013.12.25	ZL 2013 2 0494831.X	重庆市农业科学院	杜成章、张继君、李艳花、钟巍然、朱旭、陈红、王萍
68	Z15	田间试验小区快速规划工具	国家实用新型专利	2013.08.09	201320495040.9	2013.12.25	ZL 2013 2 0495040.9	重庆市农业科学院	杜成章、张继君、李艳花、钟巍然、王虹、朱旭、陈红、王萍

（续表）

序号	岗位编号	专利名称	类别	申请日期（年.月.日）	申请号	授权公告日（年.月.日）	专利号	发明单位	发明人（设计人）
69	Z22	起垄覆膜播种机	国家实用新型专利	2016.11.07	201621200337.8	2017.05.03	ZL 2016 2 1200337.8	榆林市农业科学研究院	王斌、王孟、吴艳莉、井苗、张芳、王彩兰、强羽竹、王小英
70	Z22	双沟覆膜绿豆播种机	国家实用新型专利	2016.11.07	201621200151.2	2017.05.03	ZL 2016 2 1200151.2	榆林市农业科学研究院	王孟、王斌、王彩兰、张芳、吴艳莉、井苗、强羽竹、王小英
71	G07	云豆	商标注册	2012.06.08	11045618	2014.05.28	第11045618号	云南省农业科学院粮食作物研究所	包世英、王丽萍、吕梅媛、何玉华、杨峰
72	G21	豆类资源管理信息系统	软件著作权	2013.11.25	2013R11L250712	2013.12.30	2013SR162442	中国农业科学院农业信息研究所	中国农业科学院农业信息研究所

附表6 申请保护权品种汇总

序号	岗位	品种名称	作物种类	培育人（第一、第二）	品种权授理日（年.月.日）	品种权申请号	品种权授权公告日（年.月.日）	品种权授权公告号	品种权人
1	G01	中红6号	小豆	程须珍、王素华	2013.05.14	20130390.9	2016.11.01	CNA008157G	中国农业科学院作物科学研究所
2	G01	中绿16号	绿豆	程须珍、王素华	2015.05.07	20150539.9	2019.01.31	CNA20150539.9	中国农业科学院作物科学研究所
3	G01	中绿17号	绿豆	程须珍、王素华	2015.05.07	20150540.6	2019.01.31	CNA20150540.6	中国农业科学院作物科学研究所
4	G01	中绿18号	绿豆	程须珍、王素华	2015.05.07	20150541.5	2019.01.31	CNA20150541.5	中国农业科学院作物科学研究所
5	G01	中绿19号	绿豆	程须珍、王素华	2015.05.07	20150542.4	2019.01.31	CNA20150542.4	中国农业科学院作物科学研究所
6	G01	中绿C52	绿豆	程须珍、陈红霖	2015.02.09	20150140.0	2019.01.31	CNA20150540.0	中国农业科学院作物科学研究所
7	G03	冀绿7号	绿豆	田静、范保杰、刘长友、曹志敏	2010.05.01	20100166.4	2015.09.01	CNA20100166.4	河北省农林科学院粮油作物研究所
8	G03	冀绿9号	绿豆	田静、范保杰、刘长友、曹志敏	2010.05.01	20100167.3	2015.09.01	CNA20100167.3	河北省农林科学院粮油作物研究所
9	G03	冀绿13号	绿豆	田静、范保杰、刘长友、曹志敏	2015.02.10	20150152.5	2019.01.31	CNA20150152.5	河北省农林科学院粮油作物研究所

（续表）

序号	岗位	品种名称	作物种类	培育人（第一、第二）	品种权授理日（年.月.日）	品种权申请号	品种权授权公告日（年.月.日）	品种权授权公告号	品种权人
10	G03	冀红 15 号	小豆	田静、范保杰、刘长友、曹志敏	2015.02.25	20150187.4	2019.01.31	CNA20150187.4	河北省农林科学院粮油作物研究所
11	G03	冀红 16 号	小豆	田静、范保杰、刘长友、曹志敏	2015.02.25	20150186.5	2019.01.31	CNA20550186.5	河北省农林科学院粮油作物研究所
12	G05	龙芸豆 5 号	芸豆	张亚芝、魏淑红	2014.05.5	20140479.2	2017.05.01	CNA20140479.2	黑龙江省农业科学院作物育种研究所
13	G06	青海 13 号	蚕豆	刘玉皎、张小田、马俊义、李萍、侯万伟	2010.05.06	20110355.5	2014.11.01	CNA004697G	青海省农林科学院、青海鑫农科技有限公司
14	G06	青蚕 15 号	蚕豆	刘玉皎、侯万伟、李萍、张小田、严清彪、耿贵工、杨希娟	2010.05.06	20110356.4	2014.11.01	CNA004698G	青海省农林科学院、青海鑫农科技有限公司
15	G06	青蚕 16 号	蚕豆	刘玉皎、侯万伟、严清彪、李萍、郭兴莲、张永春、马俊义、丁宝军	2013.08.06	20130685.3	2018.07.20	CNA20130685.3	青海省农林科学院、青海鑫农科技有限公司
16	G06	青蚕 17 号	蚕豆	刘玉皎、侯万伟、严清彪、李萍	2015.08.06	20151082.8	2018.07.20	CNA20151082.8	青海省农林科学院、青海鑫农科技有限公司
17	G06	青蚕 18 号	蚕豆	侯万伟、刘玉皎、严清彪、李萍	2015.08.06	20151083.7	2018.07.20	CNA2015083.7	青海省农林科学院、青海鑫农科技有限公司
18	G07	云豆 470	蚕豆	包世英、王丽萍	2007.04.03	20070173.8	2012.03.01	CNA20070173.8	云南省农业科学院
19	G07	云豆早 7	蚕豆	包世英、王丽萍	2007.04.03	20070174.6	2012.03.01	CNA20070174.6	云南省农业科学院
20	G07	云豆绿心 1	蚕豆	包世英、王丽萍	2007.04.03	20070175.4	2012.03.01	CNA20070175.4	云南省农业科学院
21	G07	云豆绿心 2	蚕豆	包世英、王丽萍	2007.04.03	20070176.2	2012.03.01	CNA20070176.2	云南省农业科学院
22	G07	云豌 1 号	豌豆	包世英、王丽萍	2008.07.02	20080356.5	2015.01.01	CNA20080356.5	云南省农业科学院

（续表）

序号	岗位	品种名称	作物种类	培育人（第一、第二）	品种权授理日（年.月.日）	品种权申请号	品种权授权公告日（年.月.日）	品种权授权公告号	品种权人
23	G07	云豆1183	蚕豆	包世英、王丽萍	2009.09.11	20090505.7	2015.07.01	CNA20090505.7	云南省农业科学院粮食作物研究所
24	G07	云豆早8	蚕豆	包世英、王丽萍	2013.07.03	20130607.8	2017.05.01	CNA20130607.8	云南省农业科学院粮食作物研究所
25	G07	云豆绿心3	蚕豆	包世英、王丽萍	2013.07.03	20130605.0	2017.05.01	CNA20130605.0	云南省农业科学院粮食作物研究所
26	G07	云豆绿心4	蚕豆	包世英、王丽萍	2013.07.03	20130606.9	2017.05.01	CNA20130606.9	云南省农业科学院粮食作物研究所
27	G14	苏红1号	小豆	陈新、袁星星	2014.03.31	20140381.9	2019.01.31	CNA20140381.9	江苏省农业科学院
28	G14	苏绿6号	绿豆	陈华涛、陈新	2016.05.26	20160757.3	2019.07.22	CNA20160757.3	江苏省农业科学院
29	G14	苏红3号	小豆	张红梅、袁星星	2016.05.31	20160777.9	2019.07.22	CNA20160777.9	江苏省农业科学院
30	G14	苏绿4号	绿豆	崔晓艳、陈新	2016.11.01	20161877.6	2019.07.22	CNA20161877.6	江苏省农业科学院
31	Z02	张绿1号	绿豆	徐东旭、高运青	2015.04.22	20150498.8	2019.01.31	CNA20150498.8	张家口市农业科学院
32	Z10	通蚕鲜6号	蚕豆	缪亚梅、王学军	2015.09.28	20151301.3	2015.29.21	CNA20151301.3	江苏沿江地区农业科学研究所
33	Z10	通蚕鲜7号	蚕豆	汪凯华、王学军	2015.10.22	20151455.7	2019.12.19	CNA20151455.7	江苏沿江地区农业科学研究所
34	Z11	皖科绿3号	绿豆	张丽亚、陈培	2014.01.01	20130782.5	2017.05.01	CNA008832G	安徽省农业科学院作物研究所

填表说明：1. 品种权包括：体系建立前、后，本单位已获准和已受理的品种。

2. 附品种权证书或通知通告扫描件（电子版）。

附表7 发表SCI收录论文汇总

序号	岗位编号	SCI论文题目	主要完成人	期刊名称（发表时间、期号、页码）	影响因子	单位
1	G01	Relationship between bruchid resistance and seed mass in mungbean based on QTL analysis	L Mei, XZ Cheng, SH Wang, LX Wang, CY Liu, L Sun, N Xu, ME Humphry, CJ Lambrides, HB Li, CJ Liu	Genome, 2009, 52: 589-596	1.356	中国农业科学院作物科学研究所
2	G01	Biological Potential of Sixteen Legumes in China	Yang Yao, Xuzhen Cheng, Lixia Wang, Suhun Way, Cruixiy Ren	International.Journal of Molecular Sciences, 2011, 12(10): 7 048-7 058	2.464	中国农业科学院作物科学研究所

（续表）

序号	岗位编号	SCI 论文题目	主要完成人	期刊名称（发表时间、期号、页码）	影响因子	单位
3	G01	Analysis of an applied core collection of Adzuki Bean Germplasm by using SSR markers	Lixia Wang, Xuzhen Cheng, Suhua Wang, Jing Tian	Journal of Integrative Agriculture, 2012, 11 (10), 1 601-1 609	0.625	中国农业科学院作物科学研究所
4	G01	Major Phenolic Compounds, Antioxidant Capacity and Antidiabetic Potential of Rice Bean (*Vigna umbellata* L.) in China	Yang Yao, Xuzhen Cheng, Lixia Wang, Suhun Way, Cruixiy Ren	International.Journal of Molecular Sciences, 2012, 13 (3): 2 707-2 716	2.464	中国农业科学院作物科学研究所
5	G01	Development and validation of EST-SSR markers from the transcriptome of adzuki bean	Honglin Chen, Liping Liu, Lixia Wang, Suhua Wang, Prakit Somta, Xuzhen Cheng	PLoS ONE, 2015, 10 (7): e0131939	3.23	中国农业科学院作物科学研究所
6	G01	Transcriptome sequencing of mung bean (*Vigna radiata* L.) genes and the identification of EST-SSR	Honglin Chen, Lixia Wang, Suhua Wang, Chunji Liu, Matthew Wohlgemuth Blair, Xuzhen Cheng	PLoS ONE, 2015, 10 (4): e0120273	3.23	中国农业科学院作物科学研究所
7	G01	Development of SSR markers and assessment of genetic diversity of adzuki bean in the Chinese germplasm collection	Honglin Chen, Liping Liu, Lixia Wang, Suhua Wang, Ming Li Wang, Xuzhen Cheng	Molecular Breeding, 2015, 35: 191	2.25	中国农业科学院作物科学研究所
8	G01	Assessment of genetic diversity and population structure of mung bean (*Vigna radiata*) germplasm using EST-based and genomic SSR markers	Honglin Chen, Ling Qiao, LixiaWang, SuhuaWang, Matthew Wohlgemuth Blair, Xuzhen Cheng	Gene, 2015, 566: 175-183	2.32	中国农业科学院作物科学研究所
9	G01	Distribution and analysis of SSR in mung bean (*Vigna radiata* L.) genome based on an SSR-enriched library	Li Xia Wang, Moaine Elbaidouri, Brian Abernathy, Hong Lin Chen, Su Hua Wang, Suk Ha Lee, Scott A. Jackson, Xu Zhen Cheng	Molecular Breeding, 2015, 35: 1-10, 25	2.00	中国农业科学院作物科学研究所
10	G01	The transferability and polymorphism of mung bean SSR markers in rice bean germplasm	Lixia Wang, Honglin Chen, Peng Bai, Jianxin Wu, Su hua Wang, MatthewW. Blair, Xuzhen Cheng	Molecular Breeding, 2015, 35: 1-10, 77	2.00	中国农业科学院作物科学研究所
11	G01	Reciprocal translocation identified in *Vigna angularis* dominates the wild population in East Japan	Lixia Wang, Shinji Kikuchi, Chiaki Muto, Ken Naito, Takehisa Isemura, Masao Ishimoto, Xuzhen Cheng, Akito Kaga, Norihiko Tomooka	Journal of plant research, 2015, 128 (4): 653-663	1.80	中国农业科学院作物科学研究所

（续表）

序号	岗位编号	SCI 论文题目	主要完成人	期刊名称（发表时间、期号、页码）	影响因子	单位
12	G01	Development of gene-based SSR markers in rice bean（*Vigna umbellata* L.）based on transcriptome data	Honglin Chen, Xin Chen, Jing Tian, Yong Yang, Zhenxing Liu, Xiyu Hao, Lixia Wang, Suhua Wang, Jie Liang, Liya Zhang, Fengxiang Yin, Xuzhen Cheng	PLoS ONE, 2016, 11：e0151040	3.06	中国农业科学院作物科学研究所
13	G01	VrDREB2A, a DREB-binding transcription factor from *Vigna radiata*, increased drought and high-salt tolerance in transgenic Arabidopsis thaliana.Journal of Plant Research	Honglin Chen, Liping Liu, Lixia Wang, Suhua Wang, Xuzhen Cheng	Journal of Plant Research, 2016, 129：263-273	1.82	中国农业科学院作物科学研究所
14	G01	Analysis of simple sequence repeats in rice bean（*Vigna umbellata*）using an SSR-enriched library	Lixia Wang, Kyung Do Kim, Dongying Gao, Honglin Chen, Suhua Wang, SukHa Lee, Scott A.Jackson, Xuzhen Cheng	The Crop Journal, 2016, 4（1）：40-47	2.00	中国农业科学院作物科学研究所
15	G01	Construction of an integrated map and location of a bruchid resistance gene in mung bean	Lixia Wang, Chuanshu Wu, Min Zhong, Dan Zhao, Li Mei, Honglin Chen, Suhua Wang, Chunji Liu, Xuzhen Cheng	The Crop Journal, 2016, 4（5）：360-366	2.00	中国农业科学院作物科学研究所
16	G01	Genetic diversity and a population structure analysis of accessions in the Chinese cowpea	Honglin Chen, Hong Chen, Liangliang Hu, Lixia Wang, Suhua Wang, Ming Li Wang, Xuzhen Cheng	The Crop Journal, 2017：363-372	2.00	中国农业科学院作物科学研究所
17	G01	De novo transcriptomic analysis of cowpea（*Vigna unguiculata* L. Walp.）for genic SSR marker development.BMC Genetics	Honglin Chen, Lixia Wang, Xiaoyan Liu, Liangliang Hu, Suhua Wang and Xuzhen Cheng	BMC Genetics, 2017, 18：65	2.27	中国农业科学院作物科学研究所
18	G01	Genetic diversity assessment of a set of introduced mung bean accessions（*Vigna radiata* L.）	Lixia Wang, Peng Bai, Xingxing Yuan, Honglin Chen, Suhua Wang, Xin Chen, Xuzhen Cheng	The Crop Journal, 2018, 6：207-213	2.00	中国农业科学院作物科学研究所
19	G02	Development of mapped simple sequence repeat markers from common bean（*Phaseolus vulgaris* L.）based on genome sequences of a Chinese landrace and diversity evaluation	Mingli Chen, Jing Wu, Lanfeng Wang, Xiaoyan Zhang, Matthew W.Blair, Jizeng Jia, shumin Wang	Molecular Breeding, 2014, 33：489-496	2.246	中国农业科学院作物科学研究所

（续表）

序号	岗位编号	SCI 论文题目	主要完成人	期刊名称（发表时间、期号、页码）	影响因子	单位
20	G02	Cloning and characterization of a novel secretory rootexpressed peroxidase gene from common bean (*Phaseolus vulgaris* L.) infected with Fusarium oxysporum f.sp. Phaseoli	Ren Feng Xue, Jing Wu, Ming Li Chen, Zhen Dong Zhu, Lan Fen Wang, Xiao Ming Wang, Matthew W.Blair, Shu Min Wang	Molecular Breeding, 2014, 34: 855-870	2.246	中国农业科学院作物科学研究所
21	G02	Salicylic Acid Enhances Resistance to Fusarium oxysporum f. sp. phaseoli in Common Beans (*Phaseolus vulgaris* L.)	Ren Feng Xue, Jing Wu, Lan Fen Wang, Matthew W. Blair, Xiao Ming Wang, Wei De Ge, Zhen Dong Zhu, Shu Min Wang	J Plant Growth Regulation, 2014, 33: 470-476	2.237	中国农业科学院作物科学研究所
22	G02	De Novo Assembly of Common Bean Transcriptome Using Short Reads for the Discovery of Drought-Responsive Genes	Jing Wu, Lanfen Wang, Long Li, Shumin Wang	PLoS One, 2014, 10: e109262	3.234	中国农业科学院作物科学研究所
23	G02	Differentially Expressed Genes in Resistant and Susceptible Common Bean (*Phaseolus vulgaris* L.) Genotypes in Response to Fusarium oxysporum f. sp. phaseoli	Renfeng Xue, Jing Wu, Zhendong Zhu, Lanfen Wang, Xiaoming Wang, Shumin Wang, Matthew W.Blair	PLoS One, 2015, 10 (6): e0127698	3.234	中国农业科学院作物科学研究所
24	G02	Comprehensive analysis and discovery of drought-related NAC transcription factorsin common bean	Jing Wu, Lanfen Wang, Shumin Wang	BMC Plant Biology, 2016, 16: 193	3.631	中国农业科学院作物科学研究所
25	G02	QTL and candidate genes associated with common bacterial blight resistance in the common beancultivar Longyundou 5 from China	Jifeng Zhu, Jing Wu, Lanfen Wang, Matthew W. Blair, Zhendong Zhu, Shumin Wang	The Crop Journal, 2016, 4: 344-352	2.658	中国农业科学院作物科学研究所
26	G02	Molecular cloning and characterization of a gene encoding the proline transporter protein in common bean (*Phaseolus vulgaris* L.)	Jibao Chen, Jing Wu, Yunfeng Lu, Yuannan Cao, Hui Zeng, Zhaoyuan Zhang, Lanfen Wang, Shumin Wang	The Crop Journal, 2016, 4: 384-390	2.658	中国农业科学院作物科学研究所
27	G02	MicroRNAs associated with drought response in the pulse crop common bean (*Phaseolus vulgaris* L.)	Jing Wu, Lanfen Wang, Shumin Wang	Gene, 2017, 628: 78-86	2.415	中国农业科学院作物科学研究所
28	G02	Novel alleles for black and gray seed color genes in common bean	Jifeng Zhu, Jing Wu, Lanfen Wang, Matthew W. Blair, Shumin Wang	Crop Science, 2017, 7: 1 603-1 610	1.629	中国农业科学院作物科学研究所

（续表）

序号	岗位编号	SCI 论文题目	主要完成人	期刊名称（发表时间、期号、页码）	影响因子	单位
29	G02	Genome-wide investigation of WRKY transcription factors involved in terminal drought stress response in common bean	Jing Wu, Jibao Chen, Lanfen Wang, Shumin Wang	Frontiers in Plant Science, 2017, 8: 380	4.298	中国农业科学院作物科学研究所
30	G02	Genome-wide association study identifies NBS-LRR-Encoding genes related with anthracnose and common bacterial blight in the common bean	Jing Wu, Jifeng Zhu, Lanfen Wang, Shumin Wang	Frontiers in Plant Science, 2017, 8: 1 398	4.298	中国农业科学院作物科学研究所
31	G02	Quantitative trait locus mapping under irrigated and drought treatments based on a novel genetic linkage map in mungbean (Vigna radiata L.)	Changyou Liu, Jing Wu, Lanfen Wang, Baojie Fan, Zhimin Cao, Qiuzhu Su, Zhixiao Zhang, Yan Wang, Jing Tian, Shumin Wang	Theoretical and Applied Genetics, 2017, 130: 2 375-2 393	4.132	中国农业科学院作物科学研究所
32	G02	Mapping and genetic structure analysis of the anthracnose resistance locus Co-1HY in the common bean (Phaseolus vulgaris L.)	Mingli Chen, Jing Wu, Lanfen Wang, Nitin Mantri, Xiaoyan Zhang, Zhendong Zhu, Shumin Wang	PLoS One, 2017, 12 (1): e0169954	2.806	中国农业科学院作物科学研究所
33	G02	Salt and drought stress and ABA responses related to bZIP genes from V.radiata and V.angularis	Lanfen Wang, Jifeng Zhu, Xiaoming Li, Shumin Wang, Jing Wu	Gene, 2018, 651, 152-160	2.415	中国农业科学院作物科学研究所
34	G03	Status and Future Perspectives of Vigna (Mungbean and Azulibean) Production and Research in China	Cheng Xuzhen, Tian Jing	The 14th NIAS International Workshop on Genetic Resources, 2011: 83-87		中国农业科学院作物科学研究所，河北省农林科学院粮油作物研究所
35	G03	The genetic diversity of the rice bean [Vigna umbellata (Thunb.) Ohwi & Ohashi] genepool as assessed by SSR markers	J.Tian, T.Isemura, A.Kaga, D.A.Vaughan and N.Tomooka	Genome, 2013, 56 (12): 717-727	1.356	河北省农林科学院粮油作物研究所，日本农业生物资源研究所
36	G03	Development of a high-density genetic linkage map and identification of flowering time QTLs in adzuki bean (Vigna angularis)	Changyou Liu, Baojie Fan, Zhimin Cao, Qiuzhu Su, Yan Wang, Zhixiao Zhang, Jing Wu, Jing Tian	Scientific Reports, 2016. 6. Ho	5.228	河北省农林科学院粮油作物研究所

（续表）

序号	岗位编号	SCI 论文题目	主要完成人	期刊名称（发表时间、期号、页码）	影响因子	单位
37	G03	A deep sequencing analysis of transcriptomes and the development of EST-SSR markers in mungbean (*Vigna radiata*)	Changyou Liu, Baojie Fan, Zhimin Cao, Qiuzhu Su, Yan Wang, Zhixiao Zhang, Jing Wu, Jing Tian	Journal of Genetics, 2016, 95 (3): 527-535	1.10	河北省农林科学院粮油作物研究所
38	G06	Genetic diversity analysis of faba bean (*Vicia faba* L.) germplasms using sodium dodecyl sulfate-polyacrylamide gel electrophoresis	Hou Wanwei, Zhang Xiaojuan, Shi Jianbin, Liu Yujiao	Geneties and Molecular Research, 2015, 11 (14): 4, 13 945-13 953	0.779	青海省农林科学院
39	G06	Structure and function of seed storage proteins in faba bean (*Vicia faba* L.)	Liu Yujiao, Wu Xuexia, Hou Wanwei, Ping Li, Weichao Sha, Yingying Tian	3 Biotech, 2017, 7 (7): 74	1.3	青海省农林科学院
40	G06	Drought stress impact on leaf proteome variations of faba bean (*Vicia faba* L.) in the Qinghai-Tibet Plateau of China	Li Ping, Zhang Yanxia, Wu Xuexia, Liu Yujiao	3 Biotech, 2018, 8: 110	1.3	青海省农林科学院
41	G11	Analysis of a diverse global Pisum sp. collection and comparison to a Chinese local P. sativum collection with microsatellite markers	Xuxiao Zong, Robert J. Redden, Qingchang Liu, Shumin Wang, Jianping Guan, Jin Liu, Yanhong Xu, Xiuju Liu, Jing Gu, Long Yan, Peter Ades, Rebecca Ford	Theoretical and Applied Genetics, 2009, 118 (2): 193-204	3.814	中国农业科学院作物科学研究所
42	G11	Molecular variation among Chinese and global winter faba bean germplasm	Xuxiao Zong, Xiuju Liu, Jianping Guan, Shumin Wang, Qingchang Liu, Jeffrey G.Paull and Robert Redden	Theoretical and Applied Genetics, 2009, 118 (5): 971-978	3.814	中国农业科学院作物科学研究所
43	G11	Variation in Adzuki Bean (*Vigna angularis*) Germplasm Grown in China	Robert J. Redden, Kaye E. Basford, Pieter M. Kroonenberg, F. M. Amirul Islam, Rodney Ellis, Shumin Wang, Yongsheng Cao, Xuxiao Zong, and Xiaoming Wang	Crop Science, 2009, 49: 771-782	1.910	中国农业科学院作物科学研究所
44	G11	Diversity maintenance and use of *Vicia faba* L.genetic resources	Duc G, Bao S, Baum M, Redden B, Sadiki M, Suso MJ, Vishniakova M, Zong X	Field Crops Research, 2010, 115: 270-278	2.936	中国农业科学院作物科学研究所
45	G11	Molecular variation among Chinese and global germplasm in spring faba bean areas	Xuxiao Zong, Jianping Guan, Shumin Wang, Junyun Ren, Qingchang Liu, Jeff G.Paull, and Robert Redden	Plant Breeding, 2010, 129 (5): 508-513	1.596	中国农业科学院作物科学研究所

（续表）

序号	岗位编号	SCI 论文题目	主要完成人	期刊名称（发表时间、期号、页码）	影响因子	单位
46	G11	Development and characterization of 21 EST-derived microsatellite markers in *Vicia faba*（fava bean）	Yu Ma, Tao Yang, Jianping Guan, Shumin Wang, Haifei Wang, Xuelian Sun, and Xuxiao Zong	American Journal of Botany, 2011, 98（2）: e22-e24	3.159	中国农业科学院作物科学研究所
47	G11	Development and characterization of 20 novel polymorphic STS markers in *Vicia faba*（fava bean）	Haifei Wang, Tao Yang, Jianping Guan, Yu Ma, Xuelian Sun, and Xuxiao Zong	American Journal of Botany, 2011, 98（7）: e189-e191	3.159	中国农业科学院作物科学研究所
48	G11	Genetic diversity and relationship of global faba bean（*Vicia faba* L.）germplasm revealed by ISSR markers	Hai-fei Wang, Xu-xiao Zong, Jian-ping Guan, Tao Yang, Xue-lian Sun, Yu Ma, Robert Redden	Theoretical and Applied Genetics, 2012, 124（5）: 789-797	3.814	中国农业科学院作物科学研究所
49	G11	Development of 161 novel EST-SSR markers from *Lathyrus sativus*（fabaceae）	Xue-lian Sun, Tao Yang, Jian-Ping Guan, Yu Ma, Jun-ye Jiang, Rui Cao, Marina Burlyyaeva, Margarita Vishnyakova, Elena Semenova, Sergey Bulyntsev, and Xu-xiao Zong	American Journal of Botany, 2012, 99（10）: e379-e390	3.159	中国农业科学院作物科学研究所
50	G11	High-throughput novel microsatellite marker of faba bean via next generation sequencing	Tao Yang, Shi-ying Bao, Rebecca Ford, Teng-jiao Jia, Jian-ping Guan, Yu-hua He, Xue-lian Sun, Jun-ye Jiang, Jun-jie Hao, Xiao-yan Zhang, Xu-xiao Zong	BMC Genomics, 2012, 13: 602-613	4.328	中国农业科学院作物科学研究所
51	G11	Ecogeographic analysis of pea collection sites from China to determine potential sites with abiotic stresses	Ling Li, Robert J. Redden, Xuxiao Zong, J. D. Berger, Sarita Jane Bennett	Geuetic Fesources and Crop Erolution, 2013, 6: 1 801-1 815	1.593	中国农业科学院作物科学研究所
52	G11	Genetic linkage map of Chinese native variety faba bean（*Vicia faba* L.）based on simple sequence repeat markers	Yu Ma, Shi-ying Bao, Tao Yang, Jin-guo Hu, Jian-ping Guan, Yu-hua He, Xue-jun Wang, Yu-ling Wan, Xue-lian Sun, Jun-ye Jiang, Cui-xiang Gong and Xu-xiao Zong	Plant Breeding, 2013, 132: 397-400	1.517	中国农业科学院作物科学研究所
53	G11	SSR genetic linkage map construction of pea（*Pisum sativum* L.）based on Chinese native varieties	Xuelian Sun, Tao Yang, Junjie Hao, Xiaoyan Zhang, Rebecca Ford, Junye Jiang, Fang Wang, Jianping Guan, Xuxiao Zong	The Crop Journal, 2014, 2: 170-174	2.000	中国农业科学院作物科学研究所
54	G11	Large-scale microsatellite development in grasspea（*Lathyrus sativus* L.）, an orphan legume of the arid areas	Tao Yang, Junye Jiang, Marina Burlyaeva, Jinguo Hu, Clarice J Coyne, Shiv Kumar, Robert Redden, Xuelian Sun, Fang Wang, Jianwu Chang, Xiaopeng Hao, Jianping Guan and Xuxiao Zong	BMC Plant Biology, 2014, 14: 65	4.77	中国农业科学院作物科学研究所

（续表）

序号	岗位编号	SCI 论文题目	主要完成人	期刊名称（发表时间、期号、页码）	影响因子	单位
55	G11	Breeding Annual Grain Legumes Sustainable Agriculture New Methods to Approach Complex Traits and Target New Cultivar Ideotypes	Gérard Duc, Hesham Agrama, Shiying Bao, Jens Berger, Virginie Bourion, Antonio M. De Ron, Cholenahalli L. L. Gowda, Aleksandar Mikic, Dominique Millot, Karam B. Singh, Abebe Tullu, Albert Vandenberg, Maria C. Vaz Patto, Thomas D. Warkentin & Xuxiao Zong	Critical Reviews in Plant Sciences, 2015, 34: 381-411	5.292	中国农业科学院作物科学研究所
56	G11	Genetic Diversity of Grasspea and Its Relative Species Revealed by SSR Markers	Fang Wang, Tao Yang, Marina Burlyaeva, Ling Li, Junye Jiang, Li Fang, Robert Redden, Xuxiao Zong	PLoS One, 2015, 10 (4): e0126453	3.235	中国农业科学院作物科学研究所
57	G11	High-Throughput Development of SSR Markers from Pea (*Pisum sativum* L.) Based on Next Generation Sequencing of a Purified Chinese Commercial Variety	Tao Yang, Li Fang, Xiaoyan Zhang, Jinguo Hu, Shiying Bao, Junjie Hao, Ling Li, Yuhua He, Junye Jiang, Fang Wang, Shufang Tian, Xuxiao Zong	PLoS One, 2015, 10 (10): e0139775	3.235	中国农业科学院作物科学研究所
58	G11	Large-scale evaluation of pea (*Pisum sativum* L.) germplasm for cold tolerance in the field during winter in Qingdao	Xiaoyan Zhang, Shuwei Wan, Junjie Hao, Jinguo Hu, Tao Yang, Xuxiao Zong	The Crop Journal, 2016, 4: 377-383	2.000	中国农业科学院作物科学研究所
59	G11	Discovery of a Novel er1 Allele Conferring Powdery Mildew Resistance in Chinese Pea (*Pisum sativum* L.) Landraces	Suli Sun, Haining Fu, Zhongyi Wang, Canxing Duan, Xuxiao Zong, Zhendong Zhu	PLoS One, 2016, 11 (1): e0147624	3.235	中国农业科学院作物科学研究所
60	G11	A novel er1 allele and the development and validation of its functional marker for breeding pea (*Pisum sativum* L.) resistance to powdery mildew	Suli Sun, Dong Deng, Zhongyi Wang, Canxing Duan, Xiaofei Wu, Xiaoming Wang, Xuxiao Zong, Zhendong Zhu	Theoretical and Applied Genetics, 2016, 129: 909-919	3.790	中国农业科学院作物科学研究所
61	G11	Soil Fertility Map for Food Legumes Production Areas in China	Ling Li, Tao Yang, Robert Redden, Weifeng He, Xuxiao Zong	Scientific Reports, 2016, 6: 26102	5.578	中国农业科学院作物科学研究所
62	G11	Marker-trait association analysis of frost tolerance of 672 worldwide pea (*Pisum sativum* L.) collections	Rong Liu, Li Fang, Tao Yang, Xiaoyan Zhang, Jinguo Hu, Hongyan Zhang, Wenliang Han, Zeke Hua, Junjie Hao, Xuxiao Zong	Scientific Reports, 2017, 7: 5919	4.259	中国农业科学院作物科学研究所

（续表）

序号	岗位编号	SCI 论文题目	主要完成人	期刊名称（发表时间、期号、页码）	影响因子	单位
63	G11	The epidemicity of facultative microsymbionts in faba bean rhizosphere soils	Hui Yang Xiong, Xing Xing Zhang, Hui Juan Guo, Yuan Yuan Ji, Ying Li, Xiao Lin Wang, Wei Zhao, Fei Yu Mo, Jin Cheng Chen, Tao Yang, Xuxiao Zong, Wen Xin Chen, Chang Fu Tian	Soil Biology & Bio-chemistry, 2017, 115: 243-252	5.437	中国农业科学院作物科学研究所
64	G11	Food legume production in China	Ling Li, Tao Yang, Rong Liu, Bob Redden, Fouad Maalouf, Xuxiao Zong	The Crop Journal, 2017, 5 （2）: 115-126	2.000	中国农业科学院作物科学研究所
65	G12	First report of charcoal rot caused by Macrophomina phaseolina on mungbean in China	Zhang J Q, Zhu Z D, Duan C X, Wang X M, and Li H J	Plant Disease, 2011, 95 (7): 872	2.387	中国农业科学院作物科学研究所
66	G12	Rapid development of mic-rosatellite markers for Cal-losobruchus chinensis using Illumina paired-end se-quencing	Duan C X, Li D D, Sun S L, Wang X M, Zhu Z D	PLoS One, 2014, 9 (5): e95458	3.534	中国农业科学院作物科学研究所
67	G12	Resistance of faba bean and pea germplasm to *Calloso-bruchus chinensis* （Coleop-tera: Bruchidae） and its relationship with quality components	Duan C X, Zhu Z D, Ren G X, Wang, X M, Li D D	Journal of Economic Entomology, 2014, 107 (5): 1 992-1 999	1.605	中国农业科学院作物科学研究所
68	G12	Stem rot on adzuki bean （*Vigna angularis*） caused by Rhizoctonia solani AG4 HGI in China	Sun S L, Xia C J, Zhang J Q, Duan C X, Wang X M, Wu X F, Zhu, Z D	The Plant Pathology Journal, 2015, 31 (1): 67-71	0.718	中国农业科学院作物科学研究所
69	G12	Occurrence of charcoal rot caused by Macrophomina phaseolina, an emerging disease of adzuki bean in China	Sun S, Wang X, Zhu Z, Wang B, Wang M	Journal of Phytopa-thology, 2016, 164 (3): 212-216	0.945	中国农业科学院作物科学研究所
70	G12	Discovery of a novel er1 allele conferring powdery mildew resistance in Chinese pea （*Pisum sativum* L.） landraces	Sun S, Fu H, Wang Z, Duan C, Zong X, Zhu Z	PLoS One, 2016, 11 (1): e0147624	3.057	中国农业科学院作物科学研究所
71	G12	A novel er1 allele and the development and validation of its functional marker for breeding pea （*Pisum sativum* L.） resistance to powdery mildew	Sun S, Deng D, Wang Z, Duan C, Wu X, Wang X, Zong X, Zhu Z	Theoretical and Ap-plied Genetics, 2016, 129 (5): 909-919	3.90	中国农业科学院作物科学研究所

（续表）

序号	岗位编号	SCI 论文题目	主要完成人	期刊名称（发表时间、期号、页码）	影响因子	单位
72	G12	Occurrence of Ascochyta blight caused by Ascochyta rabiei on chickpea in North China	Sun S L, Zhu Z D, Xu D X	Plant Disease, 2016, 100 (7): 1 494	3.192	中国农业科学院作物科学研究所
73	G12	Genetic differentiation and diversity of Callosobruchus chinensis collections from China	Duan C X, Li W C, Zhu Z D, Li D D, Sun S L, Wang X M	Bulletin of Entomological Research, 2016, 106: 124-134	1.761	中国农业科学院作物科学研究所等
74	G12	Occurrence of Verticillium wilt caused by Verticillium dahlia on mung bean in northern China	Sun F F, Sun S L, Zhu Z D	Plant Disease, 2016, 100 (8): 1 792	3.192	中国农业科学院作物科学研究所等
75	G12	A new disease of mung bean caused by Botrytis cinerea	Li Y, Sun S, Du C, Xu C, Zhang J, Duan C, Zhu Z	Crop Protection, 2016, 85: 52-56	1.625	中国农业科学院作物科学研究所等
76	G12	Genetic diversity and differentiation of Acanthoscelides obtectus Say (Coleoptera: Bruchidae) populations in China	Duan C, Zhu Z, Li W, Bao S, Wang X	Agricultural and Forest Entomology, 2017, 19 (2), 113-121	1.805	中国农业科学院作物科学研究所等
77	G12	An emerging disease caused by Pseudomonas syringae pv. phaseolicola threatens mung bean production in China	Sun S, Zhi Y, Zhu Z, Jin J, Duan C, Wu X, Wang X	Plant Disease, 2017, 101 (1): 95-102	3.192	中国农业科学院作物科学研究所等
78	G13	Fumigation toxicity of allicin against three stored product pests	Lu Yujie, Zhong Jianfeng, Wang Zhengyan, Liu Fengjie, Wan Zhenghuang	Journal of Stored Products Research, 2013, 55: 48-54	1.75	河南工业大学，湖北省农业科学院粮食作物研究所
79	G15	Molecular cloning and expression analysis of the pathogenesis-related gene VaPR2 in azuki bean (Vigna angularis)	Xin Chen, Peerasak Srinives	Science Asia, 2010 (36): 72-75	0.34	江苏省农业科学院
80	G15	Disease-resistant transgenic adzuki bean plants obtained through an efficient transformation system	Huatao Chen, Xin Chen, Heping Gu, Xingxing Yuan, Hongmei Zhang, and Xiaoyan Cui	Crop & Pasture Science, 2012, 63, 1 090-1 096	1.50	江苏省农业科学院
81	G15	First Report of Bean common mosaic virus Infecting Mungbean (Vigna radiata) in China	Xiaoyan Cui, Liang Shen, Xingxing Yuan, Heping Gu, Xin Chen	Plant Disease, 2014, 98 (11): 1 590	3.192	江苏省农业科学院

（续表）

序号	岗位编号	SCI 论文题目	主要完成人	期刊名称（发表时间、期号、页码）	影响因子	单位
82	G15	Gene Mapping of a Mutant Mungbean (*Vignaradiata* L.) Using New Molecular Markers Suggests a Gene Encoding a YUC4-like Protein Regulates the Chasmogamous Flower Trait	Chen Jingbin, Chen Xin, Cui Xiaoyan, Yuan Xingxing	Frontiers in Plant Science, 2016, 7: 830	4.495	江苏省农业科学院
83	G15	A gene encoding a polygalacturonase inhibiting protein (PGIP) is a candidate gene for bruchid (Coleoptera: bruchidae) resistance in mungbean (*Vigna radiata*)	Sathaporn Chotechung 1 Prakit Somea 2 Chen Jingbin, Tarike Yimram 4 Peerasak Srinives 6	Theoretical and Applied Genetics, 2016 (129): 1 673-1 683	4.463	泰国农业大学，江苏省农业科学院
84	G18	Direct analysis in real time mass spectrometry for the rapid identification of four highly hazardous pesticides in agrochemicals	Lei Wang, Pengyue Zhao, Fengzu Zhang, Yanjie Li and Canping Pan	Rapid Communction. Mass Spectrom, 2012, 26, 1 859-1 867	2.419	中国农业大学
85	G18	Development of a Method for the Analysis of Four Plant Growth Regulators (PGRs) Residues in Soybean Sprouts and Mung Bean Sprouts by Liquid Chromatography-Tandem Mass Spectrometry	Fengzu Zhang, Pengyue Zhao, Weili Shan, Yong Gong, Qiu Jian, Canping Pan	Bull Environment Contam Toxicology, 2012 (89): 674-679	1.324	中国农业大学
86	G18	Ethylene-induced changes in lignification and cell wall-degrading enzymes in the roots of mungbean (*Vignaradiata*) sprouts	Weina Huang, Hongkai Liu, Huahua Zhang, Zhen Chen, Yangdong Guo, Yufan Kang	Plant Physiology and Biochemistry, 2013, 73: 412-419	3.023	中国农业大学
87	G18	Effect of ethylene on total phenolics, antioxidant activity, and the activity of metabolic enzymes in mung bean sprouts	Hongkai Liu, Yan Cao, Weina Huang, Yangdong Guo, Yufan Kang	Eurpeou Food Pesearch Technology, 2013 (237): 755-764	1.818	中国农业大学
88	G18	Detection of Caffeine in Tea, Instant Coffee, Green Tea Beverage, and Soft Drink by Direct Analysis in Real Time (DART) Source Coupled to Single-Quadrupole Mass Spectrometry	Lei Wang, Pengyue Zhao, Fengzu Zhang, Aijuan Bai, Canping Pan	Journal of AOAC International, 2013, 96 (2): 353-356	1.229	中国农业大学

（续表）

序号	岗位编号	SCI 论文题目	主要完成人	期刊名称（发表时间、期号、页码）	影响因子	单位
89	G18	Simultaneous determination of 36 pesticide residues in spinach and cauliflower by LC-MS/MS using multi-walled carbon nanotubes-based dispersive solid-phase clean-up	Sufang F., Pengyue Z., Chuanshan Y, Canping Pan, Xuesheng Liu	Food Additives and Contanminants: Part A, 2014, 31 (1): 73-82	2.341	中国农业大学
90	G18	Functional properties of 8s globulins from fifteen mung bean [Vigna radiata (L.) Wilczek] cultivars	Hong Liu, Hongkai Liu, Yunfan Kang	International Journal of Food Science and Technology, 2015 (50): 1 206-1 214	1.655	中国农业大学
91	G18	Functional properties of 8s globulins from fifteen mung bean [Vigna radiata (L.) Wilczek] cultivars	Hong Liu, Hongkai Liu, Yunfan Kang, et al	International Journal of Food Science and Technology, 2015 (50): 1 206-1 214	1.64	中国农业大学
92	G18	The influence of light-emitting diodes on the phenolic compounds and antioxidant activities in pea sprouts	Liu Hongkai, Chen Yayun, Hu Tingting, et al	Journal of functional foods, 2016 (25): 459-465	4.26	中国农业大学
93	G19	Extraction and radicals scavenging activity of polysaccharides with microwave extraction from mung bean hulls	K Zhong, W Lin, Q Wang, S Zhou*	International Journal of Biological Macromolecules, 2012, 51 (4): 612-617	3.671	中国农业科学院农产品加工研究所
94	G20	Antidiabetic Activity of Mung Bean Extracts in Diabetic KK-Ay Mice	Yang Yao, Feng Chen, Mingfu Wang, Jiashi Wang, Guixing Ren	Journal of Agricultural and Food Chemistry, 2008, 56: 8 869-8 873	2.562	中国农业科学院作物科学研究所
95	G20	Contents of D-chiro-inositol, vitexin and isovitexin in various varieties of mung bean and its products	Yang Yao, Xuzhen Cheng, Guixing Ren	Agricultural Sciences in China, 2011, 10 (11): 1 710-1 715	0.449	中国农业科学院作物科学研究所
96	G20	Application of near-infrared reflectance spectroscopy to the evaluation of D-chiro-inositol, vitexin and isovitexin contents in mung bean	Yang Yao, Xuzhen Cheng, GuixingRen	Agricultural Sciences in China, 2011, 10 (2): 1 986-1 991	0.449	中国农业科学院作物科学研究所
97	G20	A Determination of Potential α-Glucosidase Inhibitors from Azuki Beans (Vigna angularis)	Yang Yao, Xuzhen Cheng, Lixia Wang, Suhua Wang, Guixing Ren	International Journal of Molecular Sciences, 2011, 12 (10): 6 445-6 451	2.598	中国农业科学院作物科学研究所

（续表）

序号	岗位编号	SCI 论文题目	主要完成人	期刊名称（发表时间、期号、页码）	影响因子	单位
98	G20	Mushroom tyrosinase inhibitors from mung bean (*Vigna radiatae* L.) extracts	Yang Yao, Xu-Zhen Cheng, Li-Xia Wang, Su-Hua Wang and Guixing Ren	International Journal of Food Sciences and Nutrition, 2012, 3 (3)：358-361	1.257	中国农业科学院作物科学研究所
99	G20	Influence of altitudinal variation on the antioxidant and antidiabetic potential of azuki bean (*Vigna angularis*)	Yang Yao, Xu-Zhen Cheng, Li-Xia Wang, Su-Hua Wang and Guixing Ren	International Journal of Food Sciences and Nutrition, 2012, 63 (1)：117-24	1.257	中国农业科学院作物科学研究所
100	G20	Antioxidant and Antidiabetic Activities of Black Mung Bean (*Vignaradiata* L.)	Yang Yao, Xiushi Yang, Jing Tian, Changyou Liu, Xuzhen Cheng, Guixing Ren	Journal of Agricultural and Food Chemistry, 2013, 61 (34)：8 104-8 109	3.107	中国农业科学院作物科学研究所
101	G20	Suppressive effect of extruded adzuki beans (*Vigna angularis*) on hyperglycemia after sucrose loading in rats	Yang Yao, Guixing Ren	Industrial Crops and Products, 2014, 52：228-232	2.837	中国农业科学院作物科学研究所
102	G20	α-Glucosidase inhibitory activity of protein-rich extracts from extruded adzuki bean in diabetic KK-Ay	Yang Yao, Xuzhen Cheng, Guixing Ren	Food & Function, 2014, 5 (5)：966-971	2.791	中国农业科学院作物科学研究所
103	G20	Mung Bean Decreases Plasma Cholesterol by up-regulation of CYP7A1	Yang Yao, Liu Hao, Zhenxing Shi, Lixia Wang, Xuzhen Cheng, Suhua Wang, Guixing Ren	Plant Foods Hum Nutr, 2014, 69：134-136	1.976	中国农业科学院作物科学研究所
104	G20	Mung Bean Protein Increases Plasma Cholesterol by up-regulation of Hepatic HMG-CoA Reductase, and CYP7A1 in mRNA Levels	Yang Yao, Yingying Zhu, Guixing Ren	Plant Foods for Human Nutrition, 2014, 69 (2)：134-136	1.976	中国农业科学院作物科学研究所
105	G20	A 90-day study of three bruchid-resistant mung bean cultivars in Sprague-Dawley rats	Yang Yao, Guixing Ren, Cheng Xuzhen	Food and Chemical Toxicology, 2015, 76：80-85	3.584	中国农业科学院作物科学研究所
106	G20	Isoflavone content and composition in Chickpea (*Cicer arietinum* L.) sprouts germinated under different conditions	Yue Gao, Yang Yao, Yingying Zhu, Guixing Ren	Journal of Agricultural and Food Chemistry, 2015, 63 (10)：2 701-2 707	2.857	中国农业科学院作物科学研究所
107	G20	Isoflavones in Chickpeas Inhibits Adipocyte Differentiation and Prevents Insulin Resistance in 3T3-L1 cells	Yue Gao, Yang Yao, Yingying Zhu, Guixing Ren	Journal of Agricultural and Food Chemistry, 2015, 63 (44)：9 696-9 703	2.857	中国农业科学院作物科学研究所

（续表）

序号	岗位编号	SCI 论文题目	主要完成人	期刊名称（发表时间、期号、页码）	影响因子	单位
108	G20	Antioxidant and immuno-regulatory activity of poly-saccharides from adzuki beans (*Vigna angularis* Willd.)	Yang Yao, Peng Xue, Yingying Zhu, Yue Gao, Guixing Ren	Food Research International, 2015, 77: 251-256	3.182	中国农业科学院作物科学研究所
109	G20	Immunoregulatory activities of polysaccharides from mung bean	Yang Yao, Yingying Zhu, Guixing Ren	Carbohydrate Polymers, 2016, 139: 61-66	4.219	中国农业科学院作物科学研究所
110	G20	Antioxidant and immuno-regulatory activity of alkali-extractable polysaccharides from mung bean	Yang Yao, Yingying Zhu, Guixing Ren	International Journal of Biological Macro-molecules, 2016, 84: 289-294	3.138	中国农业科学院作物科学研究所
111	G20	Comparisons of phaseolin type and α-amylase inhibitor in common bean (*Phaseolus vulgaris L.*) in China	Yang Yao, Yibo Hu, Yingying Zhu, Yue Gao, Guixing Ren	The Crop Journal, 2016, 4: 68-72	1.905	中国农业科学院作物科学研究所
112	G20	Nutritional composition and biological activities of 17 Chinese adzuki bean (*Vigna angularis*) varieties	Zhenxing Shi, Yang Yao, Yingying Zhu, Guixing Ren	Food and Agricultural Immunology, 2016, 28: 78-89	1.548	中国农业科学院作物科学研究所
113	G20	Nutritional composition and antioxidant activity of twenty mung bean cultivars in China	Zhenxing Shi, Yang Yao, Yingying Zhu, Guixing Ren	The Crop Journal, 2016, 4: 398-406	1.905	中国农业科学院作物科学研究所
114	Z04	An RNA Sequencing Tran-scriptome Analysis of Grasspea (*Lathyrus sativus L.*) and Development of SSR and KASP Markers	Xiaopen Hao, Taoyang, Rong Liu, Jinguo Hu, Yang Yao, Marina Burlyaeva, Yan Wang, Guixing Ren, Hongyan Zhang, Dong Wang, Jianwu Chang, Xuxiao Zong	Frountiers in Plant Science, 2017, 8: 1 873	4.291	山西省农科院农作物品种资源研究所, 中国农科院作物科学研究所
115	Z07	Hairy root transgene expres-sion analysis of a secretory peroxidase (PvPOX1) from common bean infected by Fusarium wilt	Renfeng Xue, Xingbo Wu, Yingjie Weng, Yan Zhuang, Jian Chen, Jing Wu, Weide Ge, Lanfen Wang, Shumin Wang, Matthew W. Blair	Plant Science, 2017, 260: 1-7	3.40	辽宁省农业科学院作物研究所
116	Z12	Large-scale evaluation of pea (*Pisum sativum L.*) germplasm for cold tolerance in the field during winter in Qingdao	Xiaoyan Zhang, Shuwei Wan, Junjie Hao, Jinguo Hu, Tao Yang, Xuxiao Zong	The Crop Journal, 2016, 07 (4): 377-383	3.395	青岛市农业科学研究院

（续表）

序号	岗位编号	SCI 论文题目	主要完成人	期刊名称（发表时间、期号、页码）	影响因子	单位
117	Z12	Genetic Diversity of Chinese and Global Pea (*Pisum sativum* L.) Collections	Xingbo Wu, Nana Li, Junjie Hao, Jinguo Hu, Xiaoyan Zhang, and Matthew W.Blair	Crop Science, 2016, 10 (57)：1-11	1.629	青岛市农业科学研究院

附表 8 发表非 SCI 收录论文统计

序号	岗位编号	论文题目	主要完成人	期刊名称（发表时间、期号、页码）	单位
1	G01	小豆 SSR 引物在绿豆基因组中的通用性分析	王丽侠、程须珍、王素华、刘长友、梁辉	作物学报，2009，35（5）：816-820	中国农业科学院作物科学研究所
2	G01	绿豆种质资源、育种及遗传研究进展	王丽侠、程须珍、王素华	中国农业科学，2009，42（5）：1 519-1 527	中国农业科学院作物科学研究所
3	G01	利用 SSR 标记分析小豆种质资源的遗传多样性	王丽侠、程须珍、王素华、徐宁、梁辉、赵丹	中国农业科学，2009，42（8）：2 661-2 666	中国农业科学院作物科学研究所
4	G01	应用 SSR 标记对小豆种质资源的遗传多样性分析	王丽侠、程须珍、王素华、梁辉、赵丹、徐宁	作物学报，2009，35（10）：1 858-1 865	中国农业科学院作物科学研究所
5	G01	中国绿豆应用型核心样本农艺性状的分析	王丽侠、程须珍、王素华、李金榜、李金秀	植物遗传资源学报，2009，10（4）：589-593	中国农业科学院作物科学研究所
6	G01	用于中国小豆种质资源遗传多样性分析 SSR 分子标记筛选及应用	徐宁、程须珍、王丽侠、王素华、刘长友、孙蕾、梅丽	作物学报，2009，35（2）：219-227	中国农业科学院作物科学研究所
7	G01	基于 SSR 标记分析小豆及其近缘植物亲缘关系	王丽侠、程须珍、王素华	生物多样性，2011，19（1）：17-23	中国农业科学院作物科学研究所
8	G01	绿豆产量相关农艺性状的 QTL 定位	梅丽、程须珍、王素华、王丽侠、蔡庆生、刘春吉、徐宁、刘长友、孙蕾	植物遗传资源学报，2011，12（6）：948-956	中国农业科学院作物科学研究所
9	G01	绿豆种子休眠性和百粒重的 QTLs 和互作分析	梅丽、程须珍、刘春吉、王素华、王丽侠、刘长友、孙蕾、徐宁	植物遗传资源学报，2011，12（1）：96-102	中国农业科学院作物科学研究所

（续表）

序号	岗位编号	论文题目	主要完成人	期刊名称（发表时间、期号、页码）	单位
10	G01	绿豆基因组 SSR 引物在豇豆属作物中的通用性	钟敏、程须珍、王丽侠、王素华、王小宝	作物学报，2012，38（2）：223-230	中国农业科学院作物科学研究所
11	G01	我国绿豆种质资源的芽用特性评价与筛选	袁兴淼、张涛、程须珍、王丽侠、王素华	植物遗传资源学报，2012，13（5）：879-883	中国农业科学院作物科学研究所
12	G01	绿豆基因组 SSR 引物在豇豆属作物中的通用性	钟敏、程须珍、王丽侠、王素华、王小宝	作物学报，2012，38（2）：223-230	中国农业科学院作物科学研究所
13	G01	我国绿豆种质资源的芽用特性评价与筛选	袁兴淼、张涛、程须珍、王丽侠、王素华	植物遗传资源学报，2012，13（5）：879-883	中国农业科学院作物科学研究所
14	G01	小豆种质资源研究与利用概述	王丽侠、程须珍、王素华	植物遗传资源学报，2013，14（3）：440-447	中国农业科学院作物科学研究所
15	G01	我国小豆应用核心种质的生态适应性及评价利用	王丽侠、程须珍、王素华、罗高玲、刘振兴、蔡庆生	植物遗传资源学报，2013，14（5）：794-799	中国农业科学院作物科学研究所
16	G01	绿豆几个表型性状的遗传特性	王丽侠、程须珍、王素华、刘岩	作物学报，2013，39（7）：1 172-1 178	中国农业科学院作物科学研究所
17	G01	基于叶绿体 DNA 序列的 Ceratotropis 亚属遗传进化研究	刘岩、程须珍、王丽侠、王素华、白鹏	作物学报，2013，39（6）：979-991	中国农业科学院作物科学研究所
18	G01	基于 SSR 标记的中国绿豆种质资源遗传多样性研究	刘岩、程须珍、王丽侠、王素华、白鹏、吴传书	中国农业科学，2013，46（20）：4 197-4 209	中国农业科学院作物科学研究所
19	G01	中国绿豆核心种质资源在不同环境下的表型变异及生态适应性评价	王丽侠、程须珍、王素华、朱旭、刘振兴	作物学报，2014，40（4）：739-744	中国农业科学院作物科学研究所
20	G01	中国饭豆种质资源遗传多样性及核心种质构建	王丽侠、程须珍、王素华	植物遗传资源学报，2014，15（2）：242-247	中国农业科学院作物科学研究所
21	G01	小豆遗传差异、群体结构和连锁不平衡水平的 SSR 分析	白鹏、程须珍、王丽侠、王素华、陈红霖	作物学报，2014，40（5）：788-797	中国农业科学院作物科学研究所
22	G01	小豆种质资源农艺性状综合鉴定与评价	白鹏、程须珍、王丽侠、王素华、陈红霖	植物遗传资源学报，2014，15（6）：1 209-1 215	中国农业科学院作物科学研究所

（续表）

序号	岗位编号	论文题目	主要完成人	期刊名称（发表时间、期号、页码）	单位
23	G01	绿豆高密度分子遗传图谱的构建	吴传书、王丽侠、王素华、陈红霖、吴健新、程须珍、杨晓明	中国农业科学，2014，47（11）：2 088-2 098	中国农业科学院作物科学研究所
24	G01	国外绿豆种质资源农艺性状的遗传多样性分析	乔玲、陈红霖、王丽侠、王素华、程须珍、张耀文	植物遗传资源学报，2015，16（5）：986-993	中国农业科学院作物科学研究所
25	G01	我国小豆种质资源的沙用特性评价与筛选	王丽侠、袁兴淼、张涛、王素华、程须珍	植物遗传资源学报，2015，16（4）：884-888	中国农业科学院作物科学研究所
26	G01	绿豆新品种生长规律及产量形成规律研究	王建花、王丽侠、刘振兴、程须珍、张耀文	山西农业科学，2016，44（10）：1 459-1 463	中国农业科学院作物科学研究所
27	G01	食用豆类抗性育种研究进展	王建花、王丽侠、程须珍、张耀文	中国农学通报，2017，33（12）：30-35	中国农业科学院作物科学研究所
28	G01	绿豆 bHLH 转录因子家族的鉴定与生物信息学分析	陈红霖、胡亮亮、王丽侠、王素华、程须珍	植物遗传资源学报，2017，18（6）：1 160-1 168	中国农业科学院作物科学研究所
29	G01	绿豆分子遗传图谱构建及若干农艺性状的 QTL 定位分析	王建花、张耀文、程须珍、王丽侠	作物学报，2017，47（3）：1 096-1 102	中国农业科学院作物科学研究所
30	G01	高产优质黑绿豆品种中绿 17 号的选育	王洁、王素华、程须珍、王丽侠	作物杂志，2018，1：632-638	中国农业科学院作物科学研究所
31	G02	普通菜豆基因组学及抗炭疽病遗传研究进展	陈明丽、王兰芬、赵晓彦、王述民	植物遗传资源学报，2011，12（6）：941-947	中国农业科学院作物科学研究所
32	G02	应用荧光定量 PCR 技术分析普通菜豆品种中尖镰孢菜豆专化型定殖	薛仁风、朱振东、黄燕、王晓鸣、王兰芬、王述民	作物学报，2012，38（5）：791-799	中国农业科学院作物科学研究所
33	G02	普通菜豆镰孢菌枯萎病抗病相关基因 PvCaM1 的克隆及表达	薛仁风、朱振东、王晓鸣、王兰芬、武小菲、王述民	作物学报，2012，38（5）：606-613	中国农业科学院作物科学研究所
34	G02	普通菜豆种质资源芽期抗旱性鉴定	李龙、王兰芬、武晶、景蕊莲、王述民	植物遗传资源学报，2013，14（4）：600-605	中国农业科学院作物科学研究所

（续表）

序号	岗位编号	论文题目	主要完成人	期刊名称（发表时间、期号、页码）	单位
35	G02	普通菜豆抗旱生理特性	李龙、王兰芬、武晶、景蕊莲、王述民	作物学报，2014，40（4）：702-710	中国农业科学院作物科学研究所
36	G02	绿豆种质资源芽期抗旱性鉴定	王兰芬、武晶、景蕊莲、程须珍、王述民	植物遗传资源学报，2014，15（3）：498-503	中国农业科学院作物科学研究所
37	G02	水杨酸诱导普通菜豆镰孢菌枯萎病抗病性的研究	薛仁风、武晶、朱振东、王兰芬、王晓鸣、葛维德、王述民	植物遗传资源学报，2015，15（5）：1 138-1 143	中国农业科学院作物科学研究所
38	G02	普通菜豆品种苗期抗旱性鉴定	李龙、王兰芬、武晶、景蕊莲、王述民	作物学报，2015，41（6）：963-971	中国农业科学院作物科学研究所
39	G02	绿豆种质资源苗期抗旱性鉴定	王兰芬、武晶、景蕊莲、程须珍、王述民	作物学报，2015，41（1）：145-153	中国农业科学院作物科学研究所
40	G02	菜豆种质资源抗普通细菌性疫病鉴定	朱吉风、武晶、王兰芬、朱振东、王述民	植物遗传资源学报，2015，16（3）：467-471	中国农业科学院作物科学研究所
41	G02	绿豆种质资源成株期抗旱性鉴定	王兰芬、武晶、景蕊莲、程须珍、王述民	作物学报，2015，41（8）：1 287-1 294	中国农业科学院作物科学研究所
42	G02	普通菜豆种质资源表型鉴定及多样性分析.	王兰芬、武晶、王昭礼、余莉、吴宪志、张时龙、王述民	植物遗传资源学报，2016，17：976-983	中国农业科学院作物科学研究所
43	G02	普通菜豆籽粒大小与形状的 QTL 定位	耿庆河、王兰芬、武晶、王述民	作物学报，2017，43（8）：1 149-1 160	中国农业科学院作物科学研究所
44	G02	菜豆普通细菌性疫病抗性基因定位	朱吉风、武晶、王兰芬、朱振东、王述民	作物学报，2017，43（1）：1-8	中国农业科学院作物科学研究所
45	G02	中国普通菜豆种质资源肮蛋白变异及多样性分析	雷蕾、王兰芬、武晶、姜奇彦、王述民	植物遗传资源学报，2017，18（6）：1 006-1 012	中国农业科学院作物科学研究所
46	G02	普通菜豆种质资源不同环境下表型差异及生态适应性评价	王兰芬、武晶、王昭礼、陈吉宝、余莉、王强、王述民	作物学报，2018，44（3）：357-368	中国农业科学院作物科学研究所

（续表）

序号	岗位编号	论文题目	主要完成人	期刊名称（发表时间、期号、页码）	单位
47	G03	河北省小豆种质资源遗传多样性分析	刘长友、田静、范保杰	植物遗传资源学报，2009，10（1）：73-76	河北省农林科学院粮油作物研究所
48	G03	高产早熟绿豆新品种冀绿7号的选育	范保杰、刘长友、曹志敏、田静	作物杂志，2009，2：107	河北省农林科学院粮油作物研究所
49	G03	河北省小豆种质资源初选核心种质构建	刘长友、田静、范保杰、曹志敏、王素华	安徽农业科学，2010，38（1）：109-111，173	河北省农林科学院粮油作物研究所
50	G03	豇豆属3种主要食用豆类的抗豆象育种研究进展	刘长友、田静、范保杰、曹志敏、苏秋竹、张志肖、王素华	中国农业科学，2010，43（12）：2 410-2 417	河北省农林科学院粮油作物研究所
51	G03	小豆主要病害研究进展	王彦、范保杰、刘长友、曹志敏、张志肖、田静	华北农学报，2011，26（增刊）：197-201	河北省农林科学院粮油作物研究所
52	G03	播期对春播绿豆产量及主要农艺性状的影响	范保杰、刘长友、曹志敏、张志肖、苏秋竹、田静	河北农业科学，2011，15（8）：1-3	河北省农林科学院粮油作物研究所
53	G03	利用混合线性模型分析绿豆主要农艺性状的遗传及相关性	刘长友、范保杰、曹志敏、王彦、张志肖、苏秋竹、王素华、田静	作物学报，2012，38（4）：624-631	河北省农林科学院粮油作物研究所
54	G03	小豆出沙率及其相关性分析	曹志敏、刘长友、范保杰、张志肖、苏秋竹、田静	河北农大学报 2012，35（1）：23-27	河北省农林科学院粮油作物研究所
55	G03	绿豆籽粒干物质、蛋白质及淀粉积累规律研究	王宝强、范保杰、刘长友、曹志敏、苏秋竹、张志肖、田静	河北农业科学，2012，16（10）：12-15，39	河北省农林科学院粮油作物研究所
56	G03	不同基因型夏播绿豆田间耗水特性研究	张丽华、姚艳荣、范保杰、董志强、田静、贾秀领	河北农业科学，2013，17（5）：16-20	河北省农林科学院粮油作物研究所
57	G03	小豆硬实率及其相关性研究	曹志敏、刘长友、范保杰、张志肖、苏秋竹、王彦、田静	河北农大学报，2013，36（6）：22-25	河北省农林科学院粮油作物研究所
58	G03	利用SSR标记分析野生小豆及其近缘野生植物的遗传多样性	刘长友、范保杰、曹志敏、苏秋竹、王彦、张志肖、程须珍、田静	作物学报，2013，40（1）：1-6	河北省农林科学院粮油作物研究所

（续表）

序号	岗位编号	论文题目	主要完成人	期刊名称（发表时间、期号、页码）	单位
59	G03	高产早熟绿豆新品种冀绿10号的选育	范保杰、王宝强、刘长友、曹志敏、张志肖、苏秋竹、王彦、田静	河北农业科学，2013，17（1）：75-76	河北省农林科学院粮油作物研究所
60	G03	除草剂对收获期绿豆落叶及种子发芽率的影响	王彦、曹志敏、张志肖、苏秋竹、范保杰、刘长友、田静	河北农业科学，2013，17（1）：21-23	河北省农林科学院粮油作物研究所
61	G03	应用GGE叠图法分析种植密度对冀绿7号生长和产量的影响	范保杰、刘长友、曹志敏、王彦、苏秋竹、张志肖、田静	西北农业学报，2013，22（3）：82-86	河北省农林科学院粮油作物研究所
62	G03	绿豆立枯丝核菌研究初报	王彦、曹志敏、张志肖、苏秋竹、范保杰、刘长友、田静	植物保护，2014，40（2）：48-52	河北省农林科学院粮油作物研究所
63	G03	绿豆品种冀绿10号种性保纯及高效繁殖技术	王彦、范保杰、刘长友、曹志敏、苏秋竹、张志肖、田静	中国种业，2015（12）：76-77	河北省农林科学院粮油作物研究所
64	G03	PEG-6000溶液胁迫下绿豆萌发期抗旱性鉴定与评价	曹志敏、张志肖、侯东生、刘长友、范保杰、王彦、苏秋竹、田静	河北农业科学，2015，19（3）：27-31	河北省农林科学院粮油作物研究所
65	G03	豇豆属食用豆类间的远缘杂交	刘长友、范保杰、曹志敏、苏秋竹、王彦、张志肖、程须珍、田静	中国农业科学 2015，48（3）：426-435	河北省农林科学院粮油作物研究所
66	G03	近红外光谱法非破坏性测定绿豆籽粒粗蛋白质含量的研究	曹志敏、张志肖、王彦、范保杰、刘长友、苏秋竹、张丽、田静	河北农业科学，2016，20（5）：104-108	河北省农林科学院粮油作物研究所
67	G03	豇豆属近缘野生种 V.minima 资源收集与表型性状初步研究	张志肖、王宝强、范保杰、刘长友、曹志敏、王彦、苏秋竹、田静	植物资源遗传学报，2016，17（1）：13-19	河北省农林科学院粮油作物研究所
68	G03	5种常用除草剂对绿豆田杂草的田间防除效果	王彦、范保杰、曹志敏、张志肖、刘长友、苏秋竹、田静	河北农业科学，2016，20（5）：63-68	河北省农林科学院粮油作物研究所

（续表）

序号	岗位编号	论文题目	主要完成人	期刊名称（发表时间、期号、页码）	单位
69	G03	绿豆新品种冀绿13号选育及丰产稳产性分析	范保杰、刘长友、曹志敏、张志肖、苏秋竹、王彦、田静	河北农业科学，2017，21（2）：92-95	河北省农林科学院粮油作物研究所
70	G04	国审新品种绿豆522的选育及其栽培技术	梁杰、尹凤祥、王立群、王英杰、张维琴	作物杂志，2009（4）：109，121	吉林省白城市农业科学院
71	G04	绿豆新品种白绿9号的选育及其栽培技术	王立群、梁杰、王英杰、尹凤祥、张维琴	吉林农业科学，2010（1）：26-27	吉林省白城市农业科学院
72	G04	不同密度和施肥条件对绿豆产量的影响	梁杰、尹智超、王英杰、肖焕玉、张维琴、尹凤祥	园艺与种苗，2011，6：81-83	吉林省白城市农业科学院
73	G04	氮肥对绿豆氮磷钾积累分配及产量构成因子的影响	刘煜祥、尹凤祥、梁杰、陈振武	作物杂志，2011（3）：96-100	沈阳农业大学
74	G04	不同小豆品种抗旱生理指标比较的研究	郝建军、黄春花、卢环、于洋、尹凤祥	辽宁农业科学，2012（5）：21-25	沈阳农业大学
75	G04	不同绿豆品种主要理化特性的比较	郝建军、卢环、黄春花、于洋、尹凤祥	吉林农业科学，2013（3）：19-21，42	沈阳农业大学
76	G04	绿豆不同抗旱性品种叶片脱落酸含量的比较研究	郝建军、尹智超、秦萍、于洋、梁杰、尹凤祥	吉林农业科学，2013（4）：11-14	沈阳农业大学
77	G04	白城市绿豆重茬减产的原因及解决对策	王英杰、尹凤祥、梁杰、肖焕玉	现代农业科技，2013（03）：67-68	吉林省白城市农业科学院
78	G04	吉林省白城市绿豆产业发展现状及发展对策	梁杰、尹智超、王英杰、肖焕玉、尹凤祥	园艺与种苗，2013（7）：47-49	吉林省白城市农业科学院
79	G04	白城绿豆产业的兴起	梁杰、尹智超、王英杰、肖焕玉、尹凤祥	第五届海峡两岸杂粮健康产业研讨会论文集，2013年10月，191	吉林省白城市农业科学院
80	G04	优质、高产绿豆新品种白绿8号选育及栽培技术	尹凤祥、梁杰、尹智超、王英杰、肖焕玉、冷廷瑞	第五届海峡两岸杂粮健康产业研讨会论文集，2013年10月，195	吉林省白城市农业科学院

（续表）

序号	岗位编号	论文题目	主要完成人	期刊名称（发表时间、期号、页码）	单位
81	G04	吉林省绿豆田间杂草防治初步研究	冷廷瑞、尹智超、王英杰、高新梅、梁杰、肖焕玉、董百春	第五届海峡两岸杂粮健康产业研讨会论文集，2013年10月，202	吉林省白城市农业科学院
82	G04	聚乙二醇处理对绿豆苗期叶片抗旱生理指标的影响	尹智超、卢环、秦萍、梁杰、郝建军、尹凤祥	第五届海峡两岸杂粮健康产业研讨会论文集，2013年10月，209	沈阳农业大学
83	G04	绿豆苗期对聚乙二醇模拟旱胁迫的生理响应	尹智超、卢环、秦萍、郝曦煜、梁杰、郝建军、尹凤祥	作物杂志，2014（1）：109-115	沈阳农业大学
84	G04	绿豆品种白绿11号的选育及机械化生产技术	尹凤祥、梁杰、尹智超、王英杰、郝曦煜、肖焕玉、冷廷瑞	中国种业，2015（3）：71-72	吉林省白城市农业科学院
85	G04	小豆新品种白红11号选育及机械化生产技术	尹凤祥、梁杰、尹智超、王英杰、郝曦煜、肖焕玉、冷廷瑞	中国种业，2015（4）：68-89	吉林省白城市农业科学院
86	G04	Physiological response of mung bean to poly-ethlene glycol drought stress at flowering period	Zhichao Yin、Jie Liang、Xiyu Hao、Huan Lu、Jianjun Hao、Fengxiang Yin	American Journal of Plant Sciences，2015，6（5）：785-798	沈阳农业大学
87	G04	Cu^{2+}、Mg^{2+}、Fe^{2+}对绿豆干物质积累及产量的影响	梁杰、陈剑、尹智超、郝曦煜、尹凤祥、王英杰、肖焕玉	作物杂志，2015（1）：114-120	吉林省白城市农业科学院
88	G04	CuSO4、MgSO4、FeSO4对绿豆N、P、K含量的影响	梁杰、陈剑、尹凤祥、郝曦煜、王英杰、肖焕玉、尹凤祥	作物杂志，2016（2）：151-158	吉林省白城市农业科学院
89	G04	绿豆象危害因子检测与绿豆品种抗绿豆象评价	冷廷瑞、尹智超、卜瑞、郝曦煜、高新梅、尹凤祥	辽宁农业科学，2016（3）：24-27	吉林省白城市农业科学院
90	G04	Cu^{2+}、Mg^{2+}、Fe^{2+}浸种及喷施对绿豆产量及叶片部分生理指标的影响	郝曦煜、梁杰、陈剑、尹智超、王英杰、肖焕玉尹凤祥	东北农业科学，2017（5）：25-29	吉林省白城市农业科学院

（续表）

序号	岗位编号	论文题目	主要完成人	期刊名称（发表时间、期号、页码）	单位
91	G04	PEG胁迫对小豆苗期抗旱生理指标的影响及抗旱鉴定体系建立	郝曦煜、王红丹、尹智超、梁杰、尹凤祥、郝建军	作物杂志，2017（4）：134-142	吉林省白城市农业科学院
92	G05	小豆新品种龙小豆3号	王强	中国种业，2009（10）：89	黑龙江省农业科学院作物育种研究所
93	G05	磷肥对芸豆几个品质性状的影响	孟宪欣	中国农学通报，2010，26（24）：183-187	黑龙江省农业科学院作物育种研究所
94	G05	芸豆品种龙芸豆5号及栽培要点	孟宪欣、王强、张威	中国种业，2010（4）：73	黑龙江省农业科学院作物育种研究所
95	G05	特用芸豆新品种龙芸豆6号	孟宪欣	中国种业，2012（1）：71	黑龙江省农业科学院作物育种研究所
96	G05	芸豆新品种龙芸豆8号	孟宪欣	中国种业，2012（6）：69	黑龙江省农业科学院作物育种研究所
97	G05	品芸2号高产栽培技术	孟宪欣	黑龙江农业科学，2012（6）：157-158	黑龙江省农业科学院作物育种研究所
98	G05	芸豆新品种龙芸豆7号选育及栽培技术	孟宪欣	黑龙江农业科学，2012（7）：156	黑龙江省农业科学院作物育种研究所
99	G05	种植密度对粒用芸豆的产量及商品品质的影响	杨广东、张亚芝、魏淑红、王强、孟宪欣	黑龙江农业科学，2012（12）：24-26	黑龙江省农业科学院克山分院
100	G05	高寒地区密度对中粒芸豆产量及品质的影响	杨广东、王强、孟宪欣、韩冰、郑巍	黑龙江农业科学，2013（7）：20-22	黑龙江省农业科学院克山分院
101	G05	氮肥用量对芸豆叶绿素含量和子粒营养品质影响的研究	杨亮、赵宏伟、宋谨同、魏淑红、张亚芝、王强、孟宪欣	作物杂志，2013（1）：81-87	东北农业大学、黑龙江省农业科学院作物育种研究所
102	G05	氮肥用量对芸豆氮肥利用率和产量影响的研究	宋谨同、赵宏伟、杨亮、魏淑红、张亚芝、王强、孟宪欣	农业现代化研究，2013，34（6）：749-753	东北农业大学、黑龙江省农业科学院作物育种研究所
103	G05	芸豆新品种龙芸豆9号的选育及栽培技术	孟宪欣、王强、魏淑红、杨广东、张威	黑龙江农业科学，2016（7）：159	黑龙江省农业科学院作物育种研究所
104	G05	芸豆新品种龙芸豆14	王强、魏淑红、孟宪欣、杨广东	中国种业，2017（10）：84	黑龙江省农业科学院作物育种研究所

（续表）

序号	岗位编号	论文题目	主要完成人	期刊名称（发表时间、期号、页码）	单位
105	G06	青海 12 号蚕豆栽培技术优化研究	刘玉皎、张小田、刘洋、李萍、侯万伟、耿贵工	中国农学通报，2009，25（20）：135-137	青海省农林科学院
106	G06	不同基因型蚕豆原花青素含量分析	刘玉皎	湖北农业科学，2009（10）：2 389-2 390	青海省农林科学院
107	G06	不同基因型蚕豆的蛋白质含量差异分析	刘玉皎、侯万伟、李萍、严清彪	中国农学通报，2011（1）：219-222	青海省农林科学院
108	G06	蚕豆 RAPD 反应体系的建立与优化	侯万伟、刘玉皎	西南农业学报，2011（1）：194-197	青海省农林科学院
109	G06	青海蚕豆清蛋白与球蛋白分级提取SDS‐PAGE 比较分析	李萍、侯万伟、严清彪、刘玉皎	江西农业大学学报，2011（1）：168-172	青海省农林科学院
110	G06	蚕豆种皮中单宁提取工艺优化	侯万伟、李萍、张小田、刘玉皎	湖北农业科学，2011（8）：1 653-1 655	青海省农林科学院
111	G06	早熟蚕豆品种青海13 号的选育及应用前景	刘玉皎、张小田、李萍、侯万伟、	江苏农业科学，2011（2）：170-171	青海省农林科学院
112	G06	蚕豆 12 个品种的RAPD 指纹图谱构建	侯万伟、刘玉皎、李萍、张小田	江苏农业科学，2011（3）：48-50	青海省农林科学院
113	G06	青海蚕豆种质资源AFLP 多样性分析和核心资源构建	刘玉皎、侯万伟	甘肃农业大学学报，2011（4）：62-68	青海省农林科学院
114	G06	青海不同生态环境下蚕豆蛋白亚基差异性研究	石建斌、侯万伟、刘玉皎、马晓岗	江西农业大学学报，2011（6）：1 056-1 061	青海省农林科学院
115	G06	豌豆基因组 SSR 标记在蚕豆中的通用性分析	侯万伟、刘玉皎	湖北农业科学，2012（1）：185-187	青海省农林科学院
116	G06	蚕豆蛋白质亚基分析与特异种质鉴定	刘玉皎、侯万伟、石建斌	西北植物学报，2012（1）：54-59	青海省农林科学院
117	G06	蚕豆种子贮藏蛋白质组分的比较研究	石建斌、侯万伟、刘玉皎	植物遗传资源学报，2012（2）：304-307	青海省农林科学院
118	G06	西北地区主栽豌豆品种 SSR 指纹图谱构建	侯万伟、严清彪、张小田、刘玉皎	西南农业学报，2012（1）：240-242	青海省农林科学院

（续表）

序号	岗位编号	论文题目	主要完成人	期刊名称（发表时间、期号、页码）	单位
119	G06	青海不同基因型蚕豆蛋白组成及清蛋白和球蛋白亚基的SDS-PAGE分析	刘玉皎、侯万伟、李萍、石建斌	甘肃农业大学学报，2012（2）：68-71	青海省农林科学院
120	G06	蚕豆种质资源清蛋白遗传多样性分析	石建斌、侯万伟、刘玉皎、马晓岗	植物遗传资源学报，2013（1）：22-28	青海省农林科学院
121	G06	生物技术在蚕豆上的应用及前景	侯万伟	种子，2013（11）：53-54	青海省农林科学院
122	G06	蚕豆生长习性遗传规律研究	侯万伟、严清彪、李萍、刘玉皎	西北农业学报，2014（1）：145-147	青海省农林科学院
123	G06	干旱胁迫对蚕豆苗期植株形态及叶片保护性酶活性的影响	李萍、侯万伟、刘玉皎	西南农业学报，2014（3）：1 029-1 036	青海省农林科学院
124	G06	基于LC-ESI-MS/MS技术与生物信息学的蚕豆种子贮藏蛋白亚基鉴定	刘玉皎、侯万伟	中国农业大学学报，2014（1）：37-42	青海省农林科学院
125	G06	可降解地膜覆盖对青海高海拔地区蚕豆生长的影响	李萍、刘玉皎、张永春、王建忠	贵州农业科学，2014（42）：12，92-97	青海省农林科学院
126	G06	PEG胁迫下西北不同蚕豆种子萌发期的抗旱性鉴定	李萍、张雁霞、刘玉皎	四川农业大学学报，2015（33）：3、251-257	青海省农林科学院
127	G07	木豆子叶组织培养的最是植物激素浓度研	何玉华、包世英、万萌、王丽萍、吕梅媛、杨峰、代程	西南农业学报，2013，26：55	云南省农业科学院粮食作物研究所
128	G07	云南省地方蚕豆种质资源形态学遗传多样性分析	何玉华、杨峰、王丽萍、吕梅媛、宗绪晓、包世英、代程	西南农业学报，2014，27（2）：512-517	云南省农业科学院粮食作物研究所
129	G07	从28年的区域试验数据探讨云南蚕豆育种的现状与发展思路	吕梅媛、包世英、王丽萍、杨峰、于海天、代程、何玉华	西南农业学报，2016，29：47-53	云南省农业科学院粮食作物研究所
130	G07	云南蔓生型普通菜豆资源形态学遗传多样性分析	代程、何玉华、包世英、王丽萍、杨峰、于海天、吕梅媛	西南农业学报，2017，30（2）：256-261	云南省农业科学院粮食作物研究所

（续表）

序号	岗位编号	论文题目	主要完成人	期刊名称（发表时间、期号、页码）	单位
131	G10	品种与肥料对小豆产量及水肥利用的影响研究	张春明、张耀文	安徽农业科学，2011（12）：7 034-7 035，7 124	山西省农业科学院作物科学研究所
132	G10	小豆新品种晋小豆3号产量构成因子分析及高产途径	张春明、张耀文、赵雪英、闫虎斌、	山西农业科学，2011，39（11）：1 146-1 148	山西省农业科学院作物科学研究所
133	G10	抗豆象绿豆新品种晋绿豆7号的选育	朱慧珺、赵雪英、闫虎斌、高伟、张耀文	山西农业科学，2012，40（6）：606-607	山西省农业科学院作物科学研究所
134	G10	用GGE双标图分析区域试验中小豆品系的高产稳产性及适应性	张春明、赵雪英	农学学报，2013，3（1）：6-9	山西省农业科学院作物科学研究所
135	G10	间作模式下小豆光合特征及产量效益研究	张春明、张耀文、郭志利、赵雪英、闫虎斌、朱慧君、高伟	中国农学通报，2014，30（3）：226-231	山西省农业科学院作物科学研究所
136	G10	绿豆覆膜栽培效应研究	赵雪英、卢成达、张泽燕、张耀文	农学学报，2014，4（12）：1-3	山西省农业科学院作物科学研究所
137	G10	利用灰色关联度分析绿豆农艺性状对其产量的影响	朱慧珺、赵雪英、闫虎斌、张耀文	农学学报，2015，5（6）：2 095-4 050	山西省农业科学院作物科学研究所
138	G10	晋北地区绿豆"3414"肥效试验	闫虎斌、朱慧珺、赵雪英、张泽燕、张春明、张耀文	山西农业科学，2015，43（7）：857-860	山西省农业科学院作物科学研究所
139	G10	绿豆种植资源的ISSR遗传多样性分析	赵雪英、王宏民、李赫、张耀文	植物资源遗传学报，2015，16（6）：1 277-1 282	山西省农业科学院作物科学研究所
140	G10	间作栽培模式下不同小豆品种的光合特性研究	张春明、赵雪英、闫虎斌、朱慧君、张泽燕、张耀文	作物杂志，2016（6）：67-72	山西省农业科学院作物科学研究所
141	G10	绿豆品种联合鉴定试验与评价	朱慧珺、赵雪英、闫虎斌、张泽燕、张春明、张耀文	山西农业科学，2017（9）：1 445-1 448	山西省农业科学院作物科学研究所
142	G10	不同脱叶催熟剂对绿豆机收特性及产量性状的影响	闫虎斌、朱慧珺、赵雪英、张泽燕、张春明、张耀文	山西农业科学，2017（5）：710-714	山西省农业科学院作物科学研究所

（续表）

序号	岗位编号	论文题目	主要完成人	期刊名称（发表时间、期号、页码）	单位
143	G10	小豆新品种晋小豆5号的选育及栽培技术研究	张春明、张耀文、赵雪英、闫虎斌、朱慧君、张泽燕	山西农业科学，2017，45（6）：894-896，917	山西省农业科学院作物科学研究所
144	G10	不同地区小豆芽期抗旱性鉴定	吉雯雯、张泽燕、张耀文、孙黛珍	作物杂志，2017（3）：54-59	山西省农业科学院作物科学研究所
145	G10	小豆疫霉病的研究进展	吉雯雯、张泽燕、张耀文、刘晨旦、张晓玲	山西农业科学，2017，45（9）：1 553-1 556	山西省农业科学院作物科学研究所
146	G10	绿豆遗传图谱构建研究进展	刘晨旦、张泽燕、张耀文、	山西农业科学，2017，45（6）：1 040-1 043	山西省农业科学院作物科学研究所
147	G10	山西小杂粮产业发展的现状、前景及标准化生产	张耀文	大众标准化，2017，9：14-18	山西省农业科学院作物科学研究所
148	G11	豌豆属（Pisum）SSR标记遗传多样性结构鉴别与分析	宗绪晓、Rebecca Ford、Robert R Redden、关建平、王述民	中国农业科学，2009，42（1）：36-46	中国农业科学院作物科学研究所
149	G11	世界栽培豌豆（Pisum sativum L.）资源群体结构与遗传多样性分析	宗绪晓、关建平、顾竟、王海飞、马钰	中国农业科学，2010，43（2）：240-251	中国农业科学院作物科学研究所
150	G11	蚕豆种质资源形态标记遗传多样性分析	徐东旭、姜翠棉、宗绪晓	植物遗传资源学报，2010，11（4）：399-406	中国农业科学院作物科学研究所
151	G11	蚕豆种质资源、抗病育种和QTL定位及抗逆性研究进展	王海飞、宗绪晓	植物遗传资源学报，2011，12（2）：259-270	中国农业科学院作物科学研究所
152	G11	中国蚕豆种质资源ISSR标记遗传多样性分析	王海飞、关建平、马钰、孙雪莲、宗绪晓	作物学报，2011，37（4）：596-602	中国农业科学院作物科学研究所
153	G11	世界蚕豆种质资源遗传多样性和相似性的ISSR分析	王海飞、关建平、孙雪莲、马钰、宗绪晓	中国农业科学，2011，44（5）：1 056-1 062	中国农业科学院作物科学研究所
154	G11	木豆CGMS杂交种生产中的传粉昆虫	李正红、梁宁、马宏、Kul Bhushan Saxena、刘秀贤、宗绪晓	作物学报，2011，37（12）：2 187-2 193	中国农业科学院作物科学研究所

（续表）

序号	岗位编号	论文题目	主要完成人	期刊名称（发表时间、期号、页码）	单位
155	G11	豌豆种质表型性状SSR标记关联分析	顾竟、李玲、宗绪晓、王海飞、关建平、杨涛	植物遗传资源学报，2011，12（6）：833-839	中国农业科学院作物科学研究所
156	G11	Impact of Molecular Technologies on Faba Bean（*Vicia faba* L.）Breeding Strategies	Annathurai Gnanasambandam、Jeff Paull、Ana Torres、Sukhjiwan Kaur、Tony Leonforte、Haobing Li、Xuxiao Zong、Tao Yang and Michael Materne	Agronomy，2012，2：132-166	中国农业科学院作物科学研究所
157	G11	国内外蚕豆核心种质SSR遗传多样性对比及微核心种质构建	姜俊烨、杨涛、王芳、方俐、仲伟文、关建平、宗绪晓	作物学报，2014，40（7）：1 311-1 319	中国农业科学院作物科学研究所
158	G11	豌豆氮磷钾肥效研究	李玲、杨涛、宗绪晓	作物杂志，2016，2：145-150	中国农业科学院作物科学研究所
159	G11	蚕豆抗绿豆象种质资源的鉴定	张红岩、杨涛、关建平、杨生华、方俐、杜萌莹、宗绪晓	作物杂志，2016，4：86-92	中国农业科学院作物科学研究所
160	G11	蚕豆种质资源种子表型性状精准评价	杨生华、刘荣、杨涛、张红岩、杜萌莹、宗绪晓	中国蔬菜，2016，10：32-40	中国农业科学院作物科学研究所
161	G11	利用SSR标记分析蚕豆品种（品系）与优异种质的遗传多样性	张红岩、郭兴莲、杨涛、刘荣、黄宇宁、季一山、王栋、宗绪晓	中国蔬菜，2018，2：34-41	中国农业科学院作物科学研究所
162	G12	利用SSR标记分析茄镰孢豌豆专化型的遗传多样性	向妮、肖炎农、段灿星、王晓鸣、朱振东	生物多样性，2012，20（6）：693-702	中国农业科学院作物科学研究所
163	G12	菜豆普通细菌性疫病菌在土壤和植株残体中的越冬能力	徐新新、陈鸿宇、王述民、段灿星、朱振东	植物保护学报，2012，39（3）：231-236	中国农业科学院作物科学研究所
164	G12	菜豆普通细菌性疫病病原菌鉴定	陈泓宇、徐新新、段灿星、王述民、朱振东	中国农业科学，2012，45（13）：2 618-2 627	中国农业科学院作物科学研究所
165	G12	豌豆镰孢根腐病菌的鉴定及其致病基因多样性	向妮、段灿星、肖炎农、王晓鸣、朱振东	中国农业科学，2012，45（14）：2 838-2 847	中国农业科学院作物科学研究所

（续表）

序号	岗位编号	论文题目	主要完成人	期刊名称（发表时间、期号、页码）	单位
166	G12	中国食用豆抗性育种研究进展	段灿星、朱振东、孙素丽、王晓鸣	中国农业科学，2013，46（22）：4 633-4 645	中国农业科学院作物科学研究所
167	G12	豌豆抗白粉病资源筛选及分子鉴定	王仲怡、包世英、段灿星、宗绪晓、朱振	作物学报，2013，39（6）：1 030-1 038	中国农业科学院作物科学研究所
168	G12	菜豆种子普通细菌性疫病菌检测	徐新新、陈泓宇、王述民、段灿星、王晓鸣、朱振东	植物病理学报，2013，43（1）：11-19	中国农业科学院作物科学研究所
169	G12	小豆锈病病原菌鉴定	支叶、段灿星、孙素丽、王晓鸣、朱振东	植物病理学报，2014，44（6）：581-585	中国农业科学院作物科学研究所
170	G12	灰葡萄孢蚕豆分离物的遗传多样性	黄燕、朱振东、段灿星、武小菲、东方阳	中国农业科学，2014，47（12）：2 335-2 347	中国农业科学院作物科学研究所
171	G12	豌豆资源抗镰孢根腐病鉴定	向妮、段灿星、肖炎农、宗绪晓、朱振东	植物保护，2014，40（1）：162-164	中国农业科学院作物科学研究所
172	G12	Resistance to powdery mildew in the pea cultivar Xucai 1 is conferred by the gene er1	Sun S、Wang Z、Fu H、Duan C、Wang X、Zhu Z	The Crop Journal，2015，3（6）：489-499	中国农业科学院作物科学研究所
173	G12	豌豆品系 X9002 抗白粉病基因鉴定	王仲怡、付海宁、孙素丽、段灿星、武小菲、杨晓明、朱振东	作物学报，2015，41（4）：515-523	中国农业科学院作物科学研究所
174	G12	Two major er1 alleles confer powdery mildew resistance in three pea cultivars bred in Yunnan Province, China	Sun S L、He Y H、Dai C、Duan C X、Zhu Z D	The Crop Journal，2016，4：353-359	中国农业科学院作物科学研究所
175	G12	绿豆尖镰孢枯萎病抗性鉴定方法	朱琳、孙素丽、孙菲菲、段灿星、朱振东	植物遗传资源学报，2017，18（4）：696-703	中国农业科学院作物科学研究所
176	G13	湖北省饭豆地方种质资源鉴定与评价	李莉、万正煌、陈宏伟、仲建锋、伍广洪	园艺与种苗，2012（11）：33-36	湖北省农业科学院粮食作物研究所
177	G13	极限温度对绿豆象及绿豆种子的影响	仲建锋、万正煌、李莉、陈宏伟、伍广洪	湖北农业科学，2012，51（13）：2 719-2 727	湖北省农业科学院粮食作物研究所

（续表）

序号	岗位编号	论文题目	主要完成人	期刊名称（发表时间、期号、页码）	单位
178	G13	低温和高温对仓储绿豆象的防治效果	仲建锋、万正煌、李莉、陈宏伟、伍广洪	中国农业科学，2013，46（1）：54-59	湖北省农业科学院粮食作物研究所
179	G13	外引蚕豆种质资源鉴定与形态多样性	李莉、万正煌、陈宏伟、仲建锋、伍广洪	湖北农业科学，2013，52（23）：5 700-5 704	湖北省农业科学院粮食作物研究所
180	G13	绿豆象的辐照致死效应研究	刘昌燕、万正煌、仲建锋、李莉、陈宏伟、刘良军、伍广洪	湖北农业科学，2014，53（19）：4 607-4 610	湖北省农业科学院粮食作物研究所
181	G13	食用豆虫害研究进展	刘昌燕、仲建锋、万正煌	湖北农业科学，2014，53（24）：5 908-5 912	湖北省农业科学院粮食作物研究所
182	G13	外引豌豆资源的鉴定及主要数量性状的主成分分析	李莉、万正煌、焦春海、陈宏伟、刘昌燕、伍广洪	湖北农业科学，2014，53（23）：5 643-5 648	湖北省农业科学院粮食作物研究所
183	G13	绿豆鄂绿5号的选育及栽培技术	李莉、万正煌、陈宏伟、刘昌燕、伍广洪	湖北农业科学，2014，53（23）：5 679-5 682	湖北省农业科学院粮食作物研究所
184	G13	绿豆叶斑病病原鉴定及生物学特性研究	刘昌燕、肖炎农、吴小微、李莉、陈宏伟、刘良军、万正煌	植物保护，2015，41（6）：83-87	湖北省农业科学院粮食作物研究所
185	G13	绿豆象在不同豆类上生长发育研究	刘昌燕、李莉、陈宏伟、刘良军、万正煌、焦春海	湖北农业科学，2015，54（22）：5 610-5 617	湖北省农业科学院粮食作物研究所
186	G13	磷肥对绿豆氮、磷、钾积累分配及产量构成因子的影响	李莉、展茗、陈宏伟、万正煌、刘昌燕、伍广洪	湖北农业科学，2015，54（23）：5 835-5 839	湖北省农业科学院粮食作物研究所
187	G13	豌豆新品种鄂豌1号的选育及配套栽培技术	李莉、万正煌、陈宏伟、刘昌燕、伍广洪	湖北农业科学，2015，54（23）：5 827-5 834	湖北省农业科学院粮食作物研究所
188	G13	温度对绿豆象种群增长的影响	刘昌燕、李莉、焦春海、陈宏伟、刘良军、万正煌	植物保护，2016，42（6）：72-75	湖北省农业科学院粮食作物研究所
189	G13	四纹豆象在不同豆类上的生长发育研究	刘昌燕、李莉、陈宏伟、刘良军、万正煌、焦春海	湖北农业科学，2016，55（24）：6 453-6 455	湖北省农业科学院粮食作物研究所

（续表）

序号	岗位编号	论文题目	主要完成人	期刊名称（发表时间、期号、页码）	单位
190	G13	蚕豆新品种鄂蚕豆1号的选育及配套栽培技术	李莉、王明成、张呈友、万正煌、陈定国、刘昌燕、伍广洪、黎大革	湖北农业科学，2016，55（16）：4 100-4 102	湖北省农业科学院粮食作物研究所
191	G13	稻田免耕撒播蚕豆栽培技术	李莉、万正煌、陈宏伟、刘昌燕、刘良军、伍广洪、黎大革	现代农业科技，2016，18：62-64	湖北省农业科学院粮食作物研究所
192	G13	129份湖北蚕豆地方种质的子粒外观及品质性状分析	陈宏伟、李莉、刘昌燕、万正煌、沙爱华、	湖北农业科学，2016，55（24）：6 377-6 384	湖北省农业科学院粮食作物研究所
193	G13	5种仓储豆象的分子鉴定和检测	刘昌燕、李莉、焦春海、万正煌	植物保护，2017，43（4）：120-124	湖北省农业科学院粮食作物研究所
194	G13	湖北省蚕豆地方品种产量性状的遗传变异分析	陈宏伟、范贵生、沙爱华	湖北农业科学，2017，56（22）：4 242-4 247	湖北省农业科学院粮食作物研究所
195	G14	半无叶型豌豆新品种陇豌1号的选育	杨晓明、杨发荣、陆建英、杨峰礼、王昶	作物杂志，2009（3）：117	甘肃省农业科学院作物研究所
196	G14	甘肃秦王川引大灌区豌豆品种比较试验	陆建英、杨晓明、杨峰礼、王昶	农业科技通讯，2010（7）：93-94	甘肃省农业科学院作物研究所
197	G14	不同杀虫剂防治豌豆彩潜蝇田间效果比较试验	陆建英、杨晓明、王昶、杨峰礼	北方园艺，2011（12）：132-134	甘肃省农业科学院作物研究所
198	G14	4种杀菌剂对豌豆白粉病的防效初探	王昶、杨晓明、陆建英、杨峰礼	中国植保导刊，2011（6）：45-46	甘肃省农业科学院作物研究所
199	G14	陇豌1号在西北豌豆种植区最适密度研究	王昶、杨晓明、杨发荣、陆建英、杨峰礼	中国种业，2011（2）：47-48	甘肃省农业科学院作物研究所
200	G14	豌豆ISSR-PCR反应体系的建立和优化	曾亮、李敏权、杨晓明、赵丽娟、杨发荣	草地学报，2012（3）：536-539	甘肃农业大学生命科学学院
201	G14	豌豆属种质资源遗传多样性的ISSR分析	曾亮、李敏权、杨晓明	草业学报，2012，21（3）：125-131	甘肃农业大学生命科学学院
202	G14	豌豆种质资源白粉病抗性鉴定	曾亮、李敏权、杨晓明	草原与草坪，2012（4）：35-38	甘肃农业大学生命科学学院

（续表）

序号	岗位编号	论文题目	主要完成人	期刊名称（发表时间、期号、页码）	单位
203	G14	甘肃高寒阴湿区豌豆根腐镰刀菌种群及致病性研究	刘小娟、侯思雯、杨晓明、李敏权	作物杂志，2012（2）：39-41	甘肃农业大学生命科学学院
204	G14	豌豆白粉病研究进展	杨晓明	甘肃农业科技，2012（8）：35-37	甘肃省农业科学院作物研究所
205	G14	豌豆种传花叶病毒病研究综述	陆建英、杨晓明	甘肃农业科技，2013（9）：50-53	甘肃省农业科学院作物研究所
206	G14	H_2O_2 胁迫下豌豆初生根及抗氧化酶系统对外源 Ca^{2+} 的响应	刘会杰、李胜、马绍英、张品南、时振振、杨晓明	草业学报，2014（6）：189-197	甘肃农业大学
207	G14	盐胁迫下豌豆幼苗对内外源 NO 的生理生化响应	时振振、李胜、杨柯、马绍英、刘会杰、张品南、杨晓明	草业学报，2014（5）：193-200	甘肃农业大学
208	G14	豌豆种质资源抗绿豆象鉴定	仲伟文、杨涛、段灿星、姜俊烨、王芳、杨晓明、宗绪晓	作物杂志，2014（5）：43-47	甘肃农业大学
209	G14	绿豆高密度分子遗传图谱的构建	吴传书、王丽侠、程须珍、杨晓明	中国农业科学，2014（11）：2 088-2 098	甘肃农业大学
210	G14	豌豆种子萌发及幼苗生长对 NaCl 胁迫的响应	杨柯、李胜、马绍英、杨晓明、张品南、刘会杰、戴彩虹、王立珍	生态科学，2014（3）：433-438	甘肃农业大学生命科学学院
211	G14	豌豆象的发生、危害、防治对策及豌豆抗豌豆象的遗传机理综述	仲伟文、杨晓明	作物杂志，2014（2）：21-25	甘肃农业大学
212	G14	抗白粉病豌豆种质资源田间筛选	陆建英、杨晓明、王昶、杨发荣、张丽娟	植物保护，2015（3）：154-158	甘肃省农业科学院作物研究所
213	G14	豌豆白粉病抗性相关指标的研究	张丽娟、杨晓明、陆建英、王昶	甘肃农业科技，2015（3）：33-36	甘肃省农业科学院作物研究所
214	G14	豌豆白粉病研究进展	张丽娟、杨晓明、陆建英、王昶	植物保护，2015（1）：7-12	甘肃省农业科学院作物研究所
215	G14	豌豆组织培养及遗传转化研究进展	张丽娟、杨晓明、王昶、陆建英、闵庚梅	生物学杂志，2016（5）：94-99	甘肃省农业科学院作物研究所

（续表）

序号	岗位编号	论文题目	主要完成人	期刊名称（发表时间、期号、页码）	单位
216	G14	豌豆愈伤组织及不定芽诱导影响因素的研究	张丽娟、陆建英、王昶、闫庚梅、杨晓明	作物杂志，2016（3）：33-36	甘肃省农业科学院作物研究所
217	G14	甘肃豌豆地方品种资源白粉病抗性鉴定	陆建英、王昶、闫庚梅、张丽娟	甘肃农业科技，2016（5）：6-10	甘肃省农业科学院作物研究所
218	G14	豌豆离体再生体系建立及遗传稳定性研究	刘本家、杨晓明	甘肃农业大学学报，2016（1）：40-44	甘肃农业大学
219	G14	不同诱抗剂防治豌豆白粉病的效果及对防御酶的影响	陆建英、杨晓明、王昶、张丽娟、闫庚梅	植物保护，2017（5）：221-224	甘肃省农业科学院作物研究所
220	G14	豌豆抗豌豆象育种及其综合防治研究进展	王昶、贺春贵、张丽娟、杨晓明	草业学报，2017（7）：213-224	甘肃省农业科学院作物研究所
221	G14	半无叶型豌豆品种陇豌6号选育及评价	杨晓明、朱振东、王昶、陆建英、张丽娟、闫庚梅	甘肃农业科技，2017（3）：17-21	甘肃省农业科学院作物研究所
222	G15	适合南方地区种植的3个扁豆新品种及其高产栽培技术	陈新、蔺玮、江河、顾和平、易金鑫、张红梅、张智明、李红飞、黄萍霞	江苏农业科学，2009（3）：204-205	江苏省农业科学院
223	G15	泰国红豆种质资源在南京的表现及其遗传改良潜力	顾和平、陈新、张红梅、易金鑫、罗海蓉、丁维荣	江苏农业科学，2009（4）：113-114，149	江苏省农业科学院
224	G15	适合江苏省栽培的豇豆新品种及高产栽培技术	陈新、江河、顾和平、易金鑫、张红梅	江苏农业科学，2009（4）：187	江苏省农业科学院
225	G15	小豆遗传育种研究进展与未来发展方向	陈新、陈华涛、顾和平、张红梅、袁星星	金陵科技学院学报，2009（3）：52-58	江苏省农业科学院
226	G15	小豆抗病相关基因VaPR3的克隆与表达分析	陈新、易金鑫、张红梅、陈华涛、杨郁文、万建民、翟虎渠	江苏农业学报，2009（5）：1 119-1 123	江苏省农业科学院
227	G15	江苏省食用豆生产现状及发展前景	陈新、袁星星、顾和平、张红梅、陈华涛	江苏农业科学，2009（5）：4-8	江苏省农业科学院

序号	岗位编号	论文题目	主要完成人	期刊名称（发表时间、期号、页码）	单位
228	G15	赤豆杂交后代主要农艺性状的遗传规律研究	陈新、陈华涛、袁星星、顾和平、张红梅、Peerasak Srinives	江苏农业科学，2009（6）：139-141	江苏省农业科学院
229	G15	两个绿豆品种根系发育生物学特性的比较	顾和平、陈新、陈华涛、张红梅	江苏农业学报，2010，26（1）：34-36	江苏省农业科学院
230	G15	中国南方菜用豌豆新品种及高产栽培技术	袁星星、陈新、陈华涛、张红梅、崔晓艳、顾和平	作物研究，2010（3）：192-194	江苏省农业科学院
231	G15	适合中国南方栽培的蚕豆新品种及其高产栽培技术	袁星星、陈新、陈华涛、张红梅、崔晓艳、顾和平	江苏农业科学，2010（5）：206-208	江苏省农业科学院
232	G15	绿豆研究最新进展及未来发展方向	陈新、袁星星、陈华涛、顾和平、张红梅、崔晓艳、陈玉	金陵科技学院学报，2010（2）：59-68	江苏省农业科学院
233	G15	江苏夏季栽培小豆新品种及高产栽培技术的简介	袁星星、陈新、陈华涛、张红梅、崔晓艳、顾和平	金陵科技学院学报，2010（2）：93-96	江苏省农业科学院
234	G15	豇豆新品种早豇4号的选育及高产栽培技术研究	陈新、袁星星、陈华涛、张红梅、崔晓艳、顾和平	金陵科技学院学报，2010（3）：73-75	江苏省农业科学院
235	G15	菜豆新品种苏菜豆1号的选育及高产栽培技术	陈新、陈凯、袁星星、陈华涛、张红梅、崔晓艳、顾和平	江苏农业科学，2010（6）：236-237	江苏省农业科学院
236	G15	小豆组织再生体系的优化及遗传转化	陈新、陈华涛、万建民、翟虎渠	江苏农业学报，2011，27（5）：964-968	江苏省农业科学院
237	G15	蚕豆病害研究进展	陈新、袁星星、崔晓艳、陈华涛、顾和平、张红梅	江西农业学报，2011（8）：108-112	江苏省农业科学院
238	G15	菜用荷兰豆新品种苏豌1号及高产栽培技术	袁星星、崔晓艳、陈华涛、顾和平、陈新、张红梅	金陵科技学院学报，2011（1）：48-50	江苏省农业科学院
239	G15	苏绿2号绿豆新品种及高产栽培技术研究	崔晓艳、陈华涛、顾和平、袁星星、张红梅、陈新	金陵科技学院学报，2011（3）：82-84	江苏省农业科学院

（续表）

序号	岗位编号	论文题目	主要完成人	期刊名称（发表时间、期号、页码）	单位
240	G15	黄种皮绿豆苏绿3号选育及高产栽培技术	袁星星、崔晓艳、陈华涛、顾和平、陈新、张红梅	江苏农业科学，2011（5）：125-126	江苏省农业科学院
241	G15	小豆组织中种子灭菌方法研究	陈华涛、顾和平、陈新、袁星星、崔晓艳、张红梅	江苏农业科学，2011（5）：208-209	江苏省农业科学院
242	G15	红小豆新品种苏红1号选育及高产栽培技术	顾和平、陈新、袁星星、崔晓艳、陈华涛、张红梅	江苏农业科学，2011，39（4）：98-99	江苏省农业科学院
243	G15	扁豆新品种苏扁1号	张红梅、顾和平、袁星星、陈华涛、崔晓艳、陈新	中国蔬菜，2011（13）：33-34	江苏省农业科学院
244	G15	豇豆新品种苏豇1号	陈新、袁星星、陈华涛、张红梅、崔晓艳、顾和平	中国蔬菜，2011（3）：37-38	江苏省农业科学院
245	G15	泰国食用豆生产概况与前景分析	陈新、袁星星、陈华涛、张红梅、崔晓艳、顾和平	江苏农业科学，2011（5）：19-20	江苏省农业科学院
246	G15	不同杀菌剂对蚕豆赤斑病防治效果试验	顾和平、陈新、陈华涛、崔晓艳、袁星星、张红梅	南方农业学报，2012，43（3）：329-331	江苏省农业科学院
247	G15	国内外小豆病虫害最新研究进展及未来发展方向	陈新、崔晓艳、陈华涛、顾和平、张红梅、袁星星	江苏农业科学，2012，40（3）：1-3	江苏省农业科学院
248	G15	蚕豆新品种苏蚕豆2号的选育及高产栽培技术研究	袁星星、崔晓艳、陈华涛、顾和平、张红梅、陈新	江苏农业科学，2012，40（11）：109-110	江苏省农业科学院
249	G15	Comparative Transcriptome Analysis of the mungbean flowers from a new anther and stigma exsertion mutant and wild type	Xiaoyan Cui、Peerasak Srinives、Xingxing Yuan、Xin Chen	第十四届全国植物基因组学大会摘要，2013：158	江苏省农业科学院
250	G15	小豆抗病相关基因VaAC1的克隆与表达分析	陈新、陈华涛、万建民、翟虎渠	南京农业大学学报，2013，36（1）：19-23	江苏省农业科学院
251	G15	矮生菜豆新品种苏地豆1号的特征特性及配套栽培技术	陈新、袁星星、陈华涛、张红梅、崔晓艳、顾和平	江苏农业科学，2013，41（2）：109-11	江苏省农业科学院

（续表）

序号	岗位编号	论文题目	主要完成人	期刊名称（发表时间、期号、页码）	单位
252	G15	轮回选择和穿梭育种对绿豆籽粒产量的响应	顾和平、陈新、陈华涛、袁星星、彭晨、崔晓艳、张红梅、Peerasak Srinives	东北农业大学学报，2013，44（7）：51-57	江苏省农业科学院
253	G15	高温浸泡土壤对连作大棚土体修复和病害防治的效果	顾和平、袁星星、陈新、崔晓艳、陈华涛、朱凌丽	江苏农业科学，2013，41（7）：348-351	江苏省农业科学院
254	G15	抗绿豆象小豆筛选与应用研究	袁星星、陈新、崔晓艳、陈华涛、顾和平、张红梅	江苏农业科学，2013，41（6）：79-80	江苏省农业科学院
255	G15	豇豆新品种早豇5号的选育及高产栽培技术	袁星星、顾和平、陈新、陈华涛、张红梅、崔晓艳	江苏农业科学，2013，41（3）：81，84	江苏省农业科学院
256	G15	不同药剂处理对绿豆产量性状及绿豆象防治效果的影响	陈新、袁星星、顾和平、崔晓艳、陈华涛、张红梅、刘晓庆、张智民	金陵科技学院学报，2014，30（3）：72-75	江苏省农业科学院
257	G15	矮生菜豆新品种11-6的选育及配套栽培技术研究	陈新、崔晓艳、张红梅、袁星星、陈华涛、顾和平	江苏农业科学，2014，42（11）：194-195	江苏省农业科学院
258	G15	豇豆新品种早豇6号	袁星星、张红梅、崔晓艳、陈新、陈华涛、顾和平	中国蔬菜，2014（2）：90-91	江苏省农业科学院
259	G15	豆类芽苗菜生产技术研究进展及未来发展方向	袁星星、陈新、陈华涛、崔晓艳、顾和平、张红梅	江苏农业科学，2014，42（5）：136-139	江苏省农业科学院
260	G15	小豆种质资源对大豆花叶病毒病抗性的初步研究	陈新、崔晓艳、袁星星、万建民、翟虎渠	江苏农业科学，2015（4）：156-158	江苏省农业科学院
261	G15	矮生菜豆新品种苏菜豆4号的选育	张红梅、陈华涛、刘晓庆、张智民、崔晓艳、袁星星、顾和平、陈新	中国蔬菜，2016（6）：73-75	江苏省农业科学院
262	G15	不同春化时间对菜用豌豆幼苗保护酶活性及可溶性蛋白含量的影响	于龙龙、袁星星、邵奇、陈新、崔晓艳、王学军	福建农业学报，2016，31（5）：460-464	江苏省农业科学院

（续表）

序号	岗位编号	论文题目	主要完成人	期刊名称（发表时间、期号、页码）	单位
263	G15	人工春化对不同基因型蚕豆生长表型及发育形态的影响	邵奇、袁星星、于龙龙、崔瑾、陈新、吴春芳	江苏农业科学，2016，44（9）：218-221	江苏省农业科学院
264	G15	豌豆新品种苏豌8号及光温处理促进豌豆早熟技术	袁星星、陈新、崔晓艳、陈华涛、张红梅、刘晓庆、顾和平	江苏农业科学，2016，44（7）：198-200	江苏省农业科学院
265	G15	小豆新品种苏红3号的选育及特征特性	张红梅、张智民、陈华涛、袁星星、刘晓庆、崔晓艳、顾和平、陈新*	作物研究，2016，30（2）：160-162	江苏省农业科学院
266	G15	不同荚色豇豆品种花青素和营养成分含量变化分析	张红梅、许文静、陈华涛、刘晓庆、张智民、崔晓艳、袁星星、顾和平、陈新	南方农业学报，2017，48（6）：1 080-1 085	江苏省农业科学院
267	G15	LED红蓝复合光对豌豆芽苗菜营养品质的影响	耿灵灵、陈华涛、李群三、陈新、崔瑾、袁星星	福建农业学报，2017，32（10）：1091-1095	南京农业大学，江苏省农业科学院
268	G18	种子萌发及幼苗生长的调节效应研究进展	罗珊、康玉凡、夏祖灵	中国农学通报，2009（2）：28-32	中国农业大学
269	G18	ETH、KT和6-BA对绿豆幼苗形态建成和生化成分的效应研究	康玉凡、谷瑞娟、王保民、廖永霞、肖伶俐、罗珊	中国农学通报，2009（9）：19-25	中国农业大学
270	G18	豆芽烂芽的病原菌分离鉴定及致病性研究	张丽、吴小刚、张力群、康玉凡、梁海荣	长江蔬菜，2010（2）：71-74	中国农业大学
271	G18	不同地区绿豆品种芽用特性的研究	李振华、康玉凡、濮绍京、李永华、肖伶俐、张丽	中国农学通报，2010（15）：361-364	中国农业大学
272	G18	绿豆品种芽用特性的初步评价	李振华、康玉凡、程须珍、濮绍京、李永华、刘红开	中国农业大学学报，2010（5）：31-36	中国农业大学
273	G18	豆芽立枯病诊断与防治试验	张丽、张力群、段会梅、康玉凡、吕玉兰	中国蔬菜，2011（4）：61-65	中国农业大学
274	G18	豆类芽苗菜生产工艺的研究进展	李振华、段玉、康玉凡	中国农学通报，2011（10）：76-81	中国农业大学

（续表）

序号	岗位编号	论文题目	主要完成人	期刊名称（发表时间、期号、页码）	单位
275	G18	绿豆品种豆芽产量形成的初步研究	李振华、康玉凡、刘一灵、段玉、姚俊卿	种子，2011（5）：78-79，82	中国农业大学
276	G18	臭氧生物活性炭技术对工厂化豆芽生产回收水的净化效果研究	李永华、康玉凡、陶礼明、刘宝平	中国农学通报，2011（25）：133-137	中国农业大学
277	G18	芽用绿豆品种子粒性状及其豆芽生理特性研究	康玉凡、刘腾飞、程须珍、张丽、王丽艳、肖伶俐、刘红开	植物遗传资源学报，2011（6）：986-991	中国农业大学
278	G18	红小豆功能特性及产品开发研究现状	于章龙、段欣、武晓娟、薛文通、张惠	食品工业科技，2011（1）：360-363	中国农业大学
279	G18	红豆沙加工工艺及功能特性研究进展	武晓娟、薛文通、王小东、张惠	食品工业科技，2011（3）：453-455	中国农业大学
280	G18	豆沙质地特性的感官评定与仪器分析	武晓娟、薛文通、王小东、张惠	食品科学，2011（9）：87-90	中国农业大学
281	G18	不同品种红小豆的品质评价研究	武晓娟、薛文通、张惠	中国粮油学报，2011（9）：20-24	中国农业大学
282	G18	绿豆沙品质评价方法及原料适应性研究	黄英、王小东、张波、武晓娟、薛文通	食品科技，2012（2）：93-97	中国农业大学
283	G18	响应面法优化红小豆豆渣中蛋白的提取工艺	张波、黄英、薛文通	食品工业科技，2012（7）：247-250	中国农业大学
284	G18	红小豆功能特性研究进展	张波、薛文通	食品科学，2012（9）：264-266	中国农业大学
285	G18	基于主成分分析的绿豆沙加工用品种筛选	黄英、张波、武晓娟、王小东、薛文通	食品科学，2012（13）：104-107	中国农业大学
286	G18	红小豆分离蛋白功能特性研究	张波、黄英、薛文通	食品科学，2012（19）：71-74	中国农业大学
287	G18	红豆皮固态发酵条件的研究	万洋灵、任锦、薛文通	食品与发酵科技，2012（5）：71-74	中国农业大学
288	G18	山黧豆（*Lathyrus sativus* L.）苗菜用品种的筛选与评价	刘一灵、康玉凡、李振华、刘红开	植物遗传资源学报，2012（4）：639-642，646	中国农业大学

（续表）

序号	岗位编号	论文题目	主要完成人	期刊名称（发表时间、期号、页码）	单位
289	G18	豌豆种质资源苗菜用特性遗传多样性分析	王飞雁、赵艳	耕作与栽培，2012（3）：31-32，19	中国农业大学
290	G18	豆类种子及萌发过程中功效性成分研究概述	陈振、康玉凡	中国食物与营养，2012（10）：27-32	中国农业大学
291	G18	草鱼脆化过程变化研究进展及其机理探讨	曹彦、康玉凡、王若军、刘红开	食品工业科技，2012（21）：385-388，392	中国农业大学
292	G18	国际芽菜产业发展快速行业组织起推动作用	康玉凡、陶礼明、毛振宾、Bob Sanderson、刘宝平	长江蔬菜，2012（20）：115-117	中国农业大学
293	G18	中国现代芽菜产业链分析	康玉凡、程须珍、毛振宾、陶礼明	长江蔬菜，2013（20）：70-75	中国农业大学
294	G18	乙烯在幼苗根生长发育中调控作用的研究进展	黄维娜、康玉凡	中国农学通报，2013（12）：6-12	中国农业大学
295	G18	中国现代芽菜产业价值链分析	康玉凡、程须珍、陶礼明、陈道赏、毛圣慧	长江蔬菜，2013（8）：73-77	中国农业大学
296	G18	食用豆类球蛋白研究进展	刘红、康玉凡	粮食与油脂，2013（5）：5-8	中国农业大学
297	G18	植物吸收和转化硒的研究进展	张华华、康玉凡	山地农业生物学报，2013（3）：270-275	中国农业大学
298	G18	蚕豆种子萌发过程中单宁代谢与钝化技术研究概述	李航宇、康玉凡	中国食物与营养，2013（9）：61-65	中国农业大学
299	G18	蚕豆蛋白的提取及加工利用研究进展	叶婷、康玉凡、薛文通	粮食与饲料工业，2013（8）：24-26，30	中国农业大学
300	G18	大孔吸附树脂分离纯化红小豆多酚工艺及效果	陶莎、黄英、康玉凡、辰巳英三、张惠、薛文通	农业工程学报，2013，23：276-285	中国农业大学
301	G18	蚕豆中抗营养因子的生理功能	唐杰、薛文通、张惠	食品工业科技，2013（5）：388-391，395	中国农业大学
302	G18	红小豆栽培品种胰蛋白酶抑制剂的含量及特性研究	江均平、李春红、张涛	中国粮油学报 2013（9）：27-31	中国农业科学院农产品加工研究所

（续表）

序号	岗位编号	论文题目	主要完成人	期刊名称（发表时间、期号、页码）	单位
303	G18	绿豆胰蛋白酶抑制剂的含量、多型性及稳定性	江均平、李春红、张涛、云冬梅、杨雪丰	食品科学，2013（11）：32-35	中国农业科学院农产品加工研究所
304	G18	土壤施硒对蚕豆出苗及生长指标的影响	张华华、康玉凡、葛军勇、李放、李航宇、徐东旭	中国土壤与肥料，2014（1）：57-62	中国农业大学
305	G18	食用豆品种萌发过程中 γ-氨基丁酸（GABA）含量变化	陈振、黄维娜、康玉凡	食品工艺科技，2014，35（17）：115-124	中国农业大学
306	G18	食用豆品种萌发过程中抗氧化成分研究	陈振、黄维娜、康玉凡	中国食物与营养，2014，20（8）：23-27	中国农业大学
307	G18	基施硒肥对蚕豆籽粒硒含量、营养成分及抗氧化性的影响	张华华、李放、李航宇、葛军勇、徐东旭、康玉凡	中国农业大学学报，2014，19（5）：66-72	中国农业大学
308	G18	绿豆、小豆种质清除自由基作用的研究	江均平、王慧芳、李春红	核农学报，2014，28（11）：2 025-2 030	中国农业大学
309	G18	绿豆、小豆种质清除自由基作用的研究	江均平、王慧芳、李春红	核农学报，2014，28（11）：2 025-2 030	中国农业科学院农产品加工研究所
310	G18	豆类膳食纤维研究进展	李放、康玉凡	粮食与油脂，2015，28（3）：14-18	中国农业大学
311	G18	蚕豆种皮褐变的研究进展	姜晓林、康玉凡	食品工业，2015，36（8）：255-258	中国农业大学
312	G18	豆类膳食纤维研究进展	李放、康玉凡	粮食与油脂，2015，28（3）：14-18	中国农业大学
313	G18	硒浸种对绿豆芽用特性及营养品质的影响	张华华、李航宇、秦少伟、康玉凡	食品研究与开发，2015，36（8）：1-4	中国农业大学
314	G18	绿豆、红小豆和黑豆种皮 18 种元素分析	王巧环、江均平、傅慧敏，等	食品科学，2015（20）：126-129	中国农业科学院农产品加工研究所
315	G18	黑豆蛋白及其抗氧化肽研究进展	周凯琳、薛文通	食品工业，2015，36（5）：204-206	中国农业大学
316	G18	豆类胰蛋白酶抑制剂研究进展	俞红恩、康玉凡	食品工业，2017，38（4）：265-269	中国农业大学

（续表）

序号	岗位编号	论文题目	主要完成人	期刊名称（发表时间、期号、页码）	单位
317	G18	豆类胰蛋白酶抑制剂亚基特性研究	俞红恩、康玉凡	食品工业科技，2017，38（29）：133-138	中国农业大学
318	G18	响应面法优化豌豆胰蛋白酶抑制剂超声粗提工艺	俞红恩、康玉凡	食品科学，2017，38（14）：227-232	中国农业大学
319	G18	豆类制备生物活性肽的功能特性及研究进展	李媛媛、薛文通	粮食与油脂，2017，30（7）：4-8	中国农业大学
320	G18	酚类化合物的提取方法及其生物活性研究进展	赵天瑶、毛圣培、王佑成、康玉凡	食品工业，2017，（12）：211-215	中国农业大学
321	G18	天然活性多糖研究进展	张淑杰、康玉凡	食品工业科技，2017，38（2）：379-382，389	中国农业大学
322	G18	果蔬采后硬度变化研究进展	张淑杰、胡婷婷、刘红开、康玉凡	保鲜与加工，2018，18（4）：141-146	中国农业大学
323	G18	小豆的生物活性物质、功能特性及芽苗菜的研究	常暖迎、赵天瑶、张淑杰、康玉凡	种子科技，2018，（01）：101-103	中国农业大学
324	G18	绿豆萌发过程中绿豆蛋白的功能特性及其抗氧化性	赵天瑶、张亚宏、常暖迎、康玉凡	食品工业科技，2018，（05）：69-75	中国农业大学
325	G19	不同品种绿豆的品质及饮料加工特性研究	林伟静、曾志红、钟葵、周素梅*等	核农学报，2012，26（4）：685-691	中国农业科学院农产品加工研究所
326	G19	不同品种绿豆的淀粉品质特性研究	林伟静、曾志红、钟葵、王燕、路威、周素梅	中国粮油学报，2012，27（7）：47-51	中国农业科学院农产品加工研究所
327	G19	绿豆淀粉性质和糊化特性研究	钟葵、佟立涛、刘丽娅、曾志红、周素梅	作物杂志，2013（2）：134-138	中国农业科学院农产品加工研究所
328	G19	绿豆多糖制备及抗氧化特性研究	钟葵、林伟静、曾志红、王强、周素梅	中国粮油学报，2013，28（2）：93-98	中国农业科学院农产品加工研究所
329	G19	绿豆发芽富集GABA及产品开发研究进展	马玉玲、罗大可、佟立涛、王丽丽、周闲容、刘兴训、周素梅	中国粮油学报，2018，33（5）：119-122	中国农业科学院农产品加工研究所

（续表）

序号	岗位编号	论文题目	主要完成人	期刊名称（发表时间、期号、页码）	单位
330	G21	食用豆国际贸易情况分析	周俊玲、张蕙杰	中国食物与营养，2011（10）：41-44	中国农业科学院农业信息研究所，中国农业大学经管学院
331	G21	美国食用豆的生产、消费与贸易概况	王瑞民、张蕙杰、周俊玲	世界农业，2011（10）：45-47	中国农业科学院农业信息研究所，中国农业大学经管学院
332	G21	芸豆主产区农户种植行为的初步分析	龚谨、姚毅、张蕙杰	农业经济问题，2011（增刊）：174-178	中国农业科学院农业信息研究所，中央财经大学
333	G21	农产品产业链研究文献综述	施政、吕新业、张蕙杰	农业经济问题，2011（增刊）：145-149	中国农业科学院农业信息研究所，中国农业科学院农业经济与发展研究所
334	G21	近年绿豆价格波动的成因与对策	张蕙杰、郭永田、周俊玲、王述民、程须珍	农业经济问题，2012（4）：30-34	中国农业科学院农业信息研究所，中国农业科学院作物科学研究所，中国农业大学经管学院
335	G21	农业生产资料价格对蔗农收入影响的实证研究	郭永田、龚谨、张蕙杰	农业技术经济，2013（5）：113-118	中国农业科学院农业信息研究所
336	G21	加拿大食用豆的生产、消费及贸易概况	杜甘露、张蕙杰、周俊玲	世界农业，2012（10）：95-98	中国农业科学院农业信息研究所，中国农业大学经管学院
337	G21	我国绿豆生产现状和发展前景	刘慧	农业展望，2012（6）：36-39	中国农业科学院农业经济与发展研究所
338	G21	吉林省白城市绿豆农户销售行为研究	施政、吕新业、张蕙杰	农业经济问题，2012（增刊）：145-149	中国农业科学院农业信息研究所，中国农业科学院农业经济与发展研究所
339	G21	基于GIS的食用豆信息系统的设计与实现	康晓洁、张蕙杰、龚谨、诸叶平	江苏农业学报，2013（3）：669-675	中国农业科学院农业信息研究所
340	G21	消费者杂粮消费意愿及影响因素分析——以武汉市消费者为例	李玉勤、张蕙杰	农业技术经济，2013，7：100-109	中国农业科学院农业信息研究所，中国农业科学院农业经济与发展研究所

（续表）

序号	岗位编号	论文题目	主要完成人	期刊名称（发表时间、期号、页码）	单位
341	G21	Design and Realization of Edible Beans Resource Management Information System,	Xiaojie Kang、Yeping Zhu、Huijie Zhang、Hailong Liu、Jin Gong	International Conference on Computer, Networks and Communication Engineering（ICCNCE 2013）；（EI 收录）：204-206	中国农业科学院农业信息研究所
342	G21	印度食用豆的生产、消费及贸易概况	普子秦、张蕙杰、周俊玲	中国食物与营养，2013（12）：41-44	中国农业科学院农业信息研究所，中国农业大学经管学院
343	G21	中国绿豆国际贸易发展的分析与展望	周俊玲、张蕙杰	农业展望，2014（5）：63-67	中国农业科学院农业信息研究所
344	G21	我国食用豆消费趋势、特征与需求分析	郭永田	中国食物与营养，2014（6）：50-53	中国农业科学院农业信息研究所，农业农村部信息中心
345	G21	我国食用豆国际贸易形势、国际竞争力优势研究	郭永田	农业技术经济，2014（8）：69-74	中国农业科学院农业信息研究所，农业农村部信息中心
346	G21	世界豌豆生产及贸易形势分析	周俊玲、张蕙杰	世界农业，2015（9）：131-135	中国农业科学院农业信息研究所，中国农业大学经管学院
347	G21	我国新型职业农民队伍总量与结构的需求估算研究	张蕙杰、张玉梅等	华中农业大学学报（社会科学版）2015（4）：44-48	中国农业科学院农业信息研究所等
348	G21	美国粮食供给调控与库存管理的政策措施	赵将、段志煌、张蕙杰	农业经济问题，2017（8）：95-102	中国农业科学院农业信息研究所、中国人民大学农业农村学院
349	G21	基于价格视角的我国玉米临时收储政策效果研究	纪媛、张蕙杰	上海农业学报，2018（5）：46-50	中国农业科学院农业信息研究所
350	G21	世界食用豆主要出口国国际竞争力的比较分析	周俊玲、张蕙杰	中国食物与营养，2018（10）：46-50	中国农业科学院农业信息研究所，中国农业大学经管学院
351	Z01	不同氮肥施用方式及硝化抑制剂对小豆生长发育及氮素利用率的影响	章淑艳、王素花、孙志梅、李彩菊、柳术杰、古述江、吴芳彤	河南农业科学，2016，45（10）：15-18	河北省微生物研究所、保定市农业科学院等

（续表）

序号	岗位编号	论文题目	主要完成人	期刊名称（发表时间、期号、页码）	单位
352	Z01	保 9326-16 红小豆新品种选育	王顺、李彩菊、高义平、王秀梅、柳术杰	河北农业大学学报，2015，28（3）：22	保定市农业科学院
353	Z02	冀北食用豆产业技术需求调研报告	徐东旭	现代农村科技，2009，20：55-56	张家口市农业科学院
354	Z02	冀西北食用豆生产研发现状与发展建议	徐东旭、吴堂全、尚启兵、高运青、程须珍	农业科技通讯，2010，3：22-23	张家口市农业科学院
355	Z02	蚕豆种质资源形态标记遗传多样性分析	徐东旭、姜翠棉、宗绪晓	植物遗传资源学报，2010，4：399-406	张家口市农业科学院
356	Z02	冀西北地区蚕豆优异资源产量性状分析	刘凤芹、徐东旭、包克发、宗绪晓	中国种业，2010，7：56-58	张家口市农业科学院
357	Z02	优质高产豌豆新品种坝豌 1 号选育及栽培技术要点	尚启兵、徐东旭、高运青、任红晓、张耀辉、姜翠棉	农业科技通讯，2010，12：192-193	张家口市农业科学院
358	Z02	蚕豆新品种冀张蚕二号选育及栽培技术要点	蔺玉军、徐东旭、尚启兵、高运青、任红晓、姜翠棉	农业科技通讯，2011，6：171-172	张家口市农业科学院
359	Z02	播期和施肥量对绿豆产量的效应研究	高运青、徐东旭、尚启兵、任红晓	河北农业科学，2011，6：4-6，11	张家口市农业科学院
360	Z02	冀北蚕豆主要病虫害及其防治	尚启兵、高运青、徐东旭、张耀辉、高军、任红晓	农业科技通讯，2012，6：122-123	张家口市农业科学院
361	Z02	冀北春绿豆种植密度优化研究	高运青、徐东旭、尚启兵、任红晓	作物杂志，2012，6：131-134	张家口市农业科学院
362	Z02	豌豆新品种冀张豌 2 号的选育	徐东旭、李忠亮、尚启兵、高运青、任红晓、姜翠棉、王玉祥	中国种业，2012，7：55-56	张家口市农业科学院
363	Z02	冀西北蚕豆种植密度优化研究	尚启兵、徐东旭、高运青、任红晓、张耀辉	河北农业科学，2012，8：19-20，27	张家口市农业科学院
364	Z02	华北高寒区施肥量对芸豆产量和经济效益的影响	高运青、徐东旭、尚启兵、任红晓	河北农业科学，2012，8：28-30	张家口市农业科学院

（续表）

序号	岗位编号	论文题目	主要完成人	期刊名称（发表时间、期号、页码）	单位
365	Z02	冀西北绿豆苗情影响因素分析与对策	蔺玉军、姜翠棉、徐东旭、高运青、任红晓、尚启兵	中国种业，2012，9：39	张家口市农业科学院
366	Z02	不同播期对鹦哥绿豆产量及主要农艺性状的影响	高运青、尚启兵、徐东旭、任红晓	中国种业，2012，9：40-41	张家口市农业科学院
367	Z02	芸豆新品种冀张芸1号选育及栽培要点	徐东旭、高运青、章彦俊、尚启兵、任红晓、姜翠棉	中国种业，2012，9：56-57	张家口市农业科学院
368	Z02	芸豆新品种冀张芸1号在西北旱区的适应性和稳定性研究	徐东旭、高运青、孔庆全、季良、王斌	河北农业科学，2012，12：21-23	张家口市农业科学院
369	Z02	绿豆品种在冀北地区种植观察与评价	高运青、徐东旭、尚启兵、任红晓	中国种业，2013，3：34-37	张家口市农业科学院
370	Z02	冀西北绿豆抗旱高产栽培技术	徐东旭、高运青、任红晓、尚启兵、蔺玉军	中国种业，2013，4：86	张家口市农业科学院
371	Z02	小豆品种资源的灰色关联度分析与综合评价	姜翠棉、徐东旭、高运青、任红晓、尚启兵、常玉霞、石俊春	河北农业科学，2014，2：25-28	张家口市农业科学院
372	Z02	覆膜对绿豆产量和主要农艺性状的影响	高运青、徐东旭、任红晓、尚启兵	河北农业科学，2014，4：13-15	张家口市农业科学院
373	Z02	张绿1号绿豆新品种选育及配套栽培技术	杨万军、徐东旭、高运青、任红晓、尚启兵、姜翠棉、赵海洋、常玉霞	种子科技，2014，6：47-48	张家口市农业科学院
374	Z02	小豆新品种张红1号的选育及栽培要点	杨万军、徐东旭、高运青、任红晓、姜翠棉、石俊春、常玉霞、赵海洋	农业科技通讯，2014，7：266-267	张家口市农业科学院
375	Z02	冀北地区蚕豆高产高效简化栽培技术	姜翠棉、徐东旭、高运青、任红晓、尚启兵、杨万军、王玉祥、高韶斌、赵海洋、高忠仁	农业科技通讯，2014，8：216-217	张家口市农业科学院
376	Z02	有机蚕豆高产栽培技术	徐东旭	农业科技通讯，2014，10：191-193	张家口市农业科学院

（续表）

序号	岗位编号	论文题目	主要完成人	期刊名称（发表时间、期号、页码）	单位
377	Z02	冀西北食用豆生产现状与发展战略	王玉祥、徐东旭、姜翠棉、高韶斌、高忠仁、石俊春	农业科技通讯，2015，1：21-22	张家口市农业科学院
378	Z02	应用 SSR 标记分析中国北方名优绿豆的遗传多样性	任红晓、程须珍、徐东旭、高运青、尚启兵	植物遗传资源学报，2015，2：395-399	张家口市农业科学院
379	Z02	冀西北芸豆产量与主要农艺性状的灰色关联度分析	徐东旭	农业科技通讯，2015（5）：133-135	张家口市农业科学院
380	Z02	小豆新品种鉴定筛选与评价	徐东旭、任红晓、高运青、姜翠棉、尚启兵、石俊春、杨万军、高韶斌、黄伟、高忠仁	农业科技通讯，2015（6）：99-101	张家口市农业科学院
381	Z02	冀北芸豆新品种鉴定筛选与评价	姜翠棉	农业科技通讯，2015（6）：110-112	张家口市农业科学院
382	Z02	冀西北绿豆产量与主要农艺性状的灰色关联度分析	徐东旭	农业科技通讯，2015（7）：96-100	张家口市农业科学院
383	Z02	不同施肥方法对芸豆干物质及氮磷钾积累动态的影响	高运青、徐东旭、尚启兵、任红晓、王芳、姜翠棉	河北农业科学，2017，21（1）：15-18，23	张家口市农业科学院
384	Z02	中国传统名优绿豆种质资源表型性状形态多样性	任红晓、姜翠棉、高运青、尚启兵、徐东旭、王芳、程须珍	作物杂志，2017，1：44-47	张家口市农业科学院
385	Z02	中国传统名优绿豆品种形态性状遗传多样性研究	任红晓、姜翠棉、高运青、尚启兵、徐东旭、王芳、程须珍	农业科技通讯，2017，1：119-124	张家口市农业科学院
386	Z02	冀西北绿豆新品种鉴定筛选与评价	姜翠棉、王芳、黄文胜、王玉祥、高韶斌、徐东旭、尚启兵、石俊春、高运青	农业科技通讯，2017，5：151-155	张家口市农业科学院
387	Z02	绿豆新品种冀张绿2号的选育及栽培要点	杨万军、张斌、高运青、姜翠棉、尚启兵、王芳、张宝英、金颖璐、徐东旭	农业科技通讯，2017，5：213-214	张家口市农业科学院

（续表）

序号	岗位编号	论文题目	主要完成人	期刊名称（发表时间、期号、页码）	单位
388	Z02	不同结荚习性芸豆品种的开花及荚果形成规律研究	任红晓、姜翠棉、高运青、尚启兵、徐东旭、王芳	河北农业科学，2017，21（02）：39-42，65	张家口市农业科学院
389	Z03	唐山红小豆种质资源主要数量性状的鉴定与评价	刘振兴、龚振平	杂粮作物，2009（3）：186-188	唐山市农业科学研究院
390	Z03	唐山红小豆地方品种资源数量性状的遗传变异分析	刘振兴、龚振平	中国农学通报，2009（12）：257-259	唐山市农业科学研究院
391	Z03	多目标决策在小豆种质资源评价中的应用	刘振兴、程须珍、周桂梅	植物遗传资源学报，2011（1）：54-58	唐山市农业科学研究院
392	Z03	唐山红小豆地方品种资源形态多样性研究	刘振兴、周桂梅、陈健	河北农业大学学报，2011（4）：1-4	唐山市农业科学研究院
393	Z03	天津和唐山红小豆地方品种遗传多样性分析	刘振兴、程须珍、王丽侠	植物遗传资源学报，2011（5）：679-685	唐山市农业科学研究院
394	Z03	不同肥料及施肥方式对小豆农艺性状的影响	刘振兴、周桂梅、陈健	北京农学院学报，2012（2）：4-6	唐山市农业科学研究院
395	Z03	小豆玉米间作行比与密度研究	刘振兴、周桂梅、陈健	耕作与栽培，2012，（1）：27-28	唐山市农业科学研究院
396	Z03	利用高稳系数法分析国家区域试验小豆品种的高产稳产性	周桂梅、刘振兴、陈健	河北农业科学，2012，16（2）：20-21，27	唐山市农业科学研究院
397	Z03	小豆种质资源粒色与生育期的相关性分析	周桂梅、刘振兴、陈健	河北农业科学，2013（1）：208-30，45	唐山市农业科学研究院
398	Z03	红小豆新品种的适应性鉴定与评价	刘振兴、周桂梅、陈健	河北农业大学学报，2013（5）：19-23	唐山市农业科学研究院
399	Z03	小豆品种形态特征研究及综合评价	周桂梅、刘振兴、陈健	植物遗传资源学报，2014（5）：1 144-1 148	唐山市农业科学研究院
400	Z03	基于主成分与聚类分析的小豆品种综合评价	刘振兴、周桂梅、陈健	农学学报，2015（9）：57-63	唐山市农业科学研究院
401	Z03	几种药剂对绿豆象的田间防效	刘振兴、周桂梅、陈健	植物保护，2015（3）：215-219	唐山市农业科学研究院

（续表）

序号	岗位编号	论文题目	主要完成人	期刊名称（发表时间、期号、页码）	单位
402	Z03	小豆叶片色泽与农艺性状的相关性分析	刘振兴、周桂梅、陈健	河北农业大学学报，2016（1）：16-21	唐山市农业科学研究院
403	Z03	除草剂对小豆田间杂草防效和产量的影响	刘振兴、石春雨、周桂梅、	河北农业科学，2016（4）：15-18	唐山市农业科学研究院
404	Z03	红小豆新品种（系）的鉴定与评价	周桂梅、刘振兴、陈健	中国种业，2017，7：54-58	唐山市农业科学研究院
405	Z03	小豆养分吸收、分配及利用效应研究	刘振兴、周桂梅、陈健	河北农业大学学报，2017（4）：14-18	唐山市农业科学研究院
406	Z03	不同药剂对小豆花叶病毒病防治效果研究	刘振兴、周桂梅、陈健	作物杂志，2017（4）：165-168	唐山市农业科学研究院
407	Z04	半无叶豌豆品协豌1号的选育与栽培技术	畅建武、郝晓鹏、王燕	中国种业，2014（2）：55-56	山西省农业科学院农作物品种资源研究所
408	Z04	豌豆栽培要点及关键技术探析	畅建武、郝晓鹏、王燕	中国农业信息，2014（1）：61-62	山西省农业科学院农作物品种资源研究所
409	Z04	菜豆新品种品架1号	畅建武、王燕、郝晓鹏	中国蔬菜，2014（5）：90-91	山西省农业科学院农作物品种资源研究所
410	Z04	西北冷凉旱作区红芸豆抗旱节水栽培技术探析	畅建武、郝晓鹏、王燕	内蒙古农业科技，2014（3）：61，93	山西省农业科学院农作物品种资源研究所
411	Z04	红芸豆氮磷钾肥效试验研究	畅建武、郝晓鹏、王燕、杨伟、郜欣	中国农学通报，2015，31（15）：108-113	山西省农业科学院农作物品种资源研究所
412	Z04	芸豆新品种异地鉴定试验初报	王燕、畅建武、郝晓鹏、杨伟	农业科技通讯，2015（7）：91-94	山西省农业科学院农作物品种资源研究所
413	Z04	基于农艺性状的山西普通菜豆初级核心种质构建	郝晓鹏、王燕、田翔、郜欣、畅建武	植物遗传资源学报，2016，17（5）：815-823	山西省农业科学院农作物品种资源研究所
414	Z04	山西普通菜豆种质资源籽粒品质分析和评价	郝晓鹏、田翔、王燕、郜欣、畅建武	山西农业科学，2016，44（6）：808-810，832	山西省农业科学院农作物品种资源研究所

（续表）

序号	岗位编号	论文题目	主要完成人	期刊名称（发表时间、期号、页码）	单位
415	Z04	山西普通菜豆初级核心种质农艺性状遗传多样性研究	郝晓鹏、王燕、畅建武、赵建栋	中国农学通报，2019（34）：32，61-69	山西省农业科学院农作物品种资源研究所
416	Z05	浅谈豌豆在山西晋北高寒地区的生长环境及存在问题的研究	刘飞、冯高、陈燕妮	北京农业，2011（12）：96	山西省农业科学院高寒区作物研究所
417	Z05	绿豆旱区高产群体结构与功能优化初报	邢宝龙、冯高、郭新文、张旭丽、刘支平、郑敏娜	黑龙江农业科学，2012（3）：38-40	山西省农业科学院高寒区作物研究所
418	Z05	绿豆尾孢菌叶斑病田间药剂防治试验	邢宝龙、冯高、郭新文、张旭丽、刘支平、郑敏娜	山西农业科学，2012（3）：264-266，279	山西省农业科学院高寒区作物研究所
419	Z05	豌豆品种晋豌5号在晋北地区的春播高产栽培技术	刘飞、冯高、刘支平、陈燕妮、杨芳	内蒙古农业科技，2012（4）：112	山西省农业科学院高寒区作物研究所
420	Z05	绿豆籽粒产量与主要农艺性状的相关分析	杨芳、杨媛、冯高、杨明君	农业科技通讯，2012（7）：95-96	山西省农业科学院高寒区作物研究所
421	Z05	晋北绿豆主要经济性状对籽粒产量的影响	杨芳、杨媛、杨明君、冯高	内蒙古农业科技，2012（5）：25-26	山西省农业科学院高寒区作物研究所
422	Z05	绿豆渗水地膜覆盖栽培技术	王桂梅、冯高、邢宝龙、郭新文、张旭丽、刘飞	安徽农学通报，2013（17）：37-38	山西省农业科学院高寒区作物研究所
423	Z05	西北区绿豆抗旱高产栽培技术研究	王桂梅、冯高、邢宝龙、郭新文、张旭丽、刘飞	山西农业科学，2013（1）：28-29	山西省农业科学院高寒区作物研究所
424	Z05	晋北地区春播红小豆丰产栽培技术	刘支平、冯高、邢宝龙、杨芳	现代农业科技，2014（1）：75-79	山西省农业科学院高寒区作物研究所
425	Z05	红小豆新品种晋小豆6号的选育及配套栽培技术	刘支平、冯高、邢宝龙、杨芳、刘飞	农业科技通讯，2014（4）：205-208	山西省农业科学院高寒区作物研究所
426	Z05	绿豆田间豆象防治药剂筛选	邢宝龙、冯高、郭新文、张旭丽、刘支平、郑敏娜	园艺与种苗，2014（6）：6-8	山西省农业科学院高寒区作物研究所
427	Z05	西部旱区绿豆高产群体结构与功能优化初报	王桂梅、冯高、邢宝龙、张旭丽、刘飞、贺美忠	山西农业科学，2014（2）：151-153，161	山西省农业科学院高寒区作物研究所

（续表）

序号	岗位编号	论文题目	主要完成人	期刊名称（发表时间、期号、页码）	单位
428	Z05	晋北地区芸豆新品种引进鉴定试验初报	王桂梅、冯高、邢宝龙、张旭丽、刘飞	农业科技通讯，2014（8）：124-126	山西省农业科学院高寒区作物研究所
429	Z05	晋北高寒区豌豆种植适宜密度研究	刘飞、邢宝龙、陈燕妮、王桂梅、张旭丽	农业科技通讯，2015（5）：157-159	山西省农业科学院高寒区作物研究所
430	Z05	绿豆高产栽培技术	王桂梅、邢宝龙、张旭丽、刘飞	农业科技通讯，2015（11）：162-164	山西省农业科学院高寒区作物研究所
431	Z05	红小豆的高产栽培技术	王桂梅、冯高、邢宝龙、张旭丽、刘飞、刘支平	农业科技通讯，2015（1）：122-123	山西省农业科学院高寒区作物研究所
432	Z05	不同群体密度对绿豆农艺性状和产量的影响研究	王桂梅、邢宝龙、张旭丽、刘飞、贺美忠	安徽农学通报，2015（11）：23-24	山西省农业科学院高寒区作物研究所
433	Z05	红小豆新品种京农8号的选育及配套栽培技术	杨芳、冯高、邢宝龙、刘支平、冯钰、杨媛	农业科技通讯，2015（5）：263-265	山西省农业科学院高寒区作物研究所
434	Z05	氮、磷、钾不同配比对绿豆产量的影响	王桂梅、邢宝龙、张旭丽、刘飞	作物杂志，2015（3）：130-132	山西省农业科学院高寒区作物研究所
435	Z05	晋北豇豆新品种鉴定筛选与评价	王桂梅、邢宝龙	现代农业科技，2016（20）：71-72	山西省农业科学院高寒区作物研究所
436	Z05	豌豆的高产栽培技术	刘冠男	现代农业科技，2016（19）：79，81	山西省农业科学院高寒区作物研究所
437	Z05	晋北地区绿豆品种比较试验	杨芳、杨媛、邢宝龙、刘支平	北方农业学报，2016，44（5）：47-50	山西省农业科学院高寒区作物研究所
438	Z05	不同密度与施氮水平对绿豆的产量效应	邢宝龙、王桂梅	山西农业科学，2017（8）：1 276-1 278，1 320	山西省农业科学院高寒区作物研究所
439	Z05	绿豆育种及分子研究学进展	邢宝龙、殷丽丽	农业科技通讯，2017（10）：39-40	山西省农业科学院高寒区作物研究所
440	Z05	多抗豌豆新品种晋豌豆7号的选育经过及栽培技术	刘飞、邢宝龙、陈燕妮	现代农业科技，2017（13）：79-80	山西省农业科学院高寒区作物研究所
441	Z06	内蒙古食用豆产业现状及发展对策	孔庆全、贺小勇、赵存虎	内蒙古农业科技，2009（6）：88-89，99	内蒙古农牧业科学院

（续表）

序号	岗位编号	论文题目	主要完成人	期刊名称（发表时间、期号、页码）	单位
442	Z06	绿豆地膜覆盖栽培效益分析	孔庆全、赵存虎、贺小勇	内蒙古农业科技，2010（6）：34	内蒙古农牧业科学院
443	Z06	绿豆田苗后防除一年生杂草除草剂筛选试验初报	孔庆全、赵存虎、贺小勇	内蒙古农业科技，2010（5）：80-81，127	内蒙古农牧业科学院
444	Z06	96%异丙甲草胺乳油防除蚕豆田和豌豆田一年生杂草田间试验	赵存虎、孔庆全、贺小勇、席先梅	内蒙古农业科技，2011（2）：64-65	内蒙古农牧业科学院
445	Z06	绿豆播期研究初报	孔庆全、赵存虎、贺小勇	内蒙古农业科技，2012（1）：32-34	内蒙古农牧业科学院
446	Z06	呼伦贝尔市芸豆田杂草种类调查	孔庆全、闫任沛、赵存虎	内蒙古农业科技，2013，41（6）：84-87	内蒙古农牧业科学院
447	Z06	种子处理及田间防治绿豆象药剂筛选试验	贺小勇、孔庆全、赵存虎	内蒙古农业科技，2013（6）：88-89，106	内蒙古农牧业科学院
448	Z06	绿豆田氮、磷、钾最佳用量及平衡施肥技术研究	赵存虎、孔庆全、贺小勇	内蒙古农业科技，2013（5）：60，87	内蒙古农牧业科学院
449	Z06	绿豆地膜覆盖栽培密度研究	孔庆全、赵存虎、贺小勇	内蒙古农业科技，2013（4）：33-34，40	内蒙古农牧业科学院
450	Z06	绿豆新品种冀绿7号特征特性及栽培要点	孔庆全、赵存虎、贺小勇	内蒙古农业科技，2014，42（1）：102	内蒙古农牧业科学院
451	Z06	绿豆新品种科绿1号特征特性及栽培要点	孔庆全、赵存虎、贺小勇	内蒙古农业科技，2014，42（2）：93	内蒙古农牧业科学院
452	Z06	绿豆田土壤处理除草剂筛选	赵存虎、贺小勇、孔庆全	植物保护，2015，41（5）：212-216	内蒙古农牧业科学院
453	Z06	绿豆田除草剂安全使用技术	赵存虎、程玉臣、孔庆全	内蒙古农业科技，2015，43（3）：51，61	内蒙古农牧业科学院
454	Z06	菜豆田普通细菌性疫病防治试验	赵存虎、孔庆全、贺小勇	内蒙古农业科技，2015，43（1）：47-48	内蒙古农牧业科学院
455	Z06	英国红芸豆水肥高效利用研究	孔庆全，赵存虎，贺小勇	北方农业学报，2016，44（6）：5-8，13	内蒙古农牧业科学院

（续表）

序号	岗位编号	论文题目	主要完成人	期刊名称（发表时间、期号、页码）	单位
456	Z06	不同菜豆品种开花结荚习性研究	孔庆全、赵存虎、贺小勇、席先梅、陈文晋、田晓燕	北方农业学报，2016，44（4）：9-13	内蒙古农牧业科学院
457	Z06	芸豆田草害防控药剂的筛选及安全性试验	赵存虎、孔庆全、贺小勇等	北方农业学报，2016，44（6）：21-25	内蒙古农牧业科学院
458	Z07	绿豆的营养价值及综合利用	庄艳、陈剑	杂粮作物，2009，29（6）：418	辽宁省农业科学院作物所
459	Z07	绿豆优异种质资源鉴定评价与利用	葛维德、闫广艳	杂粮作物，2009，29（4）：256-257	辽宁省农业科学院作物所
460	Z07	辽宁西部地区施肥用量对绿豆产量的影响	陈剑、葛维德	辽宁农业科学，2012（5）：72-73	辽宁省农业科学院作物所
461	Z07	播期对辽绿8号光合指标和产量的影响	王英杰、王晓琳、程瑞明、赵阳	辽宁农业科学，2012（5）：39-42	辽宁省农业科学院作物所
462	Z07	施磷酸二铵对不同株型绿豆品种叶片生理生化特性的影响	陈剑、杨振中、谢甫绨、陈振武	作物杂志，2012（5）：76-81	辽宁省农业科学院作物所
463	Z07	高密度种植对不同绿豆株型品种农艺性状及产量的影响	陈剑、葛维德	作物杂志，2013（6）：104-109	辽宁省农业科学院作物所
464	Z07	不同播种密度对辽绿8号产量性状和产量的影响	赵阳、庄艳、陈剑、葛维德、宋银华	辽宁农业科学，2013（3）：66-67	辽宁省农业科学院作物所
465	Z07	不同播期对春播红小豆干物质积累和产量的影响	赵阳、葛维德	园艺与种苗，2013（4）：53-56	辽宁省农业科学院作物所
466	Z07	用灰色关联分析法评价沈阳芸豆联合鉴定试验	王英杰、王晓琳、孙滨、庄艳、张玉震、高从丽	辽宁农业科学，2013（2）：20-23	辽宁省农业科学院作物所
467	Z07	播期对绿豆干物质的积累和产量的影响	葛维德、王英杰、赵阳	园艺与种苗，2013（1）：15-18	辽宁省农业科学院作物所
468	Z07	水杨酸诱导普通菜豆镰孢菌枯萎病抗病性的研究	薛仁风、武晶、朱振东王兰芬、王晓鸣、葛维德、王述民	植物资源遗传学报，2014，15（5）：1 138-1 143	辽宁省农业科学院作物所，中国农业科学院作物科学研究所

（续表）

序号	岗位编号	论文题目	主要完成人	期刊名称（发表时间、期号、页码）	单位
469	Z07	嗜线虫致病杆菌Sy1a菌株粗提液杀虫活性的研究	庄艳、薛仁风、葛维德、张玲	辽宁农业科学，2014（4）：15-18	辽宁省农业科学院作物所
470	Z07	几种除草剂对绿豆田杂草的防治效果及绿豆病害影响的研究	葛维德、付思齐、薛仁风、赵阳、栾好民	辽宁农业科学，2014（6）：22-26	辽宁省农业科学院作物所
471	Z07	磷酸二铵对绿豆品种干物积累及豆荚生长的影响	陈剑、葛维德	黑龙江农业科学，2014（11）：39-42	辽宁省农业科学院作物所
472	Z07	用灰色关联分析法评价沈阳绿豆新品种联合鉴定试验	赵阳、庄艳、王英杰	园艺与种苗，2014（5）：45-48，59	辽宁省农业科学院作物所
473	Z07	播种时期对辽绿8号农艺性状和产量的影响	王英杰、赵阳、庄艳	辽宁农业科学，2014（3）：82-84	辽宁省农业科学院作物所
474	Z07	不同种植密度和种衣剂处理对小豆生长和生理特性的影响	薛仁风、陈剑、赵阳、王英杰、李韬、庄艳、金晓梅、李令蕊、葛维德	河北农业大学学报，2015，38（2）：13-24	辽宁省农业科学院作物所
475	Z07	小豆田土壤处理和茎叶处理除草剂组合筛选	陈剑、薛仁风、赵阳	黑龙江农业科学，2017（3）：51-55	辽宁省农业科学院作物研究所
476	Z07	几种除草剂对小豆田杂草的防治效果及对产量的影响	陈剑、薛仁风、赵阳	安徽农业科学，2017，45（19）：133-135	辽宁省农业科学院作物研究所
477	Z07	种衣剂和叶面肥处理对绿豆晕疫病防治效果及生长的影响	葛维德、李令蕊、薛仁风	安徽农业科学，2017，45（31）：29-30，69	辽宁省农业科学院作物研究所
478	Z07	辽宁省绿豆田不同除草技术除草效果及对其产量的影响	葛维德、薛仁风、赵阳、陈剑、王立震、李令蕊	中国农技推广，2017，33（12）：52	辽宁省农业科学院作物研究所
479	Z07	普通菜豆中烟草水杨酸结合蛋白同源基因的鉴定及表达特征分析	薛仁风、王利、丰明、葛维德	作物学报，2018，44（5）：642-649	辽宁省农业科学院作物研究所

（续表）

序号	岗位编号	论文题目	主要完成人	期刊名称（发表时间、期号、页码）	单位
480	Z07	几种除草剂对绿豆田杂草的防治效果及对绿豆表型性状的影响	薛仁风、赵阳、庄艳、庄艳、陈剑、王英杰、李韬、金晓梅、李令蕊、葛维德	河南农业科学，2019，44（4）：101-105	辽宁省农业科学院作物所
481	Z08	小豆（Vigna angularis）不同种植密度效应研究	徐宁、王明海、王桂芳、包淑英、郭中校	作物杂志，2009，（4）：63-67	吉林省农业科学院
482	Z08	绿豆和红小豆氮磷钾肥适宜用量初探	郭中校、王明海、包淑英、徐宁、王桂芳、任军	吉林农业科学，2010，35（2）：24-26	吉林省农业科学院
483	Z08	小豆远缘杂交研究进展	徐宁、王明海、包淑英、王桂芳、郭中校	植物遗传资源学报，2010，11（06）：666-670	吉林省农业科学院
484	Z08	吉林省绿豆品种形态性状分析	郭中校、徐宁、王明海、包淑英、王桂芳、张连学	作物杂志，2012，4：102-106	吉林省农业科学院
485	Z08	绿豆品种抗旱性早期鉴定方法研究	郭中校、张连学、王明海、徐宁、包淑英、王桂芳、徐仲伟	西北农林科技大学学报，2012，40（7）：77-84	吉林省农业科学院
486	Z08	绿豆的营养成分及药用价值	王明海、徐宁、包淑英、王桂芳、郭中校	现代农业科技，2012（6）：341-342	吉林省农业科学院
487	Z08	红小豆吉红8号的选育及配套栽培技术	王桂芳、徐宁、王明海、王桂芳、郭中校	现代农业科技，2013（17）：71，79	吉林省农业科学院
488	Z08	大粒红小豆新品种吉红9号的选育经过与栽培技术	包淑英、王明海、徐宁、郭中校	现代农业科技，2013（11）：51，56	吉林省农业科学院
489	Z08	红小豆吉红10号的选育及配套栽培技术	王明海、徐宁、包淑英、王桂芳、郭中校	现代农业科技，2013（7）：58，64	吉林省农业科学院
490	Z08	吉林省近年来绿豆品种遗传改良过程中主要农艺性状的变化	徐宁、王明海、包淑英、王桂芳、郭中校	作物杂志，2013（4）：43-47	吉林省农业科学院
491	Z08	小豆种质资源、育种及遗传研究进展	徐宁、王明海、包淑英、王桂芳、郭中校	植物学报，2013，48（6）：676-683	吉林省农业科学院

（续表）

序号	岗位编号	论文题目	主要完成人	期刊名称（发表时间、期号、页码）	单位
492	Z08	大粒绿豆新品种吉绿9号选育报告	包淑英、王明海、郭中校等	现代农业科技，2014（22）：45-46	吉林省农业科学院
493	Z08	18份绿豆品种资源苗期耐旱性鉴定	徐宁、王明海、包淑英、王桂芳、郭中校	吉林农业科学，2015，40（06）：17-20	吉林省农业科学院
494	Z08	直立型绿豆种质资源搜集、评价与种质创新	徐宁、王明海、包淑英、陈冰嫣、王桂芳、陈宝光、孙昕、郭中校	东北农业科学，2016，41（06）：50-55	吉林省农业科学院
495	Z08	绿豆品种资源萌发期耐碱性鉴定	徐宁、陈冰嫣、王明海、包淑英、王桂芳、郭中校	作物学报，2017，43（01）：112-121	吉林省农业科学院
496	Z08	红小豆吉红14号的选育及配套栽培技术	王明海、曲祥春、徐宁、包淑英、邓昆鹏、王桂芳、郭中校	东北农业科学，2017，42（06）：14-15	吉林省农业科学院
497	Z08	绿豆新品种吉绿13号的选育及配套技术	王桂芳、邓昆鹏、徐宁、王明海、包淑英、郭中校	辽宁农业科学，2017（06）：85-86	吉林省农业科学院
498	Z09	微生物肥料的研究进展	曾玲玲、崔秀辉、李清泉、刘峰、王成、王俊强、张成亮、季生栋	贵州农业科学，2009，37（9）：116-119	黑龙江省农业科学院齐齐哈尔分院
499	Z09	绿豆主要农艺性状的遗传参数分析	刘峰、李建波	作物杂志，2010，2（18）：81-83	黑龙江省农业科学院齐齐哈尔分院
500	Z09	黑龙江省绿豆产业现状及技术对策	刘峰	杂粮作物，2010，30（2）：151-153	黑龙江省农业科学院齐齐哈尔分院
501	Z09	绿豆农艺性状的遗传多样性分析	王成、闫锋、崔秀辉、李清泉、曾玲玲、刘峰	杂粮作物，2010，30（3）：182-184	黑龙江省农业科学院齐齐哈尔分院
502	Z09	氮磷钾配施对绿豆产量的效应研究	曾玲玲、崔秀辉、李清泉、刘峰、王成、闫锋、季生栋	黑龙江农业科学，2010（7）：48-51	黑龙江省农业科学院齐齐哈尔分院
503	Z09	红小豆主要农艺性状的遗传参数分析	曾玲玲、崔秀辉、李清泉、王成、闫锋、刘峰、季生栋、于海林	黑龙江农业科学，2010（9）：115-117	黑龙江省农业科学院齐齐哈尔分院

（续表）

序号	岗位编号	论文题目	主要完成人	期刊名称（发表时间、期号、页码）	单位
504	Z09	红小豆品种（系）的灰色关联度分析及综合评价	刘峰	黑龙江农业科学，2011（5）：7-9	黑龙江省农业科学院齐齐哈尔分院
505	Z09	几种杀菌剂防治绿豆根腐病田间药效试验分析	曾玲玲、刘峰、崔秀辉、李清泉、王成、闫锋、赵秀梅	黑龙江农业科学，2011（9）：45-46	黑龙江省农业科学院齐齐哈尔分院
506	Z09	绿豆田除草剂筛选试验	王成、刘峰	黑龙江农业科学，2011（9）：54-56	黑龙江省农业科学院齐齐哈尔分院
507	Z09	种植密度对半直立型绿豆主要性状及产量的影响	闫锋、崔秀辉、李清泉、王成、曾玲玲、刘峰、王宇先、谭可菲	中国种业，2011，9（26）：57-58	黑龙江省农业科学院齐齐哈尔分院
508	Z09	绿豆品种高产稳产性的高稳系数法分析	闫锋	湖南农业科学，2011（11）：19-20	黑龙江省农业科学院齐齐哈尔分院
509	Z09	绿豆品种的灰色关联度分析及综合评价	闫锋、崔秀辉、李清泉、王成、曾玲玲、刘峰、马波、袁明	中国种业，2011，S2（18）：31-33	黑龙江省农业科学院齐齐哈尔分院
510	Z09	绿豆新品种嫩绿2号的选育	崔秀辉、李清泉、刘峰、王成、曾玲玲、闫锋、季生栋	黑龙江农业科学，2012（11）：155	黑龙江省农业科学院齐齐哈尔分院
511	Z09	氮磷钾配施对芸豆产量的效应研究	曾玲玲、崔秀辉、李清泉、刘峰、王成、闫锋、季生栋	黑龙江农业科学，2013（2）：39-43	黑龙江省农业科学院齐齐哈尔分院
512	Z09	玉米绿豆间作效应分析	闫锋、崔秀辉、王成、曾玲玲、王宇先、王立达、浦子刚	安徽农业科学，2013，41（27）：10 931-10 932	黑龙江省农业科学院齐齐哈尔分院
513	Z09	红小豆田间除草剂筛选试验	王成、李卓夫、闫锋、曾玲玲、王宇先、于运凯、刘洋	黑龙江农业科学，2014（2）：50-53	黑龙江省农业科学院齐齐哈尔分院
514	Z09	红小豆细菌性病害防治试验	王成、闫锋、曾玲玲、王宇先、于运凯、胡继芳、刘洋	黑龙江农业科学，2014（4）：63-65	黑龙江省农业科学院齐齐哈尔分院
515	Z09	应用高稳系数法分析红小豆品种的高产稳产性	曾玲玲、季生栋、王成、闫锋、卢环、姜元麒、何健南、赵跃坤	中国种业，2016，5（21）：36-38	黑龙江省农业科学院齐齐哈尔分院

（续表）

序号	岗位编号	论文题目	主要完成人	期刊名称（发表时间、期号、页码）	单位
516	Z09	氮、磷、钾配施对红小豆产量的效应研究	曾玲玲、季生栋、王成、闫锋、卢环、姜元麒、王宇先、于洋、张盼盼	黑龙江八一农垦大学学报，2017，29（1）：6-10	黑龙江省农业科学院齐齐哈尔分院
517	Z09	芸豆新品种（系）在黑龙江省西部地区的引种试验	董扬、崔秀辉、王成、闫锋、曾玲玲、卢环、李清泉、武琳琳	湖南农业科学，2018（1）：7-8	黑龙江省农业科学院齐齐哈尔分院
518	Z10	优质大粒鲜食蚕豆通蚕（鲜）6号选育及栽培技术	汪凯华、王学军、缪亚梅、陈满峰、季张娟、卢玉兵、徐建华	安徽农业科学，2009，37（14）：6 406-6 407，6 410	江苏沿江地区农业科学研究所
519	Z10	多效唑在小豆生产上的应用研究	冒宇翔、汪凯华、陈惠、王学军	安徽农业科学，2009，37（22）：10 463-10 464	江苏沿江地区农业科学研究所
520	Z10	通蚕（鲜）6号蚕豆速冻加工适宜漂烫时间的研究	陈惠、王学军、陈满峰、顾国华	长江大学学报（自然科学版），2010，7（3）：63-65	江苏沿江地区农业科学研究所
521	Z10	鲜食蚕豆主要农艺性状的遗传变异、相关性和主成分分析	缪亚梅、王学军、陈满峰、汪凯华	河北农业科学，2010，14（10）：95-97	江苏沿江地区农业科学研究所
522	Z10	优质大粒鲜食蚕豆'通蚕鲜7号'的选育及应用前景	汪凯华、王学军、缪亚梅、季张娟、陈满峰、唐明霞、卢玉兵	上海农业学报，2012，28（4）：33-37	江苏沿江地区农业科学研究所
523	Z10	豌豆隐性基因的遗传研究及育种应用	汪凯华、缪亚梅、季张娟、陈满峰、唐明霞、万玉玲、徐建华、王学军	农学学报，2013，3（04）：48-54	江苏沿江地区农业科学研究所
524	Z10	响应面法优化速冻蚕豆的微波烫漂工艺	陈惠、唐明霞、袁春新、王学军	浙江农业学报，2013，25（6）：1 373-1 377	江苏沿江地区农业科学研究所
525	Z10	菜用豌豆苏豌1号生产技术规程	缪亚梅、王学军、汪凯华、葛红、顾春燕、陈满峰	浙江农业科学，2013（10）：1 290-1 291	江苏沿江地区农业科学研究所
526	Z10	防治蚕豆赤斑病的药剂筛选研究	顾春燕、葛红、王学军、陈满峰、王凯华、缪亚梅	现代农药，2013（3）：46-48	江苏沿江地区农业科学研究所

（续表）

序号	岗位编号	论文题目	主要完成人	期刊名称（发表时间、期号、页码）	单位
527	Z10	Screening of Fungicides against Broad Broad Bean Chocolate Spot (Botrytis fabae)	Gu Chunyan、Ge Hong、Wang Xuejun、Chen Manfeng Wang Kaihua \ Miao Yamei	Plant Diseases and Pests, 2013, 54: 9-11	江苏沿江地区农业科学研究所
528	Z10	不同基因型蚕豆品质构成因子的比较分析	缪亚梅、王学军、汪凯华、陈满峰、卢玉杉	江苏农业科学, 2013, 41（12）: 96-98	江苏沿江地区农业科学研究所
529	Z10	优质鲜食大粒蚕豆通蚕鲜 8 号的选育和栽培要点	汪凯华、王学军、缪亚梅、季张娟、陈满峰、葛红、顾春燕、徐建华、任秦国	江苏农业科学, 2013, 41（11）: 113-115	江苏沿江地区农业科学研究所
530	Z10	种植密度对通蚕鲜 7 号农艺性状、产量及经济效益的影响	缪亚梅、王学军、汪凯华、李小红、任秦国	江苏农业科学, 2013, 41（11）: 173-175	江苏沿江地区农业科学研究所
531	Z10	鲜食"蚕豆/春玉米—夏（秋）大豆/秋玉米"高效种植技术	汪凯华、单志良、王学军、陈满峰、缪亚梅、葛红、顾春燕	安徽农业科学, 2014, 42（12）: 3 502-3 503, 3 506	江苏沿江地区农业科学研究所
532	Z10	鲜食"蚕豆/春玉米+大豆—秋玉米/秋大豆" 1 年 5 熟高效种植技术	汪凯华、王学军、陈满峰、缪亚梅、顾春燕、葛红、单志良	江苏农业科学, 2014, 42（11）: 189-191	江苏沿江地区农业科学研究所
533	Z10	鲜食蚕豆通蚕鲜 7 号大棚栽培技术研究	陈满峰、赵娜、汪凯华、缪亚梅、王学军	安徽农业科学, 2015, 43（3）: 83-84	江苏沿江地区农业科学研究所
534	Z10	Cu^{2+} 质量分数对速冻加工蚕豆色泽的影响与分析	陈惠、唐明霞、宋居易、袁春新、王学军、吴浩、邱卫池	农产品加工, 2015（3）: 4-6	江苏沿江地区农业科学研究所
535	Z10	鲜食蚕豆—鲜食大豆—秋豌豆高效种植技术规程	陈满峰、缪亚梅、汪凯华、王学军	浙江农业科学, 2015, 56（3）: 347-349	江苏沿江地区农业科学研究所
536	Z10	植物抗虫性及其遗传改良研究进展	王学军、陈满峰、葛红、缪亚梅、汪凯华、顾春燕	现代农药, 2015, 14（3）: 10-14	江苏沿江地区农业科学研究所
537	Z10	蚕豆耐盐性的研究进展	赵娜、缪亚梅、陈满峰、王学军	安徽农业科学, 2015, 43（18）: 20-21, 40	江苏沿江地区农业科学研究所

（续表）

序号	岗位编号	论文题目	主要完成人	期刊名称（发表时间、期号、页码）	单位
538	Z10	烫漂对蚕豆感官品质及过氧化物酶活性的影响	陈惠、唐明霞、宋居易、袁春新、王学军、吴浩、邱卫池	江苏农业学报，2015，31（3）：708-710	江苏沿江地区农业科学研究所
539	Z10	鲜食蚕豆通蚕鲜7号大棚栽培技术初探	陈满峰、赵娜、汪凯华、缪亚梅、王学军	Agricultural Science & Technology，2015，16（7）：1 418-1 420	江苏沿江地区农业科学研究所
540	Z10	不同基因型蚕豆品质构成因子的比较分析	葛红、缪亚梅、王学军、汪凯华、陈满峰、卢玉彬	Agricultural Science & Technology，2016，17（2）：338-340，343	江苏沿江地区农业科学研究所
541	Z10	蚕豆耐盐性的研究进展	葛红、赵娜、缪亚梅、陈满峰、王学军	Agricultural Science & Technology，2016，17（3）：569-572	江苏沿江地区农业科学研究所
542	Z10	鲜食"蚕豆/春玉米+大豆—秋玉米/秋大豆"1年5熟高效种植技术	葛红、汪凯华、王学军、陈满峰、缪亚梅、顾春燕、单志良	Agricultural Science & Technology，2016，17（4）：833-837	江苏沿江地区农业科学研究所
543	Z10	9个小豆品种比较试验	顾春燕、葛红、缪亚梅、汪凯华、陈满峰、王学军	浙江农业科学，2016，57（7）：1 074-1 075	江苏沿江地区农业科学研究所
544	Z10	如皋8个鲜食蚕豆品种比较试验	顾春燕、葛红、缪亚梅、汪凯华、陈满峰、赵娜、王学军	浙江农业科学，2017，58（9）：1 565-1 566，1 570	江苏沿江地区农业科学研究所
545	Z10	红小豆通红3号的选育及栽培技术	葛红、汪凯华、陈满峰、缪亚梅、顾春燕、赵娜、王学军	浙江农业科学，2017，58（11）：2 016-2 018	江苏沿江地区农业科学研究所
546	Z10	红小豆新品种通红4号的选育与栽培技术	葛红、汪凯华、陈满峰、缪亚梅、顾春燕、赵娜、王学军	湖北农业科学，2018，57（2）：22-24，27	江苏沿江地区农业科学研究所
547	Z10	低温贮藏对蚕豆鲜荚品质的影响	陈惠、王学军、宋居易、王永强、吴春芳	食品工业科技，2018，3（30）：1-9	江苏沿江地区农业科学研究所
548	Z11	安徽省食用豆产业现状与技术需求	张丽亚、胡国玉、黄晓荣等	现代农业科技，2009（23）：145-146	安徽省农业科学院作物研究所
549	Z11	安徽省食用豆类生产现状与对策	张丽亚、周斌、胡国玉等	安徽农业科学，2010（24）：13 001-13 003	安徽省农业科学院作物研究所

（续表）

序号	岗位编号	论文题目	主要完成人	期刊名称（发表时间、期号、页码）	单位
550	Z11	食用豆新品种联合鉴定试验	胡业功	现代农业科技，2011（9）：135-136	明光市农业技术推广中心
551	Z11	绿豆密度和播期试验研究	胡业功、刘成江、刘廷府	现代农业科技，2011（20）：56	明光市农业技术推广中心
552	Z11	沿淮淮北绿豆高产栽培技术探讨	姚莉、赵冬、周斌、张丽亚	园艺与种苗，2014（8）：39-42	涡阳县农业科学研究院，安徽省农业科学院作物研究所
553	Z11	夏播绿豆新品系鉴定及评价	杨勇、周斌、张丽亚、杨超华	中国种业，2015（3）：50-51	安徽省农业科学院作物研究所，和县农业委员会
554	Z11	秋播蚕豆产量构成因子的初步分析	杨勇、周斌、欧阳裕元、张丽亚	中国农学通报，2015（27）：104-107	安徽省农业科学院作物研究所，四川农业科学院作物研究所
555	Z11	夏播绿豆不同品种产量与主要农艺性状的相关分析	杨勇、周斌、杨超华、张丽亚	作物杂志，2015（4）：65-68	安徽省农业科学院作物研究所
556	Z11	绿豆新品种皖科绿3号选育及栽培技术	杨勇、周斌、张磊、张丽亚	中国种业，2016（6）：76	安徽省农业科学院作物研究所
557	Z11	分子标记在绿豆遗传连锁图谱构建和基因定位研究中的应用	叶卫军、杨勇、周斌、田东丰、张丽亚	植物遗传资源学报，2017，18（6）：1 196-1 206	安徽省农业科学院作物研究所
558	Z11	绿豆品种皖科绿1号选育及栽培技术要点	杨勇、叶卫军、张丽亚、张磊、田东丰、周斌	中国种业，2018（3）：73	安徽省农业科学院作物研究所
559	Z11	绿豆新品种皖科绿2号_选育及栽培技术	杨勇、周斌、叶卫军、张磊、田东丰、张丽亚	作物研究，2018，3（2）：114-115	安徽省农业科学院作物研究所
560	Z12	普通菜豆抗白粉病基因SCAR标记鉴定	吴星波、郝俊杰、张晓艳、万述伟、李红卫、邵阳、孙吉禄	生物技术进展，2013，3（5）：357-362	青岛市农业科学研究院
561	Z12	普通菜豆抗锈病基因SCAR标记鉴定	吴星波、岳欢、郝俊杰、张晓艳、李红卫、王珍青、吕享华	生物技术通报，2013（10）：82-86	青岛市农业科学研究院

（续表）

序号	岗位编号	论文题目	主要完成人	期刊名称（发表时间、期号、页码）	单位
562	Z12	利用分子标记选择普通菜豆抗角斑病基因聚合体	郝俊杰、张晓艳、万述伟、李红卫、赵爱鸿、孙吉禄、王珍青	作物杂志，2014（6）：27-31	青岛市农业科学研究院
563	Z12	"夏玉米—绿豆全程机械化间作模式"试验研究	宫明波、宋朝玉、郝俊杰、王圣健、李红卫、李振清、张晓艳	中国农学通报，2015，31（9）：77-81	青岛市农业科学研究院
564	Z12	高产优质绿豆品种潍绿9号栽培技术	司玉君、曹其聪、陈雪	种子世界，2016（5）：36	山东省潍坊市农业科学院
565	Z12	271份豌豆种质资源农艺性状遗传多样性分析	万述伟、宋凤景、郝俊杰、张晓艳、李红卫、邵阳、赵爱鸿	植物遗传资源学报，2017，18（1）：10-18	青岛市农业科学研究院
566	Z13	南阳盆地豆野螟的发生规律与防治技术	马吉坡、朱旭、毛继伟、刘杰	现代农业科技，2010（1）：198-199	河南省南阳市农科所
567	Z13	绿豆果树间作中绿豆种植密度试验研究	张克、朱旭、杨厚勇、马吉坡、毛纪伟	农业科技通讯，2010（6）：52-53	河南省南阳市宛城区官庄镇农技推广站、南阳市农科所
568	Z13	南阳盆地绿豆的生产情况及垄作栽培技术	朱旭、王宏豪、马吉坡、季兆哲	农业科技通讯，2010（12）：166-167	河南省南阳市农科所、河南省南阳市卧龙区潦河镇政府
569	Z13	南阳盆地夏播绿豆高产栽培技术	马吉坡、朱旭、刘明景、郑敏军	中国种业，2011（增刊）：61-62	河南省南阳市农科所、河南省唐河县种子管理站
570	Z13	不同时期施肥对绿豆产量及地下部分的影响	朱旭、马吉坡、杨厚勇、季兆哲	农业科技通讯，2011：86-87	河南省南阳市农科所、河南省南阳市卧龙区潦河镇政府
571	Z13	南阳盆地绿豆尾孢菌叶斑病综合防控技术	袁延乐、马吉坡、朱旭	中国种业，2015（1）：61	河南省南阳市宛城区农技推广中心、南阳市农业科学院
572	Z13	南阳地区绿豆象的发生规律及防治策略	王宏豪、马吉坡、袁延乐、朱旭	农业科技通讯，2015：229-230	南阳市农业科学院、河南省南阳市宛城区农技推广中心
573	Z13	南阳市绿豆田主要杂草的防除措施及除草剂应用技术	胡卫丽、朱旭、杨厚勇、杨玲、杨鹏程	农业科技通讯，2016：50-52	河南省南阳市农业科学院

（续表）

序号	岗位编号	论文题目	主要完成人	期刊名称（发表时间、期号、页码）	单位
574	Z13	荫蔽胁迫对不同绿豆品种生物学性状及产量的影响	胡卫丽、朱旭、杨厚勇、许阳、杨鹏程	安徽农业科学，2017，45（1）：60-63	河南省南阳市农业科学院
575	Z14	木豆种质资源农艺与品质性状的相关性及遗传参数分析	陈燕华、罗瑞鸿、吴子恺、蔡庆生、罗高玲	广西农业科学，2009，40（11）：1 397-1 402	广西农业科学院水稻研究所/广西大学农学院/广西农业科学院园艺研究所
576	Z14	木豆胞质雄性不育系柱头活力研究	Dalvi V A、罗高玲、罗瑞鸿、李杨瑞、Saxena K B	西南农业学报，2010，23（2）：480-482	广西农业科学院广西作物遗传改良生物技术重点开放实验室，国际半干旱热带地区作物研究所（ICRI-SAT）
577	Z14	夏播绿豆品种资源试种鉴定及综合评价	罗高玲、林盛宗、蔡庆生、陈燕华	中国种业，2010（1）：52-54	广西农业科学院水稻研究所，广西武鸣县锣圩镇政府
578	Z14	广西绿豆种质资源农艺性状分析	罗高玲、林盛宗、陈燕华、蔡庆生	广西农业科学，2010，41（12）：1 259-1 261	广西农业科学院水稻研究所，武鸣县锣圩镇人民政府
579	Z14	不同播期对绿豆品种主要农艺性状的影响	罗高玲、陈燕华、吴大吉、蔡庆生	南方农业学报，2012，43（1）：30-33	广西农业科学院水稻研究所，罗城县农业局
580	Z14	甘蔗、柑橘间套种绿豆品种筛选试验	罗高玲、蔡庆生、陈燕华、李经成	南方农业学报，2013，44（10）：1 638-1 641	广西农业科学院水稻研究所
581	Z14	绿豆品种适应性试验	罗高玲、黄田夫、蔡庆生、陈燕华、李经成	中国种业，2015（4）：51-52	广西农业科学院水稻研究所，广西水稻遗传育种重点实验室
582	Z14	不同来源绿豆新品种在广西的适应性比较研究	李经成、江洪平、罗高玲、陈燕华、蔡庆生	中国种业，2015（8）：65-67	广西农业科学院水稻研究所，广西水稻遗传育种重点实验室
583	Z14	广西南宁市绿豆新品系适应性试验	李经成、江洪平、罗高玲、陈燕华、蔡庆生	南方农业学报，2015，46（9）：1 602-1 605	广西农业科学院水稻研究所，广西水稻遗传育种重点实验室
584	Z14	绿豆新品种桂绿豆L74号选育	罗高玲、李经成、陈燕华、蔡庆生	中国种业，2016（1）：64-65	广西农业科学院水稻研究所，广西水稻遗传育种重点实验室

（续表）

序号	岗位编号	论文题目	主要完成人	期刊名称（发表时间、期号、页码）	单位
585	Z14	猫豆种质资源研究与综合利用	李经成、江洪平、罗高玲、陈燕华、蔡庆生	南方农业学报，2016（4）：75-76	广西农业科学院水稻研究所，广西农业科学院品种资源研究所，广西欧文医疗科技集团
586	Z14	13个小豆新品系在广西地区的引种试验	陈燕华、罗高玲、李经成、蔡庆生	中国种业，2016，47（11）：1 844-1 848	广西农业科学院水稻研究所/作物品种资源研究所/广西水稻遗传育种重点实验室
587	Z14	幼龄沙糖橘间种绿豆品种的适应性试验	陈桂忠、罗高玲、刘洪亮、赖学明、刘莉莉	中国种业，2017（4）：50-51	广西荔浦县农业技术推广站，广西壮族自治区农业科学院水稻研究所
588	Z14	木薯/绿豆间套作模式下绿豆适宜播期研究	李经成、江洪平、陈燕华、罗高玲、陈桂忠、蔡庆生	湖北农业科学，2017，56（20）：3 828-3 831	广西农业科学院水稻研究所/广西水稻遗传育种重点实验室，广西农业科学院作物品种资源研究所，荔浦县农业局
589	Z15	不同播期对重庆蚕豆农艺性状及产量的影响	杜成章、张继君、曾宪琪、张志良、陈红、李泽碧	农业科技通讯，2010（12）：86-89	重庆市农业科学院
590	Z15	播期对重庆豌豆农艺性状及产量影响的研究	张继君、曾宪琪、杜成章、张志良、陈红、李泽碧	农业科技通讯，2010（11）：26-30	重庆市农业科学院
591	Z15	豌豆杂交育种新方法探索	杜成章、张继君、张志良、李泽碧、王萍	安徽农业科学，2011，39（23）：14 012-14 013	重庆市农业科学院
592	Z15	两种蚕豆杂交新方法探索	张继君、杜成章、李泽碧、张志良、王萍	安徽农业科学，2011，39（22）：13 354-13 355	重庆市农业科学院
593	Z15	栽培措施对中豌6号产量及农艺性状影响	曾宪琪、杜成章、张继君、陈红、李泽碧、张志良	农业科技通讯，2011（4）：70-72	重庆市农业科学院
594	Z15	栽培因素对重庆稻茬免耕蚕豆影响初探	杜成章、张继君、陈红、曾宪琪、王萍	中国农学通报，2012，28（24）：138-141	重庆市农业科学院
595	Z15	重庆市蚕豆新品种筛选研究	贾兰、杜成章、张继君	农业科技通讯，2012（1）：55-56，60	重庆市农业科学院

序号	岗位编号	论文题目	主要完成人	期刊名称（发表时间、期号、页码）	单位
596	Z15	重庆绿豆生产现状与发展对策的研究（英文）	杜成章、张继君、曾宪琪、黄世龙、张晓春	Agricultural Science & Technology, 2012, 13 (1)：120-122, 232	重庆市农业科学院
597	Z15	扇形试验设计在检测农作物种植密度的应用研究	杜成章、李艳花、宗绪晓、陈红、王萍、张继君、胡志刚	中国农学通报，2013，29（36）：273-280	重庆市农业科学院
598	Z15	重庆市特色效益农业发展的途径与措施	杜成章、梁少君、王蜀平、黄勇、高飞虎、徐泽、余国东	农业科技通讯，2013（8）：22-25	重庆市农业科学院
599	Z15	蚕豆马铃薯间作种植对蚕豆赤斑病的防控效果	杜成章、陈红、李艳花、曾宪琪、王萍、张继君、孟繁霞	植物保护，2013，39（2）：180-183	重庆市农业科学院
600	Z15	肥料和密度对蚕豆产量及生长量的影响	李艳花、杜成章、陈红、王萍、张继君	西南农业学报，2014，27（4）：1 556-1 561	重庆市农业科学院
601	Z15	发展特色效益农业助推重庆五大功能区建设	杜成章、蒋金成、梁少君、李艳花、张晓春、陈红、郭安、张继君	安徽农业科学，2015，43（26）：295-297	重庆市农业科学院
602	Z15	重庆蚕豆产业可持续发展的思考	杜成章、李艳花、孟鸿菊、张晓春、陈红、郭安、张继君	安徽农业科学，2015，43（6）：337-338	重庆市农业科学院
603	Z15	绿豆尾孢菌叶斑病研究进展	郭安、杜成章、张晓春、陈红、王萍、皮竟、张继君	安徽农业科学，2017，45（33）：163-165	重庆市农业科学院
604	Z15	重庆地区大粒型蚕豆摘心打顶试验初报	李艳花、陈红、杜成章、王萍、张继君	南方农业，2017，11（16）：40-42	重庆市农业科学院
605	Z15	冀黑绿12号黑绿豆新品种的选育	武海燕、杜成章、龙珏臣、龚万灼、田静、刘长友、陈红、张继君	农业科技通讯，2017（1）：148-149	重庆市农业科学院
606	Z15	发展特色效益农业助推重庆五大功能区建设（英文）	杜成章、刘帮银、张微微、龚万灼、龙珏臣、陈红、张继君	Agricultural Science & Technology, 2017, 18 (1)：114-117	重庆市农业科学院

（续表）

序号	岗位编号	论文题目	主要完成人	期刊名称（发表时间、期号、页码）	单位
607	Z16	四川省蚕豆生产存在的主要问题及技术对策	余东梅、李洋、唐海涛、吴正吉、谢正伟	四川农业科技，2009（11）：5-6	四川省农业科学院作物研究所
608	Z16	豌豆新品种——食荚甜脆豌3号	余东梅、李洋	农村百事通，2010（17）：30	四川省农业科学院作物研究所
609	Z16	食荚甜脆豌3号的选育与高产栽培技术	余东梅、李洋、邓喜、吴正吉、唐建、唐海涛	农业科技通讯，2010（6）：201-202	四川省农业科学院作物研究所
610	Z16	不同密肥条件对蚕豆农艺性状和产量的影响	杨梅、李洋、郑建敏、陈丽君、余东梅	中国农学通报，2012，28（24）：133-137	四川省农业科学院作物研究所
611	Z16	蚕豆新品种成胡19的选育与高产栽培	余东梅、李洋、唐茂斌、吴正吉、谢正伟、唐海涛	农业科技通讯，2012（1）：90-91	四川省农业科学院作物研究所
612	Z16	密度和磷肥对豌豆农艺性状和产量的影响	杨梅、李洋、陈丽君、谢正伟、郑哲峰、余东梅	江苏农业科学，2013，41（6）：83-85	四川省农业科学院作物研究所
613	Z16	蚕豆主要农艺性状与单株产量的相关及通径分析	欧阳裕元、余东梅、杨梅	江苏农业学报，2016，32（4）：763-768	四川省农业科学院作物研究所
614	Z16	$^{60}Co\gamma$ 诱变豌豆 M_2 农艺性状与产量多重分析	欧阳裕元、杨梅、项超、余东梅	中国农学通报，2018（23）：39-46	四川省农业科学院作物研究所
615	Z17	蚕豆新品种生态适应性鉴定试验	余莉、张箐、王昭礼、卢运、潘正康	现代农业科技，2011（15）：142-143	毕节市农业科学研究所
616	Z17	黔西北山区半无叶豌豆新品种引种试验研究	卢运、潘正康、王昭礼、余莉、赵彬、张时龙	现代农业科技，2011（22）：120-121	毕节市农业科学研究所
617	Z17	黔西北地区芸豆高产栽培氮磷钾最佳施肥技术研究	赵彬、王昭礼、余莉、张时龙	中国农学通报，2012，28（7）：151-154	毕节市农业科学研究所
618	Z17	黔西北地区稻茬蚕豆免耕栽培技术研究	赵彬、张箐、聂奇、王昭礼、余莉、卢运、张时龙	中国农学通报，2012，28（7）：68-71	毕节市农业科学研究所
619	Z17	秋蚕豆鲜食组联合鉴定试验研究	赵彬、王昭礼、余莉、卢运	现代农业科技，2012（24）：115-116	毕节市农业科学研究所
620	Z17	黔西北芸豆联合鉴定试验研究	王昭礼、余莉、卢运、赵彬、张时龙	现代农业科技，2012（24）：113-114	毕节市农业科学研究所

（续表）

序号	岗位编号	论文题目	主要完成人	期刊名称（发表时间、期号、页码）	单位
621	Z17	基于灰色关联评价的普通菜豆农艺性状对其产量的影响	余莉、赵龙、吴宪志、张时龙、卢运、王昭礼	农学学报，2014，4（10）：1-4	毕节市农业科学研究所
622	Z17	十个普通菜豆的比较试验	赵龙、余莉、吴宪志、张时龙、卢运、王昭礼	南方农业，2014（21）：41-42	毕节市农业科学研究所
623	Z17	秋播蚕豆品种主要农艺性状的相关性和主成分分析	余莉、张时龙、王昭礼、杨珊、吴宪志、卢运、赵龙	湖南农业科学，2014（11）：4-6	毕节市农业科学研究所
624	Z17	贵州省毕节市秋播蚕豆品种比较试验	余莉、王昭礼、卢运、赵彬、张时龙、杨珊、赵龙	甘肃农业科技，2015（1）：36-38	毕节市农业科学研究所
625	Z17	芸豆新品种的品质和产量分析	余莉、余慧明、张时龙、王昭礼、杨珊、赵龙	农业科技通讯，2016（10）：141-143	毕节市农业科学研究所
626	Z17	主成分分析在芸豆品种筛选的应用	余莉、张时龙、李清超、杨珊	东北农业科学，2016，41（1）：91-96	毕节市农业科学研究所
627	Z17	蚕豆产量及主要农艺性状的相关及灰度关联度分析	余莉、张时龙、李清超、杨珊、王昭礼、吴宪志、卢运、赵龙、罗新颖	湖北农业科学，2017（1）：18-20	毕节市农业科学研究所
628	Z18	蚕豆、豌豆抗绿豆象表现型品种资源筛选研究	唐永生、蒋彦华、郑云昆	云南农业科技，2014（5）：20-23	曲靖市农业科学院
629	Z18	国家芸豆新品种区域试验分析与评价	唐永生、蒋彦华、胡家权	云南农业科技，2014（6）：53-55	曲靖市农业科学院
630	Z18	曲靖市食用豆生产动态监测及发展建议	唐永生、王勤方、胡家权、郑红英、王云华、曹继国、尹小怀	现代农业科技，2015（7）：110-113	曲靖市农业科学院
631	Z18	桑园套种鲜食蚕豆技术模式应用及效益分析	唐永生、王勤方、施俊帆、王云华	农业科技通讯，2015（11）：107-109	曲靖市农业科学院
632	Z18	云豌8号经济性状扇形试验研究	唐永生、蒋彦华、李聪花、丁云双	云南农业科技，2016（1）：4-7	曲靖市农业科学院
633	Z18	靖豌2号选育及栽培技术	唐永生、王勤方、张菊香、蒋彦华、郑云昆	农业科技通讯，2016（11）：232-234	曲靖市农业科学院

（续表）

序号	岗位编号	论文题目	主要完成人	期刊名称（发表时间、期号、页码）	单位
634	Z18	豌豆新品种靖豌2号的选育及栽培技术	蒋彦华、唐永生、李聪花、邹建华、朱玉芬	云南农业科技，2017（4）：54-56	曲靖市农业科学院
635	Z18	曲靖市鹰嘴豆新品种区域性试验研究	蒋彦华、唐永生、邹建华	农业科技通讯，2017（12）：170-179	曲靖市农业科学院
636	Z18	2016—2017年度豌豆新品种联合鉴定试验初报	蒋彦华、唐永生、王勤方	农业科技通讯，2018（1）：107-110	曲靖市农业科学院
637	Z18	曲靖市2016—2017年度云南省豌豆新品种区域试验	蒋彦华、唐永生、郑云昆	现代农业科技，2018（2）：86-90	曲靖市农业科学院
638	Z19	种植蚕豆对减轻农田面源污染的作用探讨	陈国琛、冯丽萍、陈爱娜、尹雪芬、董开居	云南农业科技，2009（2）：61-63	大理白族自治州农业科学研究所
639	Z19	优质蚕豆新品种"凤豆14号"的选育与栽培技术	陈国琛、陈爱娜、尹雪芬、董开居、马玉云、王艳	云南农业科技，2010（2）：53-54	云南省大理白族自治州农业科学研究所
640	Z19	优质蚕豆新品种凤豆14号的选育与栽培技术	陈国琛、陈爱娜、尹雪芬、董开居、马玉云、王艳	农业科技通讯，2010（4）：161-162	云南省大理白族自治州农业科学研究所
641	Z19	优质大粒高产蚕豆新品种凤豆13号的选育与栽培技术	陈国琛、陈爱娜、尹雪芬、董开居、马玉云、王艳、温宪晴、杨成武、杨芬	农业科技通讯，2011（7）：175-176	云南省大理白族自治州农业科学研究所
642	Z19	蚕豆优质高产抗锈新品种凤豆15号的选育及栽培技术	陈国琛、陈爱娜、尹雪芬、董开居、马玉云、王艳、温宪晴、陈红文、杨成武、杨芬、段银妹	农业科技通讯，2012（2）：121-122	大理白族自治州农业科学研究所
643	Z19	优质高产抗锈蚕豆新品种"凤豆15号"选育及栽培技术	陈国琛、陈爱娜、尹雪芬、董开居、马玉云、王艳、温宪晴、陈红文、杨成武、杨芬、段银妹	云南农业科技，2012（4）：53-54	大理白族自治州农业科学研究所
644	Z19	优质、大粒、高产蚕豆新品种"凤豆13号"选育与栽培技术	陈国琛、陈爱娜、尹雪芬、董开居、马玉云、王艳、温宪晴、杨成武、杨芬	云南农业科技，2012（1）：61-62	大理白族自治州农业科学研究所

序号	岗位编号	论文题目	主要完成人	期刊名称（发表时间、期号、页码）	单位
645	Z19	优质多抗高产蚕豆新品种凤豆16号的选育及栽培技术	陈国琛、陈爱娜、尹雪芬、马玉云、董开居、王艳、温宪晴、陈红文、张鹏顺、杨芬、段银妹	农业科技通讯，2013（5）：192-194	大理白族自治州农业科学推广研究院
646	Z19	蚕豆优质多抗高产新品种"凤豆16号"选育及栽培技术	陈国琛、陈爱娜、尹雪芬、马玉云、董开居、王艳、温宪晴、陈红文、张鹏顺、杨芬、段银妹	云南农业科技，2013（6）：50-52	大理白族自治州农业科学研究院
647	Z19	优质多抗高产蚕豆新品种凤豆17号的选育及栽培技术	陈国琛、王桂平、陈爱娜、尹雪芬、马玉云、段银妹、李寿堂、李灿玫、刘锦春、刘莲枝、杨光耀	农业科技通讯，2014（9）：233-235	大理白族自治州农业科学推广研究院粮食作物研究所，等
648	Z19	优质多抗高产蚕豆新良种"凤豆十七号"选育及栽培技术	陈国琛、王桂平、陈爱娜、尹雪芬、马玉云、段银妹、李寿堂、李灿玫、刘锦春、刘莲枝、杨光耀	云南农业科技，2014（5）：52-53	大理白族自治州农业科学推广研究院粮作所
649	Z19	蚕豆新品种凤豆十七号高产稳产性及产量构成因素分析	段银妹、陈国琛、陈爱娜、尹雪芬、杨佩金、李寿堂、段江华、张四香、刘锦春、袁红辉、刘蓉莲	农业科技通讯，2015（1）：76-79	云南省大理白族自治州农业科学推广研究院粮食作物研究所，等
650	Z19	蔬菜专用型蚕豆新品种凤豆18号选育及栽培技术	陈国琛、尹雪芬、段银妹、马玉云、杨芬、张世祎、张丽花、赵紫燕、李灿美、杨子芬、赵德香、闻志伟、李光荣	农业科技通讯，2016（6）：268-270	云南省大理白族自治州农业科学推广研究院粮食作物研究所，等
651	Z19	优质多抗高产蔬菜型蚕豆新品种凤豆19号选育及栽培技术	陈国琛、尹雪芬、段银妹、马玉云、杨芬、毕虎、杨成武、熊朝生、张丽花、郑金龙、张宽华、关崇圭、杨益民、李光荣	农业科技通讯，2017（5）：237-241	云南省大理白族自治州州农业科学推广研究院粮食作物研究所，等

序号	岗位编号	论文题目	主要完成人	期刊名称（发表时间、期号、页码）	单位
652	Z19	第五轮国家区域试验大理试点2015年结果分析	段银妹、尹雪芬、陈国琛、闻志伟	云南农业科技，2017（6）：4-6	大理白族自治州农业科学推广研究院粮食作物研究所
653	Z19	蚕豆优质多抗高产良品种"凤豆十九号"选育及栽培技术	陈国琛、尹雪芬、段银妹、马玉云、杨芬、吴华芳、杨成武、熊朝生、张丽花、郑金龙、张宽华、关崇圭、杨益民、李光荣、闻志伟	云南农业科技，2017（5）：53-55	大理白族自治州农业科学推广研究院粮食作物研究所
654	Z19	优质多抗高产蔬菜专用型蚕豆新品种"凤豆十八号"选育及栽培技术	陈国琛、尹雪芬、段银妹、马玉云、杨芬、张世祎、张丽花、赵紫燕、李灿玫、杨子芬、赵德香、闻志伟、李光荣	云南农业科技，2017（1）：56-58	大理白族自治州农业科学推广研究院粮食作物研究所
655	Z21	旱地豌豆新品种定豌6号选育报告	连荣芳、王梅春、墨金萍	甘肃农业科技，2009（10）：5-6	定西市旱作农业科研推广中心
656	Z21	旱地豌豆新品种定豌7号选育报告	墨金萍	甘肃农业科技，2010（8）：18-19	定西市旱作农业科研推广中心
657	Z21	豌豆种质资源抗旱性鉴选与利用价值研究	墨金萍、王梅春、连荣芳	干旱地区农业研究，2011，29（5）：2-6	定西市旱作农业科研推广中心
658	Z21	甘肃中部地区食用豆产业发展趋势与建议	王梅春	农业科技通讯，2011（4）：22-23	定西市旱作农业科研推广中心
659	Z21	半干旱区豌豆覆膜栽培技术	连荣芳、王梅春、墨金萍、肖贵	甘肃农业科技，2012（9）：57-58	定西市旱作农业科研推广中心
660	Z21	豌豆种质资源抗根腐病鉴定及利用价值	连荣芳、王梅春、墨金萍、肖贵	作物杂志，2012（6）：111-114	定西市旱作农业科研推广中心
661	Z21	4个豌豆新品种（系）在旱地的引种试验初报	肖贵、连荣芳、墨金萍 王梅春	甘肃农业科技，2013（3）：8-9	定西市农业科学研究院
662	Z21	生防菌剂浸种对豌豆苗期茎基腐病的田间防效	连荣芳、王梅春、墨金萍、肖贵	甘肃农业科技，2013（3）：10-11	定西市农业科学研究院
663	Z21	豌豆抗旱育种的实践及建议	连荣芳、王梅春、墨金萍、肖贵	甘肃农业科技，2013（4）：41-42	定西市农业科学研究院

（续表）

序号	岗位编号	论文题目	主要完成人	期刊名称（发表时间、期号、页码）	单位
664	Z21	旱作区黑地膜全覆盖马铃薯套种豌豆栽培技术	肖贵、连荣芳、墨金萍、王梅春	甘肃农业科技，2014（9）：60-61	定西市农业科学研究院
665	Z21	旱地粒用豌豆新品种定豌6号选育及特征特性	连荣芳、墨金萍、肖贵、王梅春	中国农业信息，2015（1）（下）：135-138	定西市农业科学研究院
666	Z21	国家豌豆品种区试定西试点2015年度试验结果	连荣芳、墨金萍、肖贵、王梅春	甘肃农业科技，2016（12）：29-30	定西市农业科学研究院
667	Z21	干旱半干旱区黑膜蚕豆高产栽培技术	肖贵、张明、连荣芳、墨金萍、王梅春、朱国宝	甘肃农业科技，2017（6）：52	定西市农业科学研究院
668	Z21	鲜食菜用型蚕豆新品种青蚕14号引种表现及高效生产技术	肖贵、李鹏程、王梅春	农业科技通讯，2017（3）：244-245	定西市农业科学研究院
669	Z22	榆林市地方特有种质资源现状及其基因库构建的战略措施设想	王斌、杨晓军	农业科技通讯，2010，463（7）：19-20	榆林市农业科学研究院
670	Z22	榆林市红小豆高产栽培技术	王斌、杨晓军	农业科技通讯，2011，480（12）：138-140	榆林市农业科学研究院
671	Z22	鲜食型春蚕豆新品系9946-2	王林成、赵万千、郭青范、郭延平、贾西灵、王兰芳	中国蔬菜，2011（21）：41	临夏州农业科学院
672	Z22	不同化学药剂对田间蚕豆象的防治效果	李龙、郭延平、杨生华	中国蔬菜，2012（23）：29-30	临夏州农业科学院
673	Z22	A级鲜食型春蚕豆标准化栽培技术	王林成	中国蔬菜，2012（9）：49-50	临夏州农业科学院
674	Z22	黄土高原旱作区明绿豆高产栽培集成技术	王斌、杨晓军	农业科技通讯，2012，492（12）：161-162	榆林市农业科学研究院
675	Z22	旱作芸豆高产栽培集成技术	王斌、王孟、杨晓军	现代农业科技，2013，605（15）：64-96	榆林市农业科学研究院
676	Z22	粮菜兼用型春蚕豆新品种临蚕10号	杨生华、郭延平	中国蔬菜，2013（11）：27-28	临夏州农业科学院
677	Z22	早熟采用绿子叶春蚕豆新品种临蚕11号的选育	石小平、贾西灵、郭延平、李龙、张林森	中国蔬菜，2015（10）：75-77	临夏州农业科学院

（续表）

序号	岗位编号	论文题目	主要完成人	期刊名称（发表时间、期号、页码）	单位
678	Z22	蚕豆种质资源种子表型性状精准评价	杨生华、荣、杨涛、张红岩、杜萌莹、宗绪晓	中国蔬菜，2016（10）：32-40	临夏州农业科学院
679	Z22	旱地绿豆栽培技术规程	井苗、汪奎、王斌	现代农业科技，2016，663（1）：54-56（3/3）	榆林市农业科学研究院
680	Z22	保护性耕作对土壤理化性质研究综述	邵扬、郭延平、杨生华、李龙、范桃会	甘肃农业科技，2017（2）：79-82	临夏州农业科学院
681	Z22	种植模式与施磷深度对蚕豆群体冠层结构及其产量的影响	邵扬、郭延平、马玉华、何小琴、范建祥、马斌	干旱地区农业研究，2017（3）：38-42	临夏州农业科学院
682	Z23	鹰嘴豆种质资源农艺性状遗传多样性分析	聂石辉、彭琳、王仙、季良	植物遗传资源学报，2015，16（1）：64-70	新疆农业科学院粮食作物研究所
683	Z23	新疆杂粮杂豆产业发展与市场分析	季良、彭琳	新疆农业科技，2016（1）：22-23	新疆农业科学院粮食作物研究所

填表说明：1.论文包括：体系建立前、后，本单位已公开发表和已受理的论文。

2.附代表性论文或通知通告扫描件（电子版）。

附表9 著作汇总

序号	岗位	著作名称	出版社	出版时间	登记号	主编	副主编或主要编写人员
1	C01	食用豆类100问	中国农业出版社	2009年3月第一版	ISBN 978-7-109-13239-9	程须珍	田静、王述民，等
2	G01	中国食用豆类品种志	中国农业科学技术出版社	2009年12月第一版	ISBN 978-7-80233-956-9	程须珍、王述民	万正煌、王丽侠、王学军，等
3	G01	黑吉豆种质资源描述规范和数据标准	中国农业科学技术出版社	2014年11月第一版	ISBN 978-7-5116-1847-4	程须珍、王素华、王丽侠，等	
4	C01	绿豆生产技术	北京出版集团公司北京教育出版社	2016年5月第一版	ISBN 978-7-5522-6984-0	程须珍	陈红霖、朱振东、田静，等
5	C01	饭豆、小扁豆等生产技术	北京出版集团公司北京教育出版社	2016年5月第一版	ISBN 978-7-5522-6983-3	程须珍	王丽侠、李育军、蔡庆生、王学军、王梅春、马宏，等
6	G02	普通菜豆生产技术	北京出版集团公司北京教育出版社	2016年5月第一版	ISBN 978-7-5522-6985-7	王述民	朱振东、张晓艳

（续表）

序号	岗位	著作名称	出版社	出版时间	登记号	主编	副主编或主要编写人员
7	G03	小豆生产技术	北京出版集团公司北京教育出版社	2016年5月第一版	ISBN 978-7-5522-6987-1	田静	朱振东、张耀文、程须珍
8	G07	蚕豆、豌豆病虫害鉴别与控制田间指导手册	云南教育出版社	2010年4月第一版	ISBN 978-7-5415-4305-0	包世英	朱振东、段灿星、杨晓明
9	G07	蚕豆生产技术	北京出版集团公司北京教育出版社	2016年5月第一版	ISBN 978-7-5522-6981-9	包世英	宗绪晓、朱振东、康玉凡
10	G10	小杂粮营养价值与综合利用	中国农业科学技术出版社	2009年4月第一版	ISBN 978-7-80233-865-4	张耀文、邢亚静、李荫藩、崔春香	赵雪英、程须珍、王学军、郭二虎
11	G10	棉花绿豆间作种植技术（光盘）	山西春秋电子音像出版社	2012年	ISBN 978-7-88318-640-3	张耀文、田静	赵雪英、张春明
12	G10	高寒地区旱地绿豆地膜覆盖高产栽培技术（光盘）	山西春秋电子音像出版社	2014年	ISBN 978-7-88318-732-5	张耀文	赵雪英、张春明
13	G10	食用豆高产栽培技术与综合利用	山西科学技术出版社	2018年1月第一版	ISBN 978-7-5377-5655-6	张耀文、赵雪英	朱慧珺、闫虎斌、张泽燕、张春明
14	G10	小杂粮高产栽培技术与综合利用	山西科学技术出版社	2018年2月第一版	ISBN 978-7-5377-5656-3	张耀文、赵雪英	朱慧珺、闫虎斌、张泽燕、张春明
15	G11	良种良法食用豆类栽培	中国农业出版社	2010年8月第一版	ISBN 978-7-109-14810-9	宗绪晓	
16	G11	山黧豆种质资源描述规范和数据标准	中国农业科学技术出版社	2012年10月第一版	ISBN 978-7-5116-1096-6	宗绪晓、关建平、畅建武、王晓鸣，等	
17	G11	小扁豆种质资源描述规范和数据标准	中国农业科学技术出版社	2012年10月第一版	ISBN 978-7-5116-1095-9	宗绪晓、关建平、王晓鸣、徐东旭，等	
18	G11	鹰嘴豆种质资源描述规范和数据标准	中国农业科学技术出版社	2012年10月第一版	ISBN 978-7-5116-1094-2	宗绪晓、关建平、李玲、王晓鸣，等	
19	G11	羽扇豆种质资源描述规范和数据标准	中国农业科学技术出版社	2012年10月第一版	ISBN 978-7-5116-1093-5	宗绪晓、关建平、王晓鸣，等	

（续表）

序号	岗位	著作名称	出版社	出版时间	登记号	主编	副主编或主要编写人员
20	G11	豌豆生产技术	北京出版集团公司北京教育出版社	2016年5月第一版	ISBN 978-7-5522-6982-6	宗绪晓	杨涛、李玲、朱振东
21	G12	绿豆病虫害鉴定与防治手册	中国农业科学技术出版社	2012年7月第一版	ISBN 978-7-5116-0919-9	朱振东、段灿星，等	
22	G12	食用豆类豆象鉴别与防控手册	中国农业科学技术出版社	2014年7月第一版	ISBN 978-7-5116-1699-9	段灿星、朱振东	万正煌、杨晓明、陈新
23	G13	一地多种豆类高效种植模式	湖北科学技术出版社	2014年1月第一版	ISBN 978-7-5352-5131-2	万正煌、李莉	仲建锋、袁国飞
24	G15	豆类蔬菜生产配套技术手册	中国农业出版社	2012年5月第一版	ISBN 978-7-109-16573-1	陈新	顾和平、袁星星、张红梅等
25	G15	绿豆红豆与黑豆生产配套技术手册	中国农业出版社	2012年7月第一版	ISBN 978-7-109-16354-6	陈新、程须珍	崔晓艳、陈华涛、王学军
26	G15	豆类蔬菜设施栽培	中国农业出版社	2013年6月第一版	ISBN 978-7-109-17932-5	常有宏、余文贵、陈新	陈新、王学军、袁星星等
27	G15	豇豆生产技术	北京出版集团公司北京教育出版社	2016年12月第一版	ISBN 978-7-5522-6986-4	陈新	程须珍、袁星星
28	G15	蔬菜设施生产技术全书	中国农业出版社	2017年3月第一版	ISBN 978-7-109-22544-2	陈新	
29	G18	豆类芽菜学	中国高等教育出版社	2013年6月第一版	ISBN 978-7-04-032273-6	康玉凡、程须珍	张德纯、邢邯、濮绍京、陈道赏
30	G18	食用豆类加工实用技术手册	中国农业科学技术出版社	2015年4月第一版	ISBN 978-7-5116-2040-8	薛文通、康玉凡	陶莎
31	G21	中国主要农产品生产与市场	中国农业科技出版社	2013年3月第一版	ISBN 978-7-5116-1167-3	郭永田、张蕙杰、远铜	罗小峰、王瑜洁、龚谨
32	G21	中国食用豆产业发展研究	中国农业科学技术出版社	2015年6月第一版	ISBN 978-7-5116-2087-3	郭永田、张蕙杰	
33	Z05	黄土高原食用豆类	中国农业科学技术出版社	2015年12月第一版	ISBN 978-7-5116-2367-6	邢宝龙、杨晓明、王梅春	连荣芳、刘飞、刘小进、刘支平、王斌、王孟、王桂梅
34	Z05	几种药食同源豆类作物栽培	中国农业科学技术出版社	2018年1月第一版	ISBN 978-7-5116-3395-8	邢宝龙、刘小进、季良	封伟、孟瑶、王桂梅、王金明、殷霞、殷丽丽

（续表）

序号	岗位	著作名称	出版社	出版时间	登记号	主编	副主编或主要编写人员
35	Z14	广西木豆种质资源研究	广西科学技术出版社	2009 年 12 月第一版	ISBN 978-7-80763-125-5	陈成斌、罗瑞鸿、罗高玲、V A Davlvi	
36	Z14	杂交木豆制种与病虫害防治技术手册	广西科学技术出版社	2011 年 1 月第一版	ISBN 978-7-80763-580-2	罗瑞鸿、罗高 玲、陈成斌